中国科普研究所 | 资助
China Research Institute For Science Popularization

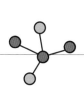

无处不在的
科学学习

第 十 二 届 馆 校 结 合 科 学 教 育 论 坛 论 文 集

SCIENCE LEARNING
EVERYWHERE

COLLECTION OF PAPERS OF
THE 12TH FORUM ON
MUSEUM-SCHOOL INTEGRATION & SCIENCE EDUCATION

高宏斌 李秀菊 曹 金 主编

社会科学文献出版社
SOCIAL SCIENCES ACADEMIC PRESS (CHINA)

目　录

科技场馆的特殊学生科学教育
国际现状研究

顾怡雯　张佳怡　鲍贤清*

（上海师范大学，上海，200234）

摘　要　全社会呼吁教育公平的当下，特殊学生的教育需求成为社会各界关注的焦点。科技场馆作为非营利性社会文化机构，也逐渐意识到为特殊教育学校提供科学教育服务的必要性。本文通过分析梳理国际知名科技场馆的相关案例，归纳得出以下三种服务形式："M－S"馆校直接对接型、"Ms－S"博物馆联盟型、"M－T－S"第三方组织联络型。同时，期望通过借鉴国际优秀案例的经验，为我国科技场馆开展特殊教育服务提供几点经验性建议。

关键词　科技场馆　特殊学生　特殊教育学校　科学教育

1　引言

据国际计划组织（一个致力于促进和保护儿童权利的全球性组织）统计，目前全球范围内残疾儿童数量已超过 1.5 亿。虽然该群体处于相对弱势的境况，但令人欣慰的是，社会对特殊教育的关注度不断增加，呼吁教育公平的声音也逐步深入人心，社会各界都在为残疾儿童融入整个教育体系创造条件。联合国《残疾人权利公约》、美国《残疾人教育法案》、我国《中华人民共和国

---

*　顾怡雯，上海师范大学研究生，研究方向为博物馆教育、STEM 教育；张佳怡，上海师范大学研究生，研究方向为博物馆教育、STEM 教育；鲍贤清，上海师范大学副教授，研究方向为博物馆教育、STEM 教育。

残疾人教育条例》等相关文件均强调了保障特殊教育的普及和公平的重要性，社会机构、教育服务机构等应跨学科、综合协调以提供更好的帮助。目前，世界范围内对特殊教育学校的概念及分类尚未达成统一标准。本文沿用我国《特殊教育学校暂行规程》中对特殊教育学校的界定：特殊教育学校是指由政府、企事业组织、社会团体、其他社会组织及公民个人依法举办的专门对残疾儿童、少年实施义务教育的机构，可大致分为以下几类：①盲人或视力障碍类学校，②聋哑或听力障碍类学校，③其他身心发展障碍培智类学校。

为了推动全社会教育公平，促进科学教育的普及，除了正式教育的努力，非正式教育资源也积极加入这一行列中。博物馆作为非正式教育资源代表之一，其焦点已经从最初的"以藏品为中心"转变为"以观众为中心"，[1]致力于将不同类型的受众纳入博物馆的服务对象列表内，其中就包括特殊人群。不少世界著名的科技类场馆都设有相关的计划和文件，如英国自然历史博物馆、加拿大安大略科学中心等都设有无障碍计划；格拉斯哥科学中心、伦敦科学博物馆等设有特殊人群访客指南；史密森尼博物馆设有无障碍展览设计。不难发现，科技类博物馆服务于特殊人群的形式正在不断多样化发展，其中学校团体是非常重要的一种参观类型，也是能较大范围作用于特殊学生的一种有效方式。

2 特殊学生的科学教育需求

在国际上，将特殊学生纳入科学教育的相关政策和指导是明确的。[2]在美国，《不让一个孩子掉队法》（*No Child Left Behind Act*，2002）、《每个学生成功法案》（2015 年）都指出了针对特殊学生的相关科学教育内容。我国 2007年颁布的《特殊教育学校义务教育课程设置实验方案》中设置了综合课程科学课，另外《特殊教育学校暂行规程》（1998 年）中也指出：特殊教育学校的教育目的是培养学生初步具有爱祖国、爱人民、爱劳动、爱科学、爱社会主义的情感。以上这些相关政策都提到了针对特殊学生的科学教育要求。

实际上，特殊学生和正常人一样，拥有与生俱来的探究世界的兴趣和需要。而学习科学能够增强学习者对周围世界的好奇心和理解。[3]因此，加强科学教育，可以呵护特殊学生的好奇心，发展特殊学生了解世界、乐于探究与发现身边奥妙的欲望。[4]同时，特殊学生的学习体验是其学习过程的重要一环。

帮助特殊学生体验科学活动的过程和方法，通过实践来获得科学经验，从而激发其科学兴趣，培养科学探究技能和基本的科学素养，从而提高生存能力。[5]对于特殊学生而言，他们受到身心障碍的限制，知识面相对狭窄、生活经验不足，通过科学教育可以帮助他们获得生活所需的科学知识和思维能力，得以更好地生活。

另外，除了可以帮助特殊学生获得探究世界的基本能力，科学教育还有助于加深特殊学生对自身的了解，其中有关自然、生命、医学等主题的科学教育内容对特殊学生尤其关键。由于他们身心存在不同程度的缺陷，其不可避免地对自身差异产生迷惘或困惑。适当的科学教育引导能够帮助他们建立正确的人生观和价值观，以乐观的态度看待生命，客观地认识自己，接受个体间的差异，从而树立积极的生活态度，正面地看待特殊群体的差异和特征。

3 场馆开展特殊教育服务的意义和必要性

在美国，13%的学龄儿童患有残疾；[6]在英国，14.4%的学生具有特殊教育需求。教科文组织在《2030年教育议程》中提出了如下设想：至2030年，所有学生包括残疾学生都将被纳入教育议程，并为其创建更安全便利的教育设施。国际教育的核心是保障每个学生平等接受教育的权利。为了实现社会教育公平，特殊学生逐渐被公共机构纳入教育服务的考虑范畴。科技场馆也积极响应社会号召，开拓场馆特殊教育服务，给予该群体更多可利用的社会资源和社会服务，让其享受同等的社会关怀。史密森尼博物馆无障碍展览设计指南说："无障碍设计必须成为新展览发展理念的一部分，因为残疾人是博物馆众多观众的一部分。"确实，展览设计中的包容性和可访问性是不容忽视的一类因素。在启动特殊教育服务的基础上，场馆为特殊教育学校提供的服务是目前最快速且相对稳定有效的一种方式，虽然实施难度较大，但这种方式确实能够在有限的资源和时间内更高效地为特殊学生提供教育服务，最大限度地推动社会教育公平的实现。

4 科技场馆对特殊教育学校的科学教育服务类型

目前，世界上一些大型博物馆对于特殊教育的认识逐渐清晰，关注度也越来越高，开始尝试在馆内设计开发针对特殊人群的展品展项及相关教育活动。目前，此类群体以个人或家庭形式参观博物馆居多，以学校形式来馆活动的情况尚未普及。诚然，针对特殊教育学校的教育服务、教育活动在具体实施的过程中困难重重，但部分国际知名的科技类博物馆通过实践探索，形成了一些成功的案例，供其他场馆、学校和机构借鉴参考。经过分析梳理，主要可分为以下三种形式。

4.1 "M—S"（M——museum；S——school）馆校直接对接型

博物馆与学校直接进行接洽、协商，共同发挥教育职能是最普遍的馆校合作模式。在特殊教育方面，直接对接协商也是各博物馆与特殊教育学校的首选方案。特殊教育学校由于其就读学生的差异，需求也不尽相同，而博物馆的无障碍设计或常设教育活动往往难以满足各校的特殊需求。因此，为扩大特殊教育的普及性，国际各大博物馆逐渐尝试与特殊教育学校直接对接，有针对性地提供教育服务，为特殊学生群体的科学教育添砖加瓦。

以美国为例，美国自然历史博物馆（American Museum of Natural History）是纽约非常受欢迎的学校实地考察（Field Trip）点，该馆同时也为特殊教育学校的学生提供实地考察定制服务。馆方可接待的特殊教育学校对象主要可分为以下三类：①聋哑或听力障碍，②盲人或视力障碍，③自闭症。特殊教育学校可提前和馆方教育工作者预定并沟通具体需求和活动安排。

此外，旧金山探索馆（Exploratorium）与灯塔（Light House）教育中心对接，探索馆为其提供了针对性的教育服务。灯塔是一个致力于为盲人和视障学生群体提供各类教育教学的组织。探索馆为灯塔青年就业系列学院（Youth Employment Series Academy）的青少年提供实习机会。譬如，灯塔的青年学生Jenn曾在探索馆参与了为期两周的实习工作，负责"从细胞到自我"（Cells to Self）展览的相关事宜。她不仅对展品背后的生物学科学知识有了更深层级的认知，也积极探索如何将抽象的知识转化为具象、有形的事物，并利用3D打印技术得以实现。旧金山探索馆为灯塔提供的这种教育服务和机会，不仅拓展了特殊学生接受科学教育的渠道，同时为他们的人际交往、未来工作积累经验。

博物馆与特殊教育学校一对一直接接洽是最高效、最适切、最大限度地协商彼此供给关系的馆校对接模式。博物馆可以针对特殊教育学校的需求和特征调整馆内的无障碍设计、开发相应的特色教育活动、提供馆内资源，以满足特殊学生科学教育的需求。

4.2 "Ms—S"（Ms——museums；S——school）博物馆联盟型

美国和英国作为世界领先的博物馆大国，其博物馆联盟历史悠久，如著名的英国博物馆协会（MA）、美国博物馆联盟（AAM）都已成立超过百年，这些享誉全球的博物馆联盟在推动博物馆教育职能实现方面产生了不可小觑的社会影响力。因此，以博物馆联盟的形式为学校提供服务也是一种常见且热门的方式。

在博物馆的特殊教育方面，同样不乏这种形式的服务类型。以英国为例，著名的伦敦自然历史博物馆和周边十家博物馆形成了一个当地的博物馆网络，并由成员之一的利兹博物馆和画廊（Leeds Museums and Galleries）发起名为"真实世界的科学"（Real World Science）的教育项目，其核心是关注青少年及教师基于博物馆进行的 STEM 教育。其中，一项名为"面向所有人的 STEM 事业"（STEM Careers for All）的子项目是专门针对特殊教育学校学生设立的。考虑到特殊学生接触到 STEM 教育的机会相对较少，职业规划上能够涉及 STEM 相关领域的更是寥寥无几。这意味着对于这一群体而言，他们可能不了解甚至没有机会去了解 STEM 事业的价值，以及如何追求这一事业。因此，该项目的发起旨在打破特殊学生考虑 STEM 学科和职业的物理障碍和心理障碍。博物馆联盟为这些特殊教育学校的孩子们提供各类学习资源，联盟中一些艺术类博物馆、文化类博物馆的加入，也进一步让 STEM 相关教育活动充分体现其跨学科的特征。伦敦自然历史博物馆 2019 年的年度报告显示，该馆通过这一项目已经帮助了近 2700 名特殊学生，约占学生总数的 1.24%。

国际上，各级各类博物馆以丰富的主题形式、多样的教育目标成立了大大小小的博物馆联盟，并通过课题项目开展相关教育工作。在特殊学生的教育维度，聚众馆之力，为其提供多方位的服务，不失为一种可取的方案。

4.3 "M—T—S"（M——museum；T——Third-party；S——school）第三方组织联络型

馆校合作中第三方的适当介入对于博物馆与学校的合作有着一定的积极作

用。第三方组织的类型多样，包括学术研究、社会组织、企业机构、媒体、政府等。博物馆和学校隶属于不同体制，第三方的有效介入可以填补馆校合作中的缺口，构建双方合作沟通的桥梁。[7]在科技类博物馆与特殊教育学校以恰当的科学教育服务为主题进行协商、对接的过程中，第三方组织的介入往往能起到积极的促进作用，并为双方提供高质量、专业的帮助和建议。

英国莱斯特大学（University of Leicester）博物馆研究系的 Viv Golding 教授曾带领团队联合霍尼曼博物馆（Horniman Museum）与 12 所学校共同完成了"非洲的灵感"（Inspiration Africa!）教育项目。12 所学校中，有 4 所学校的学生为完全学习障碍患者，2 所学校有三分之一的学生患有学习障碍。在整个教育项目中，霍尼曼博物馆提供了非洲世界画廊展区（the African Worlds Gallery），配合 Viv Golding 教授为 12 所学校的学生设计开发了 12 个教育项目，包括角色扮演、诗歌创作、教育游戏等多种形式的活动。例如，组织学生大声朗读自己的姓名，围绕姓名编写绕口令并与非洲文化、自然环境建立联系，以培养学生的自信心、营造轻松的学习氛围。在对相关博物馆藏品有一定认知的基础上，学生可以自由创作藏头诗，通过文字、音乐等表达内心的想法。该项目发现，博物馆的非正式学习环境、丰富的藏品资源和设计合理的教育活动，对于学生尤其是特殊教育学校的学生有极大的教育意义，能有效地培养学生的自信心、创造力和学习兴趣。

学术研究组织（高校等）、社会慈善机构等凭借自身影响力，能更为轻松地联结博物馆和特殊教育学校，为馆方针对性地设计、开发科学教育服务项目提供不同视角的建议和帮助，拓展博物馆的教育辐射范围，同时也为特殊教育学校的学生得到较好的科学教育提供新的途径。

5　对我国的启示与建议

中国残疾人联合会 2012 年公布的数据显示，截至 2010 年，中国有超过 8500 万行动或发展存在障碍的人士。因此，于我国而言，特殊教育的需求是迫切且必要的。《中华人民共和国残疾人教育条例》中也提出："社会各界应当关心和支持残疾人教育事业。残疾人所在社区、相关社会组织和企事业单位，应当支持和帮助残疾人平等接受教育、融入社会。"所以，为了推动社会教育公平，作为具有一定社会教育功能代表性的博物馆，理应担起这份社会的责任。就科技类博物馆而言，对于我国特殊教育事业中的科学教育板块，也应当意识到自身存在的教育潜力和社会影响力。通过分析国际上一些与特殊教育学校的合作经历发现，其对我国后续为特殊教育学校提供服务有以下几点启示和建议。

第一，努力优化残障游客的展览设计。目前针对残障人士的场馆展览尚未普及。提供特殊教育服务的前提，是馆方能够开展具备针对性的服务和教育活动，因此在前期准备阶段，首先应该努力发掘自身特色，然后进行开发设计，优化展品展项的可接触性，可寻求特殊教育专业人士的帮助和支持，改进场馆中特殊教育的服务质量，从而使场馆能够自然地吸引特殊人群，使其愿意接受场馆的非正式学习内容。

第二，创建无障碍计划。馆方能够从自身规划中将特殊教育服务纳入其中，是取得特殊教育学校信任的关键因素。就某些方面来说，场馆设计开发教育活动的质量是一方面，馆方所传递的关怀之情以及对特殊教育的热忱也是促使双方对接更顺畅的重要因素。因此，对于馆方而言，构思馆内特殊教育服务的整体蓝图，创建符合本馆特征的无障碍计划是必要之举。

第三，尝试与社会慈善机构合作。这一类组织拥有对于特殊教育学校天然的亲近感，其本身对于特殊学生的了解也更深入，同时掌握了特殊教育领域内的学校动态、特征等相关信息。通过此类机构的牵线搭桥，能够帮助科技类博物馆更顺利地为特殊教育学校提供服务。

我国馆校结合工作近年来如火如荼地开展着，并已初具规模，稍见成效。在此基础上，扩大服务对象覆盖面，为特殊教育学校提供相应服务可逐步提上日程。目前国内科技场馆与特殊教育学校的合作仍是一个涉足未深的领域，同时也是亟须解决的一个重大挑战，任重而道远。

参考文献

[1]〔美〕海伦·香农、伍彬：《美国博物馆教育的历史与现状》，《博物院》2018年第 4 期。

［2］ Apanasionok M. M. , Hastings R. P. , Grindle C. F. , et al. , Teaching Science Skills and Knowledge to Students with Developmental Disabilities: A Systematic Review, *Journal of Research in Science Teaching*, 2019.

［3］ Browder, Diane M. , Spooner, Teaching Students with Moderate and Severe Disabilities, *Guilford Publications*, 2011.

［4］黄鹭达:《贯彻课程改革精神，加强特殊教育学校的科学教育》，《闽西职业技术学院学报》2007 年第 4 期。

［5］王联心:《聋校初中科学教育研究》，《中国特殊教育》2003 年第 5 期。

［6］ National Center for Education Statistics, Digest of Education Statistics, *National Center for Education Statistics*, 2004, 4 (13).

［7］王春瑞:《博物馆与高校的馆校合作模式分析探索》，《经营管理者》2016 年第 12 期。

馆校深度合作模式探索

——基于美国博物馆学校的经验

潘 悦 鲍贤清*

（上海师范大学，上海，200234）

摘 要 博物馆学校自 20 世纪 80 年代出现，是博物馆和学校深度合作的产物。博物馆学校以博物馆学习为主要学习方式，积极与博物馆开展合作。美国的博物馆学校走在馆校合作的前沿，本文通过对美国博物馆学校的解析，了解美国馆校合作现状，分析美国博物馆学校特点，并为我国博物馆和学校合作的进一步深化提供新思路。

关键词 博物馆学校 馆校合作 博物馆学习

博物馆和学校一直积极探索馆校合作新模式，充分发挥博物馆的教育功能，将非正式学习同正式学习相融合。博物馆学校充分发挥了博物馆教育的优势，将博物馆学习从课后变为课堂之上，开辟了馆校合作新局面。

1 博物馆学校简介

博物馆学校虽然在 20 世纪 80 年代就已经出现，至今却没有一个准确的定义，但我们可以通过博物馆学校的特点来明晰我们对博物馆学校的认知。博物馆学校是馆校深度合作的产物，博物馆学校以经常性地访问博物馆或相关机构

---

* 潘悦，上海师范大学研究生，研究方向为博物馆教育、STEM 教育；鲍贤清，上海师范大学副教授，研究方向为博物馆教育、STEM 教育。

来支持学校课程，由学生策划展览和创造展品的博物馆学习形式应该被纳入课程体系中。[1]博物馆学校不是仅仅停留在博物馆参观的馆校合作，而是更深一步的正式教育与非正式教育的结合。

美国博物馆学校分为三类：博物馆磁石学校、博物馆特许学校和博物馆附属学校。[2]博物馆磁石学校设置了多种特色课程，并与博物馆达成了深度合作关系，以博物馆学习模式进行学习。博物馆特许学校是由私人管理的公共学校，在课程设置上享有自主权，并在日常教学中与博物馆进行深度合作。[3]博物馆附属学校是指博物馆参与设立的学校。

2　博物馆学校案例

博物馆学校已经出现约三十年，美国已经有几十所博物馆学校相继建立。

2.1　博物馆磁石学校

西尔弗顿·佩迪亚学院（Silverton Paideia Academy）是一所磁石学校，作为博物馆学校，西尔弗顿·佩迪亚学院积极与当地博物馆合作，学生可以对文物和展品进行细致的观察和研究，并利用他们的技能和知识创作具有个人特色的人工制品。博物馆学校和博物馆的深度合作为博物馆学校的学生带来了更多的博物馆学习机会，学校课程与博物馆体验相联系，鼓励学生将学校知识和博物馆知识进行融合并在此基础上进行创新。

约翰·厄尔利博物馆磁石学校（John Early Museum Magnet Middle School）是位于纳什维尔的一所公立学校，面向五年级到八年级的学生招生。以博物馆为主题的学习是约翰·厄尔利博物馆磁石学校的核心。学校鼓励学生在学习中进行探索、思考和创造。博物馆学习的过程正是学生基于对象进行探索和思考，最后进行创造的过程。学校与近90家博物馆和社区合作。教师与博物馆人员合作探究如何将博物馆学习体验融入日常教学，并将其整合到课后作业中。学校设有专门的博物馆设计课程和专职教师，学生可以得到专业的博物馆知识讲授。学校拥有北美唯一一所获得许可的在学校建筑内开设的博物馆。学生们以博物馆馆长、博物馆设计师和讲解员的身份进行基于对象的学习、基于探究的学习和基于项目的学习。磁石学校学生有机会直接接触8000多件文物。

在"展览之夜"的活动中，学生将运用博物馆展览策略和技巧，例如文物分析、展品设计、解说和讲故事等方式，策划一次展览。约翰·厄尔利博物馆磁石学校的日常教学活动还包括参观当地的博物馆，并与博物馆专业人士进行讨论。学生们可以在帕特农神庙内观察与物理学相关的光学幻象和与几何学相关的完美比例的使用，在第一视觉艺术中心的文化艺术展览中探索文化多样性的社会学课题。学校的常规课程内容与博物馆参观相融合，实现了正式学习与非正式学习的有机结合。

2.2 博物馆特许学校

埃文代尔庄园博物馆学校（The Museum School of Avondale Estates）的课程建立在博物馆学习的基础上，学生可以通过个人探索和动手实践来进行学习，在博物馆和其他学习机构获得与课堂主题相关的真实体验，并创建博物馆风格的展品以展示其所学习的知识，学生将在每年四次的展览之夜上与父母和同学分享他们的知识和成果。

亨利·福特学院（Henry Ford Academy）是福特汽车公司和亨利·福特博物馆合作设计、开发和实施的特许学校。该学院成立于 1997 年秋季。学院倡导边做边学，以创新的课程提升学生的 21 世纪技能。亨利·福特学院地理位置独特，位于亨利·福特博物馆（The Henry Ford Museum）之中。每周二、周三和周四的下午，学生可以在博物馆校园的家庭作业实验室完成作业。学校与多家博物馆合作，学生可以通过在历史博物馆进行的实地考察学习美国历史和宪法的相关知识。在与其他博物馆保持密切合作的同时，亨利·福特学院不断将亨利·福特博物馆资源纳入学校课程之中，开设了基于亨利·福特博物馆资源的 STEAM 课程。亨利·福特博物馆管理员长期驻留在学院中以提供必要的帮助。

迈阿密儿童博物馆特许学校（Miami Children's Museum Charter School）以博物馆为基础，通过使用博物馆的展览品、设施和资源提供独特的学习氛围，营造一个积极向上的学习氛围。学校招收幼儿园至五年级的学生。儿童可以提出问题，发现和通过现实世界的经验解决问题。学校与美国服务时间最长的特许学校服务与支持组织之一 Academica 公司合作，以获得更多博物馆学校的设立经验。学校的学生都有机会利用迈阿密儿童博物馆的资源开展学习。学校为学生提供了创新课程，这些课程侧重于博物馆的艺术和文化等主题。学校使用与其他公立学校相同的课程目标，但是采用了与大多数学校不同的方法来满足学生的学习目标——利用博物馆的展品。

2.3 博物馆附属学校

艺术博物馆学院（the School of the Museum of Fine Arts）由美国的波士顿美术博物馆成立，后与塔夫茨大学合作并成为塔夫茨大学的一部分。与大部分博物馆学校面向 K－12 招生不同，艺术博物馆学院招收大学本科学生和硕士研究生。艺术博物馆学院与波士顿博物馆保持着长期的合作关系。学院学生可以获得进入博物馆享受独家展览的特殊机会。学生可以在幕后参观博物馆的丰富藏品，与艺术家和专业人士交流讨论，与博物馆策展人进行合作，并在博物馆中实习和工作。艺术博物馆学校的课程设置也不同于其他普通大学学院，学校为学生设计了个性化的学习计划。艺术类学院因其专业的特殊性会有更加丰富的展览活动，但是相较于其他艺术学校，艺术博物馆学校为学生提供了广泛的展览机会。如印刷、绘画、摄影年展，年终展，论文展，媒体艺术展，校友展等。学生们将会在纽约国际印刷中心、波士顿美术博物馆画廊等地策划和举办他们的展览。相较于普通观众，艺术博物馆学院的学生能够接触到更多的波士顿美术博物馆资源，这些资源与他们的日常学习活动相关联。艺术博物馆学院学生不仅利用博物馆资源进行学习，而且将博物馆作为其学习成果的展示舞台，相较于学校展示空间，博物馆展示空间更为专业并且富有吸引力，将会有更多的观众看到学生们的展品。

3 博物馆学校特点

3.1 博物馆学校中的教师

3.1.1 人员结构

博物馆学校中的教师不仅包括各个学科的教师和学校管理人员，还包括博物馆专业人员。博物馆专业人员常驻在学校之中，作为学校教师参与到博物馆学校的日常管理和教育之中，为学生带来专业的博物馆知识，同时也为学校教师的课程设计出谋划策。一些博物馆学校开设了博物馆设计课程，由博物馆专业人员进行授课，学生可以系统地学习与博物馆展览设计相关的知识。课程的目的是帮助学生在博物馆进行有效的学习，鼓励学生深入挖掘展品的内在联系，提升学生的逻辑思维能力和创新能力。

3.1.2　教学方式

博物馆学校的教学方式以启发式教学为主，基于博物馆资源开展项目式教学。教师将博物馆资源同课程内容相结合，激起学生的好奇心，鼓励学生观察展品并进行有意义的思考，通过对展品的深入研究来寻找答案。不同于其他学校使用的统一课程，大部分博物馆学校为保证博物馆学习顺利开展开发了特色课程。教师需要选择不同类型的博物馆与不同学科的知识相融合，通过对博物馆的实地考察和同博物馆专业人员的深入讨论进行课程的设计，向博物馆专业人员学习博物馆的相关知识以保证课程的顺利开展，将博物馆学习同学生的课后作业相结合，为博物馆课程的评价设计量规。在课程资源的开发过程中，博物馆学校的教师面临着巨大的挑战，因此，博物馆专业人员的参与显得至关重要。教师与博物馆人员形成合力，共同推进博物馆学校的教学方式变革。

3.2　博物馆学校中的学生

3.2.1　学习方式

博物馆学校的学生以博物馆学习为主要学习方式，并以项目形式展开。博物馆学习主要体现为基于对象的学习和动手学习。[4]在创造性学习项目中，学生通过近距离观察展品、与展品进行互动、研究展品来获得深层次的学习体验。在博物馆学习中，通过扮演博物馆馆长、讲解员、设计师等角色，学生可以从不同的角度看待博物馆内的参观与学习行为，并在此过程中提高对博物馆工作人员的身份认同感。

3.2.2　学习环境

普通学校的大部分课程在学校内开展，博物馆的参观活动在课下进行。博物馆学校的课程大部分在博物馆开展，将博物馆学习从课下变为日常学习的一部分。经过教师和博物馆专业人员设计开发的博物馆课程从博物馆资源出发，与当地课程标准相吻合，这使得学生的博物馆学习不仅是一次博物馆参观经历，更是一堂生动有趣的多学科课程。博物馆不是单一的学科环境，而是融合了多元知识的学习环境，博物馆学习经历允许学生轻松地进行跨学科学习。学生不仅是在进行 STEAM 学习，更是在进行 STEAMM 学习，即 STEAM 与博物馆相结合的跨学科博物馆学习。

3.2.3　学习结果和评价

普通学校的学习评价是进行月末或期末的书面考试，考试成绩则作为本学期的学习结果。博物馆学校的学习结果是由学生策划一场展览，学习评价则是教师、同学和家长三方对学生策划的展览进行评价。展览与博物馆学习息息相关，将展览作为学生学习结果的呈现方式体现了以博物馆学习为核心的博物馆学校宗旨。与展品相关的理论知识是策划展览的基础，学生还需要运用多种技能对展览进行设计、实施和完善。展览的策划过程也是对学生的创新能力、组织能力、表达能力和思维逻辑的提升。来自教师、同学和家长的评价相较于教师的单方面评价更为客观。来自家长的评价方式鼓励家长在学生成长过程中的参与，并与学校形成合力共同促进学生发展。

3.3　博物馆学校中的博物馆

提供更多展品资源。相较于普通的学校参观活动，博物馆为博物馆学校提供了更多的展品资源，学生可以近距离观察博物馆的非常设展品，与博物馆专业人员讨论展品的相关问题。一些博物馆甚至为博物馆学校开设了单独的展览供学生进行学习。博物馆的非常设展品和展览将为学生带来全新的博物馆体验，提供更多空间。博物馆学校的学生不仅在博物馆进行学习，也在博物馆进行讨论和设置展览，一些博物馆学校将学校地址设置在博物馆内，这需要博物馆开辟出部分空间供学生进行学习与讨论。提供更多实习机会。博物馆与学校进行合作，相关专业的学生在博物馆内进行实习以获得更多的博物馆经验。

4　对国内馆校合作的启示

4.1　博物馆学习模式

博物馆学校的核心是博物馆学习。博物馆学习建立在博物馆资源的基础上，学生通过观察、互动和研究学习更多的相关知识并进行深度思考。将博物馆学习模式融入日常学科教学中，充分利用各类博物馆的教育资源，引导学生进行充分且细致的观察，而非在课后或以春秋游进行"走马观花式"的参观。鼓励学生走进展品，提出问题，并在博物馆参观过程中尝试解决问题。

4.2 教师与博物馆的合作

博物馆提供培训、讲座及研讨会等活动助推教师发展，博物馆专业人员参与学校教学和管理。博物馆重视提升教师专业能力，更注重提升教师利用博物馆资源开展教学的能力。教师在馆校合作中承担着重要作用，一些教师由于对博物馆资源的熟悉度较低，利用博物馆资源的能力不强，从而无法进行博物馆课程开发和实践。[5]博物馆和教师的合作将助推博物馆特色课程的开发与应用。国内有多所学校和博物馆合作开展了"博物馆进校园"活动，博物馆专业人员进入班级向学生介绍博物馆展品的相关信息。美国博物馆学校的博物馆专业人员在校内驻留则是向学生传递博物馆设计的相关知识，加深学生对博物馆的理解并为将来的学生展览做铺垫。国内在开展"博物馆进校园"活动时，可以考虑在介绍馆内藏品之外，为学生介绍博物馆设计的相关知识，提升学生的兴趣，从而有助于开展博物馆学习。

4.3 学生展览

美国各博物馆学校的课程具体开展方式不尽相同，"博物馆之夜"活动却是每个学校博物馆都开设的学期活动。学生将策划一场展览，并展示自己所创造的展品。展览的目的并不是训练未来的策展人，而是鼓励一种"鼓励提问、积极调查、参与解决问题"和"加深对周围世界的理解"的世界观。创造和评价展览可以促使学生思考他们如何学习得更好。[6]国内一些学校设立了带有学校特色的博物馆，一些学校以科技走廊、场馆走廊和科学教室等方式营造了类博物馆环境，内容多与科学和校园文化相关，为学生们提供了日常化的非正式学习环境。学校可以在此基础上加强与博物馆的合作，教师同博物馆教育人员学习开展展览的相关知识，博物馆教育人员来到学校进行实地指导，馆校合作使得学校的类博物馆环境得到充分利用，学生能够以学校博物馆环境为基础开设展览。

4.4 博物馆资源

博物馆为学校提供更多的资源，包括展品资源、空间资源、实习资源等。国内学校开展博物馆实地参观活动时，其参观内容同普通参观观众相同，学生并不能接触更多的展品和展览资源，这导致部分学校对某个博物馆的实地参观活动仅安排一次，学生无法充分进行博物馆学习。博物馆可以为学生增设展览，鼓励学校进行多次实地参观活动。国内部分博物馆馆内设有创客教室供学生与博物馆专业人员进行交流或小组内进行讨论，但利用率不高，学校在开展博物馆学习活动时较少在博物馆内开展讨论。学校可以考虑在博物馆学习活动结束后在博物馆内进行分享与讨论，并邀请博物馆专业人员参与学生的讨论。

4.5 博物馆与大学的合作

美国的博物馆学校不仅有面向 K‒12 招生的中小学，也有面向大学生和研究生的大学学院。本科生和研究生同样以博物馆学习方式进行专业课程的学习。国内的馆校合作多为中小学同博物馆进行合作，多为中小学组织了较大规模的博物馆学习活动。大学可以考虑和博物馆进行合作以促进学生的专业发展，以博物馆资源为依托、博物馆学习为主要方式，增进学生对本专业的认知和深层次的学习。

参考文献

［1］ Povis, Kaleen E., A Unifying Curriculum for Museum-Schools. online submission, 2011.
［2］ 许立红：《博物馆学校刍议》，《中华文化论坛》2012 年第 1 期。
［3］ 朱峤：《美国博物馆学校的运营模式和教育实践初探》，《博物馆研究》2016 年第 2 期。
［5］ 朱峤：《如何提升中小学教师利用博物馆教育资源的能力》，《中国博物馆》2015 年第 3 期。

美日博物馆教育职能发展比较研究

徐虹王禹　卢学扬　刘家武*

（华中师范大学，武汉，430079）

摘　要　教育是博物馆等科学场馆的核心职能，从萌芽到兴盛经历了漫长的过程，场馆教育已经成为国民教育的一部分；我国的场馆教育起步较晚，尚未形成体系，教育价值还未得到真正体现。本文用文献研究法和对比分析法对美国和日本的博物馆教育职能的发展过程做对比，以此为镜，反思我国的发展历程，以更好地规划未来国内场馆教育的进一步发展，为提高我国国民科学素养做铺垫。

关键词　博物馆教育　教育职能　科学素养

科学场馆是科普教育的重要载体，也是传播科学知识的重要手段和途径，主要包括科技馆、科学中心和博物馆。我国主要是科技馆，而西方国家大多是博物馆来承担科学传播的重任。因此本文以西方博物馆为例，展示其教育职能的发展情况。对于博物馆的定义，国际博物馆协会定义委员会负责人杰特·桑达尔在 2019 年重新进行了明确："博物馆是应对关于过去和未来的批判性对话的民主化、包容性和多层次的空间。博物馆意识到并解决当前的冲突和挑战，为社会代为保管人工制品和标本、为子孙后代保护各种记忆、保障全民享有平等权利和平等地传承遗产。"但该定义由于未涉及教育而未被世界所认可，在

---

* 徐虹王禹，华中师范大学生命科学学院卓越教师计划硕士，研究方向为学科教学（生物）；卢学扬，华中师范大学生命科学学院卓越教师计划硕士，研究方向为学科教学（生物）；刘家武，华中师范大学生命科学学院副教授，研究方向为生物学课程与教学论。

2020 年会对博物馆的定义进行再一次明确。博物馆的职能是就其承担的社会职责而言的,[1]目前所确定的博物馆的三大基本职能为收藏、研究和教育,而教育被视为当今博物馆的核心职能,是博物馆实现社会效能的目标。[2]因此本文比较美日博物馆教育职能的发展,为我国的场馆教育提供借鉴与参考,进而促进我国场馆教育未来的整体发展。

1 日本博物馆教育职能发展

日本博物馆萌芽于明治维新时期,是在社会发展中产生的,日本博物馆的建设理念受到西方教育思想的影响,在国家行政和政策的推动下发展,同时联合高校、企业得以壮大。博物馆便成为日本各阶层休闲、学习交流、普及科学教育的场所,同时也促进了日本终身学习社会的建立。

1.1 博物馆教育的萌芽

在明治时期以前,日本的统治阶级为了装饰自己的书斋,便将收集的奇珍异宝摆放在书斋中,到了重要法会,各人就将自己的藏品公开展览,这就形成了日本博物馆的雏形,但此时其只是统治阶级的炫耀手段,没有公共教育的职能。明治维新时期,日本大力向西方学习,将西方的先进思想引入国内,其中之一就是博物馆建设,此时博物馆的职能也悄然发生变化,不再只是统治阶级炫耀的工具,也不只是收藏的职能,而以展示、参观为主。日本教育家福泽谕吉在《西洋情况》一书中明确提出了博物馆的职能,将"教育"提到了纸面上,此时期日本博物馆的建立便是以"公共教育"为宗旨的。1871 年设立文部省博物局来专门管理博物馆相关事务。文部省的田中不二麿对日本博物馆的教育发展起到了很好的推动作用,在考察了美国和加拿大的教育现状后,提出"博物馆教育与学校教育具有同样的地位"。而日本第一家与教育相关的博物馆就是"东京博物馆",它以"实物教育"为核心目标,对学校的理论教育起到很好的补充作用。此后,各地都开始建立教育博物馆,此时博物馆主要的教育形式除展示、图书阅读、演讲会、对参观者的解说、研究教具之外,还发行研究成果报告的杂志,借调地方教育展览会的资料。但由于《教育令》的发布,教育博物馆的地位开始下降,教育博物馆也逐渐消亡。[3]

1.2 博物馆教育的发展

大正时期，文部省普通学务局接管了东京博物馆，还设置了附属图书馆，东京博物馆就以收集藏品、相关图书为主要任务，并对外开放。为了提高社会科学教育的普及力度，博物馆还会外借馆内藏品，举办展览会和演讲，拓宽科普活动范围，让更多的公众能接受科学教育。为了进一步促进博物馆教育事业的发展，1929 年文部省成立博物馆事业促进会，同时还发行图书，开展科学教育讲座。[4]此时期博物馆发展极快，新建了几百个各类型博物馆，博物馆专职人员也迅速增加，博物馆开展的教育活动也更丰富，科普范围也更加广泛。

1.3 博物馆教育的兴盛

二战对于日本的博物馆教育而言是一个巨大的转折，社会教育的恢复以及《社会教育法》的颁布，使博物馆的教育职能得到了国家的重视。此后日本又颁布了《博物馆法》等法律，确立了博物馆的地位，明确了博物馆的核心职能——教育和培养博物馆专业学艺员的职责。1960 年后，博物馆的相关制度进一步完善，博物馆数量也大大增加，博物馆专业学艺员的专业性也更强，与社会的合作进一步增强，教育活动形式进一步丰富，博物馆开始举办演讲会、见学会和放映会等活动，也有研讨会、讲座、科学实验等形式。活动开展之后，还会进行教育评价，评判活动的有效性，以进一步改善活动。受到终身教育理念的影响，日本进一步实行整顿博物馆设施、提高学艺员科学素养、健全信息网络等措施，加大了博物馆教育的传播力度，博物馆教育进入正轨。到目前来看，日本博物馆专业学艺员占博物馆职员总数的一半以上，同时参与到馆校合作项目的博物馆有 80% 左右。馆校合作也不仅仅是针对学生，教师也能接受专业培训，共同提升科学素养。

2 美国博物馆教育职能发展

从美国建国之初，其就是一个多元文化的国家，美国博物馆能够在多元文化的社会背景下生生不息，依靠的是博物馆对普通群众的承诺与责任。从最早皮尔将博物馆向普通群众开放，到将博物馆视为美国外来移民接受文化融合教

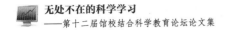

育的场所，再到推动科学教育的主阵地，一直体现了博物馆将科学教育视为其职责所在。

2.1　美国博物馆教育的萌芽

在 18 世纪，美国早期的博物馆实践孕育着教育理论，在 1786 年，皮尔在费城建立了美国第一座博物馆——皮尔博物馆，并在随后几年提出自己的观念，他认为博物馆的目的就是要吸引和教育那些缺乏正规教育的普通公众，一直让博物馆保持开放的状态，博物馆中不仅会举办许多文娱活动让劳工阶层享受到博物馆各种项目，还出版博物馆的收藏目录和指南以便人们接受博物馆教育。[5]此时皮尔博物馆在实践中实际上已经蕴含了民主与教育这两个重要的理念。这些理念在其博物馆的服务对象以及服务项目上，得到了充分的体现，而这些理念又因为皮尔博物馆模式（"先有博物馆后有收藏"的传统以及博物馆对公众教育的重视）仿效而逐渐演变成了美国博物馆的一种传统。该时期，博物馆的教育和娱乐等第三职能已经呈现，但是此时的博物馆教育只是部分人的个体意识，只是博物馆的附加产品之一，还不能算是一个大众的目标。

2.2　美国博物馆教育的新生

在 19 世纪，工业革命给美国社会带来了工业文明、城市文明，为博物馆这种文化事业的茁壮成长提供了基础。因此，美国的博物馆开始进入发展阶段，各种规模大小不一的博物馆发展很快，并且美国博物馆的性质和类型已经日趋清晰，虽然仍存在许多综合类博物馆，但是如自然历史博物馆、科学博物馆等各类博物馆都建立起来了，专业类博物馆开始蓬勃发展，博物馆教育也迎来了新生。美国国家博物馆副馆长古德开创性地提出了"教育性博物馆"理论，为博物馆教育角色的确定奠定了理论基础，并在随后的《未来的博物馆》中系统论述了博物馆在为国家培养人才和促进社会发展中的重要作用。[6]此时博物馆教育多以基于藏品为中心而开展，其目标是传播知识，为大众创造自主学习的机会。

2.3　美国博物馆教育的发展

20 世纪是美国博物馆的繁荣时期，一是科学技术发展更为迅速，社会各界对于科学知识普及的需求大力推动了科技类博物馆的发展，与此同时，"博物馆现代运动"的改革活动使得"博物馆是一个独立的社会教育结构"的观点被社会广泛接受；二是美国本土没有遭受二战的影响，强劲的经济力量也推动了大量博物馆的建设，美国博物馆于20世纪中叶发展为世界一流水平。于1968年发表的《美国博物馆：贝尔蒙报告》明确了博物馆作为教育结构的角色定位，之前博物馆教育一直属于一个模糊的角色，虽然社会大众已经默认博物馆是一个教育机构，但是联邦政府却没有相关声明，该报告的发表明确了博物馆教育的权利和责任，确立了博物馆教育的核心地位，并为美国博物馆发展

表1　日本和美国博物馆教育职能发展对比

类目			日本	美国
博物馆教育职能发展历史	萌芽	时间	明治维新时期(1868~1900年)	建国时期(1776~1800年)
		表现	引入西方思想,建立教育博物馆	博物馆教育理念蕴含于个别人的意识中
		教育职能	公众:展示、图书阅读、解说 学生:演讲会 教师:研究教具	公众:展览、音乐会、幻灯展示 学生:讲座、实验演示
	发展	时间	大正时期到二战(1912~1939年)	工业革命时期到20世纪(1800~2000年)
		表现	文部省接管社会教育,大力兴建博物馆,拓宽博物馆教育范围	兴建专业化博物馆,明确博物馆的专门教育机构,强调其在教育体系中的重要作用
		教育职能	公众:馆藏借调、展览会、图书发布 学生:演讲会、教育讲座	公众:藏品展示、科学表演 学生:学术演讲课程、科学演讲会 学校:文物标本借出 教师:教师培训课程
	兴盛	时间	二战后至今(1960年后)	新时代(2000年至今)
		表现	颁布系列法律法规,完善博物馆教育事业与教育活动评价体系,加强馆校合作,落实终身教育理念	出现社区博物馆和地区博物馆,"数字博物馆"和"馆校合作"等成为热点
		教育职能	公众:演讲会、见学会、放映会、网络宣传 学生:研讨会、科学实验、讲座、实习进修 教师:教师培训、馆校教师合作授课 学校:开发教材、研发教具	公众:现场实验、演讲、音乐会、线上线下互动 学生:研讨会、讲座、科学情景剧、戏剧表演 教师:教师培训、馆校教师合作授课 学校:文物标本借出、开发教材、研发教具

续表

类目		日本	美国
教育理念		杜威实用主义教育理论 加德纳多元智力理论 建构主义学习理论	杜威实用主义教育理论 建构主义学习理论 终身学习理念
法律法规 或 相关报告	萌芽	《教育令》	《未来的博物馆》
	发展		《美国博物馆:贝尔蒙报告》《博物馆服务法》《终身学习法》《新世纪的博物馆》等
	兴盛	《社会教育法》《博物馆法》《关于博物馆的设置与经营标准方案》《博物馆法施行规则》《终身教育振兴法》等	《有教无类法案》
管理部门		文部省	美国博物馆协会
资金支持		政府	美国博物馆协会以及地方组织机构或私人捐赠

争取了国家政策和财务的支持。在 20 世纪后期，美国博物馆协会发布了《新世纪的博物馆》等一系列报告，肯定了博物馆作为教育机构的许多重要作用，特别是在"终身学习"和"非正规教育"两方面。这一时期，博物馆教育从"一个重要功能"演变成博物馆工作的核心，以教育为目的的多元化现代博物馆成了主要类型。

2.4 美国博物馆教育的新时代

21 世纪以来，美国博物馆大型化和集中化的趋势开始改变，博物馆建设向社区博物馆和地区博物馆等类型演变。而在博物馆教育方面，随着网络信息技术的发展和伙伴型关系教育的学术浪潮的涌现，"数字博物馆"的建设和开展"馆校合作"成为新时代博物馆教育的重点工作，让观众能不受到时间、地点的限制随时随地了解博物馆，保持博物馆与观众的持续互动。[7]

综上所述，我们可以发现，虽然日本博物馆教育起步晚于美国，国情也不甚相同，但在博物馆教育的发展中有相似的历程，日本和美国都有正确的理论指导，认识到了博物馆在"实物教育"方面的重要作用，也认识到了博物馆的地位以及对于公众教育的意义，同时有专门的管理机构和资金支持机构，让博物馆能顺利运行下去。为了让博物馆教育职能更好地发展，国家还颁布了一系列法律法规并做了很多调研，从国家层面和落实情况多方面引领博物馆教育的发展。但日本相对美国来说，博物馆活动形式还是不够丰富，资金方面的支持也不够多，大部分还是靠政府的支持和投入。这两个国家的优势是值得中国借鉴学习的，因为我国在博物馆、科技馆等科学场馆方面的投入相对来说是比较少的，在国家层面有很多政策方针的支持，各科技馆的建设也是较好的，但实践落实情况还是不乐观，地方差异较为明显，博物馆数量和分布都不算均匀，未像日本、美国一样，将科学场馆社区化，很多偏僻地区是缺乏科学教育资源的。因此以西方发达国家博物馆教育发展为镜，明确我国博物馆教育的不足，为未来的建设做进一步的规划。

3 美日博物馆教育对中国的启示

从美国和日本博物馆教育的发展历程来看，其兴盛是有相同原因的；而由于两国国情的不同，博物馆教育的发展有各自特有的形式。美国作为博物馆教育发展前列的国家，其经验和做法都值得我国学习；而日本的国情和文化背景都与我国相似，我国可以借鉴日本具体的案例。因此以美日为镜，明确自身不足，可以有所启发。

3.1 明确场馆自身定位是普及科学教育的基础

西方的博物馆是当地社区文化传播的中心，其场馆定位十分明确，已经融入国民教育体系，承担了公共教育的责任。其开放性的资源满足了社区里不同文化背景、不同年龄阶段的人的不同需求。我国科学场馆作为普及科学教育的主要阵地，应该明确自身定位，认清其教育功能和价值所在，不能忽视了科技场馆在传播科学知识上的能动性。在现今这个信息化时代，我们要培养学生的科学素养，科学场馆是最佳选择。不仅学生，我国还需要向社会不同群体提供科学教育的机会，以落实终身学习的理念。

3.2 场馆职员的职业素养是普及科学教育的保障

博物馆教育工作者是向公众传播科学知识的保障。无论是进行馆校合作课程建设，还是向公众普及科学教育，场馆职员都是十分关键的一环。因此，做好场馆职员的职业培训，提升其职业素养是普及科学教育的保障。我国的场馆职员普遍缺乏专业知识，开展的科学教育活动效果不佳。因此为了保障场馆职员的专业性，确保博物馆教育活动的顺利进行，有效提升学生的科学素养，我们可以对场馆职员进行定期培训，同时与中学教师联动合作、对科学教育活动进行多元评价。

3.3　信息化资源建设是普及科学教育的催化剂

我国民众对博物馆的认识不够充分，科技馆活动的参与热情不高、参观次数较少等现象，都与大众必须走进科技馆才能获得学习资源有密切关系。公众由于社会压力无法经常去科技馆，进入科技馆后大多是走马观花，未深入了解和学习。大众由于缺乏参观指导和明确目的，在参与过程中就缺少了学习的主动性。加快信息化资源建设将解决社会大众出行难的问题，是加快普及科学教育的催化剂。科学教育资源的信息化建设着力于解决社会大众的现实问题，公众可以借助网络资源随时随地参观和学习。

3.4　多方合作确保体现博物馆的公共价值

科技馆要充分展现其功能，向社会大众传播科学知识，而提升全民科学素养，需要社会各方的支持和帮助。首先是与学校教育的联系，其次是与社区和相关机构的合作。西方国家在这种合作关系的构建方面取得了巨大成就，值得我们效仿，科技馆等科学场馆可以通过与当地各种组织进行合作，以为促进当地发展提供技术服务为目标，开展多方合作，整合地方资源，体现科学场馆的公共价值。同时也要加大对科学场馆的资金支持力度，以政府为中心，联合社会各界力量，加大科学场馆的资金投入，实现多方共赢，提高公民科学素养。

3.5　多元评价体系促进博物馆教育发展

对于开展的教育活动，一定要实施有效的评价，才能更好地促进博物馆教育活动的开展和完善，和日本一样，在一个活动结束后开展多元评价，反思和改进教育活动，为以后相关活动的开展提供更有效的建议。因此，我们不仅要明确科普活动的数量和形式，更要对活动效果进行有效的反思，以更好地提升参与者的科学素养和实践能力，激发民众的科学兴趣。

参考文献

［1］王宏钧主编《中国博物馆学基础》（修订本），上海古籍出版社，2001。
［2］黄晓：《试论博物馆的职能与功能》，《文物鉴定与鉴赏》2019 年第 19 期。
［3］〔日〕柿崎博孝、宇野庆：《博物馆教育论》，玉川大学出版社，2016。
［4］朱华俊：《日本博物馆教育研究》，华中师范大学硕士学位论文，2018。
［5］张文立：《美国博物馆事业的先驱者——皮尔》，《博物馆研究》2005 年第 4 期。
［6］张文立：《古德小传》，《博物馆学季刊》2009 年第 3 期。
［7］王增华：《中美博物馆教育比较研究》，《西部学刊》2019 年第 4 期。

北京科学中心馆校合作的实践初探与思考

赵　冉[*]

（北京科学中心，北京，100029）

摘　要　馆校合作是科技馆为青少年提供教育服务的途径之一。当前各地科学中心、科技场馆都在致力于发展馆校合作。探索和建立有效的合作机制，创新和丰富合作内容，提升和巩固合作成果，也是众多科技馆一直探究的课题。本文在分析馆校合作现状，认识馆校合作重要意义的基础上，结合北京科学中心馆校合作实践，探讨了几种应对发展中存在问题的策略，以期实现馆校合作的可持续发展。

关键词　北京科学中心　馆校合作　博物馆教育

科技馆教育是社会教育的重要组成部分。1937 年世界上第一座科学中心巴黎发现宫建成，之后的 80 多年中，科技馆一直以展览及其他多种科普活动形式承载着对普通公众特别是青少年的科普教育功能，将场馆教育与学校教育相结合的科普工作机制，是科技馆更好地服务于青少年科学教育的有效途径之一。如何更好地发挥馆校合作有效性，结合场馆自身特色，在合作模式上不断探索，在合作内容上不断创新，在合作成效上不断提升，寻找馆校合作可持续发展的路径，也是众多科技馆一直探究的课题之一。

---

* 赵冉，北京科学中心展览教育部，研究方向为科学教育。

1 馆校合作的现状和意义

1.1 馆校合作的现状

2006 年 6 月，中共中央文明办、教育部、中国科协联合印发《关于开展"科技馆活动进校园"工作的通知》，是将相关科学教育的校外资源与学校结合的一个重要标志。[1]经过十余年的探索和发展，我国各地科技馆都结合地域特点、场馆特点、学校需求开展了因地制宜、形式多样、内容丰富的馆校合作项目。

依据馆校合作发起方的不同，馆校合作基本可分为学校主导型、场馆主导型、上级主导型。[2]当前很多科技馆的馆校合作项目都是多方参与，共同合作，实现共赢。一方面，优化资源配置，使效益最大化。合作发起方不同，对资源的支配权不同，多方合作可充分调动科技馆、学校、社会各方资源，集各家之所长。另一方面，配合度越高，合作效果越明显。发起方代表着对合作的积极性和配合度，例如，上海科技馆的"博老师研习会"是与上海市教委联合开展的"馆校合作"项目，到 2019 年，上海科技馆已经与全市 167 所学校建立合作关系，覆盖全市全部 16 个区，309 名博老师从科技馆毕业，该项目让馆校间打通脉络，共享资源，体现了深度合作的意义与价值。

依据馆校合作内容、形式的不同，馆校合作可分为基于科技馆展品开展的科学教育活动，基于科技热点、科技周、冬夏令营、科技竞赛等开展的科普主题活动，基于优质科普资源推送的进校园活动等类型。这些也是科技馆开展馆校结合项目的常规类型，一般科技馆会依据本馆展教活动开发程度、学校需求、社会需求等因素多类型综合开展。例如，重庆科技馆在 2015 年 9 月面向小学开展"社会综合实践课"试点时，一次性推出了展厅主题参观、展厅主题教育活动、趣味科学实验、快乐科普剧、科学小制作五大系列 85 个项目，各学校均可根据不同年级的不同学习内容"按需点菜"，各学校趋之若鹜，往往需提前两个月预约。其成功经验，值得各地科技馆借鉴。[3]

1.2 馆校合作的意义

馆校合作，是科技馆与学校合作开展以学生全面发展为目标的教育工作，包括双方老师的交流或培训，以达到（场馆）资源效益最大化及双方和学生共同受益的目的。[4] 无论馆校双方哪一方面在馆校合作中受益，都将有助于其更好地服务于学生。

对于科技馆而言，馆校合作可全方面促进科技馆教育资源的丰富和师资能力的提升。开展馆校合作需要运用到科技辅导员的教育活动组织策划能力、协调沟通能力、教育活动开发能力，还需要掌握展厅辅导、科学实验、科学表演等各种活动形式，可促进科技辅导员综合素养的提升；为了配合合作项目的开展，会开发相配套的展览教育活动，可丰富场馆的展教活动资源；在组织过程中馆内各部门联动，可提升部门间配合度和团队协作力，还可增加科技馆整体服务意识和服务水平；通过收集意见反馈还可促进展览内容形式的更新、运营机制的完善和综合服务能力的提升，反哺科技馆全方位建设。

对于学校而言，馆校合作可促进校本特色活动的发展。馆校合作实践使校内外教育在内容、形式、资源上互为补充、互相助益，为学生综合素质培养提供更全面、更广阔的空间，馆校联合教研、场馆校本活动的研发、相关教师培训等也为校内教师的职业发展提供了支撑和补充。

对于社会而言，科技馆和学校本身都具有对社会的教育功能，通过馆校合作搭建平台，可更好地汇聚、调配社会资源、教育资源，使资源效益最大化，另外还可形成合力满足家庭、特殊群体、偏远地区对于科学教育的需求。

2 馆校合作存在问题及解决策略

在馆校合作发展过程中总会出现各种问题和困境，这些问题也会随着教育政策、社会环境、科技发展的变化而变化，各地科技馆都根据自身发展目标，结合场馆特点，探索出了一些因地制宜的解决办法，其中一些好的做法也为其他馆解决问题提供了思路和支持。

2.1 馆校合作中的问题

当前科技馆的馆校合作项目呈现越来越多样化、特色化的趋势，但因都处在同一国情和大的科学教育背景下，各地在开展馆校合作中会面对一些相似的问题，主要表现在以下三方面：第一，学生走马观花式参观科技馆，把科技馆作为游玩的场所，研学流于形式；第二，科技馆教育活动日趋多样化，但具有课程开发能力、活动策划组织能力的高学历人才明显匮乏，科技辅导员人才储备不足；第三，学校组织学生到科技馆参观学习的人数有限，展教活动覆盖面有限。笔者对这三方面问题的成因进行了分析，如表 1 所示。

表1　馆校合作中的共性问题的原因分析

问题	原因分析
走马观花式参观	一次性参与人数众多 展教活动针对性不强 馆校之间缺乏有序有计划的合作
科技辅导员人才储备不足	人员数量限制 学科专业限制 场馆教学经验限制 综合能力限制
展教活动覆盖面有限	场馆活动场地有限 参与学生人数有限

根据上述分析，可以发现问题的成因主要集中在馆校合作的机制、教育活动的开发和组织模式、科技辅导员的综合素养等几个方面。如果馆校之间不能搭建有效的沟通渠道，建立协作联动的合作模式；配套的展教活动不能满足学校、学生的需求；科技辅导员的综合素质不能与科技馆的业务发展相匹配，这些都会为馆校合作的开展带来一定困扰。

2.2　问题解决策略——以北京科学中心馆校合作实践为例

北京科学中心于 2018 年 9 月正式对外开放，在馆校合作项目的开发和实践中进行了一些有益的尝试。"三生"展线课程是北京科学中心基于北京科学中心"生命、生活、生存"主题展馆展品开展的科学教育活动，以北京市中小学生为主要服务对象，以"向青少年传播科学思想和方法"为目标。课程深入挖掘"生命、生活、生存"主题展览展品所体现的科学原理、蕴含的科学思想和方法、展品背后的科学故事等，形成多个主题脉络，学生在科技辅导员的引导下，通过讲解、操作、实验、分享、学习任务单拓展应用等多维度互动、多感官体验的学习模式，获得直接经验，实现基于展品的深度体验式学习。下面将结合北京科学中心"三生"展线课程在开展馆校合作中的实践，基于上述问题做出一些探索和尝试。

2.2.1 基于学生能力发展水平，进行分学段的教育活动开发

开展以学生为中心的展览教育活动，需要满足不同学生需求，采取不同形式、从不同角度设计教育活动，做到因材施教。中小学生作为科技馆的主要服务对象，分学段开发展教活动是当前较主流的做法。按学段并不等同于按需求，因为需求中还涵盖了兴趣、爱好等主观因素，但根据学段可以较好地对学生的知识储备、能力发展进行综合判断，使开发的教育活动更有针对性。

"三生"展线课程体系秉承与校内教育"内容互通、形式互补"的设计理念，包含三个一级主题——生命、生活、生存，契合展馆主题；下设20个二级主题，与中小学科学课程标准、科学大概念、实际生活相联系，针对小学一二年级、三四年级、五六年级及初中一二年级四个学段，每个学段设置30个展线课程，总计120个。可实现不同学段学生在同一开放空间、同一时间的单次学习，也可实现同一学段学生多次来馆的系统学习。

但如果分学段的教育活动只以内容的难易程度为划分标准，显然无法达到以学生为中心这个目标，所以以学生的能力发展为出发点设计活动才能更为有效地解决问题。以"三生"展线课程开发为例，二级主题"水圈"在划分不同学段课程内容时，就依据学生学习的认知层级确定四个学段的教学难度，如表2所示。

表2　按学段的能力分级和课程内容定位分析

学段	能力层级	课程内容定位
一、二年级	认识现象	认识水在自然界中的分布及对生活的影响
三、四年级	理解概念	理解水在自然界中的循环方式，活化水的"三态"知识，为解决问题提供依据
五、六年级	分析规律	分析水流动的因素，利用模型探究规律
初中一、二年级	综合应用	解决水体污染问题，采用自主设计实验、分析数据、得出结论，训练高阶思维

2.2.2 探索分组合作学习模式，提升学生学习效能

学校组织学生参观科技馆时，经常是全年级几百人同时进入场馆，基本的

讲解有时都无法保证，更别说开展教育活动。但场馆作为非正式学习的重要场所，是学生接受科学教育的比较理想的场所，如何保证场馆教育的有效性，分组合作式学习是可尝试的解决途径之一。

分组合作学习模式能为学习者创设更好的学习条件，更容易达成学生与展品之间的有效互动、学生与科技辅导员之间的有效互动、学生与学生之间的有效互动，这些都是在科技馆基于常设展览展品开展科普教育活动时，获得多维度、多感官直接经验的有效保障。进行分组合作学习时，分组人数可根据场馆面积、教育活动目标、展品的有效利用率、学生学情等因素综合考虑。

"三生"展线课程在组织形式上采用小组合作学习方式，每组15～20名学生，"一位科技辅导员+一位助教"配合授课。参与人数的限制保障了学生在活动中充分体验展项的机会，更便于科技辅导员对每位同学的引导、关注和对活动的把控，同时保障了组内学生间交流、分享的有效性。这样的学习模式使场馆可一次性容纳600名学生同时进行30个主题的教育活动，有效保障了场馆学习内容的丰富度和形式的多样化，提升学生对场馆学习的兴趣。

2.2.3 建立专兼职科技辅导员队伍，扩充科技馆人才储备

把广大科技工作者与专业人才吸引、团结、会聚到科技馆平台施展才华、发挥作用、贡献力量，是促使科技辅导员队伍可持续发展的途径之一。兼职辅导员的引入可减少科技馆人才引进的风险、缩短人才培养的周期，而其自带的教育背景、专业优势更有助于队伍整体素养的提高和工作的创新。

北京科学中心科技辅导员队伍建设在人员组成上，不仅有科学中心自有的科技辅导员，还汇聚了大量首都重点大学、研究院所专业人才，北京市优秀科技教师以及教育机构资深培训教师等。专业涉及微生物学、材料工程、化学工程、材料物理、机械制造与自动化、交通、农林、地质、教育等22个领域，其中博士、硕士占43%，并有多位辅导员有近20年的从教经验，充分保障了科技辅导员队伍人才多样化、专业多样化，弥补了自有人才的不足。

为保证队伍管理的规范化、专业化、精细化，采用分级管理的模式，通过建立相应的制度规范管理流程、业务开展和教学行为；通过专兼职科技辅导员联合教研模式，促进业务交流，提升整体队伍的学习能力；通过定期工作例会，进行各项工作的组织、协调。

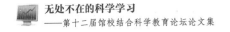

2.2.4　充分利用数字化技术，扩展馆校合作内容和形式

数字化时代，学生获取知识的手段、习惯都发生了很大的变化。互联网拓宽了学习的空间，馆校合作的内容和形式也势必要随之变化和发展，搭建馆校合作数字化平台，是提升馆校合作资源利用率，拓宽合作成果覆盖面，让更多学校、学生、教师、家长从中获益的途径之一。

北京科学中心目前正在进行"三生"展线课程数字化工作，将每场40分钟的场馆展线课程根据大众在网上获取信息的习惯，录制为 4~6 分钟的短视频，内容与实际生活建立联系，采用轻松、易懂、有趣的风格，通过科技辅导员的引导让展品在互联网上"活"起来。除此之外，还依托展厅实践活动和主题实验室开发线上活动，采用线上直播、实时互动、微信群答疑相结合的方式开展，让更多青少年足不出户也能体验到科学的魅力。

3　馆校合作实践的思考及建议

3.1　开展与学校的深度合作

在馆校合作实践中，学校方越来越关注开展的合作是否能促进学生综合素质提升和能力发展，是否能辅助教师职业发展，活动形式是否足够丰富，可满足学校、教师、家长三方需求。但在活动实际开展过程中，学校参与的老师往往更关注活动的形式和活动经费问题，学生参与活动时也仅起到带队和维持秩序的作用，并没有融入活动中，这与学校方对馆校合作的期待形成了一定的反差。

以北京科学中心为例，在开展馆校合作中，除学校到馆参与活动外，也与一些学校共同开发了场馆科学课，但因课程数量有限，可覆盖的学生人数非常有限。可见，如果没有相关教育行政部门的支持，很难充分调动学校教师的积极性，进行更深入、更长远的合作，这也是下一步需要思考和解决的问题。

3.2　建立长效的合作机制

很多科技馆开展的馆校合作实践中，以学校单次预约体验为主，并未形成长期的合作机制，不利于合作经验的积累以及项目的可持续发展。

下一阶段北京科学中心将探索建立馆校合作备忘录，以每个学校专属的个性化合作备忘录形式记录馆校双方合作意向、合作内容、合作细节，并形成长期的合作记录，方便查阅、修改、添加，为实现长期的合作奠定基础。

希望通过长期积累，将零散的、碎片化的合作模式转变为系列化、体系化的发展模式，在合作交流中积累经验，培育效果好的合作形式并形成范本在学校间复制、推广，还可用于新的馆校合作项目的孵化。

3.3 以研究课题引领项目发展

开展馆校合作全方位研究工作，以课题或研究性项目为引领，从政策、机制、合作方式、评估以及科技馆资源利用、科技辅导员能力提升等方面开展调查研究，以项目为依托收集研究数据，同时将研究成果反哺项目发展，为馆校合作实现多元化发展提供从理论到实践的指导和方向把控。

参考文献

[1] 顾怡雯等：《科技类博物馆馆校结合的模式探究》，载《科技场馆科学教育活动设计——第十一届馆校结合科学教育论坛论文集》，2019。
[2] 宋娴：《中国博物馆与学校的合作机制研究》，华东师范大学博士学位论文，2014。
[3] 朱幼文：《基于需求与特征分析的"馆校结合"策略》，载《中国科普理论与实践探索——第二十四届全国科普理论研讨会暨第九届馆校结合科学教育论坛论文集》，2017。
[4] 廖红：《中国科学技术馆馆校合作的实践与思考》，《科普研究》2019 年第 2 期。

场馆科学教育项目校本化实施初探

——以"照片墙上的秘密"为例

鲁文文　田超然　周佳佳*

（郑州科技馆，郑州，450052）

摘　要　目前，许多基于科技馆展教资源开展的"馆校结合"科学教育项目只是找到了与学校教学的结合点，在课程融合的深度和广度方面做得都不够，在深入分析馆校结合科学项目发展趋势的基础上，我们认为，"馆校结合"开展的最终目标应该是场馆科学教育课程在某些方面引领学校科学教育的发展。通过两年的探索与实践，我们发现，以项目式学习统整场馆资源和学校教材，将场馆科学教育项目以校本课程的形式实施，为科技场馆与学校的深度合作打开了新思路，且能够很好地实现这一目标。根据这一思路设计的"照片墙上的秘密"项目取得了良好的效果。

关键词　场馆教育　科学素养　馆校结合　科学课标　校本课程

1　背景及思考

2008 年，郑州科技馆着手开发与实施馆校结合的科学教育项目，不断尝试与学校课程进行对接，经过探索和实践取得了较明显的成果，过程中也遇到了新的问题，比如大部分的学校教师缺乏主动利用场馆教育资源开发教育项目的积极性；馆校结合的科学教育项目实施大多依赖于馆员。在馆员人数十分有

---

* 通讯作者：鲁文文，郑州师范学院，研究方向为科学教育。

限的情况下，必须创新馆校结合的思路才能解决这一问题。

经过十余次的学校走访、二十余次的深入探讨，我们发现必须将场馆优质展品资源与学校课程进行深度融合，真正考虑学校的需求。当然，科技馆还是要保持自身特色，在科技博物馆教育基本特征中，"基于实物的体验""基于实践的探究""多样化"及其背后的"直接经验"是4个关键要素。我们应发挥自身的价值和优势，围绕这4个关键要素设计开发"馆校结合"项目。[1]反复商榷后，终于有了新的思路：将特色展区的展品概念与学校科学教材（大象版）进行重新整合，梳理展品展示的核心概念，深挖小学科学教材中的课程主题资源，调整教材课程内容的编排顺序，合并、删除、扩充项目内容，开发基于学校总课程目标及科学课程标准，充分利用科技馆展品资源的项目式教育活动。

此次馆校结合创新教育项目的开发与实施，以发挥馆校双方优势，调动教师利用场馆资源开发课程及利用场馆教育项目实施教学的积极性，促进学生的学习方式转变为根本目的。结合郑州科技馆生命科学、磁电等特色展区的展示内容，以研究性学习的方式统整大象版科学教材五年级的主题课程，创造若干研究主题，并以主题研究的形式进行课程学习。我们选取陇西小学、桐淮小学为此次项目实施的试点学校。为确保活动能够顺利、有效开展，我们聘请郑州师范学院科学教育系系主任为课程指导、二七区教研室科学组教研员和试点学校的校长为项目组成员，同时，我们和学校协商，对学校课时进行调整，将一周分散实施的两节科学课调整为每周两节连上的大课，围绕表现性评价对学生的学习效果进行检测。

2 馆校结合科学教育项目的校本化实施——以"照片墙上的秘密"为例

2.1 课程概述

"照片墙上的秘密"总课时为4课时，是利用郑州科技馆生命科学展区"人的出生""遗传与变异"等展品，结合了四年级、五年级的教材内容，对其中有联系的"我从哪里来""我像谁"这些单元进行整合而开发出的研究性课程，帮助五年级学生系统地学习这方面的知识，在国家课程的基础上，进行有条理、深入的探究。

2.1.1 小学科学课程标准的相关要求

能基于所学知识，用科学语言、概念图、统计图表等方式记录整理信息，表述探究结果。

能基于所学的知识，采用不同的表述方式，如科学小论文、调查报告等方式，呈现探究的过程与结论；能基于证据质疑并评价别人的探究报告。

2.1.2 学情分析

学生对于遗传和生命周期，会有一些简单的了解，但是不够科学准确。郑州科技馆生命科学展区的展品能给学生提供大量的信息，直观的展示方式可以带给学生更加真实的体验。学生可以在这里记录、体验、拍摄相关的内容，进行资料搜集。然后根据搜集到的资料，进行汇总、分析，挑选出与本组研究相关的内容，并讨论汇报的方式、人员的分工合作、模型的制作等内容，从而更好地促进学生对知识的理解，掌握科学学习的方法，激发主动探究的兴趣。

2.1.3 学习目标

第一，科学知识：学习人的遗传和生命周期；能通过分工与合作，制订合理的项目研究计划。第二，科学探究：能有效利用场馆资源搜集资料，并对搜集到的资料进行整理分析；会使用模型、PPT、表演、游戏等多种形式，呈现研究的成果。第三，科学态度：学会与人合作、善于表达、乐于分享。第四，科学、技术、环境与社会：感恩母亲，珍惜生命。

2.1.4 评价任务

第一，观察学生能否填写项目研究计划书。第二，学生能否依据场馆展品图提示，参观与项目有关的展品，并进行记录搜集、整理资料。第三，观察各组能否按照评价标准，来展示研究的成果。

2.1.5 教学方法

制订计划、搜集资料、讨论、汇总分析、展示、评价。

2.1.6 教学准备

每组一张场馆展区地图，项目研究计划书，一块秒表，一台电脑，记录单，模型制作使用的轻黏土、白纸、彩笔、PPT 等。

2.2 实施流程

教学地点：科技馆三楼教室与生命科学展区。

实施人员：以试点学校教师为主、场馆馆员为辅。

2.2.1 第1、2课时实施流程

教学环节一（情景导入5分钟）：教师通过PPT向学生展示两组照片，引导学生发现孩子有些特征和妈妈相似，这是"遗传"现象。妈妈由年轻到年老的容貌变化，经历了一个"生命周期"，从而明确研究主题"遗传与生命周期"。

设计意图：出示内含规律的两组照片，帮助学生更容易发现妈妈和孩子之间的遗传特征与生命周期现象。

评价要点：学生能观察出每组照片的特点（从五官），用恰当的形容词、比喻等描述照片上人容貌的特点。

此环节教师让学生尝试解释生命周期的特点，列举三年级、四年级学过的动物生命周期，比如蝴蝶的生命周期"卵—幼虫—蛹—成虫"，引导学生思考人的生命周期。

教学环节二（确定项目、制订方案20分钟）：教师引导学生以小组为单位选择研究的内容：遗传或生命周期，并制订项目研究计划，教师对学生的研究计划做出评价反馈，比如场馆参观注意事项、收集资料、用自画像、统计图、成长相册等不同形式表达出来。

设计意图：帮助学生了解计划书各要素含义，并能制订项目计划书。

评价要点：学生了解计划书各要素含义，能在规定时间内，通过讨论、分工写完计划书（对内容不做过高要求，强调形式完整和学生经历过程）。

教学环节三（场馆探究30分钟）：发放展厅导览图，按要求在郑州科技馆三楼生命科学展区进行展品操作、搜集人的遗传或生命周期方面的资料并做记录，教师巡视指导有需要的学生如何做记录。

设计意图：这一环节，学生根据展品地图，快速有效地找到相关的展品进行学习，内容丰富、形式多样。

评价要点：小组间能够合理分工与合作，有序、高效地进行场馆探究，并记录要点。

此环节需要场馆人员在学生进入展厅前，介绍活动注意事项。1~3名教师和馆员在展厅，随时解答学生在操作展品时遇到的疑惑。

教学环节四（小组交流、完善方案10分钟）：教师评价探究活动情况，帮助学生快速收心。各小组汇报探究情况，其他小组和教师对汇报小组的成果进行评价。

设计意图：学生在搜集资料后，会对自己前面的认识有进一步的思考，因此要给学生再次修改的机会，完善方案。

评价要点：学生能认可教师对活动过程的评价，并在小组内进行反思，对下一阶段任务分工达成一致意见。

教学环节五（深入研究、产出成果）：教师发布课后任务，让学生在课下收集更多有关遗传、人的生命周期的信息，每个小组确定下次活动研究成果的展示形式，并做好展示准备。

设计意图：科学研究是一个连续性的过程，不仅仅只在课堂上进行，课下也仍要继续研究，为下次的展示做好准备。

评价要点：准备充分。

2.2.2 第3、4课时实施流程

教学环节六（制定标准、优化成果）：教师明确本环节的主题是"成果分享与交流"。学生共同制定成果评价标准：①主题明确、内容翔实，②语言流畅、形式新颖，③分工合作、成果突出。各组对照标准，简短分析，再次优化将要展示的成果。

设计意图：展示前制定评价标准，可以让接下来的成果展示，更有条理性。

学生在上节课及课下搜集的资料，内容有些杂乱，缺少主题，这一环节的设置，可以帮助学生把这些资料汇总在一起，确定主题，筛选和研究相关的内容，并根据评价标准，选择合适的方法进行展示。

评价要点：能形成意见一致、较为合理的评价标准。

教学环节七（表达交流、成果展示）：各组学生全员参与，展示本小组研究"遗传"和"生命周期"的成果，其他组在看的同时，填写"评价记录单"，各组依据评价标准进行评价。

设计意图：这一环节是学生展示项目研究成果，是对前期学习的一个检

验，学生通过不同的方式进行展示，从而掌握科学探究的多种方法。

评价标准：学生能用图示、情景剧、PPT 等多种形式展示"遗传"和"生命周期"研究发现，并多人参与。

教学环节八（知识汇总、总结评价）：各组填写"评议鉴定书"并进行汇报评价。

设计意图：教师、学生对学生的研究成果做出评价。

评价标准：学生能够根据现场汇报情况，对"遗传""生命周期"形成较为清楚的认识，并且能够客观地给予其他小组评价。

教学环节九（项目拓展、学科融合 20 分钟）："刚才我们经过了展示评价，下面来轻松一下，听一首歌：教师播放《时间都去哪儿了》，引导学生以'感恩父母'为主题展开讨论。听完了这首歌，你有什么感想呢？"

小组活动：为即将到来的母亲节、父亲节准备礼物，小组内交流想法并说明如何有步骤地实现想法，并在主题班会上展示为父母制作的礼物。

3 实施效果

如果没有经历这样的馆校结合教育尝试，可能我们永远没有办法感受到真实情景下的学习，对于激发学生学习兴趣和创造能力，提升教师教学技能，有多么大的帮助。

学习同样的主题，在以往的学校课堂中讲授时，教师首先会引领学生完成课程标准所要求的内容，然后再进行深入拓展，虽然教师也会搜集不同的文字、图片、视频资料，帮助学生理解，但是让学生亲身体验、感受的形式会受到一定的限制。

授课地点的改变，让学生们一个个欢呼雀跃，积极主动地参与研究，甚至在研究前确定研究主题、制订计划这些环节，学生都兴趣高涨地讨论，大胆地说出自己的想法，每个人都沉浸在科学研究的快乐中。

当教师把学生带到相关展区，学生通过不同的展品体验、感受、理解关于"生命的诞生、生男生女的原因、放大 DNA、血型与遗传、遗传的特性、爱的结晶、青春剪影、不同月份的胚胎、血管虚拟漫游……"这些内容，形象、直观、生动地帮助他们理解其中的原因。而学生也从中受到启发，在后续的成果展示中，有的小组动员全班人员参与，动情演绎了"人的一生"：从生命的孕育，到生命的诞生、少年到青年再到老年、离世，再到他的后辈对他的祭奠，不仅有科学知识的介绍，更多的是对于生命价值以及生命轮回的真切表达，现场十分感人。

有的小组用轻黏土制作了不同月份的胎儿模型（缩小版），表现了胎儿发育时期的主要特点，并通过两个学生一问一答式的互相对话进行介绍。还有的小组充分发挥了绘画及表演天赋，描绘了宝宝十个月的成长特点及母亲的状态。还有的小组，用简单的材料自制教具，向大家揭示遗传的奥秘。这些在平时的课堂中是不容易看到的，在整个过程中，学生用科学的语言记录整理信息，采用不同的表达方式，呈现探究的过程与结论。

开放的教学环境，自主的学习方式，激发了学生的学习兴趣，也促进教师采用多种不同的教学方法，开阔学生的眼界、增加学生的体验活动，教师同样也能获取更加丰富的资源，有利于教师教学技能的提升。

由于此项活动在教育部门也是首创，"照片墙上的秘密"被选为二七区优质科学校本课程，并在科学教研会上进行展示。新颖独特的方式，吸引了郑州中学、桐淮小学等学校引入这样的方式。

4 对于深入开展馆校结合教育的启示

4.1 场馆教育项目校本化实施是深入开展馆校结合的有效方法

将科技馆的特色教育项目系统地、有序地在学校常态化实施，有助于建立长久、有效的馆校合作机制。通过这样的过程，让教师了解场馆资源，了解科技馆的教育理念，并将这种理念于无形中应用到学校教学中。需要明确一点，场馆教育项目校本化实施的地点并不一定在学校，需要用到场馆展品的时候学生必须来到科技场馆。

4.2 打造场馆教育品牌活动

好的馆校结合科学教育活动，不是迎合学校而设计的，更不是取代学校的科学教学，而是使用优质的科学教育资源切实解决科学教师在教学实施中遇到的问题。科技场馆擅长的，刚好是学校需要的，更加重要的是社会上的任何一家单位或者机构都无法替代，这就是品牌教育活动对于学校和社会的影响。如此，才能调动学校和教师参与活动的积极性。

4.3 保持场馆教育特色

科技场馆教育项目的开发和实施如果仅仅在教学目标、教学内容方面吻合学校需求，而教学资源、教学方法、活动形式与课堂教学没有明显差别，那便丧失了"馆校结合"的意义。[2]馆校结合的科学教育活动，无论是基于展品设计的活动还是结合国家课程标准策划的内容，都必须凸显场馆自身特色，发挥场馆在设计、实施此项活动中的优势。与教育部门、学校教师合作的过程中，保持独立的思考和判断能力，可以借鉴学校的优点，但不能完全受正规教育影响，失去了场馆自身特色。

"照片墙上的秘密"教育项目在设计阶段，学校教师就完全接受了场馆"基于实物的体验""基于实践的探究"这一教育理念，并且克服种种困难，由学校教师带学生到科技馆上课，这些都基于学校意识到场馆教育的优势是其他任何地方都取代不了的，是学校喜欢的，是帮助教师提升教学技能的，是让学校的科学教学更上一个台阶的。如果能打造出更多这样的活动，让越来越多的学校依赖于科技馆实施科学校本课程，我们离实现引领学校科学教育就会更近一步。

参考文献

［1］朱幼文：《基于需求与特征分析的"馆校结合"策略》，载《中国科普理论与实践探索——第二十四届全国科普理论研讨会暨第九届馆校结合科学教育论坛论文集》，2017。

［2］王莹莹：《对接〈课标〉又区别课堂——"校园博物馆"项目课程开发的思考与实践》，《科学教育与博物馆》2019年第6期。

基于科技馆资源开发小学科学系列课程的探索与实践

李志忠　张志坚　张磊　辛尤隆*

（中国科学技术馆，北京，100012）

摘　要　除了引导师生开展场馆学习外，将科技馆科学教育资源输出到学校，丰富科学学习内容也是探索馆校合作的途径之一。中国科学技术馆联合小学科学教师，探索开发以科技馆教育活动为核心的小学科学系列课程。通过三个阶段实现从科技馆教育活动向科学课程的转化。一是建立课标与科技馆教育资源对照表；二是设计不同学龄阶段的课程主题；三是资源课程化再开发。通过对已完成的融合读本、套材包、教案、数字资源等多元内容的课程阶段测试，本文对师生需求及应用模式提出了改进方式。

关键词　科技馆　馆校合作　小学科学　课程开发

科技馆作为非正规教育机构，馆校合作是发挥其教育核心功能的重要途径。以中国科学技术馆为例，从 2009 年新馆开馆以来，馆校合作经历了从场馆参观到多元化定制教育服务以及开展"馆校师生课"全面合作的发展阶段，馆校合作从以科技馆为主逐步转向馆校共同开发的深度合作。[1]近年来随着科技馆免费开放，馆校合作成为各馆运行服务的重要评价指标，也推动了科技馆科学教育理念与实践的深化。科技馆丰富的展项资源、科学探究的教育理念、情景化的环境，有利于搭建不同于学校的科学教育平台，激发学生的学习兴

---

* 通讯作者：李志忠，中国科学技术馆高级工程师，研究方向为科普场馆科学教育、科普展览策划。

趣。[2]尤其是《义务教育小学科学课程标准》（2017）的颁布和实施，围绕课程标准设计科技馆科学教育活动成为关注的焦点。将科技馆打造成为学生开展科学与工程实践的重要场所，考虑大概念和儿童学习的进程，开发适合不同年龄层次青少年的探索活动，结合 STEM 教育与创客教育大力开展跨学科综合类学习活动已成为科技馆教育工作者探索的热点。[3][4]

现阶段馆校合作的科学教育突出科技馆场馆属性，探索用不同的教育理论、方法指导科技馆教育项目的设计和实施。馆校合作不仅局限于场馆学习，科技馆丰富的教育资源可以向学校辐射，满足学科教学以及课后活动的多元化需求。特别是近年来各地教育主管部门强化课后服务，希望学校通过更多的活动为学生、家长提供更多的支持和帮助，丰富优质的科学教育资源是学校普遍需要的内容。

结合中国科学技术馆与深圳开展"馆校合作"基地校的契机，笔者所在项目团队联合深圳教育科学研究院及部分小学科学教师，以《义务教育小学科学课程标准》为指导，通过梳理中国科学技术馆现有教育活动资源，经过三个阶段，探索将科技馆教育活动向科学课程转变，开发了面向小学的系列科学课程，并组织了初步测试。

1 梳理展项、教育活动资源，建立与课标概念的对照表

2017 年，教育部重新修订了《义务教育小学科学课程标准》，将科学课下探到一年级，并从课程内容上划分为物质科学、生命科学、地球与宇宙科学、技术与工程四个领域，选择了适合小学生学习的 18 个主要概念。[5]为有针对性地指导科学课程开发，根据课程标准内容，梳理中国科学技术馆的教育资源，将其按课标四个领域对应的核心概念及相关学习内容一一对应。

对应课标的资源库涵盖了科技馆多元的教育资源，包括了展品展项、展品辅导、实验活动、科学表演等不同内容与形式。以物质科学领域为例，在第一个大概念"物体具有一定的特征，材料具有一定的性能"下，针对学习内容"1.2 材料具有一定的性能"，分别对应 1～2 年级、3～4 年级、5～6 年级课标学习目标，对展厅 900 多件展项、300 项教育活动进行梳理，初步选出有关联性的资源。在整理对应数据库时，采用宽进原则，凡是与课标内容相关的资源都列入其中，以保证资源库的容量，便于后期在相关资源的基础上进行二次开

发整合。表1为课标科学概念学习目标与教育资源对应的样例。通过梳理，建立了科技馆教育资源与课标18个大概念对应的数据表。

表1　课标科学概念学习目标与教育资源对应样例

学习内容	学习目标		
	1~2年级	3~4年级	5~6年级
1.2 材料具有一定的性能	●辨别生活中常见的材料	●描述某些材料的导电性、透明程度等性能,说出它们的主要用途	●观察常用材料的漂浮能力、导热性等性能。说出它们的主要用途
	教育活动 探索与发现 哈利·波特的化学魔法 多彩的荧光 蓝天红霞的秘密 ·科技与生活 "光、热"变色 ·挑战与未来 神奇的水拓画 超导材料 奇妙碳60 　相关展品 ·探索与发现 同素异形体 身边的元素 ·挑战与未来 认识材料 认识纳米 告别白色污染 磁制冷技术 复合材料 新型陶瓷 探索芯片 新型玻璃 记忆合金 奇妙的激光晶体 超导磁悬浮列车	教育活动 科学乐园 导电性大挑战 小电池,大能量——自制饮料电池 ·探索与发现 哈利·波特的化学魔法 多彩的荧光 蓝天红霞的秘密 ·科技与生活 "光、热"变色 春江花月夜 还我本色 ·挑战与未来 不可思议的材料——神奇的"热收缩" ·活动室实验室 导电的秘密 　相关展品 ·探索与发现 神奇的拼图 光敏花园 液晶变色 变换的画 善变的软磁铁 易熔合金 手蓄电池 科技与生活 可变化的材料	教育活动 科技与生活 "光、热"变色 ·挑战与未来 不可思议的材料——神奇的"热收缩" ·活动室实验室 "趣"伪求真系列之热力四射 　相关展品 ·探索与发现 光敏花园 液晶变色 变换的画 易熔合金

2　系列课程内容选题以课标为参考

经过第一阶段，建立科技馆教育资源与课标概念对应表，为课程开发提供了直接的选题参考依据。但是由于展品展项及教育活动项目数量多,每个主题对应的资源内容多,选择适合不同学龄阶段的主题内容非常关键。在优化课程选题时,结合学龄特点,着重从以下几个方面考虑。

低阶段(1~2年级):感知世界,观察现象,激发兴趣;

中阶段(3~4年级):认识世界,发现问题,扩展知识;

高阶段(5~6年级):探究世界,解决问题,追求创新。

此外,由于科技馆展项与教育活动涵盖的知识概念比较宽泛,超出了学生的知识背景与课程目标。因此,在策划课程开发时,对课程设计的目标定位区别于学科要求,作为科学课的补充、拓展与提升,服务于课外拓展或兴趣提高班。特别强调了课程的知识内容既可以符合课标难度要求,也可以拓展或超越课标要求。如果是符合课标要求,突出从不同的角度和方式去演绎,与教材有所区别;如果是拓展或超越课标要求,要充分考虑学生的能力范围,设置适应难度的探究学习过程。经过分析现有的活动资源与学校实施的需求,课程设置以学期为单位,面向小学1年级到6年级每个学期开发一套主题课程。每套课程设置一个独立的科学主题,包含5个子主题,实现不少于10个课时的课程量。课程设计时将中国科学技术馆已开发的"三只小猪"IP形象作为人物线索贯穿全系列,设置统一的背景增加趣味性。每个课程在序言阶段引入独立的科学背景,围绕某个科学主题展开,在课程最后进行关键词、核心概念汇总,作为整体前后呼应。表2为课程内容选题。

表2　课程内容选题

年级	上学期课程选题	下学期课程选题
1年级	大自然的启示 ●引言 ●蛋壳的启示 ●鱼的启示 ●螃蟹眼睛的启示 ●鸟的启示 ●蜂巢的启示 ●结语	小芒果成长记 ●引言 ●小芒果的种子 ●小芒果的根 ●小芒果的花和叶子 ●小芒果的朋友们 ●我们的朋友小芒果 ●结语

续表

年级	上学期课程选题	下学期课程选题
2年级	科学家体验营 • 引言 • 植物学家的年轮考察记 • 动物学家的海岛观鸟记 • 气象员的气象观测记 • 地质学家的淘矿寻宝记 • 天文学家的星空探索记 • 结语	生活材料探秘 • 引言 • 神奇的衣料 • 它们从哪里来 • 建筑真奇妙 • 金属知多少 • 纸的秘密 • 结语
3年级	好玩的水世界 • 引言 • 神奇的表面张力 • 威猛的水龙卷 • 强大的液压机械臂 • 有趣的虹吸现象 • 离不开的水净化 • 结语	哥德堡追击 • 引言 • 摩擦力 • 作用力与反作用力 • 大气压 • 伯努利定律 • 小球旅行记 • 结语
4年级	探索光影世界 • 引言 • 别致的花灯 • 神奇的影子 • 电灯的秘密 • 光线投影变变变 • 城市之光 • 结语	眼见不为实 • 引言 • 它为什么总盯着我？ • 图画动起来啦！ • 色彩变变变！ • 奇妙的幻象世界！ • 克服重力的小球?! • 结语
5年级	我的能量世界 • 引言 • 青蛙腿的启示 • 电和磁是好朋友 • 流水的力量 • 风能捕手 • 万丈光芒 • 结语	野外训练营 • 引言 • 住宿——搭建帐篷 • 饮水——海水淡化 • 熟食——火的使用 • 交通——制作帆船 • 沟通——信号传递 • 结语
6年级	飞向火星 • 引言 • 制造运载火箭 • 研制火箭燃料 • 设计空间机械臂 • 研发缓冲着陆器 • 制作火星巡视车 • 结语	中国古代机械 • 引言 • 运输机械——木牛流马 • 古代里程表——记里鼓车 • 农业机械——连机水碓 • 看影子计时刻——日晷 • 天文观测——简仪 • 结语

3 从科技馆教育活动转变为课程化的再设计

科技馆的教育活动是模块化结构的，注重体验过程，每个活动相对独立，缺少以主题为线索的整体串联。科学课程强调主题逻辑完整，突出教学设计，因此，需要一个从教育活动转变为科学课程的再设计。课程设计原则坚持以科技馆资源为核心，体现科技馆实践、探究的教育特征，展示科技馆多元化的教育内容与形式。

在设计过程中，重点强化两个方面。一是融合科技馆多元化的教育资源形式，既开发读本（阅读材料、学习手册、探究单），也有动手活动的套材包，以及展品现象体验视频和科技馆的数字教育资源。图 1 为课程涵盖的资源形式。

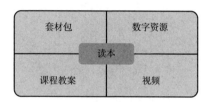

图 1　课程的资源形式

二是在课程教学设计过程中，采用以核心概念为知识线索，围绕知识链组织教学设计。在教学设计中强化探究体验，整合跨学科的内容，融入 STME 教育理念。图 2 为课程化设计的流程示意。

4 课程试点反馈与总结

2019 年 9～12 月在北京、山西、山东、广东等省市 70 个学校采用"互联网+科普教育"的模式，利用双师课堂、直录播结合的模式组织课程试点。试点后，组织了评价反馈，邀请参与试点的学校教师从课程整体情况进行全面评价。图 3 为反馈结果初步统计。

从反馈来看，93.7% 的受调查者对课程整体效果感到满意。"课程内容优质""动手探究形式好""直播教师水平良好"是获得评价较高的三个指标。

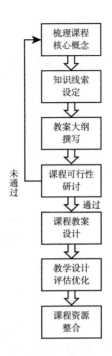

图 2　课程化设计流程示意

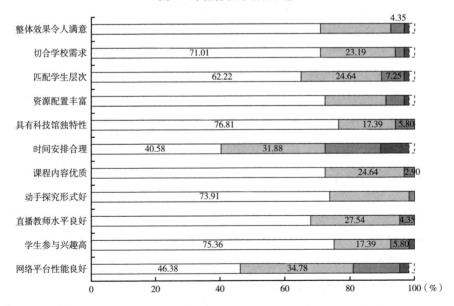

图 3　对试点整体情况反馈的初步统计

注：柱状图中颜色越浅，满意度越高。

"时间安排合理"和"网络平台性能良好"是反馈中需要重点关注的问题。

结合已完成的课程开发与初步实施反馈情况，基于科技馆资源开发的科学课程，具有丰富的科学知识内容，突出了探究实验的过程，对开展科学活动、延伸小学科学学习是有益的补充。但是，课程需要借助部分科技馆资源来实施，在学校课堂开展有一定的难度，采用直录播结合、利用互联网开展双师课堂教学模式，将科技馆辅导员与学校老师有机联合，既能够凸显科技馆资源的特点，也能够发挥线下教师课堂组织的优势。从反馈来看，实施过程中技术平台的保障以及直录播安排、线上线下协调支持是推广过程中需要重点解决的问题。

参考文献

［1］廖红：《中国科学技术馆馆校合作的实践与思考》，《科普研究》2019 年第 2 期。

［2］叶兆宁、杨冠楠、周建中：《基于"大概念"的馆校结合 STEM 主题活动的设计剖析》，《自然科学博物馆研究》2019 年第 5 期。

［3］叶兆宁：《科学课程标准对科技博物馆科学教育的启示》，《自然科学博物馆研究》2017 年第 3 期。

［4］周文婷：《基于展品资源，引进 STEM 教育理念，对接课标——科技馆"馆校结合"项目开发的思考与实践》，《自热科学博物馆研究》2019 年第 1 期。

［5］中华人民共和国教育部：《义务教育小学科学课程标准》，北京师范大学出版社，2017。

写给初中生场馆探究的《科普场馆中的生物学》设计与思考

陈宏程*

（北京市育才学校，北京，100050）

摘　要　科普场馆中的生物学是基于义务教育生物学课程标准和生物学素养，以北京与生物学相关的主要科普场馆资源为依托，设计满足生物学探究需求的北京科普场馆的课程。场馆主要有北京自然博物馆、南海子麋鹿苑、北京市动物园、北京植物园和中科院植物园，涉及 4 个主题。课程面向初中学生，作为生物学课程的补充、拓展与提升，定位于生物学课外拓展课程或兴趣提高课。课程以主题方式进行设计，以自主探究方式或阅读进行。

关键词　科普场馆　生物学课程　初中生

科普场馆是大家共享科学文化的场所，具有良好的科学教育价值，有利于形成全社会共同参与青少年科学教育的合力，从而更好地促进青少年科学素养的提升。科普场馆和中小学校都以提升青少年的科学素质为宗旨，在教育服务经验上相互借鉴，在资源上相互支持，在内容上相互呼应，在方式上相互融合。

生物科学是自然科学中的基础学科之一，是研究生命现象和生命活动规律的一门科学。它是农林、医药卫生、环境保护及其他有关应用科学的基础。义务教育阶段的生物学课程是自然科学领域的学科课程，其精要是展示生物科学的基本内容，反映自然科学的本质。它既要让学生获得基础的生物学知识，又

---

* 陈宏程，北京市育才学校中学高级生物教师，全国十佳科技辅导员、全国高级科技辅导员。

要让学生领悟生物学家在研究过程中所持有的观点以及解决问题的思路和方法。生物学课程期待学生主动地参与学习过程，在亲历中提出问题、获取信息、寻找证据、检验假设、发现规律等。

《科普场馆中的生物学》是基于能满足生物学探究需求的北京科普场馆的课程。课程面向初中学生，结合《义务教育生物学课程标准（2011 年版）》，作为生物学课程的补充、拓展与提升，定位于生物学课外拓展课程或兴趣提高课。课程以主题方式进行设计，以自主探究方式或阅读进行。

1 提升学生的素质要充分利用社会资源

1.1 国家对全社会共同育人的要求

2019 年 6 月 23 日，中共中央、国务院印发的《关于深化教育教学改革全面提高义务教育质量的意见》中提到，注重加强提升学生的素质教育，德、智、体、美、劳，"五育"并举。强调"全社会共同育人"，"教育越来越不单单是学校本身的事，而是和政府、社会、社区、家庭有很密切的关联"。文件中提到，利用一些社会课堂，比如文化基地、实践基地等公共文化设施和教育资源来培养学生的综合素养，充分发挥全社会协同育人的作用。

《全民科学素质行动计划纲要实施方案（2016～2020 年）》明确提出要大力开展校内外结合的科技教育活动。

"科技馆活动进校园"工作是深入贯彻落实《中共中央国务院关于进一步加强和改进未成年人思想道德建设的若干意见》的要求，旨在将科技馆的科普活动送到学校，将科技馆资源与学校教育特别是科学课程、综合实践活动、研究性学习的实施结合起来。[1]

《基础教育课程改革纲要（试行）》对课程资源开发与利用的途径提出了明确的指导性意见，要求积极开发并合理利用校内外各种课程资源。学校应充分发挥图书馆、实验室、专用教室及各类教学设施和实践基地的作用，广泛利用校外的图书馆、博物馆、展览馆、科技馆、工厂、农村、部队和科研院所等各种社会资源以及丰富的自然资源，积极利用并开发信息化课程资源。

1.2　核心素养和课程标准的要求

《教育部关于全面深化课程改革落实立德树人根本任务的意见》（2014 年 4 月）提出，"依据学生发展核心素养体系，进一步明确各学段、各学科具体的育人目标和任务，完善高校和中小学课程教学有关标准"。广泛利用社会资源，科学设计和安排课内外、校内外活动，营造协调一致的良好育人环境。

《义务教育生物学课程标准（2011 年版）》更加注重学生的发展和社会的需求，更多地反映生物科学技术的最新进展；更加关注学生已有的生活经验；更强调学生的主动学习，并增加实践环节。博物馆常常陈列、保藏自然标本，是科学技术、文化的传播机构和科学研究的场所。生物学课程的根本任务是提高学生的科学素养。学生不仅要具备扎实的知识基础和科学的思维能力，还要具有爱国情怀、社会责任意识和人文精神。

《北京市实施教育部〈义务教育课程设置实验方案〉的课程计划（修订）》（2015 年 7 月）中明确要求，在七年级、八年级开展开放性科学实践活动，渗透物理、化学、生物、地理等学科。引导和鼓励高等院校、科研院所、科普场馆、博物馆、企业、社会团体等单位参与开发、实施开放性科学实践活动。

2　科普场馆和主题的选择

2.1　科普场馆的选择

科学素养的核心是培养青少年的创新能力，科学课程应该反映科学的本质和特征。据统计，2018 年全国共有科普场馆 1461 个，科普场馆展厅面积 525.70 万平方米。其中，科技馆 518 个，科学技术类博物馆 943 个。全国平均每 95.51 万人拥有一个科普场馆。北京地区 1000 平方米以上科普场馆有 75 家，分属中科院、高等院校、企事业单位和央属、市属公共服务系统。[2]

科普场馆是一个集人才培养、科学研究、科普教育和标本收藏于一体的综合性场所，各类动植物、人体科学、古生物等标本以及动物园、植物园的动植物保护和栽培，是和中小学生物学课程密切相连的。场馆的专业人员和学术研究，更是校内生物学学习所欠缺的，其为中小学学生提供专业、权威、生动、有趣的生物科普课程，促进校外科技活动与学校科学教育有效衔接，培养孩子的科学精神，提高孩子的生物科学素养。

2.1.1　北京自然博物馆——生命起源、演化和发展

北京自然博物馆是新中国成立后建立的第一座大型综合类自然科学博物馆。主要从事古生物、现生生物、人类学领域的科学研究、标本收藏、科学普及等方面工作。馆内现有古生物、植物、动物和人类四大基本陈列，共同描绘了一幅生动的地球生命起源、演化和发展的科普画卷，是广大青少年了解自然界、学习生物知识的理想场所。

"恐龙世界""动物之美""馆藏精品""水生生物馆""人体真奇妙""微观生命世界"等专题展览，活灵活现地再现了千姿百态的生命体及它们的生存奥秘。

北京自然博物馆，向来不是一个枯燥的说教场所，而是根据青少年心理特点新开辟的互动式探索自然奥秘的科普教育活动场所，吸引了无数热爱自然的青少年朋友。

2.1.2　南海子麋鹿苑——动物迁地保护和湿地生态

北京麋鹿生态实验中心（简称麋鹿中心）成立于 1985 年，地处元、明、清三朝皇家猎苑的核心位置，是距离北京市区最近的一处以麋鹿及其湿地生态为核心的自然保护场所。1985 年在北京市政府、国家环保局和英国乌邦寺主人塔维斯托克侯爵的共同努力下，在本土灭绝近百年的麋鹿重返故里。作为麋鹿科学发现之地（1865 年）、麋鹿在我国一度灭绝之地（1900 年）和首个成功回归之地（1985 年）的北京南海子麋鹿苑，2000 年被批准为北京市首座户外类型的生态博物馆——北京南海子麋鹿苑博物馆。

麋鹿苑具有物种保护、生物多样性研究、科普教育和生态旅游等多项功能。其不仅在麋鹿种群扩大、濒危物种麋鹿的繁衍和野化、生物多样性保护、湿地生态恢复等科研方面成绩突出，而且还在生态知识、生态意识、生态文化、爱国主义影响等科普方面工作突出，特别是从生态道德角度开展了很多独具一格、发人深省的科普教育项目，在千亩苑区内，到处可以看到独具创心的科普教育设施并感受到强烈的自然保护气氛。

2.1.3　北京动物园——从"科普"走向"保护教育"

北京动物园始建于 1906 年，是中国对公众开放最早的动物园和华北地区

对公众开放最早的公园。据考，此地也是中国现代动物园、植物园、博物馆的发源地。北京动物园于1955年正式定名，目前占地面积约90公顷，展出珍稀野生动物约500种，数量5000余只，年接待国内外游客500万人次，发挥着国家动物园功能。

北京动物园秉承"教育保护并举，安全服务并重"的工作理念，在野生动物的饲养、繁殖、人工哺育（育雏）方面取得了优异的成果。北京动物园是国家重点公园、国家重点文物保护单位、全国科普教育基地。

2.1.4　北京植物园（北园）——集展览区、科研区、名胜古迹区和自然保护区于一体

北京植物园位于京西香山脚下，是一个集科普、科研、游览等功能于一体的综合性植物园，是国家重点建设的植物园之一。园内引种栽培植物10000余种（含品种）近150万株，占地900亩左右。植物园栽培了6000多种植物，包括2000种乔木和灌木，1620种热带和亚热带植物，500种花卉以及1900种果树、水生植物、中草药等，是中国北方最大的植物园，也是专门从事植物引种驯化理论研究和实验的科研基地。

植物园栽培的植物包括许多稀有物种。比如水杉1941年在湖北、四川第一次被中国科学家发现，由于水杉当时被认为已经在新生代第三纪（6500万年前）就灭绝了，其活标本在中国的发现震动了植物学界。还有曹雪芹纪念馆、樱桃沟仙境、蜜蜂博物馆也坐落其中。

2.1.5　中科院植物园（南园）——北方生物多样性和种质资源迁地保护基地

中科院植物园是我国北方生物多样性和种质资源迁地保护及可持续利用研究的重要基地。园区建有宿根花卉园、木兰牡丹园、本草园、月季园、紫薇园、裸子植物区、环保植物区、水生和藤本植物区、稀有濒危植物区、丁香植物区等十余个专类植物展区和一个热带、亚热带植物展览温室，收集保存植物6000余种（含品种）。园区内设有各式专类园区介绍牌和植物知识、趣闻、栽培技术等科普牌示上百块，绝大多数植物均挂有名牌，整个园区常年对外开放，可谓大型的露天科普馆。还专门建有200多平方米的科普展示中心、科普实践中心。

植物园中的其他植物包括能捕食昆虫的猪笼草、美国前总统尼克松赠送的美洲红杉、日本前首相田中角荣赠送的樱花、菲律宾前总统马科斯及其夫人赠

送的金蝶兰、斯里兰卡前总理西丽玛沃·班达拉奈克赠送的菩提树等。清朝末代皇帝溥仪晚年在此植物园工作。

2.1.6　其他与生物学相关场馆

体验探索——中国科学技术馆。我国唯一的国家级综合性科技馆，探索与发现展厅生命之秘展区设置生命的演化、生命的历程、细胞世界、认识自己四个分主题，引领大家在体验与思考中一同探索生命之秘。禄丰龙骨架和寿命长达几千年的巨杉标本为镇馆之宝。

动物系统分类与进化——国家动物博物馆。隶属中科院动物研究所，是世界公认的亚洲最大、研究水平最高、综合实力最强的动物系统分类与进化研究中心，还借鉴现代化博物馆的主题展示法，利用自然科学与人文科学等多学科的知识集中体现主题，引入 4D 动感影院等高科技视听设施，让深奥的科学哲理变得更加平易近人。

系统地了解史前生命演化——中国古动物馆。中国科学院古脊椎动物与古人类研究所创建的，中国第一家以古生物化石为载体，系统普及古生物学、古生态学、古人类学及进化论知识的国家级自然科学类专题博物馆，也是目前亚洲最大的古动物博物馆。展出的珍贵展品中包括来自非洲的特殊礼物"活化石"拉蒂迈鱼、亚洲最大的恐龙马门溪龙、被称为"中国第一龙"的许氏禄丰龙、被编入我国小学课本的古动物黄河象的骨架，以及神秘的"北京猿人"头盖骨丢失前复制的仿真模型、长有羽毛的恐龙、世界最早具有角质喙的古鸟类、世界首枚翼龙胚胎、中生代能吃恐龙的哺乳动物等在世界上引起轰动的珍稀标本。

面向中小学师生的专类植物园——北京教学植物园。位于左安门龙潭湖西侧，创建于 1957 年，隶属于北京市教委，是全国唯一一所专门面向中小学生进行植物与环境科普教育的专类植物园。现建有树木分类区、百草园、水生区、作物区、木化石区、盆景园、热带亚热带温室等 7 个主要展览区，收集活体植物约 1500 种。还设有植物展厅、动物标本馆和形态、生理、生化实验室。

2.2　主题的选择

结合义务教育生物学课程十大主题及 50 个重要概念以及生物学学科核心素养要求来选取主题。

十大主题为科学探究，生物体的结构层次，生物与环境，生物圈中的绿色植物，生物圈中的人，动物的运动和行为，生物的生殖、发育与遗传，生物的多样性，生物技术，健康地生活。

生物学学科核心素养：生命观念、科学思维、科学探究、社会责任。

2.2.1　北京自然博物馆主题

明星化石——露西；生男生女——性别决定和胚胎发育；人体净化器——呼吸道；讨厌的谜——世界第一朵花；镇馆之宝——恐龙蛋窝化石；你所不知的恐龙有两个"脑"；《冰河时代》动物原型——真猛犸象；蓝色血液动物——鲎；寒武纪时代的"小强"——三叶虫；矛尾鱼。

2.2.2　南海子麋鹿苑主题

湿地之"魂"——水；湿地之"肺"——植物；寻"L&"南海子——麋鹿传奇；收入课本的灭绝动物墓地；解码人和动物的粪便；湿地之"灵"——水体中的微型生物；鸿雁；鹿类大观；美丽蓝孔雀；十二生肖。

2.2.3　北京动物园主题

草原之王 VS 森林之王——狮虎；聪明的巨人——象；植食动物连连看——犀牛和河马；"黑瞎子"——亚洲黑熊；建筑奇迹——鸟巢大揭秘；急速飞行的鸟与不会飞的鸟；叫鱼不是鱼的动物；小熊猫是大熊猫小时候吗；夜探动物园，猜猜你会遇见"谁"。

2.2.4　北京植物园和中科院植物园主题

可恶还是可爱——毛虫；飞行的花粉篮——蜜蜂；树枝上的精灵——松鼠；枝叶间的猎手——螳螂；从水到陆——蛙；探秘"水杉仙境"；黄叶村里的红楼植物；花儿的传粉路数；菩提树下寻菩提；四体勤五谷分；叶子为什么那么红。

3　栏目设置和内容的设定

以北京自然博物馆主题之一"明星化石——露西"为例。

科普场馆有其自身的特点：第一，科普场馆能够提供实物，使人身临其境，在大的环境背景中，刺激求知欲，激发想象力和灵感，开阔视野。以更加鲜活、更加贴近生活的知识促使人们在无限的兴趣中去学会思考。第二，科普场馆高密度、系统性的知识，能够更加有针对性地发挥知识保护的作用，以知识的桥梁更好地传播科学方法和科学精神。第三，科普场所能够提供学校课堂没有的知识内容，比如，科学历史、科学与社会、科技前沿、新技术给社会带来的机遇和突破等。科普不仅是直接的科学教育，更有人文教育的内涵，它能帮助人们特别是青少年树立科学的人生观、世界观。

科普场馆中的学生探究活动具有真实性和情境性，能提升学生的自主性和兴趣，还具有离散性和碎片化，容易造成流于形式。场馆中科普教育活动的开展应充分利用场馆资源，在传播科学知识的基础上，进一步激发参与者的学习兴趣和探索精神。

因此，在主题下设计好适合自主探究的案例就显得特别重要，栏目的设置和内容的设定，既要符合课标和核心素养要求，又要引领学生去探索科学、感受科学、走进科学、利用科学。

题目要吸引人，探究对象具有典型性，如露西在人类进化史中具有代表性，被写进人教版生物学教材，但多数参观者会因不知道展品的独特价值而忽视掉。

栏目1：聚焦问题。题目确定后，等于有了探究方向，但要做什么？为什么做？在聚焦问题栏目上，开门见山地提出问题，用一个短的提示和展品照片，引起探究的欲望。

栏目2：学习导图。知道了做什么后，就要怎样做？做到什么程度？依据课程标准的重要概念和核心素养，同时提供几个类似的探究场所。

栏目3：寻找证据。一般科普场馆展厅面积都很大，具体展品也不是一下子就能寻找到的，所以提示具体探究地点及展品信息，给出展品信息的权威文字说明，揭秘展品背后的科研成果和故事，让展品说话。设计两道思考讨论题，使探究深入下去。

栏目4：科学实践。一段时间以来，场馆教育以理论性探究为主导，把培养科学思考能力作为科学探究教学的主要目标，而忽视了生物学是实验科学的学科特性。科学探究的核心是实践，就是要让学生以亲身经历来进行探究学习，在实践中学习，在实践中探究，从而使自己的科学素养得到提升。科学实践就是要让学生在亲历科学家活动的过程中动起来，通过小课题的形式实现在真实情境下的学习。

栏目 5：科普阅读。阅读过程，其实就是一种创造性审美活动的过程，它的精髓是领悟。苏霍姆林斯基在《给教师的建议》中指出：阅读科普读物和科学著作，跟进行观察一样，起着同样重要的作用。科普阅读同样是吸收前人的文化科学知识，继承优秀的科学技术的重要途径。因此，如何让学生迷上科学，阅读尤显重要。把主题内容拓展开来，提供给学生最新科研成果（文献），对于激发学生的科学兴趣，拓宽他们的视野，激励学生热爱科学、敢于创新的精神，培养他们良好的个性品质，提高他们的科学素养都具有重要的意义。

栏目 6：触类旁通。其原意是懂得了某一事物或道理从而懂得相关的其他事物或道理。即让学生学以致用，提供新的可探究的问题，也是从问题来，到问题去的思想。

栏目 7：学习任务单。这是场馆学习的标配，检验自主探究的效果。可以单独使用。主要内容包括选一选、比一比、想一想、我的天地（日志、绘本、照片等）。

4 特色和作者团队

4.1 课程特色

按照课程标准和生物学核心素养来选取内容，把十大主题和 50 个重要概念进一步深化和拓展，在不增加学习负担的前提下，让学生打牢知识基础，提升科学的思维能力，培养爱国情怀、社会责任意识和人文精神，提高科学素养。

从学生喜欢和自主体验出发来设计课程。初中阶段学生处在皮亚杰 (J. Piaget) 认知发展阶段的"形式运算"阶段，其抽象逻辑思维已占主导地位，但在一定程度上仍要以具体形象为支柱，已具有一定的反思能力，思维具有一定的灵活性，但思维片面性和表面性依然非常明显，自我意识显著增强，但又容易沉浸在"自我"中难以自拔，这些心理特点造成了初中生特有的学习特点。其对自己感兴趣的知识易于全身心投入，对于不感兴趣的知识常常会置之不理，甚至排斥。本书的最大亮点就在于以故事的语言、有趣的话题、参与性的活动和成就性的展示，来满足和提升生物学兴趣。

挖掘场馆藏品或生物体的科学价值。在探究中学习，在科学家身边成长。

通过科普场馆探究、以学习任务单导引的方式，依托科普场馆强大的科技教育资源，突破传统课堂边界，将学科教育与科普场馆展品及科研结合起来，拓展学生的科学视野，通过主动学习，让学生通过亲身参与体验，在听、玩、读、看的过程中，培养学生的科学精神和科学素养，提升学生的创新思维和科学能力，加深学生对生物科学的理解与感悟。

科学精神和科学家精神的养成。科学精神就是通过一言一行将科学精神辐射至大众观念，滋养大众的思想，内化大众的行为；让科技工作成为富有吸引力的工作，成为大家尊崇向往的职业，鼓励更多人投身到科学事业当中来。严谨的行为规范、高尚的道德标准、理性的质疑和公认的伦理准则是科学家精神的重要内核，是科学健康发展的重要保障。"爱国、创新、求实、奉献、协同、育人"的新时代科学家精神，是科学家们在长期的科学实践中积累的宝贵精神财富，已经成为社会发展不可或缺的无形精神要素。学生在使用本书和实际参与探究过程中，对科学精神的求真求实、科学家精神的爱国奉献有深刻的体验。

4.2 作者团队

创作团队由北京市区生物教研员、场馆研究人员和一线生物教师组成，一线生物教师执笔撰写。教研员由北京教育科学研究院特级教师领衔，包括西城、海淀、东城及其他区的生物教研员，负责课标内容和核心素养审核；场馆研究人员和科导员，负责展品科学性和活动专业性的把关。一线生物教师由全国十佳科技辅导员和"生物课开在博物馆"课题负责人陈宏程牵头，包括北京市课内外教学和活动方面资深的生物教师团队，所有的主题都是这些老师亲自指导或带领学生亲历过的。

参考文献

［1］刘文利：《学校科学教育需要科普场馆积极支持》，《中国教育学刊》2008 年第 3 期。

［2］林长春、任伟宏主编《科普场馆青少年科学教育活动指南》，中国科学技术出版社，2020。

基于 STEAM 教育理念探索"三基一本"馆校活动研发思路

戴聪聪*

（温州科技馆，温州，325000）

摘　要　近几年，STEAM 教育无论是在学校，还是在科技馆行业都掀起了一股热潮，成为新时代背景下重要的科普教育形式。在传统的科技馆与学校合作开展的校本课程中，往往受限于课堂，活动设计缺乏创新，且较为单一。故而将 STEAM 教育理念融入馆校活动，既是新思路也是新挑战。本文基于温州科技馆馆校融合 STEAM 教育项目"我是小小古生物学家——探秘恐龙世界"研究成果，结合 STEAM 教育特点分析馆校合作教育活动的设计与应用，研究并总结馆校活动的"三基一本"研发思路。

关键词　STEAM 教育理念　馆校活动　"三基一本"

1　馆校活动开展现状

近几年，由于"重实践""重自学""跨学科"等教育思路层出不穷，科技馆与学校合作开发校本课程的需求逐渐呈"向暖"趋势。然而馆校活动研发往往存在现有展品资源难以利用、课标难以衔接、活动范围局限于教室、活动缺乏创新性与趣味性等问题，绝大部分科技馆开展馆校合作活动常常是将科技馆现有课程"搬进"教室，与在馆开展的课程区别不大。为了解决馆校活

---

*　戴聪聪，温州科技馆展教员，研究方向为科学教育。

动研发难的问题，本文将基于温州科技馆馆校融合 STEAM 教育项目"我是小小古生物学家——探秘恐龙世界"研究成果，通过实践总结探索馆校活动研发新思路。

2　STEAM 教育理念的特点与应用

STEAM 是一种教育理念，有别于传统的单学科、重书本知识的教育方式。STEAM 教育理念是由 STEM 理念发展而来的，即科学（Science）、技术（Technology）、工程（Engineering）、数学（Mathematics）的首字母组合而成。而后加入了艺术（Arts），形成 STEAM 教育理念，旨在培养学生各方面技能和认知、鼓励动手实践，从探究过程中学习跨学科知识。"科学与工程实践"是对"探究式学习"的发展与深化并形成"基于探究的实践"或"基于实践的探究式学习"是《新一代科学教育标准》的核心教育理念之一。

近年来，国内关于 STEAM 教育的各类创新活动逐渐"崭露头角"，诸如鲨鱼公园的科技教育、VEX 机器人、乐博乐博、萝卜太辣机器人教育、3D 打印的创客教育等。在学习和探索美国 STEAM 教育的过程中，跨学科的知识学习固然重要，但同时应该结合本国教育实情以及科技馆实际可供资源情况等因素，从而在馆校活动研发中进行资源整合与再创造。

3　项目开展情况

温州科技馆馆校融合 STEAM 教育项目"我是小小古生物学家——探秘恐龙世界"，是以"古生物学家探秘恐龙世界"为主题，运用国际最新 STEAM 跨学科融合教育理念，以班级为单位，每次 40～50 人，针对四年级至六年级小学生认知基础，让学习者通过角色扮演参与科学探究、工程技术实践和社会性实践等活动，开展跨学科融合的深度学习，以期发展学生高阶认知能力，提高学生核心素养。通过教育实践，研究者发现学生对小组合作学习、创作个人作品的教育活动具有浓厚的兴趣，学生主动探索、批判思考、动手实践能力明显增强。在此基础上，温州科技馆对 STEAM 教育活动研发展开了深入的实践和探究。

3.1　运用科技馆展品资源

温州科技馆现有展品资源中，符合"我是小小古生物学家——探秘恐龙世界"项目主题的有"恐龙的脚印""恐龙化石"。考虑到活动安全性、道具运输、可操作性、课程效果等因素，"恐龙的脚印"与"恐龙化石"均符合课程要求，故而我们将两项展品资源均应用于此次项目中。"恐龙的脚印"该件展品体积较大且可触摸，在课程中可作为兴趣导入环节的内容之一，让学生对于恐龙脚印有具体化形象化的概念。而"恐龙化石"小巧、数量较多且方便携带，在课程中将作为实践探究环节的内容之一，便于学生动手实操。

3.2　衔接学生课标

在课程研发设计之前，除了需要对科技馆现有展品进行梳理，我们还需要根据目标群体及课程内容核定课标，在达到趣味性、探究性等课程效果的同时，衔接现阶段义务教育小学课程标准。基于 STEAM 跨学科性的教育理念，我们对此课程所涉及的各学科内容进行了以下整合，开展跨学科融合的深度学习。

3.2.1　《义务教育小学科学课程标准》（2017年版）

9.3　动物的行为能够适应环境的变化。

11.4　有些曾经生活在地球上的植物和动物已不复存在，而有些现今存活的生物与它们具有相似之处。

12.2　动物的生存依赖于植物，一些动物吃其他动物。

14.3　陆地表面大部分覆盖着土壤，生存着生物。

14.4　地球表面覆盖着岩石。

16.2　工程和技术产品改变了人们的生产和生活。

17.3　工具是一种物化的技术。

3.2.2　《全日制义务教育数学课程标准》（2016年版）

数与代数：亿以上的数与小数运算。

空间与图形：量与测量。

统计与概率：可能性与数据统计初步。

3.2.3 《全日制义务教育语文课程标准》（2019年版）

2.1.4 在发展语言能力的同时，发展思维能力，激发想象力和创造潜能。学习科学的思想方法，逐步养成实事求是、崇尚真知的科学态度。

2.1.5 能主动进行探究性学习，在实践中学习、运用语文。

3.3 践行 STEAM 教育理念

温州科技馆融合 STEAM 教育理念，结合科学、技术、工程、数学、艺术等多学科内容，指导学生通过观察、实践、反思等开展馆校活动，掌握课本知识点，获取观察方法、思维方式等多方面的启迪，既学会自主学习，也学会相互合作。

3.3.1 科学（Science）& 数学（Mathematics）——兴趣培养与知识建构

四年级至六年级孩子的认知处在从具体运算阶段向形式运算阶段发展时期，思维仍然需要具体事物的支持。他们对自然界和科学具有较强的兴趣，具备生物与环境关系的基础知识，具有一定信息获取与加工能力。他们对恐龙这一话题充满好奇和求知欲，接触过恐龙有关的绘本、动画片、玩具模型、小游戏等。故而在课程开始之前，我们通过播放《侏罗纪公园》《云南发现 2 亿年前的化石》《神奇的古生物学家》等视频精彩片段引起学生注意、激发学习兴趣、引发共鸣，创建问题情境；而后通过头脑风暴的形式，激励学生提问。与此同时，为了增强学生的体验感与代入感，我们给学生们分发了古生物学家装备材料包，包括考古帽、马甲以及手套。

通过借助多媒体以及角色扮演的课堂形式，让孩子们对该课程有了初步了解。由于四年级至六年级的小学生，具有基础的科学主题文献阅读能力，具有一定的科学探究意识但科学探究能力还不强，具备通过证据来简单论证与推理的能力，了解生物与环境关系的基础知识，还具备亿级及以上数学概念与运算能力。然后，我们利用《化石是怎么形成的》的动画，让学生们感知与理解科学概念，了解化石成因和过程；通过课文及课外材料阅读，让学生们获取与整理恐龙生活与环境知识，并学习运用亿级以上数学概念简单推算恐龙演变的时间跨度。在知识建构的过程中，让学生学会运用所学的科学与数学知识，获取信息解决问题，规范学生科学探究的过程，训练学生科学探究的能力。

3.3.2　技术（Technology）& 工程（Engineering）——开展实践与协同合作

四年级至六年级的小学生能力日益发展，他们很关心事物的构造、用途与性质，对于工具技术也很感兴趣，已具备基本的技术工具使用能力，能够区分人工世界与自然世界，具备一定的规划能力与合作能力，并且具有通过物质材料进行设计与建造的工程能力。根据以上年级段的学生特征，我们在带领学生挖掘恐龙化石之前设计了任务单《古生物学家手册》，让学生组成小组探讨并确定恐龙化石挖掘的时间（季节）、地点、交通、工具、探方设计、记录工具与交通工具、化石保存、安全装备、挖掘时的注意事项等完备的挖掘方案。在真实情境中，小组合作，综合运用科学与技术知识，完成化石挖掘工程实践和恐龙化石复原工程实践，从而训练学生的工程思维与工程实践能力，培养团队合作精神、问题解决能力和创新创造能力。

3.3.3　艺术（Arts）——成果展示与多元评价

完成探究实践后，评价与总结这一环节也是至关重要的。四年级至六年级的小学生，具备一定的语言表达能力，能很好地将自己的作品呈现并分享给别人。但学生往往容易出现只讲结果，不讲过程，以及表述缺乏科学规范性等问题。在自己感兴趣的事情方面如果能得到他人的支持与赞扬，会进一步增强他们的勤奋感，会对该领域（古生物科学）产生更加浓厚的兴趣。我们借助评价量表开展小组互评，以及小型的成果展品秀，让学生对其作品形成过程进行阐述，与同伴分享学习与实操经验，以此发展学生科学表达的语言能力及所学的科学概念的运用能力，并从中学会客观地评价他人作品及作品形成过程。

3.3.4　目标反思与拓展延伸

课程的最后，我们希望学生对该项馆校合作活动能够学有所用，我们留出一定的时间让学生自我反思，从课堂基础知识铺垫开始到动手实践再到成果展示，反思"是否掌握了有关化石的知识，是否积极参与了化石的挖掘与复原工程"等，将每一环节的收获与建议记录在《古生物学家手册》中，也利于今后课程的再升级与再研发。同时，我们还给学生们再次观看了一段电影

《侏罗纪公园》中恐龙复活的片段，并抛出问题"无论是电影中的'恐龙公园'或是丰富多彩的'恐龙展览'毕竟都是往日的遗骨，或者是古生物学家们根据从化石中获取的信息以及科学想象之后人工艺术再现的恐龙形象，那么，真正的恐龙到底什么样呢"，形成开放式课堂收尾，让学生们发挥想象，独立思考，自主学习，解决科学问题。

4 项目研究成果

通过开展温州科技馆馆校融合 STEAM 教育项目"我是小小古生物学家——探秘恐龙世界"，研究并总结出以下适合馆校合作活动研发的新思路。

4.1 活动主题与现有展品资源对接

科技馆与学校合作研发活动，不仅要考虑科技馆现有资源，还要考虑学校义务教育课程标准。在科技馆现有展品资源方面，我们可以从活动主题出发，结合活动安全性、道具运输、可操作性、课程效果等因素，对展品资源进行初步筛选。而后在活动预演和试讲过程中，调整可利用展品清单。通过结合展品构建学习情境，改变以往"展览"展品的形式，给展品赋予生命，让学生在课堂上就能与展品对话与互动。

4.2 活动主题与课标对接

馆校合作活动研发不仅要在授课内容与授课方式上有效提升学生学习兴趣，还应该对接义务教育课程标准，遵循客观教育规律，努力建设与现代社会发展相适应的课程，在培养学生思想道德素质、科学文化素质等方面发挥应有的作用。

4.3 以受众群体为本融合 STEAM 教育理念

在结合科技馆现有展品资源及学校义务教育课程标准的前提下，活动研发将更多地从目标受众群体的年龄、受教育程度、学习方式、学习特点、学习能力等因素宏观考量，并按照受众群体的共性与特性编排相应的活动方案，以受众群体为本实施基于 STEAM 教育理念的跨学科授课模式。

5 结论

综上所述，科技馆与学校合作活动研发设计可以按照"三基一本"的思路，即"基于科技馆现有展品资源的体验""基于学校义务教育课程标准的授课框架""基于以受众群体为本的 STEAM 教育理念的实践探究"，为学校提供不同于课堂教学的授课方式、学习形式，有效发挥科技馆自身展品资源优势与教育特长，实现科技馆与学校结合活动项目研发的可持续性发展。

参考文献

[1] 《什么是真正的 STEAM 教育?》，http：//www.360doc.com/content/16/0811/06/908278_582375913.shtml，2016 年 8 月 11 日。
[2] Hubert Dyasi、Derek Bel、刘润林：《透视科学中的探究及工程与技术中的问题解决——以实践、跨学科概念、核心概念的视角》，《中国科技教育》2017 年第 1 期。
[3] 朱幼文：《基于科学与工程实践的跨学科探究式学习——科学馆 STEM 教育相关重要概念的探讨》，《自然科学博物馆研究》2017 年第 1 期。
[4] 周文婷：《基于展品资源，引进 STEM 教育理念，对接课标——科技馆"馆校结合"项目开发的思考与实践》，《自然科学博物馆研究》2019 年第 1 期。
[5] 《深入了解：关于 STEAM 教育你所不知的——直击美国 STEAM 教育》，中国教育装备采购网，https：//www.caigou.com.cn/news/2016112540.shtml，2016 年 11 月 25 日。

科技馆"馆校结合"项目的开发与实践

——基于展项的科学课程设计

傅 丽[*]

（山西省科学技术馆，太原，030000）

摘 要 在"馆校结合"项目中，科普场馆如何利用自身的科普资源优势，针对不同年龄层的学生开发设计科学课程。本文以山西省科技馆创意工作室"DIY_手工作坊"的"年轮里的时间"科学课程为例，着重介绍了以低年龄段学生（5~7岁学生）为目标人群的科学课程的开发与设计思路。

关键词 低年龄段学生 科学课程 馆校结合

众所周知，探究式学习强调的是"做中学"，通过在实践中获得的有效经验，帮助学生自主建构知识，并最终达到融会贯通于生活，进行科技创新的目的，它强调的是"学习""思考""实践"三者的有机结合。而科技馆基于展项的科学课程，就是遵循"在活动、实践的基础上通过交往促进学生发展"这一基本思路，利用科普场馆特有的资源优势，让学生通过观察和实践获得直接经验，并据此对各种科学理论开展进一步的探究学习，进而获得多种知识的拓展和经验的累积。所以，在我国不断强调素质教育的今天，科学课程因其强调亲历探究和自主学习的特点，深受学生们的喜爱，其在科技馆"馆校结合"项目中的重要性也愈加彰显。

---

* 傅丽，山西省科学技术馆，科员，展厅辅导员。

1 课程设计思路

科普场馆开发设计的科学课程体现的是"参与、合作、体验、探究"的发展性特点，多属于教师指导下的科学探究活动，是在问题的引导下开展的探究，过程的设计是让学生在观察和实践的同时，运用判断思维和逻辑思维对现有的科学知识做出多种可能的假设或解释的多侧面活动，同时，学生科学探究能力的培养、科学知识的学习及情感价值的提升贯穿于整个活动，由于其目标的实现需要学生合作共同完成，且学生选择课程的初衷多源于自身的兴趣，因此，科普场馆科学探究活动的目标人群多为知识技能水平相近的某一年龄段的学生。综合考虑到低年龄段学生的普遍知识结构，和其生长发育敏感期的阶段性特点，"年轮里的时间"科学课程选择以时间为主题，通过学生对"年轮"展项的深度观察和探究，引导其以数学思维的方式，深入理解"时间"概念，帮助他们"把科学知识与观察、推理和思维的技能结合起来"，进一步培养他们的时间观念，促进他们生活经验的拓展和累积。

2 目标人群和学情分析

目标人群：5~7岁学生，属于小学低年龄段学生，受众为10人/课时。

研究发现，该年龄段的学生属于对数学、动植物、科学实验、绘画等事物的学习关键期，尤其是对探索自然的兴趣非常强烈。为此，在"年轮里的时间"科学课程开展的过程中，学生们在仿真情境下，通过观察和操作"年轮"展项获得的"直接经验"，帮助其加深对已有知识的理解；在教师的引导下按照一定规则展开的思考和讨论，不仅帮助学生以数学的思维，把"年轮形成的原因"与"时间"概念融会贯通，也帮助他们把观察和思考后的经验、结果，按照一定的思路和逻辑清晰地描述、分享出来，并且让他们在倾听的过程中，建立起善待批评、反省自我、接纳互助等良好品格；动手做的过程，是学生理论联系实践展现技能的过程，也是其自主建构的知识重新表达的过程，同时，想象力也使其创新思维以艺术表现的方式在此过程中呈现；最后，学生们经由教师的引导，通过分享讨论、倾听反思、观摩比较等方式，开展的归纳总结和拓展，让其直观地认识到自己的优点与缺点，从而清晰地意识到方法对于结果的重要性。

3　课程实施策略

低年龄段学生的探究过程一般涉及观察、思考、讨论、实践、总结反思等步骤，而且在他们的经验里，"事物不是分门别类地呈现的"。为此，我们把"年轮里的时间"课程分为三个环节。60 分钟的课程，以分段限时的方式开展，不仅满足了儿童天生具有的交谈或交流、探究或发现、制作或建造、艺术表现四种本能的基本需要，也于无形中培养了该年龄段学生的时间观念和团队规则意识。

图1　山西省科技馆儿童科学乐园"生命的智慧"展区

第一环节：课程导入。结合该展区以自然森林为主的空间设计，采用"情境＋游戏"的方式，通过"角色扮演解决问题"，有效地激发了学生们的学习兴趣和好奇心。众所周知，"兴趣是最好的老师"，而以"角色扮演解决问题"的游戏方式带入课程，不仅增添了课程的互动性和趣味性，也更好地唤醒了低年龄段学生兴奋的学习情绪，激发了他们内在的学习动机，学生们遵循着一定的游戏规则，按照教师给出的线索，运用归纳与概括、比较与分类、分析与综合、讨论与交流等基本推理方法，寻找可以帮助他们解决问题的"年轮"展项的过程，也是他们启动已有知识，相互沟通、彼此借鉴的过程。通过课程可以发现，这一过程对于教师评价和掌握学生的知识储备，初步了解他们的性格特点有着重要的作用，而这也为教师在下一环节引导和启发学生更好地开展课程，较好地完成教学目标奠定了良好的基础。另外，"自然森林"的空间背景，以"沉浸式体验"的方式，让学生们仿若置身于真实的自然环境之中，这种身临其境的感觉，很轻松地就把科学思维和真实世界联系在一起，极好地激发了学生自主探究、持续学习的兴趣。

第二环节：开展深化。"开展深化"的过程就是理论与实践贯通融合的过程，它不仅是"理论"支撑"实践"的思考过程，也是"实践"验证"理论"的探究过程，而这也正是我们常说的"做中学"的核心体验。所以"年轮里的时间"科学课程采用的"做中学"，和大众普遍意义上认为的"在机械的技能操作中学习"大相径庭，它是世界著名教育家杜威所强调的，"作为学生情景脉络的'做'"，不仅要动手，还要动脑，要反省思维，是"强调主体在与外部相互作用基础上的反思"，"是在探究的基础上自主建构知识"，是"探究中学"。[1]

图2 学生通过交流讨论自主探究"年轮"展项

在低年龄段学生的眼中,"事物不是以抽象概括的方式呈现出来的,而是以形象、生动、具体、个别的方式存在于自己的经验中"。为此,教师结合具体的"年轮"展项,以提问和建议的方式,引导、鼓励学生们积极思考、踊跃发言,条理清晰地解释说明自己观察、探究出的结果,有效地杜绝了该年龄段学生的盲目摸索,缩短了他们的学习时间,也在一定程度上帮助他们以形象思维和逻辑思维相结合的方式建构自己的学科知识体系,把抽象的定义和"年轮"具体的形象相统一。

图3 教师引导学生讨论学习"年轮"知识

另外,通过教师的引导,学生以开放的形式进行的交流讨论,不仅让他们学会倾听和思考借鉴其他同学的学习经验,学会相互接纳、审视自己的观点,还在一定程度上有效地启发了他们把"利用年轮推算树木年龄"和其所熟知的"时间概念"有机融合,把"观察年轮疏密度和颜色深浅"获取的"直接经验"与"辨别方向和气候"的"生活经验"密切联系,也就是说,通过探究活动和教师的引导,让学生找到了自己了解的日常社会生活经验和学科知识之间存在的真实、自然的关系，并把新的认知和自身已有的种种经验理智且清晰地联系起来。

图 4　学生自己制作手表

　　儿童的探究多以"观察"为主，科学的探究却离不开"实验"的支撑。结合低年龄段学生"制作或建造"等本能的需要，学生通过"动手做"的方式，把之前获得的"直接经验"和"生活经验"有机联系起来，重新整合后，按照自己的理解，以制作手表的方式再次"表达"，并从艺术的角度创造自己的作品。在此过程中，学生们通过思考和制作，把"年轮"和"时间"结合在一起，把自己对于时间这一抽象概念的理解以"年轮手表"的方式呈现，可以说，这是学生在一定程度上把自己观察到的现象、学习到的知识和思考后的结果以一种具象的方式做出的解释，也是学生在整个探究活动过程中建立起的新理解，是学生深化和增长自身科学知识的体现。不仅如此，学生们的制作过程和制作成果也有助于教师客观地评价学生对于课程的接受程度，掌握整个课程的学习情况。

图5　学生们展示自己的实践成果——年轮手表

第三环节：归纳总结与拓展。在教师的引导下，让学生以亲历者的身份，讨论回顾整个探究活动的关键步骤，反思自己的探究过程，分享自己的活动心得和成功经验，帮助他们条理清晰地梳理总结整个探究活动中的目标任务和完成情况，并相互给出客观且中肯的评价，不仅让学生的思维更加灵活，所学的知识更加牢固，也使得他们的语言组织能力、逻辑思维能力、对事物的描述能力以及根据观察结果进行解释说明的能力得到提高。另外，在知识拓展部分，基于课程主题设计开展的"古诗词背诵"抢答游戏，让学生明白"时间"重要性的同时，也使其清晰地看到自己知识上的短板，对激励他们对获取成功的渴望也起到了积极的促进作用。

4　教学重点和难点

教学重点——以数学思维的模式，通过"年轮"推算树木的年龄，并使其与抽象的"时间"概念建立联系；通过"观察年轮疏密度和颜色深浅"来"辨别方向和气候"，并学会运用此知识解决生活中遇到的相关问题。

教学难点——以相互交流、讨论的方式，引导学生思维清晰且有条理地解释说明自己的探究结果和活动心得；带领学生在规定的时间内有效地完成阶段性任务，以确保整个探究活动的顺利开展和教学目标保质保量的完成。

5 结语

随着"馆校结合"项目的不断深入，找准各方需求之间的契合点，在教学目标、内容、形式上"合而不同"。要充分发挥科技馆的资源优势，利用其教育特征——基于实物的体验式学习、基于实践的探究式学习、形式多样化的学习并实现常态化、细分化、规模化、系统化。作为非正式学习环境的科普场馆利用自身的科普资源优势，在科学课程的开发和设计过程中，针对不同目标人群，对情境所做的恰当设置和组织安排，有效地确保了整个科学探究活动学习目标的明确性、学习过程的完整性和学习结果的良好性。各种各样的科学探究活动，不仅可以激发学习者的探究热情和兴趣，还可以提升他们的综合能力，培养其科学探究的品质和科技创新精神。通过科学探究活动，科技馆的科普展项"活"了起来，科普知识越来越生动有趣，社会大众争相走进科技馆，感受科学的魅力，其让科普场馆的社会教育功能愈加凸显的同时，也对提升全民科学素养起到了积极的助推作用。

参考文献

［1］任长松：《探究式学习——学生知识的自主建构》，教育科学出版社，2005。

以"问题"为导向，基于展品的探究式学习

——厦门科技馆"问问大海"课程的探索与实践

洪施懿[*]

（厦门科技馆，厦门，361001）

摘　要　科技场馆作为非正式教育的场所，近年来，开展了许多"馆校结合"的课程，那么，如何发挥科技馆自身的优势，并结合先进的教育理念，来优化课程的开发和设计？本文就厦门科技馆以问题为导向的"问问大海"展览课程开发过程，探索基于展品探究式学习的新方向，并在过程中促进科技馆资源与学校科学课程有机融合，打造馆校结合新思路。

关键词　科技馆　探究式学习　课程开发　科学课程标准

近年来，科技馆教育的影响力已得到社会多方认可，科技场馆作为提高青少年综合实践能力的非正式教育环境，与学校紧密合作，进一步培养了青少年的学习能力，提高了青少年的科学素养。

1　馆校结合模式下科技馆展厅内探究式教育活动的概况

纵观近年"馆校合作"的主要类型（见表1），不难看出教育课程和教育活动的发展已较为成熟且占比较大，科技场馆想要发挥自身在教育活动和课程

---

　*　洪施懿，厦门科技馆展览教育部科普辅导员。

中的优势，就需要结合先进的教育理念来优化课程的开发和设计，而探究式学习则是近年教育改革中的一大趋势。

表1 "馆校合作"主要类型

形式	内容介绍	模式
开设科普实验课程	馆校双方通过明确课程设计重点、确定课程授课对象、设计课程内容来规划实验课程，开展基于展品的直观学习、探究式学习、互动式学习的模式	成熟合作模式
开展科普教育活动	科技馆作为活动的组织者和策划者，校方作为参与者，利用专业的教师、教具、科学仪器向学生或公众进行科学知识和科学精神的普及	普遍合作模式
建设校外实践基地	馆校双方依托自身在相关领域的资源优势，建设校外实践基地，进行学术科研和实践项目的深度合作	长期合作模式
科普进校园与科普剧表演	科技场馆通过丰富多彩的展示形式开展进校园活动，将科学实验赋予戏剧化、舞台化的表演形式，激发学生参与感和互动性	新型合作模式

关于探究式教学的定义有很多，例如韦钰在《探究式科学教育教学指导》一书中以探究的过程为重点，给出了探究式教学的定义："探究式科学教育是在教师和学校共同组成的学习环境中，让儿童亲历科学探究的学习过程。它大致包括根据实际情景、观察到的现象和可以获得的信息，从儿童已有的知识、对问题的了解和已具有的科学概念出发，提出问题；对问题的解答进行推测；为证实推测而设计实验或进行观察；收集和整理数据；得出结论和进行交流；提出新的问题。"[1]

1.1 科技馆开展科学教育采用探究式教学的必要性

通过研读《义务教育小学科学课程标准》（2017年版）（以下简称"小学课标"），发现"探究"一词在"小学课标"中出现了164次。其中"科学探究"和"探究式学习"出现的频率很高。科学探究是课程内容和目标，探究式学习是学习理念和方式。

与学校科学教育倡导的探究式教学相吻合，科技馆教育本身具有"探究"和"实践"的属性，可为学生提供沉浸式的体验模式和多样化的学习环境，实现学生跨学科了解科学知识，并获得亲身学习的体验，对广大青少年来说具有一般学校无法替代的优势。

1.2 科技馆开展科学教育采用探究式教学的条件

那科技馆的教学环境如何促进中小学生开展探究式教学呢？蔡旺庆在《探究式教学的理论、实践与案例》中提到在实施探究式教学时应采取的三个策略：①创设激发学习内驱力的问题情境；②提供符合探究要求的学习材料；③建立多边互动的探究范围。[2]

笔者试图通过三个策略结合科技馆特点来分析探究式学习的条件。

1.2.1 基于展厅展览创设情境，激发学习内驱力

科技场馆相较于校园课堂，能更好地创设问题情境使学生置身于情境中，鼓励学生在展厅的探究式学习中，借助实物、模型和演示实验等方式，来收集、处理和分析信息，培养学生发现问题、分析问题和解决问题的能力。

1.2.2 提供多样化的教具材料，以供主动探究

在探究式教学中，课程大部分内容需要学生动手进行探究，科技馆的探究式课堂则会为学生准备课程相对应的教学资源包，在材料的选择上相对于校园课堂教具，其对学生更有吸引力且更易贴近生活，让学生感觉探究不单是在实验室完成，而且生活中也能通过方便可得的材料进行实验，让学生自己动手，通过具体的探究活动学习抽象的科学知识。

1.2.3 通过非正式环境建立多边互动关系

相较于校园第一课堂而言，科技馆的非正式教育环境更易建立良好的"师生、生生互动"关系，这也是探究式课堂成功的重要影响因素。培养学生分享和合作意识、独立自主的探索精神，将科学学习的爱好和兴趣转化为科学态度和科学精神的养成。

2 "馆校结合"——基于展品探究式学习探索存在的问题及建议

2.1 现阶段科技馆探究式学习中存在的问题

然而在实践操作过程中，由于实施课程的多种影响因素制约了探究式学习的推广和效果的落实，笔者通过学习《中国科学教育发展报告（2019）》（科

学教育蓝皮书）中鲍贤清教授的文章，归纳出存在的以下问题和现象。

问题一：复合型师资人才匮乏，科技场馆辅导教师中学科背景较为多样，但教育学科人数占比不高，容易造成专业能力缺乏的问题。

问题二：相关教育活动与课标衔接不够，更多的是基于展厅和展品的深度学习。

问题三：然而，笔者在实际工作中，还发现课程当中的"假探究"现象，许多课堂活动流于形式，并未把展品、实验和问题相结合，缺少学生自主深入的思考，或者教师直接引导学生进行每一步的实验探究，存在"未卜先知"的探究形式。

2.2 针对存在的问题思考探究式学习实施的对策

首先，关于复合型师资力量匮乏的问题，一方面可从外部引入师资，部分教育活动可与教育机构进行合作，与课程一同引入师资；另一方面可完善现有科普教师的教育教学培训机制，多渠道建设和提升师资力量。

其次，在课程开发过程中，对照课程标准，在教材中寻找与馆内资源对应的内容来设计教育活动，或寻找高校教师或专家的帮助，最终形成与课标相结合的菜单式或主题式的科学教育活动。

最后，探究式教学课堂中，教师首先要对探究的本质进行深入的理解，使学生真正成为探究的主体，做到问题由学生提出、假设由学生思辨、过程由学生实践、结论由学生得出。

3 基于展品探究式学习的实践（以厦门科技馆为例）

3.1 基于课程设计进行策展角度的转变

作为非正式教育环境下的科技场馆开放式场所范围较大，导致学生在学习过程当中容易产生无法集中注意力对展品进行体验学习的弊端，就这个问题，厦门科技馆针对其中的海洋馆区进行了改造和优化（见表2），采取了以问题为导向的探究式学习策展思路，更有利于在课程中引导学生进行探究式学习。

表 2　海洋馆区改造优化情况

类别	改造前	改造后
展区主题	生命摇篮	问问大海？
设计思路	主题导览	以问题为导向
展区分块	海洋与生命 海洋与海峡 海洋与极地	鱼类如何适应海洋环境？ 守着浩瀚的大海为何我们还缺水？ 万里海疆，我国的海洋国土有多大？ 入海难于上青天，海洋到底有多深？
互动展品占比	66%	76.5%

3.2　基于展品特点进行课程主题的选择

在探究式教育活动开发的前期，展品范围的选定十分重要，而科技馆探究式活动往往都以基于展品的体验来开展课程，所以在主题的选择上，我们要先对展品进行分类和梳理。

以厦门科技馆海洋馆为例，整个馆区分别从海洋生物、海洋水体、海洋国土和海洋深度四个方面，通过多学科交叉的角度，帮助学生更好地认识并关注海洋。[3]

展厅的展品往往分为几大类。

3.2.1　可模拟再现科学实验场景的参与体验型展品

该类展品在探究式教育活动开发的前期，更容易受到活动开发者的青睐和选择，以参与体验型展品为依托的探究式学习，往往能让学生深入其中，并有兴趣了解展品背后的人文历史故事和科学发展史等延展性知识。辅导教师通过模拟再现科学情境的形式开展探究式教学，不仅使学生可以对现有定理结论有一定了解，还能在此过程中培养敢于质疑、勇于实践的科学精神，将教育活动效果由 "过程与方法" 上升至 "情感态度价值观" 的层面。

3.2.2　动态演示型展品

在体验该类展品的过程中，通过辅导教师的引导，学生可操作、观察并体验展品，把展品看作科学实验装置，在完整的体验过程中将核心科学原理提炼出来，通过展品所展示的科学现象，自己发现和得出结论，从中获取直接经验。

3.2.3 以图文版、模型等形式为主的静态展示展品

该部分展品在整合展厅资源的过程中，常常不被活动开发者所选择，然而这类展品可通过辅导教师的课程设计，弥补展品本身的展示属性短板。

以厦门科技馆海洋主题课程开发为例，基于静态展品的部分海洋馆探究式课程概况参见表3。

表3 基于静态展品的部分海洋馆探究式课程概况

案例	关联展品	类型	课程概况
"深海动物谁人知"	千奇百怪的深海动物	静态图文展示	通过学习展品与分组绘画的方式引入课程，开展"小小故事家"分享会，学习更多种类的深海动物，利用动物生存和食物链小游戏，探究深海动物千奇百怪的原因，了解物种多样性的意义
"神奇动物的生存本领"	帝企鹅	静态标本展示	通过学习展品并观看帝企鹅纪录片引入课程，掌握帝企鹅生活习性，完成帝企鹅皮毛观察日记手册。开展"我是动物小博士"的角色扮演会，培养学生热爱动物、珍惜自然的精神

3.3 基于校方需求对接课标

根据上文提到2017年新课改后对探究式教育的重视，教育目标由以传授知识为主的单一目标转为新课改后的四维教学目标。上述目标不仅是正规教育的教学目标，对于科技馆非正式教育机构同样具有重要的指导意义。科技场馆的教育活动与学校课标的积极对接能够促进学生科学能力的发展和对科学的深度体验，帮助学生更好地理解课程并完成自主探究。

厦门科技馆海洋主题课程的授课对象是小学阶段的学生，从教材知识点中梳理出适合科技馆教育的知识点进行课程研发，课程设计力求贴近生活，有趣好玩。既呼应了课标内容，又发挥了科技馆教育资源的特长，展示了科技馆进行探究式教学的独特效果。海洋馆区全线开放至今已研发出项目式课程4个、问题式课程30个、主题路线参观3条、深度拼盘参观6个，形成了多个系列模块。

3.4 海洋课程"海洋中的森林"课程简述

接下来笔者围绕上述三个方向，通过以海洋馆课程"海洋中的森林"为例，依托"问问大海"展区展品，并对接课标，概述课程的探究流程（见表4）。

表4 "海洋中的森林"概述课程

教学环节	教学思路	设计意图	对接课标
问题导入 创设情境	通过视频多媒体形式展示陆地森林 学生创作绘画《我心中的海洋森林》	利用绘画的方式引导学生思考陆海植物的不同，在特定氛围中自主提出问题	苏教版 三年级下 植物的一生
实验探究 体验展品	普利斯特利钟罩实验了解植物生长主要条件，结合展厅展品学习氧气对植物生长的作用	结合观察法和实验法，引导学生掌握控制变量进行思考和探究，在已有认知结构的基础上提出新问题设计新方案，并进入展厅实践探索	
活动思考 构建概念	利用海洋植物通关小游戏学习海水中氧气的来源与消耗；认识海水主要元素	采用互动游戏的形式讲授较为枯燥的知识点，并进一步增强学生学习兴趣,同时构建概念引发思考	苏教版 四年级上 我们周围的空气
小组合作 动手制作	理解海水中的元素能够为海洋植物提供必要生存条件,完成模拟生态瓶制作	回顾并拓展课堂知识点，激发学生想象力和创造力，在动手的过程中形成直接经验，也有助于培养与人合作的科学态度	
成果交流 评价反思	理解陆地与海洋生态环境对植物生长的影响，理解保护环境、海洋生态平衡的意义	鼓励进一步探究和深入思考，注重开放式思维和创新能力的培养，提升科学素养培养科学精神	苏教版 六年级下 共同的家园

4　余论

在馆校结合中，探究式学习作为近年来广泛采用的一种学习方法，除了有基于实物的体验和基于实践的探究外，我们还要通过对接课标才能进一步地使学生理解和掌握课程。本文希望通过厦门科技馆海洋课程开发的实践和思考，找到一个以问题为导向的新形式。当然在实践开展过程中有许多影响因素，科技场馆也试图对遇到的实际问题进行改进，为了更好地提升科技场馆的课程质量，厦门科技馆已从以下方面进行实践改进。

4.1 满足学校多元化需求，建立菜单式高效合作机制

目前大多数中小学教师对于"馆校结合"的最大需求是有助于课堂教育，从"馆校结合"需求的角度出发，科技馆若能在编写教育活动方案时充分重视对接课标，并且形成课程的系统性和完整性，同时使校方看到基于展品的探究式教学的独特效果，"馆校结合"的意愿会更加强烈，在梳理课标知识点的过程中，可为学校提供菜单式选择。

4.2 利用国内科普资源，优化师资队伍建设

教师质量是影响教育活动的一个关键因素，科技馆可结合岗位设置、工作需要和辅导教师的能力特长、兴趣方向，为队伍的长期发展制定相应规划，通过专业能力的培训和试教活动的开展完善教师知识结构，提高教育教学水平，使教师在理解其规律内涵和方法本质的基础上进行教学。还可专门聘请课程相关领域的专家或特级教师开展座谈会或讲座；或引进其他教育机构开发的适合在科技馆开设的课程，搭建科普资源共享机制，拓宽课程来源的渠道。

5 结论

本文通过对馆校结合模式下探究式学习的分析，并就厦门科技馆海洋课程在开发中的探索与实践，思考了新时期馆校结合模式的新方向。但因笔者能力有限，希望能有机会与同行进行深入探讨。

参考文献

［1］韦钰、〔加〕罗威尔：《探究式科学教育教学指导》，教育科学出版社，2005。
［2］蔡旺庆：《探究式教学的理论、实践与案例》，南京大学出版社，2015。
［3］杨楣奇：《科技馆展厅内探究式教育活动初探》，《科技视界》2016年第16期。

"科普资源"开发下科技馆
与高校合作的新思路

——浅析日韩科技场馆的案例研究与实践

周文婷*

（厦门科技馆，厦门，361000）

摘　要　近年来，随着高校人才培养的不断发展，高等学校成为科普工作的重要载体，科技馆与高校之间有了更多开展合作的空间。本文充分肯定进一步加大科技馆与高校之间科普资源开发与共享力度的重要性，介绍了日韩馆校合作的发展与经验；根据馆校的供求解析，探讨与高校"研教并行＋人资共享＋明确分工"的合作新思路，并通过厦门科技馆的初步实践，希望为促进科技馆与高校的深度融合提供一些借鉴。

关键词　馆校合作　科普资源　科技场馆

　　提高科普资源的利用效率，建立共建共享平台的长效机制，使科普资源真正服务于公众，是科普事业发展中最关键和基础的工作。高校在科普工作中具有师资人力、学科建设、硬件设施与科学文化等方面的资源优势，但在利用科普资源开发活动、传播科普资源等方面还缺乏针对性与实效性；与此同时，科普场馆的基础设施建设已取得了长足发展，但仍无法满足公众多元化的科普需求，面临诸多困难和问题。笔者通过查阅文献、外出考察、实践探索等方式，通过梳理日韩科普场馆与高校深度合作的概况，了解和借鉴其发展和经验，分

---

* 周文婷，厦门科技馆展教部高级主办，主要研究方向为馆校合作。

析二者间的关系和发展方向，探讨科普场馆和高校在"科普资源"开发上合作的新思路。

1 科技馆与高校合作的基本概况

科技馆与高校合作，即场馆与学校以提高科普资源、人才资源利用率为共同目标，充分利用科普场馆的展示空间和多元的活动形式、高校优秀的人才资源和先进的学术研究成果，开展优势互补、相互配合的"馆校合作"活动。

1.1 双方合作的利好环境

近年来政府颁布的一系列文件政策（见表1）致力于推动全社会科普资源的高效利用，集成各种不同功能和类型的科普展教资源，鼓励科研机构、大学、企事业单位、社会团体等参与科普展教资源的开发活动。

表1 国家颁布的相关文件与政策

时间	部门	文件	解读
2002 年	中华人民共和国第九届人大常务委员会	《中华人民共和国科学技术普及法》	科普需要社会方方面面共同参与、共同完成，是全社会的共同责任
2006 年	国务院	《全民科学素质行动计划纲要(2006～2010～2020 年)》	实现科学技术教育、传播与普及等公共服务的公平普惠，达到全民参与、提升素质的目的
2008 年	发展改革委 科技部 财政部 中国科协	《科普基础设施发展规划(2008～2010～2015)》	提出了我国科普基础设施发展"提升能力，共享资源，优化布局，突出实效"的指导方针
2009 年	科技部	《国家中长期科学和技术发展规划纲要(2006～2020 年)》	以促进全社会科技资源高效配置和综合集成为重点、产学研结合的技术创新体系
2011 年	教育部 财政部	《关于实施高等学校创新能力提升计划的意见》	提出建构符合我国国情的产学研协同创新模式

习近平总书记在 2016 年 6 月召开的"科技三会"上明确指出："科技创新、科学普及是实现创新发展的两翼，要把科学普及放在与科技创新同等重要的位置。"一个国家的科普能力，集中表现为国家向公众提供科普产品和服务

的综合实力；而科普资源既是科普工作的基础和工具，也是提升科普能力的重要因素。积极鼓励全社会参与科普，营造创新创业的良好氛围，这对于新形势下推动我国科普事业的发展，具有非常重要的理论指导和实践意义。

1.2 高校方面的必要性

在当前科学技术快速发展的背景下，国家持续加大对高校的教育投入，其科研能力和成果也日益增强和丰富，调动高校主动参与科普工作的积极性显得尤为重要。

目前，我国提倡的"产学研"结合（整合生产、科研、教育等不同部门的功能与资源优势）中，高校作为产学研结合的三个主体之一，以"校企合作"为其主要形式；以福建省为例，省内高校与企业合作主要通过企业进校园、订单式培养、互动融合式三种模式，这样的形式以向社会输送人才为主，从科普工作的角度来说存在培养人才结构单一、生源就业分布不均衡、科研成果转化率较低等问题。[1]

1.3 科技馆方面的必要性

科普场馆是一个国家和地区文明程度的重要标志，是服务公众的重要文化事业，既是公众日益增长的精神需求的供应者，也是面向青少年提升科学素养的教育者。伴随着教育改革和科普场馆的发展，虽然目前已取得很多成绩，但是仍然面临着巨大挑战：常设展览的更新迭代——跟上社会发展步伐，满足多元化的科普需求并保持良好的互动；复合型科普人才匮乏——科学教育需要融合各方资源和不同门类知识的处理，所以从事此类工作的专业人才队伍建设有待加强；[2]科普（教育）内容的跨度较窄——目前科普场馆的对象以小学生为主，如何吸引高龄段的学生重新走进科技馆成为当务之急。

1.4 现状及问题

国内提倡的"馆校合作"大多是指科普场馆与中小学的合作，与有科研、科普实力的高校合作甚少；笔者通过搜索引擎对"科普场馆 高校"进行搜索发现，真正与高校有深度合作的场馆，只有中国科技馆、上海科技馆、重庆科技馆等几家场馆；更多的科技馆涉及与高校的合作多半也是为了解决高峰期人手不足的问题，合作内容以"社会实践、志愿服务"为主，并未充分利用高校丰富的人才、技术、科研资源等进行深度合作。究其原因，主要包括以下几方面。

一是对两者缺乏整体认识。双方的深度合作需要建立在彼此互联互通的基础上，就笔者所在地区而言，高校对于科技馆的理解还处在"参观"的基础上，而对"教育"功能未形成具体认知，从而也造成在"产学研"合作中未将科普场馆考虑其中，主动开展合作的意识不强。而由于高校的开放日、参观日较少，并且部分高校缺少与社会的对接，加上科技馆复合型人才的缺失，对高校的科研项目和人才专业培养也缺乏了解，无法深入合作。

二是利益因素的影响。合作关系的建立需要让各方都能从中获利，而目前国家政策虽然鼓励社会各方高度融合，但并没有具体的项目经费、考评机制，国内大多数科技馆还是公益性机构，而高校科研也需要经费支持，这对双方的合作会造成比较大的影响。

三是标准化的管理模式。科普场馆与高校是不同类别、不同上级的两类事业单位，那么在合作的过程中不可避免地存在多头管理、层层汇报、多方审批的问题，并且双方的立场和理念也会导致合作项目的推进和持续；同时国内除仅少数场馆有初步尝试外，行业内尚无规范、体系化的运行模式，也阻碍了合作的深入进行。

2 国外科技场馆与高校合作的案例与分析

西方高等教育在办学实践中已经形成了不同特色的合作教育模式，如美国学徒制模式、"硅谷"模式，英国"三明治"模式、教学公司模式，德国"双元制"等，[3]这些合作结合当地科普场馆的特色也逐渐向全方位、多模式、深层次、规范化的方向发展。就亚洲地区来说，日本科普场馆的密度是世界上最大的，政府每年也投入较大的人力物力促进高校、研究所对博物馆、科学馆从事自然史和科技史研究工作进行组织，并负责这方面的研究和交流活动。

下文尝试对厦门科技馆于 2019 年赴韩国、日本交流访问的数家博物馆、科学馆与高校合作的情况（见表 2）进行评述，希望从中获得具有一定普遍性和实用性的启发与借鉴。

表2 日韩（部分）科普场馆与高校合作概况

序号	场馆	合作方向	成果展示（举例）
1	韩国国立果川科学馆	共同举办主题活动，展示高校科研成果； 将科研成果转换为展品，与观众进行互动	第九届 SF 未来科学节"外星智能生命探索"主题观测活动展品；雾幕投影
2	韩国国立大邱科学馆	与科研机构研发技术和工业相关展品，依托大邱旅游功能开展游学	工业主题游学活动
3	韩国釜山国立海洋博物馆	与韩国海洋大学合作进行展品和展览的研发	"朝鲜的大海"海洋史主题展览
4	日本旭川科学馆	与科研所共同建立互动实验室、创客工坊、机械加工厂等	田中互动实验室
5	日本北海道博物馆	与北海道大学共同成立科学实验室、开展研究员科普活动等	标本体验展览室、博物馆实验室，教育研究展
6	日本科学未来馆	与社会、高校科研机构的高度化合作，研究成果转换展览资源	副楼实验室的建设、机器人互动展项、"猛犸象考察记录"主题展等
7	日本国立科学博物馆	与高校合作开办展览、科普活动；与研究所合作研发展品，如机器人等	博物馆教室、科学教室、自然教室等互动活动 "HRP – 2 PROMET"机器人等

在发达国家中科普场馆经过长期的累积和发展，在功能定位、经营管理、运行模式等可持续发展能力方面积累了丰富的经验，与高校和科研机构合作的体制相对成熟稳定，值得我们学习和借鉴。从表2中的七家场馆中，我们可以看出高校和科研机构合作的三大特色。

2.1 基于科学性和研究性的活动平台搭建

在访谈中我们发现，日韩科普场馆非常重视培养观众的科学精神，主要体现在活动的设计上。除了与国内相同的基于展品的体验式和探究式学习之外，几家科普场馆都邀请高校和研究所的研究人员参与教育活动的策划和开展，一方面可以将研究者的科研成果转化为观众可以掌握的科普体验，另一方面也使展馆的资源得到进一步的挖掘与阐述：通过和研究人员的互动，使活动本身更加具备科学深度，同时能够让观众"像科学家一样想事情、做事情"的探究行为变得更加真实。

例如，据韩国国立果川科学馆国际部 Kim jaeyoung 先生介绍，该馆作为韩国最大的科学中心每年要接待来自各地的青少年超过 150 万人次，在启发引领韩国青少年们对科学的兴趣上产生重要作用。每年他们都与果川在地的高校和研究所共同策划和举办至少 10 场关于基础科学、尖端技术、自然科学等不同主题的互动活动，并且会有一些大型的科学节、天文观测等科学实践日活动，能够引导青少年通过一天或者几天的活动，共同沉浸在科学学习里。

2.2 基于展馆结合研究成果转化展览资源

高端的科研资源多来自晦涩难懂的前言科学，涵盖多种学科领域并且有一定的深度，对于普通公众来说是比较难理解的；而通过科普展览的展示形式，如互动展项、图文展板、展示模型搭配简单明了的语言和轻松愉快的风格，可以让公众对科技成果有更直观的理解。美国自然历史博物馆以"通过科学研究和教育，发现、解释、传播有关人类文化、自然界以及宇宙的知识"为使命，开设天文学、人类学、无脊椎动物学、哺乳动物学、比较基因学、生物多样性保护、图书馆学、古生物学等方面的永久性、半永久性、临时性展厅以及展览[4]，从科普场馆的角度来说，借助科研机构的学术成果进行展览策划，能够提升展览的科学内涵，多层次多角度地满足群众更高的科普需求。

例如，釜山国立海洋博物馆是韩国首座海洋综合博物馆，包含海洋历史、航海船舶、海洋体验、海洋领土、海洋科学等展示内容。副馆长金真玉女士介绍，通过与研究所、大学联合共同收集海洋遗留物并开展研究和展示，能够让观众更好地了解人类生活的根基；同时将关于海洋的文化教育和海洋知识的各类研究成果连接起来，通过展品、展览展示给观众，她觉得非常有意义。海洋博物馆内关于海洋历史的展示区域，就得到了国立海洋文化遗产研究所的学术支持，围绕学者专家关于古代航路、张保皋海洋活动的性质、新罗末高丽初海洋势力的特点、高丽时代宋商与高丽商的活动、朝鲜时代海禁与空岛等研究观点，进行展区的策划和布展，高度还原了韩国古代海洋领域的相应知识。

而日本科学未来馆在 2019 年展出的"猛犸象特展"就是一种与高校科研成果结合的全新展览形式。据介绍，2018 年北东联邦大学北方应用生态研究所（IEAN）与"猛犸象展"开展了联合挖掘调查，包括该展的监修者加藤教授共同前往西伯利亚北部实施挖掘调查，最终发现了冷冻猛犸象和小马驹等珍贵的标本；而"猛犸象特展"正是以制作小组的挖掘调查手记的形式，向公众介绍了本次挖掘的全部经过并展示出相关的物料标本。在观展的过程中，结尾有一段策展人的寄语，"希望以此次展览为契机，也许有一天你也能成为研究者在西伯利亚挖掘猛犸象，并推动猛犸象的复活计划"。笔者认为，正是通过这样复制科研本身或者科研相关经历的展览，使观众从科学研究的角度出发进行更深刻的思辨，从更全面的角度看待科学研究的过程，并且在这样的过程中培养观众的科学精神、科学思想。

2.3　基于科研技术方向的专业人才、资源共享

在发达国家，依托网络技术搭建高校网络化科普教育模式，向社会开放大学实验室和学校博物馆，或科普场馆依托大型贵重仪器直接进行学科前沿研究，是十分普遍的合作模式。此外，科研人员进入科普场所，与公众通过近距离接触，让公众在带着问题不断思考的过程中，了解最新科研成果对生活的影响，同时也丰富了科研人员进一步开展工作的思路。

例如，日本旭川科学馆是互动性非常强的科普场馆，拥有各种科学游戏和设备。其中最值得借鉴的是二楼的工作室，拥有许多自制道具，观众可以自己探索，还有各种标本可以用显微镜观察。负责工作室的科研实验员田中先生介绍，旭川科学馆在展品研发上除了传递正确的科普知识，也注重展品的互动性、体验性和创意性，以人为本的服务理念让场馆的展品研发和设计更贴近观众。除了实验室之外还有数个规模大小不同的研究室，这样的教育空间是科学家和高校科研人员在馆中的实验室，实验器材和实验经费由校方提供，可供初中、高中生到馆和研究员一同完成探究内容；而人员在这里开展的活动和科学传播成果算是其工作的一部分。

3　馆校"深度融合"的启示与探索

日本科学未来馆总结了自身发展的三大支柱——传播科学、人才培养、建立纽带。通过常设展、专题展、网站、出版物、影像等丰富多彩的方式来传播作为"新知识"的尖端科技；并以上述活动为载体形成独特的人才培养系统，

馆内的科学交流员活跃于各大研究机构、大学、科学场馆和企业；同时将研究人员、技术人员、媒体、志愿者、会员、入馆者、行政机关、学校、其他科学馆、产业界当作自身与社会之间的"接口"，面向"接口"举办交流合作活动，旨在通过活动加强尖端科技与普通公众之间的联系。[5]上文对日韩若干家展馆的馆校合作方式进行分析，接下来对厦门科技馆的本地案例进行阐述，探讨双方的供求关系和合作方向。

3.1　启发：双方的供求情况和契合点分析

科普场馆与高校合作，既要使高校彰显自身特色，又要符合科技馆教育职能的发展，这是双方"深度融合"的出发点，笔者对双方的供需内容做了简单归纳（见表3）。

表3　科普场馆与高校的供需内容小结

双方	需求内容	供给内容
科普场馆	①发挥科普教育功能,扩大社会效益 ②科普人才队伍的建设 ③吸引客流,增加影响力 ④提升内涵,往科研方向发展	①场馆资源:社会实践基地、教育实训基地 ②社会资源:搭建群众科普平台 ③经济资源:在物质效益上提供支持
高校	①适应社会的人才培养和输送 ②符合科学发展的科普工作实施 ③结合社会力量开展科研工作 ④扩大知名度和品牌性,吸纳优秀生源	①人力资源:院士、教授、专家、学者以及大学生群体 ②学科资源:符合国家发展战略的雄厚且多元化的学科基础 ③教学与研究设施资源:实验室、技术中心、研究室等

表3中，两者的供给内容也是二者长期累积的社会条件和优势。而高校在馆校合作中的需求是时代和社会需求的反映；同样作为以科学教育为首要功能的科普场馆，同样要适应社会需求、紧跟发展趋势。将上述高校与科普场馆的资源优势和需求相对照，会发现：①在人力资源上双方有不同层面的契合，如科普人才的培养、专家资源的利用；②在社会效益（如影响力、品牌性）上，双方的供给和需求存在互补倾向；③在以具体项目为导向来满足供求的层面可实现高度的吻合，如科研方向、平台搭建等。

由此可见，两者若无法满足社会发展需求，没有可持续发展的生命力，就会逐渐被淘汰；通过"馆校结合"可以让双方在资源上得到共享和互补，达到双赢的目的。

3.2 探索：基于二者契合的合作策略

通过上述分析我们可以发现，科技馆与高校合作应满足三个基本要求：①善用社会平台，传播对象的普及化；②以人才为载体，合作渠道的多元化；③尊重个性差异，项目分工的合理化。

同时，三者之间是不可分割、相互依托的。比如：满足科普场馆教育功能的需求，既要加强科普人才队伍的建设，也要开发丰富多彩、新颖的教育活动，而高校丰沛的人才资源、先进的科研成果、过硬的学科背景就满足了以上需求，同时也解决了高校关于需要平台和人才输出的问题。由此，笔者尝试将与高校合作的基本策略概括为"研教并行 + 人资共享 + 明确分工"。

3.3 实践：基于策略的实施方向（以厦门科技馆为例）

厦门科技馆目前共有员工 140 余人，其中负责教育活动、展示接待、展览策划的人员占 60%，每年教育活动大约 300 场次，临展策划 3 个，年接待观众量为 160 万人次。然而，展览策划和教育活动开发的质量与国内外优秀的科普场馆相比，还有很大的提升空间；同时，背靠厦门旅游城市的大环境，需要有更多创新性的展览和活动出现，吸引受众市场，提高社会效益。为实现科普教育的深度、展览内容的创新以及优秀科普队伍的培养，近年来厦门科技馆开始尝试与高校合作，以下将简要阐述基于策略的几个合作方向（见图1）。

围绕厦门科技馆目前的需求与优势结合当地院校的特点，我们从"展览（品）研发、科教活动、科研课题、科普人才"四个方向尝试合作，虽然与策略中的三个要求没有完全吻合，但二者是存在紧密的内在联系和呼应关系的。通过充分利用馆外社会资源优势，打造科普创新与产业合作的新途径，吸引高校（科研院所）等更多的社会力量参与科学普及工作，构建科技创新、科普产业和科学教育共同体，实现科普服务联动推进和科普资源协同发展的"1 + 1 > 2"效应。

基本策略   合作方向（以厦门科技馆为例）

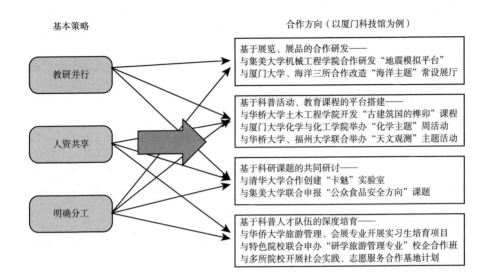

图1　馆校合作基本策略与合作方向的关系

4　小结与展望

随着社会的发展，科技已不再是孤立的存在，通过与各类机构的跨界合作，从不同角度诠释科学，也是将来科技馆发展的趋势之一。而通过科普场馆的搭建，充分利用高校的自身优势，可使更多的高水平研究工作和重大工程项目得到社会大众的理解，在科学传播的过程中培养学生的创新实践能力，推动人才培养，使高校真正在科学普及中发挥作用。

实现科技馆的开放融合，单方面的努力远远不够，各类机构对科学传播的重视度、相关激励制度的完善等都直接影响着融合的可持续性。[6]在馆校合作的这条路上，我们还需要政府提供更灵活、更宽松的政策环境；需要有更具针对性的学科专业设置、培养方案制订；对于高校专家教师、场馆培育基地、教育项目有更充裕的经费支持和更完善的考核管理……这些都是我们迫切需要解决和改进的问题。

通过馆校结合开发科普资源，实现双方资源利用最大化和成果共享社会化，是当前科普场馆的重点工作。本文就上述介绍、分析、实践，尝试为科普场馆针对工作现状重新审视与高校的内涵关联和在科普工作中的定位、推动双方合作提供些许参考。

参考文献

［1］周训胜：《高校产学研合作的现状及对策》，《中国高校科技》2012 年第 11 期。

［2］鲍贤清、顾怡雯：《科技类博物馆提供中小学科学教育资源的现状研究》，载王挺主编《中国科学教育发展报告（2019）》，社会科学文献出版社，2020。

［3］李冉：《国外产学研合作教育发展历程及典型模式介绍》，《读写算（教师版）：素质教育论坛》2012 年第 4 期。

［4］孟津：《纽约美国自然历史博物馆的体制和社会功能》，第三届化石科普国际论坛，2018。

［5］张力、唐琳：《日本科学未来馆：用科学理解世界》，《科学新闻》2018 年第 11 期。

［6］宋娴：《科普需从"我"走向"我们"》，《人民日报》2017 年 7 月 24 日。

抓住政策利好，让创新型职业体验
扎根学校劳动教育

郭 晶　冯 军　冯蔼昕[*]

(《知识就是力量》杂志社，北京，100081)

摘　要　2020 年 3 月 20 日中共中央、国务院发布《关于全面加强新时代大中小学劳动教育的意见》，劳动教育正式成为国家课程，全面进入大中小学不同层次的学校教育体系。劳动教育课程和资源的开发成为刚需。本文将职业体验理念融入科技馆展区规划、展品设计和常规科普展教活动中，深化拓展科技馆展品内涵，实现与学校劳动教育刚需对接，科技馆通过职业体验课程设计，构建新型的馆校课程，解决长期困扰科技馆进一步发展的馆校结合诸多瓶颈问题，创新科技馆的展教模式。

关键词　职业体验　劳动教育　馆校结合

1　劳动教育的发展背景

无论是古老《诗经》的"不稼不穑，胡取禾三百廛兮？不狩不猎，胡瞻尔庭有县貆兮"，还是大家耳熟能详的"谁知盘中餐，粒粒皆辛苦"，中华民族自古以来就认可劳动在推动社会发展中的重要作用。

---

[*] 郭晶，《知识就是力量》杂志社社长、主编，研究员，研究方向为科普文化的传播方式和途径、中小学科技课程活动策划组织、数字科技馆内容策划、科普融媒体实践研究；冯军，北京蓝天城投资有限公司执行总裁，高级工程师，研究方向为素质教育政策研究、中小学创新课程评估、实践教育体系规划、家校社三育研究、教育社会化投资；冯蔼昕，未来志和（北京）教育科技有限公司教材编辑，研究方向为教育公共管理、体育教育、中小学科技社团活动形式研究。

在我国现代义务教育中，劳动教育早期被简单理解为体力劳动，后期随着独生子女现象和应试教育盛行，劳动教育逐渐被忽视。20世纪90年代后期，国家开始重视劳动教育的地位，2016年发布的《中国学生发展核心素养》，突出强调了学生劳动意识的培养。2018年9月在全国教育大会上，习近平总书记正式提出教育目标"立德树人"，培养德、智、体、美、劳全面发展的社会主义建设者和接班人。2019年6月中共中央、国务院《关于深化教育教学改革全面提高义务教育质量的意见》正式发布，提出坚持"五育"并举，全面发展素质教育。其明确要求，加强劳动教育。充分发挥劳动综合育人功能，制定劳动教育指导纲要，加强学生生活实践、劳动技术和职业体验教育。优化综合实践活动课程结构，确保劳动教育课时不少于一半。家长要给孩子安排力所能及的家务劳动，学校要坚持学生值日制度，组织学生参加校园劳动，积极开展校外劳动实践和社区志愿服务。创建一批劳动教育实验区，农村地区要安排相应田地、山林、草场等作为学农实践基地，城镇地区要为学生参加农业生产、工业体验、商业和服务业实践等提供保障。

2020年3月中共中央、国务院印发了《关于全面加强新时代大中小学劳动教育的意见》，就全面贯彻党的教育方针，加强大中小学劳动教育进行了系统设计和全面部署。指出"劳动最光荣、劳动最崇高、劳动最伟大、劳动最美丽"。把劳动教育纳入人才培养全过程，贯通大中小学各学段，贯穿家庭、学校、社会各方面，与德育、智育、体育、美育相融合，实现知行合一，促进学生形成正确的世界观、人生观、价值观。确定劳动教育的内容包含生活劳动、生产劳动、服务性劳动三种形式。鼓励高新企业为学生体验现代科技条件下劳动实践新形态、新方式提供支持。

2 科技馆开展劳动教育的必要性

2.1 强化科普知识传播的要求

科技馆作为弘扬科学精神、普及科学知识、传播科学思想和科学方法的重要阵地，需要充分利用展品对受众进行全面系统化科普教育。目前科技馆面临的共性问题是接待量巨大，但"冷热不均"。工作日除少数学校集体组织外，门庭冷落；周末和节假日，人满为患，甚至需要限流。由于人员拥挤、无序，受众无法深刻理解展品所要表达的科学理念。通常见到的模式是走马观花，甚至把科技馆当游乐场，把展品当游戏机。

科技馆若将现有展区展品赋予劳动教育的属性，将展现完全不同的场景。因为每个展品后面都隐藏着一个职业，每个展区后面都代表着一个行业。通过劳动教育，对接学校的刚性需求。学生在学校完成行业知识的传授，到科技馆进行劳动技能的体验，形成良性衔接。利用国家规定的学时或劳动周，在工作日带着学校规定的任务来，以不同的职业岗位扮演、用职业体验"过家家"的方式体验展品，孩子参与度高。同时将单纯的科普知识与行业文化结合、与行业应用结合，通过稳定的学校集体活动，解决客流不均衡、参观无序混乱的难题，强化丰富了科普知识体系。

2.2 实现学生第二课堂定位的要求

在义务教育现有课程体系中，学校能够安排学生集体走出校门的稳定课时只有综合实践活动，但综合实践活动涵盖的内容很多，科普教育只是众多选项之一，很难有固定的学时保障，因此馆校合作过程中科技馆角色尴尬，处于从属被动服务地位。

另外，科技馆传统展陈模式和科教活动，与学校科技教育有很大重叠，不能充分发挥展区优势。劳动教育则为馆校结合提供了新的思路。

中办、国办文件规定劳动教育各学龄段每周至少要保证一节课的学时，每学年要设置劳动周。科技馆可以依托不同展区的关联，设计系统化劳动教育课程。引导学生除了了解每个职业的特色技术外，还要掌握本岗位职业与其他行业的关系。学生在这一过程中，脱离盲人摸象、以管窥豹式学习，摆脱单纯科普知识学习，在人际交往、表达能力、财务控制、团队精神、环保生态意识等科技素养方面全面提升。同时学校教育因为缺乏必要设备和空间的支持，无法真实再现上述场景，因此科技馆可以成为真正意义上的劳动教育第二课堂和主战场。

2.3 馆校结合课程扎根学校的需求

移动科技馆、科普大篷车的形式，方便了科普知识进入学校，但由于主题与学校课程无紧密关联性，更多的是在学校教育中发挥点缀的作用。但以劳动教育为线索，可以将展馆展陈、移动科技馆、数字科技馆有机整合成一个系统化的劳动课程，扎根学校。

劳动教育在学校实施，有三种教学场景：劳动教育课时、劳动教育周、课后活动。学校通识劳动教育课时可以安排在科技馆进行，学生对各种新兴职业有切身体会，移动科技馆丰富并支撑学校劳动周的形式和设备，弥补学校的短板。数字科技馆与学校课后托管、社团活动相结合，通过双师课堂的新技术形式，充分利用数字科技馆的网上资源和专业讲师资源，远程对学生进行个性化辅导，满足学生个性化需求，学校教师进行教学秩序管理，充分发挥馆校双方优势。

通过系统化组织展陈教育形式，将馆校课程稳定深入地扎根学校，扩大科技馆品牌影响力。

2.4 劳动教育满足科技馆社会化投入的需求

科技馆作为政府为社会提供公益服务的单位，一个省级科技馆每年运营费用上千万元，地方财政压力很大，客观上有吸引社会资金发展科普能力的需求。另外，每年教育财政投入持续增长，占 GDP 比重达 4% 以上，义务教育阶段家庭教育支出占支出总体规模的 54.7%，2017 年中国教育财政家庭调查数据显示，2016 年下学期至 2017 年上学期，全国学前和基础教育家庭教育总支出规模约为 19042.6 亿元，占当年 GDP 的 2.48%。政府和家庭对教育如此高的投入，吸引各路资金都在寻找与教育的结合点。《意见》的出台，使社会资金看到了通过劳动教育进入教育行业的政策通路，科技馆应该借助政策东风，以创新劳动教育课程成为资金进入学校的载体。科技馆吸引社会资金打造劳动教育体系，让资本、学校、科技馆实现三赢。

2.5 满足国家培养紧缺人才，为学生升学服务的需求

随着社会发展，新型职业形态越来越丰富。科技馆通过劳动课程的设置，将国家紧缺人才的职业特点展示给学生，引导学生通过劳动体验，对这些行业有深刻认识，吸引优秀人才将来投身国家优先发展产业。另外，随着高考改革的进行，学生需要提前规划自己的职业方向，因此家长和学生对不同职业的真

实了解，成为刚性需求。科技馆利用职业体验帮助学生进行职业生涯规划，满足了社会和百姓的迫切需求。

3 科技馆开展劳动教育的可行性

3.1 丰富的展区展品资源，提供劳动教育的实景体验

常设固定展区大多以知识分类进行展区规划。常见展区有基础知识展区、生命与安全展区、航空航天展区、海洋展区、信息科技展区、传统科技展区、地方特色展区，临时展区通常与社会热点事件紧密结合，以主题形式呈现。展区分布基本涵盖了传统与现代的各个行业，学生通过展区可以了解相应行业的发展史及未来，建立劳动创造世界的意识。科技馆展品设计按照展区主题，以实物、模型、情景互动体验为主，应用声、光、电和其他信息技术手段呈现现场感。学生通过体验，对不同行业劳动特点有直观的认识，了解劳动的多样性。

3.2 专业的讲解人员，解决了学校劳动教育师资的不足

学校开展劳动教育，最大的短板之一就是没有专业的老师。师范院校迄今没有劳动教育培养体系，短期之内师资的短缺，将严重制约劳动教育在学校的开展。科技馆有完善的依托展区的讲师体系，通过劳动课程基础培训，丰富的行业知识完全可以满足学校劳动教育的需求，并且可以通过教育系统的教研体系，为学校培养劳动教育师资。

3.3 多种多样的展教活动，覆盖了劳动教育三种形式

科技馆有充分的条件开展生活实践劳动、生产劳动、服务性劳动三种形式的劳动教育。科技馆的日常保洁、后勤、食堂，包含了大量生活实践劳动的基因，展区展品引导学生了解并体验不同行业生产劳动的过程，疏导、讲解、博物馆特许商品售卖等志愿服务体现了服务性劳动的内涵。三种劳动形式可以相互转换和衔接，形成科技馆特色劳动教育。

3.4 科技馆的定位，成为连接学校、家庭、社会劳动教育的中枢

《关于全面加强新时代大中小学劳动教育的意见》要求，劳动教育贯穿于家庭、学校、社会各方面，科技馆的属性具有成为三种劳动教育中枢的可能性。家长无论从事什么职业，在科技馆都能找到对应或近似的展区展品，从展区展品又能延展到社会上真实的企事业单位。以科技馆为枢纽开展劳动教育，一方面，可以培养学生对职业的认知，增强对父母职业的理解和认同，增进亲子关系和加强家风教育。另一方面，为到社会上企事业单位进行研学和真实劳动实践打下基础。科技馆解决"课堂听劳动、现场看劳动"的伪劳动教育问题，发挥推动学生在家培养劳动意识，在学校掌握劳动知识，在社会参与真实劳动的中枢作用。

4 科技馆劳动课程设计模式

科技馆应该充分利用展品展区优势，强化劳动教育中的职业体验馆校合作课程设计。职业体验是学生开展生产劳动和服务性劳动的基础和前提，充分体现时代特征，适应科技发展和产业变革，针对劳动新形态，注重新兴技术支撑和社会服务新变化。强化诚实合法劳动意识，培养科学精神，提高创造性劳动能力。

4.1 国内外青少年职业体验现状

全世界第一家儿童职业体验主题公园 Kidzania 于 1999 年在墨西哥成立，之后 Kidzania 在世界各地推广其儿童职业体验理念。Kidzania 是一个仿真的、缩小的现实社会，它将现实社会里各行各业浓缩成一座按儿童的体型所打造的城市，孩子们可以在这里体验航空服务员、消防员、护士、警察、模特儿、电台广播员、记者、摄影师等各种职业，各个职业场合均有专属的角色服装，孩子们穿上制服后可以更好地体验相关职业的工作流程。国内在 21 世纪初引入这套体系后不断发展完善，目前有世界、蓝天城等知名品牌在全国连锁运营。墨西哥系统侧重模拟，更适合幼儿和低学龄段儿童，对不同职业的外在特征进行模仿。

国外另一个体系是以芬兰"Me & My City"为代表的社会化青少年职业体验。芬兰职业教育被世界认可,支撑其诞生了诺基亚、爱立信等国际著名企业,中国教育科学研究院和北京师范大学都设有芬兰教育专门研究机构。"Me &My City"按照学龄段分为小学、初中、高中三个版本,除了具有岗位模拟功能外,更强调职业的社会属性,是仿真真实社会背景下的职业体验,强调通过职业间的交流协作,形成一个稳定的社会形态。学生体验前需要完成固定学时的基础知识学习和长达5个小时的现场体验,才能够完成体验全过程。芬兰体系的结构与我们劳动教育要求的形式和目标更为接近。

4.2 馆校结合职业体验课程体系建设

4.2.1 平台建设

平台建设分为三部分:第一,在现有数字科技馆基础上完善直播平台建设。平台成为科技馆连接学校、家庭、社会企事业单位劳动教育内容的纽带,应满足学校劳动教育的需求,形成双向互动的直播模式,能够与学生面对面远程交流。平台包含虚拟演播室、课程管理、协作教研、课程评价等教学功能。

第二,职业体验支撑系统,参照芬兰体系,建议包含科技馆每个展区代表领域的工作岗位设计、职业体验内容设计、不同行业不同岗位之间的关联设计、岗位薪资体系设计、评价体系设计。职业体验支撑系统,是学生进行职业体验时的载体,规定了学生需要完成的任务,记录学生体验流程,客观反映体验效果。

第三,社会企事业单位劳动教育资源库的建设。与科技馆展区行业领域对应的企事业单位可提供志愿服务、职业体验、项目研究等科普研学项目资源。学生能够真正进入行业内部,了解真实行业的工作方式和劳动特点。

4.2.2 教材建设

每个展区劳动教材编写按照小学重在劳动意识的建立,中学重在劳动能力的培养,高中以服务性劳动为主的原则,从"劳动树德、劳动增智、劳动强体、劳动育美"四个方面组织展区展品资料,配合展教活动,形成科技馆特色系列化劳动教育教材。

4.2.3 师资团队

以科技馆现有讲解员团队为基础,补充劳动关系、人力资源等方面专家,结合对应领域企事业研学、科普机构人员，形成完整的中小学劳动职业体验执行团队。与学校统一协调课时安排，形成完整的以科技馆为中心，串联家庭、学校、社会教育的师资团队。

4.2.4 评价体系

早期馆校结合课程不能深入学校，一个根本原因在于科技馆科普工作的评价体系脱离学校的需求，与学校对课程的评价体系交集很少。《意见》要求健全学生劳动素养评价制度，把劳动素养评价结果作为评优、评先的重要参考和毕业依据，作为高一级学校招生录取的重要参考或依据，使劳动教育评价硬起来。关于评价形式，《意见》提出"全面客观记录课内外劳动过程和结果"，强调既要记录结果，也要记录劳动过程中的关键表现，但也不是事事都记。

5 结语

《意见》的发布，使劳动教育为科技馆开展馆校结合提供了新思路。职业体验是劳动教育的重要基础，通过职业体验协调科技馆内各种资源，整合社会、家庭力量，与学校共同打造体系化的劳动教育课程。以"弘扬中国精神，讲好中国故事"为中国特色的科技馆学生职业体验教育是科技馆展教模式的创新，为国家紧缺人才的培养打好基础。

参考文献

［1］廖红：《中国科学技术馆馆校合作的实践与思考》，《科普研究》2019 年第 2 期。

［2］李纪红：《科技馆与企业合作新模式探讨——以上海科技馆的馆企合作为例》，《科技传播》2019 年第 13 期。

［3］张健：《劳动和职业启蒙教育推进策略》，《江苏教育》2019 年第 76 期。

"草船借箭"情景式小型展览的设计开发

——探索科学与语文相结合的进校园活动新形式

张志坚　左　超　秦媛媛　叶肖娜　李志忠*

（中国科学技术馆，北京，100012）

摘　要　本文介绍了一个在中国科技馆开展的小型展览，以"草船借箭"为主题，以科技馆活动进校园为目的，尝试将科学与语文相融合，设计背景环境和小型展项，并采用"情景式"的教学方法，开发出一个小型展览项目。通过活动效果评估，同学对展览活动的内容和形式都非常满意，并且学校教师对该项展览也给予了肯定和支持。该项展览的开发也为科技馆进校园活动探索了新的形式。

关键词　科技馆　小型展览　情景式教学　学科融合

2017 年中国科技馆与北京市 209 所中小学校签约"馆校结合基地校"，中国科技馆展览教育中心围绕五大工作项目：场馆活动、创新人才培养、馆本课程开发、科技教师培训、科技馆进校园进行深度规划，为学校开展丰富的主题活动，如"备战中考季""开学第一课"等。[1]与此同时，学校对科技馆教育的需求也日渐旺盛。

但目前科技馆进校园的形式较为单一，大多数均为科学表演和较为简单的动手制作，学生深度参与、长时间探究和反复深入学习的机会较少。其他地区科技馆还会配合科普大篷车携带小型展品进入校园，但对于北京地区的学校，

　＊　通讯作者：张志坚，中国科学技术馆副研究馆员，研究方向为科技馆教育、教育活动评估、科普展览策划。

尤其是距离科技馆较远的学校来说,科技馆活动进校园成为学生接触科技馆教育的有效手段,但依然存在频率低、持续时间短、承载学生有限、活动形式少的局限。通过访谈和调查,学校对于更多的活动形式、更系统的活动内容、更深入的活动内涵有非常大的需求,同时学校在"科技节""科技周"等活动时期非常希望能够有更为丰富的科技馆资源进入学校,深度加强馆校合作。

因此,开发一种切入青少年兴趣点,与学校教育结合紧密,承载人数多,能深度参与,且具有科技馆特色的教育形式,就显得较为重要。围绕这一需求,中国科技馆计划开发一项小型展览。

1 展览教育形式

1.1 "情景式"教学

"情景式"教育是近几年提出的新型教育模式,是在活动过程中设计和布置多样的情景,以特定的主题或故事为线索并设计环节,引入一定的形象和角色,让学生在生动的情景中,在轻松的氛围下完成学习。"情景式"教育利于学生依循情景脉络把握学习内容并实现知识的迁移,也更能激发学生的积极性。[2]

1.2 "情景式"教学的应用

"情景式"教学在学校教学、医学教学、法律教学等领域都得到了应用,学校的"情景式"教学多用于语文、历史、物理等学科,科技馆教育也逐渐吸纳"情景式"教学的方法和内涵。

在语文、历史的"情景式"教学案例中,教师多利用图画、音乐、多媒体等手段构建课程场景,以班级或小组为单位,采用游戏、人物模拟等形式推动情节,让学生深入、直观地感受人物心理、性格特点、情绪变化、情节设计等,更好地理解作者的态度或历史人物的特征。在物理的"情景式"教学案例中,教师多利用问题创设情境,引导学生进行探究式学习,提高观察和归纳能力,形成知识来源于实践的科学态度。在学校的教学中,多利用情景式的手段增加学生的参与感,提高学习积极性和主动性,避免学习效果浮于纸面,激

发探究思维。但学校受到场地、规模、人员的限制，无法大体量地搭建和设计场景和故事内容，学生的沉浸感不强。[3~9]

国内科技馆中开展的"情景式"教学多为教育活动形式，利用问题创设情境，加入实验、科学表演、动手做等形式，在与观众的互动中传达科学知识。与其他教育活动形式相比，观众的参与感增强，但观众仍属于较"被动"接受的角色，活动的主导或科学知识的主要传播者是科技馆辅导员。[10]合肥科技馆分析了科技馆情景式教学的特征：①搭建真实的教学情境；②采用实验、游戏与互动等方式丰富情境；③注重受众的参与。[11]台湾中央大学开发的"爱丽丝漫游仙境"活动，以童话情节为基础，设计了八大主题、九项实验和两项动手做，进行互动式科学演示。[12]让观众在参观时，既能感受童话情节，又能获取科学知识，增加趣味性。

"情景式"教育活动能引起青少年兴趣，可以深度参与活动，符合教育活动开发需求，因此将"情景式"教学作为教育的形式，通过设计小型展览来构建活动情景。

2 展览内容设计

2.1 科学与语文的学科融合

近年来，语文教育越来越受到教育部及学校的重视。义务教育语文课程标准中明确指出，要认识中华文化的丰厚博大，汲取民族文化智慧；倡导自主、合作、探究的学习方式，重视在实践中领悟文化内涵和语文应用规律，努力建设开发有活力的语文课程。[13]

优秀传统文化凝聚着中华民族自强不息的精神追求和历久弥新的精神财富。经典的历史故事、谚语，脍炙人口的唐诗、宋词中也隐藏着古人的科技素养和创新。古人的智慧造就的华夏文明推动着世界文明的发展。

但是在学习这些传统文化时，常常忽略了故事背后的科技知识。因此，用"情景式"教学结合语文课程、科学课程以及科技馆教育是一种很好的方法。将传统文化中的科技知识与故事本身相结合，挖掘故事中与小学科学课标相对应的科技知识点，创设以故事为现象、以故事形象为载体、以故事背景中的实际问题为导向的探究式学习情境，在探究学习科技知识中感受故事形象的思想和心路历程，感受创设情境带来的时代感，提高发现问题、解决问题的能力，培养学生的阅读理解能力和思辨能力。同时加强学生对传统文化记忆和理解，增强科技素养。

2.2 梳理与科学相关的语文课文

以人教版小学语文课本为例，笔者梳理了在一到六年级小学语文中与科学技术相关的课文，并且按中国古代科技、世界近代科技、现代科技、未来科技四种方式进行了分类，具体分类如表1所示。

表1　语文课文中与科学相关内容

序号	分类	课文	阶段	对应科学知识点
1	中国古代科技	《称象》	人教版一年级下册	浮力和重力
2		《赵州桥》	人教版三年级上册	桥梁的支撑
3		《草船借箭》	人教版五年级下册	雾的形成、抛物线、光线与颜色
4	世界近代科技	《动手做做看》	人教版二年级下册	动手小实验
5		《爱迪生救妈妈》	人教版二年级下册	光的反射
6		《两个铁球同时着地》	人教版四年级下册	重力
7		《蝙蝠和雷达》	人教版四年级下册	超声波、声波的反射
8	现代科技	《月球之迷》	人教版三年级下册	月球
9		《农业的变化真大》	人教版二年级上册	农业现代化
10		《我家跨上了"信息高速公路"》	人教版三年级下册	信息技术
11		《果园机器人》	人教版三年级下册	人工智能
12		《电脑住宅》	人教版四年级上册	智能家居
13		《飞船上的特殊乘客》	人教版四年级上册	航空航天、太空育种
14		《把铁路修到拉萨去》	人教版五年级下册	青藏铁路
15		《只有一个地球》	人教版六年级上册	地球环境
16	未来科技	《太空生活趣事多》	人教版二年级上册	科幻:航空航天
17		《阿德的梦》	人教版二年级下册	科幻:太阳能

通过表中分类可以看出，现在的语文课本中科学的内容成分很多，不仅有中国古代科技，让人出乎意料的是中国现代科技相关的课文占比最高，而这也是科技馆展览中的重要组成部分，为语文与科学的相互结合奠定了基础。

2.3 确定展览主题

通过语文和科学的分析，《草船借箭》这篇课文是很多学生耳熟能详的，而且其中涉及的科学技术内容比较多（见表2），因此确定以"草船借箭"为主题设计小型展览。

表2 《草船借箭》课文中与科学课程标准对应内容

语文课程	课文中的科技内容[14]	科学元素	对应科学课程标准[15]
人教版语文《草船借箭》	船用青布幔子遮起来，还要1000多个草把子，排在船的两边	光线与颜色；摩擦力	6.2.1 有的光直接来自发光的物体，有的光来自反射光的物体。5.1 有的力直接施加在物体上，有的力可以通过看不见的物质施加在物体上
	直到第三天四更时候，诸葛亮秘密地把鲁肃请到船里。这时候大雾漫天，江上连面对面都看不清	雾的形成条件；	2.1 水在自然状态下有三种存在状态。14.1 地球被一层大气圈包围着。描述雾、雨、雪、露、霜、雹等天气现象形成的原因
	箭如飞蝗，纷纷射在江心船上的草把和布幔之上	弹性势能；抛物线	4.3 物体的机械运动有不同的形式。测量、描述物体的特征和材料的性能；描述物体的运动，认识力的作用；了解不同形式的能量
	诸葛亮又下令把船掉过来，船头朝东，船尾朝西，仍旧擂鼓呐喊，逼近曹军水寨去受箭。天渐渐亮了，雾还没有散。这时候，船两边的草把子上都插满了箭	物体的平衡；物体的运动：船的逆流与顺流行驶；船的逆风与顺风行驶	14.1 地球被一层大气圈包围着。利用气温、风向、风力、降水量、云量等可测量的量，描述天气

2.4 "草船借箭"小型展览内容设计

展览基于人教版《草船借箭》课文，以课文中故事的发展为线索，结合其中的科技元素，通过科技的角度来展示"草船借箭"成功的原因。

展览背景会通过课文原文引入，直观地由课文延伸到科学内容，既可以温习语文课文，又可以体验科学实验活动。

展览以开展进校园活动为目的，"情景式"背景环境和展项设计时，以小型化、可拆分、模块化、可移动的形式进行设计。

整个展览分为六个区域：序言、战船准备、天气预测、行驶路线、成功借箭、动手活动区。

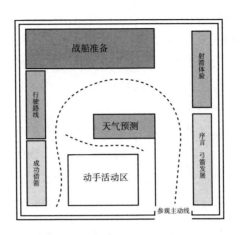

图1　展览区域分布

2.4.1　第一部分　序言

（1）背景介绍

介绍"草船借箭"故事发生的背景。

（2）弓箭发展史

简要介绍我国历史上弓箭的发展历程，冷兵器时代、旧石器时代、新石器时代、近代、现代，弓箭由于功能的变化，逐步发生变化。

1）对应课文[14]

有一天，周瑜请诸葛亮商议军事，说："我们就要跟曹军交战。水上交战，用什么兵器最好？"诸葛亮说："用弓箭最好。"

2）展项：静态陈列不同类型的弓箭

学生通过观看弓箭的不同形状，了解不同时期弓箭的发展。同时配合弓箭体验的教育活动。

（3）体验射箭

介绍射箭的技术，射箭技术由若干技术动作组成，同时也需要身体感知的配合，特别是肌肉的空间感知能力。学生通过体验不同靶位的射箭姿势，体验射箭。

2.4.2　第二部分　战船准备

（1）对应课文

诸葛亮说："你借给我二十条船，每条船上要三十名军士。船用青布幔子遮起来，还要一千多个草把子，排在船的两边。我自有妙用。第三天管保有十万支箭。不过不能让都督知道。他要是知道了，我的计划就完了。"

（2）展项：光线与颜色

展项通过变换光线强度，观察不同颜色船的变化。学生对比不同光线后会发现，在微弱光线下，黑色小船不容易被看到。了解物体在不同环境中的颜色是由固有色和光源色决定的。光线照射到物体上会产生吸收、反射、透射等现象，因此物体在不同的光线照射下可以呈现不同的色彩效果。

图2　装置1

2.4.3　第三部分　天气预测——雾的形成

（1）对应课文

鲁肃问他："你叫我来做什么？"诸葛亮说："请你一起去取箭。"鲁肃问："哪里去取？"诸葛亮说："不用问，去了就知道。"诸葛亮吩咐把二十条船用绳索连接起来，朝北岸开去。这时候大雾漫天，江上连面对面都看不清。天还没亮，船已经靠近曹军的水寨。

（2）展项：雾的形成

展项通过加湿器模拟雾的形成。通过对比光线穿透空气、雾，来观察丁达尔现象。通过直观感受雾的自然现象，让学生了解雾的形成规律，让学生认识丁达尔现象。

图3　装置2

2.4.4　第四部分　行驶路线

（1）抛物线

1）对应课文

天还没亮，船已经靠近曹军的水寨。诸葛亮下令把船头朝西，船尾朝东，一字摆开，又叫船上的军士一边擂鼓，一边大声呐喊。

诸葛亮又下令把船掉过来，船头朝东，船尾朝西，仍旧擂鼓呐喊，逼近曹军水寨去受箭。

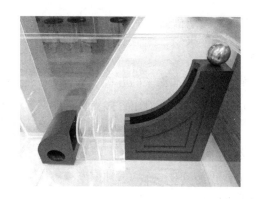

图4　装置3

2）展项：抛物线

展示通过释放小球，观察小球行动轨迹形成的抛物线。让学生对抛物线的研究有直观认知。

（2）平衡

1）对应课文

诸葛亮又下令把船掉过来，船头朝东，船尾朝西，仍旧擂鼓呐喊，逼近曹军水寨去受箭。天渐渐亮了，雾还没有散。这时候，船两边的草把子上都插满了箭。

2）展项：平衡的小船

展项以小船的模型，让学生在船体两侧放置重物（箭矢形状），探究小船的平衡性。通过平衡装置，让学生了解平衡的特点，延伸平衡的应用。

图 5　装置 4

2.4.5　第五部分　成功借箭

（1）对应课文

二十条船靠岸的时候，周瑜派来的五百个军士正好来到江边搬箭。每条船大约有五六千支箭，二十条船总共有十万多支。鲁肃见了周瑜，告诉他借箭的经过。周瑜长叹一声，说："诸葛亮神机妙算，我真比不上他！"

（2）展项：算筹

展项图文结合动手摆放，展示古代的计数方法。让学生体验古代的计数方法，并对比现代计数方法。

2.4.6 第六部分 动手活动区

该区域开展教育活动"木牛流马"。相传,木牛流马为三国时期蜀汉丞相诸葛亮发明的运输工具,分为木牛和流马。由于年代久远,木牛流马的样貌、工作原理现已无法考证。

该教育活动是以中国科技馆复原的"木牛流马"文创产品为基础,开展的动手制作活动。中国科技馆复原的木牛主要部件包括车箱和固定腿、车辕、车轴、活动腿,"木牛"的腿底部为圆弧。运输时,通过合理分配装载物调整木牛的重心,依靠动能和势能相互转化,使固定和活动腿底部圆弧交替支撑,达到摆动式前行的效果。

图6 装置5

3 展览活动的实施

学生:五年级学生。

人数:每场20人。

活动时间:40分钟。

3.1 学生角色扮演

活动为学生准备诸葛亮的羽扇纶巾,当学生穿戴上后自然就会进入角色,很大程度上增强了学生参与活动的兴趣。

3.2　教师引导

教师以背景介绍和问题引导的方式，从旁观者的第三视角，为学生呈现当时诸葛亮需要思考的问题。学生以诸葛亮的身份进入活动，引发关于问题的思考，引导学生通过体验展项，寻找问题的答案，做出判断，然后教师引导回归故事线索。活动整体以故事线索为背景，中间穿插展项体验和互动体验。

3.3　实施情况

在中国科技馆共开展教育活动 11 场，还为 2019 国际科技馆能力建设高级工作坊的学员进行了活动展示。该项展览开展进校园活动 1 次，展览进入北京市东城区和平里第一小学，为五年级学生开展了 10 场活动。

4　展览的活动效果评估

依据中国科技馆《科普蓝皮书·科技馆体系》中基于展厅的教育活动评估体系研究，[15]设计了活动效果的观众问卷。通过学生问卷调查和教师访谈，对该活动进行了效果评估，共收回有效问卷 130 份。

4.1　知识目标

关于问卷中两道知识题目的反馈，其中 124 人回答正确，占比 95%，可以反映出本活动在知识的普及方面能够很好地实现目标（见图 7）。

4.2　学生对活动的整体感受

通过图 8 可以看出，学生对活动的整体感受：能收获科学知识，活动形式新奇有趣，讲解生动、幽默，远高于负面的选项，说明学生整体非常认可该项展览活动的活动内容、活动形式和过程实施。

4.3　活动内容满意度

在调查学生中，90% 的学生对活动内容表示特别满意和比较满意（见图

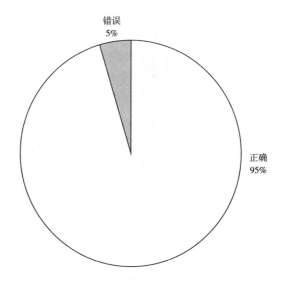

图 7 知识目标分析

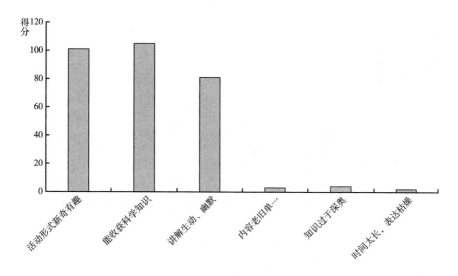

图 8 学生的整体感受

9）。在具体的活动内容中，学生对活动的新奇特别和好玩有趣更加满意（见图 10），说明该项展览的内容中，"情景式"的环境和展项、体验等内容的设计更能够引起学生的兴趣。

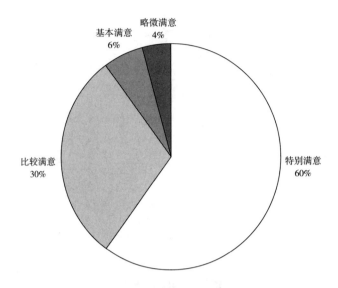

图 9　活动内容满意度

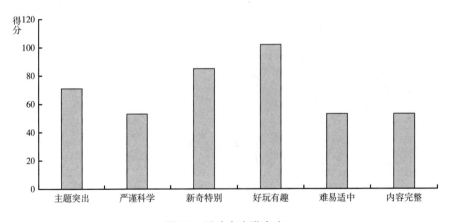

图 10　活动内容满意度

4.4　活动形式满意度

　　在调查学生中，89%的学生对活动形式表示特别满意和比较满意（见图11）。在具体的活动形式中，学生对活动的形式活泼更加满意（见图12），进一步说明该项展览活动较为新奇活泼的形式更能够引起学生的兴趣。

114

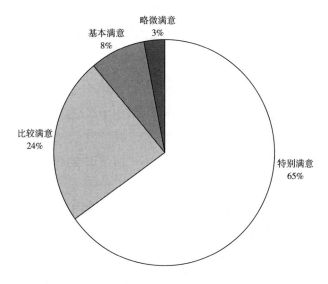

图11 活动形式满意度

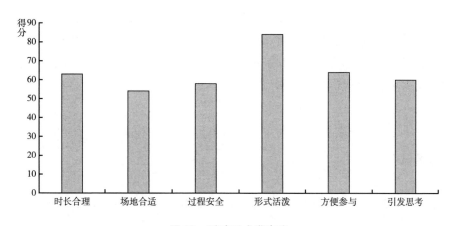

图12 活动形式满意度

4.5 教师访谈

与和平里一小的教师进行了访谈，科学教师和语文教师对该项展览活动都给予肯定，每位教师都认可活动激发了学生的兴趣。语文和科学双学科深度联动，既有益于学生对语文课文的理解，又激发了学生对科学知识的深度思考，使学生的学习更具主动性与延伸性，这无疑促进了学生对知识的深度理解。

5 讨论与展望

"草船借箭"情景式小型展览，以《草船借箭》课文为主线，更加贴近学校的学科教育。语文和科学融合，通过科学让学生既可以去深入探究，又可以促进其对语文课文有更深的认识。更为有趣的是，该小型展览不仅得到科学教师的支持，同时语文教师对本活动也给予很大程度的肯定和支持，这在学科教学中是较为罕见的。展览以情景式的教学方式开展活动，通过环境、互动、角色扮演等方式，能够最大限度引起学生的兴趣，展项的加入给予学生探究的空间，能够让学生深入了解科学原理。

在设计展览之初考虑到要进校园的因素，在设计展项时考虑了小型化、可移动。但是背景板依旧还是标准 KT 板，在搬运过程中反而成为最困难的环节。因此后续会考虑如何设计更加简便易携带的环境背景。

该项展览作为科技馆活动进校园的一种创新形式，能够弥补现有活动形式单一、学生参与度不深、无法长时间探究和反复学习的不足；紧密结合学校教育，将科学与语文相融合，并采用"情景式"的教学方法，为科技馆进校园活动探索出一种新的形式。

参考文献

[1] 廖红：《中国科学技术馆馆校合作的实践与思考》，《科普研究》2019 年第 2期。

[2] 李广：《情景教学法在物理实验教学中的实践研究》，《教育观察》（下半月）2017 年第 7 期。

[3] 吴新华：《浅谈小学语文情景式教学应用研究》，《读与写》（教育教学刊）2012 年第 7 期。

[4] 孟丽：《浅议小学语文情景式教学》，《学周刊》2013 年第 3 期。

[5] 吴洪明：《试论问题情景式教学与科学思维方法的培养》，《化学教学》2001 年第 9 期。

[6] 饶晓琴：《论中学历史科的情景式教学》，《中学历史教学参考》2004 年第 4期。

［7］ 潘长宏：《浅谈情景式教学的运用》，《科教文汇》2009 年第 20 期。

［8］ 李明明：《小学语文的情景式教学》，《科技信息》2012 年第 3 期。

［9］ 莫宝庆：《情景式教学对培养学生知识应用能力的促进作用》，《医学教育探索》2007 年第 6 期。

［10］ 肖燕、孙华：《馆校合作　开创科教戏剧新局面》，第十届馆校结合科学教育论坛，2018。

［11］ 黄媛：《情境式教育活动的设计分析——以展教活动方案〈认识离心现象〉为例》，《自然科学博物馆研究》2017 年第 S2 期。

［12］ 朱庆琪：《情景式的科学演示》，第八届海峡两岸科学传播论坛，2018。

［13］ 中华人民共和国教育部：《义务小学语文课程标准》，北京师范大学出版社，2011。

［14］ 课程教材研究所、小学语文课程教材研究开发中心：《语文》（五年级 下册），人民教育出版社。

［15］ 殷皓主编《中国现代科技馆体系发展报告 No.1》，社会科学文献出版社，2019。

浅谈植物园开展探究式学习的
实践与探索

——以"实验小学走进植物园"科学
教育项目为例

庄晓琳[*]

（厦门市园林植物园，厦门，361006）

摘　要　厦门市园林植物园作为非正式环境下的科学教育场所，在普及科学知识、提升科学素养方面承担着重大的社会责任，是正规教育的有力补充和延伸。厦门市园林植物园"实验小学走进植物园"项目运用探究式学习方法，引导学生发现问题、思考问题、解决问题，本文通过对"实验小学走进植物园"项目活动的设计与实施、活动效果与存在不足等进行分析发现，项目活动的效果良好，是植物园开展科学教育的新亮点。

关键词　植物园　探究式学习　学习方式

科学是通过有系统的观察和实验，去研究我们周围的现象和事件。科学教育有助于培养学生对世界的好奇心，锻炼他们的科学思维。通过科学活动，青少年可培养对科学的兴趣，从而积极主动地学习科学。植物园作为国家重要的科普教育基地，在科普教育中发挥着举足轻重的作用，[1]承担着普及科学知识、倡导科学方法、传播科学思想、弘扬科学精神等重要责任。植物园开展青少年探究式学习教育活动是科普教育活动的创新，旨在培育青少年的思考能力、实

---

[*] 庄晓琳，厦门市园林植物园科普人员，科技管理工程师，研究方向为科学教育。

践能力，在提高青少年科学素质的同时，增强青少年对自然的情感，激发保护自然的热情。

1 探究式学习定义和探究式科学学习的优点

探究式学习是指学生在老师的指导下，以主体的姿态探究科学研究的情境或途径，引导学生通过个体探索和小组合作相结合的方式，利用发现问题、实验、操作、调查、搜集与处理信息、表达与交流等探索活动，获得知识、技能、情感与态度的发展，学会学习，培养分析信息、解决问题的能力，进而培养学生的创新意识和实践能力。[2]

科学教育强调通过探究活动，锻炼学生的科学素养。这些学习活动所涉及的技能很多，包括测量、观察、分析数据、设计和实验等。通过探究的过程，学生能够明白科学的本质，并获得所需的科学知识和科学技能；学生们能独立地学习、发现问题、思考问题，并做出明智的判断和解决问题。

2 植物园开展探究式教育活动目的与优势

植物园不仅是进行活植物收集、保存和研究的重要机构，同时也是传播植物科学知识和进行环境教育的重要场所，在生物多样性保护、生态环境教育和可持续发展中发挥着重要的作用。[3]植物园作为校外的第二课堂，单纯的说教式教育已经不能够满足现代教育的需求，以学生为主，开展探究式的自主式学习是未来教育发展的新趋势。作为非正式环境下的科学学习场所，植物园开展探究式学习拥有三大优势：首先，植物园拥有丰富的自然资源，依托这些自然资源能够开展形式多样的探究式学习，增加学习的趣味性；其次，植物园能提供真实的学习环境，创造问题情境，促使学生主动探究，并且在真实的环境下学习，还能让学生获得感性认知，激发对自然的好奇，培养他们热爱自然的情感；最后，由植物园拥有专业知识的技术人员担任户外学习的导师，引导学生进行观察、思考、探究和讨论，保证学习的科学性。

3 "实验小学走进植物园"项目设计与实施

3.1 开展"实验小学走进植物园"项目的意义

"实验小学走进植物园"项目是实验小学与植物园合作开展的校馆合作项目，植物园作为非正式环境下的教育场所，充分发挥社会教育功能，将场馆教育资源主动纳入学校科学课程教学计划，打造与学校教学内容结合互补的科学教育课程。旨在通过课程的学习，使学生体验科学探究的过程，掌握基本的植物知识；培养学生提问的习惯，初步学习观察、调查、比较、分类等方法；并能够利用科学方法和科学知识初步理解身边的自然现象和解决某些简单的实际问题；培养对自然的好奇心，创新意识、环境保护意识、合作意识，为今后的学习、生活奠定良好的基础。"实验小学走进植物园"项目就是在此背景下进行设计与开发的，课程以学生为主体，老师为引导者，为植物园开展科学教育活动带来一个全新的切入点。

3.2 "实验小学走进植物园"项目设计

"实验小学走进植物园"项目课程主要针对小学三年级学生开展，通过结合小学科学课程、植物园自身资源以及该阶段学生的认知水平等，设计符合三年级学生的探究式课程，这套"走进植物园"系列课程共有六个主题，帮助学生掌握绿色开花植物的六大器官、植物的多样性、植物与环境之间的关系等方面的知识。课程还根据三年级学生能够运用基本的逻辑思考完成基本分类和认识互相关系，能够根据数字、长度、重量、体积等具体的依据进行分类，能够进行初级的逻辑操作等认知水平，围绕主题设计了观察、测量、分类、实验、游戏、分享等环节（见表1），培养学生分析问题、互助协作、动手探究的能力，加深其对科学知识的理解，激发对科学的兴趣，形成科学的态度。

表1 "走进植物园"之"叶之密语"主题课程设置

课程主题	内容	知识目标	技能目标	态度与价值观
叶之密语	叶片对对碰	认识叶子的基本结构	通过图片寻找叶片,学会科学的观察方法,提高观察技能	培养走进自然、亲近自然、热爱自然、保护自然的情感
	叶形小调查	了解叶形、叶色多样性	通过打样方,学会科学调查方法以及测量工具的使用、数据的记录等,培养动手能力	
	叶片拼图	掌握叶脉的结构与功能	小组成员互助协作,通过叶片拼接过程,学会将信息进行分类整理,提升表述能力	
	闻香识物	了解叶片散发的味道及作用	通过闻不同味道的叶片,提升感官体验	
	实地观察	认识几种特殊的叶变态结构及秋海棠叶子的特征	通过实物观察,小组进行讨论,随后提出问题 – 思考问题 – 解决问题	
	学习单	掌握植物叶片的相关知识图	学会运用自然笔记、思维导,提升归纳总结能力	

3.3 "实验小学走进植物园"项目实施

"实验小学走进植物园"项目每个月完成一次主题课程,每学年完成一系列主题课程(见表2),项目开始之前,植物园专业技术人员还走入学校为参加课程的学生举办一场主题讲座,讲座内容包括该项目课程的主要内容、户外课程的学习方法、问卷调查等。

表2 "实验小学走进植物园"项目课程安排

课程主题	课时安排	课后作业
"奇趣大自然"讲座	3个小时	问卷调查
"叶之密语"	3个小时	每个主题课程学习单
"花花世界"	3个小时	
"百变多肉"	3个小时	
"雨林探秘"	3个小时	

4　活动效果评估

"实验小学走进植物园"项目课程均是在户外通过学生亲自参与完成的，在户外教学中，学生的参与积极性较高，能够认真参与每个环节的学习。为不断完善"实验小学走进植物园"项目，植物园通过访谈法、观察法进行定性评估；以问卷调查进行定量评估，其中发放调查问卷 225 份，回收 201 份，回收率 89.3%，其中有效问卷 201 份，有效率 100%。

4.1　探究式学习能够激发学生学习兴趣，有利于学生对知识的理解与掌握

通过此次课程的问卷调查可以看出，学生对户外探究式课程较为喜欢，97% 的学生希望再次参加此类课程，93.3% 的学生认为通过探究式学习获得更多的知识，并且愿意通过户外探究的方式获得知识（见图 1）。将探究式学习加入科学课程不仅能够向学生提供丰富有趣的学习资源、真实的学习情境，为学生创造自主探究的条件，还能够激发学生学习兴趣、求知欲，有利于学生对知识的理解和掌握。以学生完成的"叶之密语"学习单为例，叶的基本知识点的准确率达到 92.3%，可以看出学生基本掌握知识点，顺利完成课程的知识目标。

4.2　探究式学习方式能够培养学生科学思维、提高实践能力

"实验小学走进植物园"项目每个主题课程都设置了植物观察环节，例如"叶之密语"之叶片对对碰，让学生通过视觉、听觉、嗅觉、触觉等多种感官去了解植物。利用真实的环境、直观性的实物，引导学生科学有序地进行观察，由外至内、从整体到局部等，并通过观察寻找共同点与不同点，进一步进行分类与总结。另外，操作实践环节一直贯穿整个课程之中，将学习过程演变为科学调查、科学实验等过程，例如"叶形小调查""人工授粉"等。在探究过程中，通过实践操作不仅能增强学生的学习兴趣，而且能发挥学生的主观能动性，让学生在实践活动、分析归纳、调整实践、获得结论的过程中，锻炼科学思维。通过观察与访谈可以得知，引导学生开展多种形式的感知以及实践操作，有利于发展学生的观察力和形象思维，并为形成正确而深刻的理性认识奠

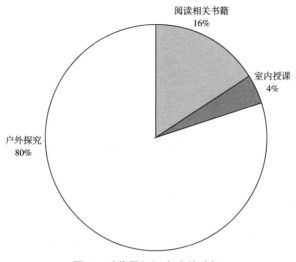

图 1　对获得知识方式的选择

定基础，学生能够通过观察、思考、实践、结论等环节不断提出问题、思考问题、解决问题。

4.3　探究式学习方式可以培养学生的团队协作能力和语言表达能力

"实验小学走进植物园"项目均要求学生按小组进行分工协作完成各个环节的任务，在整个课程中，学生们均能互相配合进行沟通合作，例如在"花花世界"的人工授粉环节，每个小组要自行讨论先拟定一个授粉方案，同学们需将各自观察的信息进行分类、比较，随后将自己获得的信息与小组成员进行分享、讨论，然后将小组讨论分析的结果汇总成一份授粉方案，根据授粉方案小组完成人工授粉环节，并根据实践对授粉方案进行修改与调整，最后将授粉方案与其他小组成员进行汇报，学生通过合理的小组合作方式解决问题，往往达到事半功倍的效果；[4] 并且通过探究过程为学生提供充分自由表达、质疑、讨论问题的机会，培养学生的团队合作意识和语言表达能力，让学生将自己所学知识应用于解决实际问题（见图2、图3）。

4.4　户外探究式学习能够激发学生对自然的情感意识

"实验小学走进植物园"项目每个主题课程均在植物园专类园中进行，户

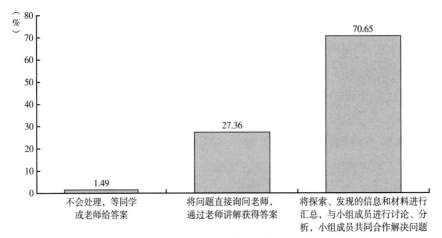

图2 探究式学习中学生处理问题的方式选择

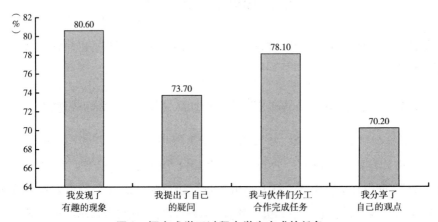

图3 探究式学习过程中学生完成的任务

外教学不仅让学生在学习知识方面有更直观的感受，而且在关于植物、自然保护方面更有教育优势，虽然在教室里面也可以了解各种植物知识，但是当学生身临其境，感受到自然带给他的美好、舒适感时，更能激发他们爱护自然、感恩自然、保护自然的态度和情谊。

5 不足之处

"实验小学走进植物园"项目是结合植物园资源、学校三年级课程开发实践的，是非正式环境下科学教育的一种全新尝试，为了更好地达到教学目标，在植物园开展户外探究式学习的设计和实施过程中，还需要继续改进。

首先，"实验小学走进植物园"项目课程是根据学生的认知水平和特点开展的，小学三年级的学生习惯在教室课堂上进行学习，户外教学过程中学生专注力不够持久，容易被外部环境所吸引，因此在课程上需要增加多元的教学方式，提高学生专注力。

其次，三年级学生还不善于主动地去学习知识以及运用所学的知识解决问题，因此在课程设置上需要循序渐进，以一个个探究环节来引导学生进行学习，培养学生的科学思维和实践能力。

最后，探究式学习以学生为主，但与传统教室内授课相比，对老师有更高的要求，除了负责设计问题情境、引导学生探究、课程控制、课程评估等各项工作外，探究式学习涉及多个学科知识，老师不仅需要专业知识，还需要掌握科研程序和实验的操作、资料收集与分析的方法、科学语言的表达等知识，才能指导学生科学有效地学习。

参考文献

[1] 汪明丽：《我国植物园科普教育公共科学活动的研究——以武汉植物园为例》，华中科技大学硕士学位论文，2015。
[2] 王效新：《在教学中实施探究性学习的重要性》，《教育教学论坛》2013年第23期。
[3] 何祖霞：《面向青少年的植物园科普教育策略》，《农业科技与信息》（现代园林）2013年第8期。
[4] 王磊：《浅谈小学信息技术课堂上探究式学习的创新》，《现代教师教学研究》2014年第2期。

以高中生综合素质评价工作为例

——浅析吉林省科技馆"5E"学生实践评价体系

马晓健　闫　俊[*]

（吉林省科技馆，吉林，130117）

摘　要　当今，教育改革正如火如荼地进行，场馆实践教育也被赋予了新的使命。"高中生综合素质评价"在多省正式实施，学生参与场馆实践教育的同时，行之有效的评价体系是判断学生实践活动成功与否的重要参考。本文以吉林省科技馆在承接高中生综评过程中记录和分析学生实践开展情况的5个层面（"5E"评价体系："Enter"进入、"Experiences"经历、"Elevate"提升、"Emotions"情感和"Effect"效果）进行论证，为学生实践教育活动的多元化评价提供了一些可行性思路。

关键词　高中生　场馆教育　素质评价　"5E"学生实践评价体系

2014年《国务院关于深化考试招生制度改革的实施意见》出台，要求深化教育体制改革创新，健全立德树人落实机制，扭转教育评价导向，顺利推进考试招生制度改革进程。其改革目标是"探索基于统一高考和高中学业水平考试成绩，参考综合素质评价的多元录取机制"。人才的选拔不单单是一次考试成绩，而是对学生发展状况的观察、记录、分析。随着越来越多的高中生走进科技馆参与实践活动，对他们实践活动的记录和评价成为科技馆的一项重要职责与使命。

---

[*] 马晓健，吉林省科技馆培训部部长，助理研究员，研究方向为科技管理；闫俊，吉林省科技馆培训部副部长，助理研究员，研究方向为科技管理。

1 "5E" 评价体系实施背景

在我国供给侧结构性改革的大背景下，科技馆行业的发展也由注重体量与数量逐步向注重质量与效果发展，科技馆的实践教育成果已成为衡量场馆发展质量的重要指标之一。[1]设计完善的学习、活动评价体系，对场馆教育的发展和延伸有着极为重要的意义。针对不同的受众，评价机制也应相应多元化；根据不同活动的目标和特点，应建立适合的评价体系。

吉林省科技馆于 2019 年被吉林省教育厅列入高中生综合素质评价基地，设计并完善符合高中生综评工作的相应评价体系成为发挥场馆优势，服务高中生综合素质提升的关键。将评价机制作为工作的检验标准，可以使整个实践活动更有目的性和针对性，加强对学生实践效果的掌握，为人才培养和选拔提供可参考的依据。

2 "5E" 评价体系具体内容

根据高中生的特点和综评活动的目标要求，吉林省科技馆的科技教师在活动开展中不断摸索评价要素，结合年龄、知识层面、实践需求、未来发展等多方面的记录点，为参与活动的学生进行立体"画像"。在评估过程中，不是主观给学生定位实践活动完成的质量好坏，而是以客观记录为主要内容，通过评价体系了解学生实践活动参与情况，更好地让学生、教师、家长掌握实践学习情况，乃至为学生未来的成长和发展提供可参考的依据。"5E"学生实践学习评价体系的 5 个层面分别为"Enter"进入、"Experiences"经历、"Elevate"提升、"Emotions"情感和"Effect"效果，力图通过立体化的体系构建给参与实践活动的学生以完整、准确、多元化的评价。

2.1 "Enter" 进入科技馆开展社会实践

针对当代高中学生，能走出学校大门进行社会实践，已经是很艰难的一步。中国青少年研究中心 2009 年公布的《中日韩美四国高中生权益状况比较研究报告》显示，中国的高中生学习时间相比其他三国最长。迫于升学压力，高中生可利用的开展实践活动的时间少之又少，缺乏社会实践经历是我国高中生面临的普遍问题。实践学习的核心是经历和体验，高中生能有时间走进场馆，系统地参与实践就是一个很大的成功。对于高中生实践活动的评价机制，首先应是建立在来馆活动的参与率和参与时长这个基础上的，所以第一项评价层面应是学生是否能走进场馆开展活动。我们采用的评价内容是对学生的活动参与率和参与时长进行客观记录。

2.1.1 建立学生实践活动档案

为来馆参与实践活动的高中生建立个人实践学习档案，用来客观记录参加实践活动的情况，包括为什么来科技馆参与实践活动（学生的个体兴趣点和想获得哪方面的体验内容），通过什么方式来科技馆实践（学校集体组织、个人选择还是其他方式）等，明确学生的个性化需求。

2.1.2 客观记录活动项目和活动时长

客观记录实践活动的项目内容，可以分析学生对特定实践活动的接受程度并掌握学生具备哪些方面的实践经验。活动时长是反映学生系统化、有效化参与实践活动的重要指标，也是高中综评痕迹管理的重要依据。

2.2 "Experiences" 实践学习经历

针对学生个体化差异，为学生提供个性化教育和多元化学习、体验条件，是场馆实践教育相比于学校传统教育的优势。利用场馆的丰富资源，我们可以为学生提供多种不同的实践经历。

2.2.1 以展品体验为基础

展览教育是科技馆的核心，以展品为基础，把抽象的科学原理通过展品形式化、具体化、生动化，让学生在实践的过程中掌握科学知识，开阔思维和眼界。以吉林省科技馆为例，馆内共有 457 件套展品展项，涵盖数、理、化、天、地、生等各学科经典科学原理。在实践的过程中我们为每个展厅配备了学习单，通过学习单的完成情况掌握学生对知识的学习情况，再通过记录学生展品操作、与讲解员的互动等方面内容，掌握学生在展厅内的整体实践情况。

2.2.2 以探究实验为核心

让学生进行探究性学习既是科技馆教育体系的一个重要特点，也是相对于学校教育的一个重要优势。[2]在教育改革不断深化的今天，探究性学习真正迎合时代发展的要求，也更能让学生在实践中有所收获。高中生具有一定量的知识储备和相对完备的世界观，在社会实践过程中，可以自主探究的形式引导他们进行实践，在这个过程中，布置开放式的课题和任务，让他们通过一学期或一年的时间来完成，科技馆则为他们提供实践平台和服务。在这个过程中，学生们的创造力得到了极大程度的发展。

以吉林省科技馆为例，在学生进馆实践之前，为学生准备了很多研究课题，学生可以在网上对感兴趣的课题进行选择，利用一个学期完成课题，最后完成结题报告和论文。如其中的课题之一"物理探究之速度测量"，课题内容为通过科技馆内的工具对蚂蚁、玩具车、纸飞机、钻天猴和光这几种物体进行某一时间瞬时速度的测量。通过一学期的探究实验完成测量的具体方案和结论，要形成小论文，同时做出讲解的PPT。在这个选题中，整个研究过程是开放的，每组学生解决问题的方式也是千差万别的，科技馆为学生提供了长度测量工具包括直尺、卡尺、皮尺和时间测量工具包括停表、毫秒仪、打点计时器、光电计时器等各式工具和操作平台，我们设计了课题研究表（见表1），重点在于记录和观察学生在整个实践探究过程中进行的学习与思考。

表1　课题研究

评价内容	完成情况	评价人	详细说明
数据来源真实、详细可靠（视频或图片）			
数据记录准确、符合误差要求			
研究过程清晰、语言表述简洁			
方案设计合理、结论符合生活逻辑			
方法提取明确简洁、PPT设计合理			
实验器材选择合理、使用规范安全			

2.2.3　辅以其他形式的科学体验为重要手段

高中生社会实践开展的重要意义之一是让高中生更好地适应社会，提供一个让学生走进社会、提升综合素质和解决实际问题的新空间，是场馆实践教育的重要一环。一方面场馆需要对"教育"有更深刻和更多元的理解，另一方面也要求实践内容有很好的针对性和体验性。当代高中生，缺乏的不是知识，而是生活技能、沟通能力和生涯规划。以吉林省科技馆为例，我们为高中生提供了包括职业体验、暑期科学营、特效影迷沙龙会等多种形式的实践体验活动。其中，对于职业体验我们就设计了多种公益性服务岗位，如展厅维护员、引导员、辅助讲解员等，这些岗位实施环境相对安全，专业性要求不高，非常适合第一次走进社会的高中生参与，能够给予高中生充分的实践过程，让他们能够更好地适应社会。

2.3 "Elevate"实践教育对学生素质的提升

实践教育的最终目标就是提升学生的综合素质，包括知识层面的提升、动手能力的提升，以及解决实际问题能力的提升。

2.3.1 知识层面的提升

知识层面的评价主要是对学生参与实践活动过程中获取的新知识和认知内容进行记录。比如在电磁探秘活动过程中，实践活动要融入电压、电流、电生磁、磁生电等多方面的知识，这些实践知识能够结合高中物理所学的内容，补充学校学习内容，通过馆内学习手册、学校知识掌握提升程度等方面接受反馈、统计分析、综合整理记录。

2.3.2 动手能力的提升

动手能力是实践活动中需要着力提升的一个方面，科技馆教育相较于学校教育的优势就是开放式自主探究学习模式。在这里，我们通过各类活动让学生参与动手实践，在这一过程中我们需要通过观察和引导学生操作，记录学生实践过程中动手能力的提升程度，比如我们曾经记录了某高一女生，通过12学时的实践活动，动手能力实现拼装简单机器结构——动力传导机械结构——复杂机械结构组合的整个提升过程。

2.3.3 解决实际问题能力的提升

解决问题的实际能力是在不断实践的过程中所获得的。[3]在场馆内，学生将掌握的知识、获得的实践能力相整合，用于新问题的解决。比如，在场馆实践活动中，基于探究模式下新的实验验证、知识整合，提供问题解决的多元化途径，都是学生实践能力提升的表现。在评价体系中，要注重记录与分析学生解决实际问题能力的提升，客观反映学生的综合素质。

2.4 "Emotions" 实践活动的情感获得体验

情感教育一直是高中生在校学习期间的一个软肋，而实践教育恰好能对情感教育提供有效的支撑。成功的教育既是一个"传道、授业、解惑"的认知过程，又是一个"陶冶学生情操，引导学生走向正途"的情感观塑造过程。情感在从认知到形成能力、习惯的转化过程中起着极其重要的中介作用。在成长过程中，情感对人格塑造起着巨大的作用。一名学生如果自身修养差、不热爱祖国、不关心他人，即使他的学习成绩很好，步入社会之后，其发展也是非常令人担忧，甚至是可怕的。所以，在教育活动的开发中需要找到知识和情感的平衡点，学生在学校里接受的教育趋于理性，而场馆实践教育则需要更多地为学生提供感性和情感认识。

2.4.1 正确的价值观

通过活动的正向引导，让学生树立正确的价值观。以吉林省科技馆为例，2017 年，团队开发了"我爱祖国，心向红旗""谁是最可爱的人——红色英雄事迹回顾"等活动，在开展实践的同时，更注重情感的培养，让学生拥有了一次难忘的活动经历。"我爱祖国，心向红旗"教育活动选择在"十一"国庆期间，在利用车床设备制作红旗的同时，通过重温经典红色故事、赠送爱国主义书籍、集体宣誓等内容，增强了学生的爱国主义情怀。

2.4.2 正确的情感观

在实践活动中，有目的地融合情感教育，符合综评"立德树人"的核心要求。例如吉林省科技馆开展的"智慧趣味家（＋）"主题实践活动，通过亲情感悟来激发学生的实践和创作。有一位同学在活动中通过科技馆提供的传感器等设备，制作出一个爱心台灯，并讲出了他制作这个智能台灯的出发点：他的奶奶有夜间喝水的习惯，但是视力不好，有时口渴了总是很难找到台灯的开关，他亲手为奶奶制作了一个智能台灯，当奶奶晚上想喝水的时候只要说一句"开灯"，智能台灯就会自动亮起，奶奶晚上喝水方便多了。听了这个故事，现场很多的活动参与者都被感动了，科学知识最终是要改善人的生活，拉近人与人的距离。活动中融入的情感教育，不仅让实践活动更加精彩，也让我们对学生实践活动的评价更加立体化、多元化。

2.5 "Effect"实践活动对学生长期发展的影响

学生社会实践活动综合素质评价是一项长期而艰巨的工作，它对学生的指导作用有时候并不是立竿见影的，它影响并作用于学生的长期发展，如学业提升、兴趣发展、就业选择等。这就需要评估体系给出一个学生可参考的成长规划。

2.5.1 通过参与实践的过程，客观分析，找到学生的兴趣点和潜力

比如有的学生不善言辞但是在动手制作方面有很高的天分，并且喜欢动手制作，那他可能会对理工类的学习和工作具有一定优势；有的学生可能动手能力差，但是在实践过程中，语言天赋明显，我们可以预见，他会擅长文科或者语言方面的学习；有的学生则可能精通计算机。这需要我们在评价体系中对学生的兴趣爱好、接受程度、学习程度等方面进行客观记录和分析。

2.5.2 建立健全长效记录档案，及时与学校和学生家庭进行沟通，反馈学生在校的学习成绩情况和在家的表现

社会实践评价是为学生描绘出一幅立体的可参考的学习过程"画像"，其涉及的诸多元素，并不仅仅是学生在场所实践时的表现，而是通过评价机制综合考量学生的各项能力提升和潜在素质优势，从而在学生成长、发展、升学等过程中提供有意义的参考，这需要我们建立长效档案并跟踪学生的实践成长轨迹。

3 结语

"5E"评估体系的资料收集方法包括学习单的完成、观察法、问卷法、跟踪计时法、材料审核法等。根据高中生的特点和参与实践活动的类型不同，使用前置评估、形成性评估、总结性评估等，对于实践活动的各个环节，从学生体验获得到活动流程教育再到实施意义都有很好的衡量标准。

"5E"评价体系是吉林省科技馆在开展高中生综合素质评价工作中，从实际出发建立起来的，参与评价的高中生目前已经达到 120 多人，初步效果良

好。学校、家长、学生自身也从评价过程中获得了很多有效信息，为学生的成长发展提供了可参考的依据。但"5E"评价体系是从工作实际过程中归纳总结的，理论依据和专家论证尚不成熟，需要不断改进和完善。

高中生社会实践综合素质评价是一项长期而艰巨的工作。在这项艰巨而重要的工作中，馆校合作被赋予了新的使命，同时也对参与场馆教育的学生发展评价机制提出了更高的要求。为高中生提供实践活动内容，客观公正地进行评价，多元化辅助学校选拔人才，成为场馆责无旁贷的社会责任。现阶段场馆教育已成为学生整体教育框架中重要的组成部分，在未来也将发挥越来越重要的作用，不断完善场馆教育的评价体系，围绕"立德树人"教育目标，场馆实践教育将大有可为。

参考文献

［1］ 朱幼文：《基于需求与特征分析的"馆校结合"策略》，载《中国科普理论与实践探索——第二十四届全国科普理论研讨会暨第九届馆校结合科学教育论坛论文集》，2017。

［2］ 饶加玺、杜贵颖、鲍贤清：《科普教育活动开发设计中的要素分析——以〈第四届科普场馆科学教育项目展评案例集〉为例》，载《第十一届馆校结合科学教育论坛论文集》，2019。

［3］ 罗晖、王康友主编《中国科学教育发展报告（2015）》，社会科学文献出版社，2015。

UbD 理论指导下的场馆科学教育活动评测

范振翔*

（青岛市科技馆，青岛，266001）

摘　要　场馆科学教育活动评测既是教育目标是否达成的判断依据，也是进一步激励、完善教育活动的有效措施。现阶段评测体系侧重于内部评测和总结性评测，存在效能滞后和不全面的情况。UbD（Understanding by Design）理论倡导理解和逆向设计，与当代科学教育理念的契合度较高。笔者根据 UbD 理论提出让场馆科学教育活动的评测贯穿全程、将大概念和迁移能力作为重点评测目标以及扩充评测主体的建议，以全面提高科普场馆的科学教育水平。

关键词　科学教育　评测　UbD 理论　教学设计

为提高民众科学素质，20 世纪 90 年代许多国家启动了新一轮中小学科学教育改革，科学教育的目标转变为使学生具有进行正确决策的知识基础和能力。[1]自 2006 年我国多部门联合开展"科技馆活动进校园"活动以来，各地场馆开展科学教育活动的数量和水平逐年提高。科普场馆所开展的科学教育活动进一步完善了场馆教育功能，提升了场馆的社会效益和影响力。科技馆教育的基本属性是非正规教育，场馆内开展的教育活动体现了"做中学"和"探究式学习"的理念，引导观众通过模拟再现的科技实践进行探究式学习并进而获得"直接经验"是其基本特征。[2]科学地设计和开展场馆科学教育活动评测，既是场馆科学教育目标是否达成的判断依据，也是进一步激励、完善场馆科学教育活动的有效措施。

---

* 范振翔，青岛市科技馆展教部副主任，副研究馆员，研究方向为场馆教育。

1 现有评测体系研究

美国在 1969 年建立了国家教育评价体系（NAEP）检测全美基础教育现状和发展趋势；英国自 1988 年起对义务教育的四个关键阶段实施统一的国家课程及评价；新西兰在 1995 年正式运行国家教育检测项目（NEMP），又在 2012 年以国家学生学业成就检测研究（NMSSA）取而代之。这些国家的科学教育质量监测框架经历了不断的修改完善，在总体思路上都是首先依据课程目标产生测评目标或表现期望，然后将科学内容与相对应的素养或认知领域要求结合编制试题。在具体操作上，均采取纸笔测验和表现性评价相结合的方式，尽力考虑学生的特殊需求，体现了全纳教育理念。[3]

我国开展科学教育的主体多为公益性科普场馆，此类活动公益性强，在一定程度上满足了学校和学生对于非正规教育的需求。长期以来场馆科学教育活动广受欢迎，呈现供不应求的状态。活动稀缺性带来的"繁荣"，让各场馆普遍对自身开展的科学教育活动评测重视程度不够，表现为评测的设计和实施手段比较滞后。如各地常笼统地以"科学性""知识性""趣味性"为评测标准，在实践中把宣传效果和参与人数作为重要甚至是唯一的评测依据，常常从科学教育活动的规模而不是教育效果上进行评价。由于评测机制不完善，各地科学教育活动的水平参差不齐，削弱了评测对于教育活动评判、激励、完善的作用。还有许多活动打着科学教育的旗号，却缺乏科学内涵，成了各类活动的大拼盘。

韦钰在《探究式科学教育教学指导》中指出，在探究式科学教育中，需要把让儿童建立新的科学概念、改善和纠正已有的科学概念以及探究能力、科学态度的培养结合起来考虑。[4]朱幼文在科技博物馆"馆校结合"基本策略与项目设计思路分析中提出了"对接课标 + 场馆特色 + 先进理念"的基本策略和"教学内容 + 教学方法 + 趣味创意"的项目设计思路。[5]这些理论从活动设计的角度为场馆科学教育的开展和评测指明了方向，值得深入学习和推广。

根据评测主体的不同，教育活动的评测可分为外部评测和内部评测。根据实施功能的不同，可以分为诊断性评测、形成性评测和总结性评测。传统的科学教育评测体系更偏重于自我评测，注重对科学教育方案、教育资源投入、教育活动宣传等方面的考量；在课程设计中，评测往往处于活动流程的最后，呈现总结性评测的特点。由于缺乏诊断性评测，教育者无法在开展科学教育活动前了解学生的知识基础和准备状况，无法判断他们是否具备实现当前教学目标所要求的条件，更无法通过合理地调整教育目标实现因材施教；缺乏形成性评测，教育者在教学过程中难以准确了解学生的学习情况，不能及时发现教学中的问题。在场馆科学教育项目评测中，教育资源的投入能力是基础，教育目标的达成能力才是关键。因此，需要通过多种形式获取更为客观而全面的评测，增加外部评测的比重。如同一部公认的好电影，不但需要好剧本、好导演、好演员三者加持，还离不开许许多多看懂了电影并为之叫好的观众。

2　Ubd 理论与场馆科学教育活动的契合度分析

UbD（Understanding by Design）理论是美国学者 Grant Wiggins 和 Jay Mactighe 提出的一种新型而系统的课程设计模式。[6]作者综合分析了教育经典理论，提出了教学设计中的两个误区：聚焦活动的教学和聚焦灌输的教学。作者研究发现小学和初中大多采用聚焦活动的教学设计模式，普遍认为参与了活动便是完成了学习任务，在教学中缺乏对存在于学习者头脑中的重要概念和恰当的学习证据的明确关注，缺乏对活动意义的深刻思考；高中和大学阶段的教学设计多为灌输式，学生根据教材逐页学习，力求掌握所有资料内容，缺乏总括性的目标来引导。作者认为这两种教学活动没有引导性的智力目标，或没有清晰的优先次序来架构学习体验，是盲目和薄弱的教学设计。结合大量实践经验，作者构建了立体的"理解"框架，让学科大概念、核心素养等理念有了可循的方向与阶梯。在教学设计中，作者提出"逆向"而行，在确定了教学目标后，首先考虑评估方案，书中称之为"可接受的证据"。这种"逆向设计"有悖于实践一线的教学设计思维，却是一种基于大量实践验证的系统化教学理论。该理论提出之后被大量教育工作者研究和应用，在实践中取得了丰硕成果。

科技博物馆的科学教育活动是指以科学为内核的教育活动。这种科学教育活动与一般的学校科学教育活动不同，这是基于真实情境或者实物展品，强调科学探究和互动，并且产生多元学习效果的活动。这种科学教育活动又与一般的博物馆教育活动不同，它更强调科学内核，活动目标更重视让学习者体验科学探究、理解科学本质和核心概念。[7]格兰特·威金斯提出的教育误区在场馆科学教育活动中也有不同程度的反映。在传统的场馆科学教育活动中，一些场馆采用活动导向设计，花费大量精力保障场馆科学教育活动的组织与实施，对活动的深刻意义和学生的理解程度缺乏关注，粗暴地将"组织了活动"与"完成了教育目标"画上等号，常把活动次数、参加人数、宣传效果作为评测科学教育活动效果的主要依据。还有一部分场馆的科学教育活动中，科学教师侃侃而谈，对知识点重复强调，要求学生们在走马观花式的场馆学习后立即进行纸笔测试，力求通过短期记忆完成一份表面上令人满意的答卷。将此类纸笔测试作为衡量场馆科学教育活动水平的评测显然是不全面的。这种教育模式下学生们因为缺少思考与理解，体会不到促进学习的总结性观点、问题和学习目标，也极易产生疲劳和厌倦情绪。

通过以上论述可以看出，UbD 理论所关注的问题也是场馆科学教育活动亟待解决的问题，其关于科学理解、构建大概念和核心素养的理念与当代科学教育理念契合度很高。通过对 UbD 理论的研究和学习，用"以终为始"的态度，发挥好评测在场馆科学教育活动中的作用，将会有效促进场馆科学教育工作的设计与实施，提升以科技类场馆为代表的非正规教育机构的教育能力。

3 UbD 理论对场馆科学教育评测的启示

通过研究 UbD 理论，笔者认为场馆科学教育活动的评测应当在以下三个方面做出改变：评测贯穿全程、将大概念和迁移能力作为重点评测目标和扩充评测主体。

3.1 评测贯穿全程

现阶段科学教育活动通常从设计者的角度出发，以"5E"教学模式（即引入、探究、解释、迁移、评价的顺序）开展教育活动。设计者的思考顺序首先是考虑如何利用现有条件，设计一个可实施且吸引人的科学教育活动。之后会考虑在活动中收集哪些关键证据。最后总结这个活动为受众带来哪些收获。在这种设计中，评测是科学教师们最后的工作，评测结果仅作为本次活动的总结，其导向和激励作用是明显滞后的。

在 UbD 理论指导下，如果我们以一个"评测者"的角度重新审视科学教育活动，从教育结果开始逆向思考，让评测活动提前介入并贯穿全程会怎样呢？首先思考的问题会变成要达到什么评测目标（教育目标），再思考哪些证据能够证明达到了这个目标，以及如何设计教育活动。两者的对比见表 1。

表 1　设计者模式与评测者模式对比

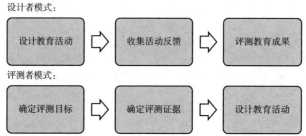

可以看出在"评测者模式"中，科学教育活动的评测贯穿全程，既有总结性评测，也有诊断性评测和形成性评测。教育行为是为评测目标（教育目标）服务的，在设计中可以保证教育活动全程围绕教育目标展开。而"设计者模式"的评测位于活动的最后，仅能提供总结性评测，其结果不能帮助改善本次教学活动。由于评测在教育活动之后，以"设计者模式"设计的活动容易发生教育目标偏移现象。

3.2　将大概念和迁移能力作为重点评测目标

科学教育活动评测目标对应科学教育活动目标。参与场馆科学教育活动的主要人群是基础教育阶段的青少年。教育部门颁布的相关标准既是场馆科学教育活动的设计者们了解学习者基础能力的捷径，也是设定科学教育活动目标的重要依据。2001 年教育部颁布的《基础教育课程改革纲要（试行）》提出了"知识与技能""过程与方法""情感态度价值观"三维教学目标。[8] 2017 年《义务教育小学科学课程标准》给出了"科学知识""科学探究""科学态度""科学、技术、社会、环境"四维教学目标。[9] 在科普教育活动的设计中，"三维教学目标"和"四维教学目标"都可以作为教育目标，但在评测中却不能等量齐观，应该根据其重要程度赋予不同的权重。场馆科学教育活动最值得关注的评测目标（教育目标）应该是公众在参与活动之后科学素养的提高，具体表现为学习者对大概念和迁移能力的掌握。

提高科学素养不是追求对科学事实和信息量的更多占有，而是要求对核心概念和科学思想的深刻领悟。[10]对核心概念和科学思想的深刻领悟是十分重要的，我们称之为"大概念"。大概念具有吸附知识的能力，能够帮助学习者在理解的基础上将零散知识形成有章可循的、可迁移的应用价值。在场馆科学教育活动的评测中，对于大概念的掌握情况是科学教育活动成功与否最直接的证据。要关注学习者大概念掌握情况的表现性评测，只有对知识储备、学习能力展开诊断性评测，才能使科学教育活动符合学习者的认知水平，帮助其掌握大概念。这如同为初登险峰者指明道路一般，使之有可循的方向与阶梯。相对零散的科学知识或探究方法，更多的作用是帮助其理解和构建大概念，应当适当减少对其掌握程度的评测。

评测的另一个关注点是知识的迁移能力。迁移不仅仅是所学知识和方法的回忆与再现，而是把所学知识合理运用到新的环境中解决新的问题。因为提高公众的科学素养，归根结底是提高公众"解决真实情境中的问题"的能力。从评测的角度，当学习测验侧重记忆方面时，各种类型的学习经验看上去没什么两样；但采用迁移测验时，情况就大不一样。[11]因为迁移发生的必要条件是初始学习和理解程度，能否发生迁移、能发生怎样的迁移是判断学习者理解与否的有效证据。

根据学习内容和后续事件的匹配程度，以"是否有现成的线索"和"是否有现成的解决方案"区分，可以把迁移分为"强迁移""弱迁移""假迁移"三类，见表2。

表 2　迁移的类型

类别	强迁移	弱迁移	假迁移
"是否有现成的线索"	否	是	是
"是否有现成的解决方案"	否	否	是

能够自己找寻线索，自己完成解决方案的，称之为"强迁移"；利用现有线索，自己完成解决方案的，称之为"弱迁移"；利用现成的线索，重复学过

的解决方案，称之为"假迁移"。如"题海战术"本质上是通过接触所有题型和解题方法以重复解决问题，是一种典型的假迁移；而利用所学知识找到解决全新问题的线索并以全新的方案解决它则是一种强迁移。迁移的发生表明学生已能理解并使用知识，并非靠记忆事实或墨守成规。

3.3 扩充评测主体

评测工作存在不客观、不全面现象的主要原因是科学教育活动目标的制定不科学，背后深层次的原因则是评测主体单一化。不同评测主体对于场馆科学教育活动的评测目标存在差异：科普场馆的行政管理者更关注科普活动的普及面，即活动人数、宣传效果等数据；科学教育者更看重科学教育的深度和教育目标的完成情况；学习者希望摆脱传统课堂教学气氛，能够在轻松愉快的环境中完成科学体验。虽然各主体有不同目标，但提升全民科学素质是各主体的共同需求，也是科普场馆的建馆宗旨。以提升全民科学素质为出发点，进一步扩充评测主体，把评测的话语权交给更多的人，有助于全社会共同理解科学教育活动，全面提高科普场馆的科学教育水平。

参考文献

[1] 韦钰：《以大概念的理念进行科学教育》，《人民教育》2016 年第 1 期。
[2] 朱幼文：《科技馆教育的基本属性与特征》，载《第十六届中国科协年会——分16 以科学发展的新视野，努力创新科技教育内容论坛论文集》，2014。
[3] 王俊民：《美、英、新科学教育质量监测框架比较研究》，《当代教育科学》2017 年第 6 期。
[4] 韦钰、〔加〕罗威尔：《探究式科学教育教学指导》，教育科学出版社，2005。
[5] 朱幼文：《"馆校结合"中的两个"三位一体"——科技博物馆"馆校结合"基本策略与项目设计思路分析》，《中国博物馆》2018 年第 4 期。
[6] 〔美〕格兰特·威金斯、杰伊·麦克泰格：《追求理解的教学设计》（第二版），闫寒冰等译，华东师范大学出版社，2017。
[7] 李秀菊：《基于核心概念设计科技博物馆科学教育活动》，《自然科学博物馆研究》2017 年第 2 期。

［8］教育部：《基础教育课程改革纲要（试行）》，《中国教育报》2001 年 7 月 27 日。

［9］中华人民共和国教育部：《义务教育小学科学课程标准》，北京师范大学出版社，2017。

［10］胡玉华：《对生物学核心概念及其内涵的研究》，《生物学通报》2011 年第 10 期。

［11］〔美〕约翰·D. 布兰思福特等：《人是如何学习的：大脑、心理、经验及学校》（扩展版），程可拉等译，华东师范大学出版社，2013。

基于馆校合作的科学素养
测评试题命制研究

张海艳　向　炯　崔　鸿[*]

（华中师范大学，武汉，430000）

摘　要　在馆校合作的趋势下，推动学生科学素养提升是科技场馆与学校所承载的共同使命，在此背景下科学素养的测评是完成该使命的关键环节，但基于场馆合作的科学素养测评研究却寥寥无几。本研究在第四代评估理论的基础上尝试构建基于馆校合作的科学素养测评体系，在此基础上提出四大命题原则，并据此从展项设计理念、真实生活情境、SSI 及中国文化故事四个角度出发就试题命制做出简单说明及示例，希望能推动馆校合作背景下科学素养的测评研究，促进馆校合作更好地培养学生的科学素养。

关键词　馆校合作　科学素养　试题编制

近年来，随着《国家中长期科学和技术发展规划纲要（2006～2020 年）》《全民科学素质行动计划纲要（2006～2010～2020 年)》等文件的发布，共同促进学生科学素养的发展成为馆校（科技场馆与学校）合作的目标之一，而评价是促进教育目标落地的关键，但在我国关于科学素养的测评尚处于起步阶段，对于馆校合作的学习效果评价常常与馆校合作评价混为一谈，基于馆校合作的科学素养测评研究暂时处于空白状态。本研究基于第四代教育评估理论，

---

* 张海艳，华中师范大学硕士研究生，研究方向为科学教育；向炯，华中师范大学博士研究生，研究方向为科学教育；崔鸿，本文通讯作者，华中师范大学生命科学学院教授，研究方向为科学教育、科学课程与教学论。

在馆校合作背景下构建科学素养测评体系，提出馆校合作的科学素养测评命题原则，并尝试应用此原则进行相关试题的命制，以期为基于馆校合作的科学素养测评研究提供参考。

1 研究缘起

科技场馆教育以自主性、情境性、长时性、互动性等特征得到了国内外教育界的关注，[1]馆校双方一直通过合作教学模式探索、馆本课程开发等方式来改进双方合作教学，落实共同提升学生科学素养的教学目的。在这一过程中，对学生科学素养的评价成为预测、监控和调节馆校合作效果的重要保障。但是现有的科学素养评价目的与评价理念是基于学校教育，以监测、完善学校教育为导向的评价，与馆校合作的开放式教育背景不符合；另外，馆校合作的大背景会带给学生整体素质的改变，普通的科学素养测评结果分析将不再适用，更不能对馆校合作背景下学生科学素养的提升起到反馈调节的作用。所以，馆校合作背景下学生科学素养的测评仍需要不断探讨与创新。

2 馆校合作、科学素养与基于馆校合作的科学素养测评

2.1 馆校合作

馆校合作是指两者为实现共同的教育目的，相互配合而开展的一种教学活动。[2]这里的"馆"是指面向社会大众的保存和传承人类历史文化，普及自然和科学技术知识的公共机构，本研究将其定义为科技类场馆。这些机构因其本身丰富的资源，能为研究性学习提供物质与环境支撑，为沟通学校教育与校外教育，提升学生综合素养搭建良好的平台。[2]学生在馆校合作中的学习与社会文化理论（认为学习是人与不同社会媒介文化互动的结果）相符，具有过程性、情境性，对于学生各方面素养的提升具有十分重要的作用。

2.2 科学素养

"科学素养"（scientific literacy）是各国科学教育的目标，由于科学的本质，学术界对科学素养的界定一直在动态发展。从最开始美国的佩勒界定科学素养的六个范畴，即概念性知识、科学的本质、科学和技术、科学和人文、科学伦理、科学和社会的关系，[3]到如今认可度较高的界定：PISA 提出科学素养是指作为一个有反思意识的公民能够参与讨论与科学有关的问题，提出科学见解的能力。总体趋势表现为内涵更加丰富，内容更加多样，更加关注科学与社会人文的关系。

在科学学业评估领域，对科学素养的界定一直以米勒提出的科学素养三维模型，即对科学原理和方法的理解、对重要科学术语和概念的理解、对科技社会影响的意识和理解[4]为基础来发展。PISA 2018 也是在此基础上发展的，对科学素养从情境、知识、能力和态度四个维度进一步解读，同时将"科学地解释现象""评价并设计科学探究""科学地解释数据和证据"定义为科学素养的三种能力。TIMSS 虽然没有指出科学素养的一般概念，但在测量时从科学内容、科学认知和科学实践三个方面对科学素养进行评价。[5]我国《中国公民科学素质基准》及 2017 年出台的《义务教育小学科学课程标准》中对科学素养的解读与 PISA 更为接近。总之，在评估中主要将科学素养分为科学知识、科学能力和科学态度三个领域，并且越来越重视情境。

2.3 基于馆校合作的科学素养测评

2.3.1 理论基础

若基于科学素养进行学习效果测评，鉴于馆校合作的特殊性，其评估面临的首要问题是谁来评、怎么评，第四代教育评估理论能较好地为解决这一问题提供方向。

第四代评估的方法论具有两个基点：响应式聚焦和建构主义方法论。响应式聚焦将利益相关者的主张、焦虑、争议作为评价组织要素；建构主义方法论旨在使持有不同甚至相冲突的本位建构的利益相关者达成一致的判断意见。在这两个基点之上，第四代评估衍生出了以"准备—回应—协商—共建"为主线的评估方法。[6]

①在准备阶段，评估组织者首先要明确评价的目的及要求，然后依据评价的目的找出与此联系的利益相关者；②在回应阶段，需要搜集及回应利益相关者的主张及看法，并整理出搜集内容中的共识及争议；③在协商阶段，组织利益相关者对存在的争议进行不断的对话和交流，其目的是缩小关于教育评价结果的意见分歧；④在共建阶段，就是将共同建构的评价结果呈现出来。

2.3.2 测评目的

在馆校合作的大趋势下，利用测评对学校和科技场馆双方的教学与合作进行监督与调节，不断完善馆校合作，促进学生科学素养的提升。

2.3.3 测评内容

评价内容基于科学素养，根据前面的分析可知我国课标中对科学素养的界定与 PISA 最为接近，所以内容框架可参照 PISA 的科学素养测评框架。具体测评内容如表 1 所示，整个过程注重跨学科内容的整合及情境的渗透。

表 1　基于馆校合作的科学素养测评内容

知识维			能力维	情感态度维	
描述性知识	程序性知识	认知性知识		科学的态度	对科学的态度
物质系统 生命系统 地球和宇宙系统 交叉内容	关于实践和科学探究的知识	科学的结构和特征 科学的结构和特征在解释科学知识时的作用	科学地解释现象 评估和设计科学探究 解释数据和证据的能力	重视科学的方法	对科学的兴趣；科技意识、环保意识

2.3.4 测评主体

根据第四代评估理论，评价主体将不再局限于科技场馆或学校，而是由学校教师、馆校合作管理者、学生，科技场馆展项设计者、科技教学工作者、接待人员以及家长等多方构成，这样可以使科学素养的评估从单一评估走向多元评估，使得评估方式更加开放。

2.3.5 测评方法

测试主要采取纸笔测验与线上调查问卷相结合的方式进行，纸笔测验主要从知识、能力、情境维度对学生的科学素养进行测试，调查问卷主要是基于各评价主体对学生的基础认知而进行的情感态度测量，这样可以保障各评价主体既有共同的又有独特的评价依据，提高了评价的客观性。评价主要根据各评价主体共同构建出一个评价结果，对这一结果以测评分数及质性分析相结合的形式呈现，这样便能保障评估趋向基于质性分析的发展性评估。

2.3.6　测评过程

在准备阶段，首先，测评组织者明确评价是为了测试馆校合作背景下学生的科学素养，以判断及分析馆校合作的学习效果，进而促进馆校合作更好地培养学生科学素养。其次，找出次测评的利益相关者，确定各评价主体。最后，根据各评价主体编制测评工具，包括问卷编制及试题编制，后面将详细介绍测试题编制。

在回应阶段，由组织者在馆校合作的不同时间点轮次收集测评数据，包括在学校教室进行纸笔测验答卷及线上问卷调查的答卷，每次都要对搜集信息中的共识及争议区分整理，对评价主题给予信息反馈。

每次进行数据收集回应后，都要经历协商阶段，组织者可通过各种形式组织利益相关者对存在的争议进行循环往复的对话与交流，缩小每次测评结果的意见分歧。

在共建阶段，由所有评价主体对每次共同建构的评价结果进行定量及定性相结合的分析，然后形成一个最终评价结果，并将最终的评价结果以报告的形式呈现。

3　基于馆校合作的科学素养测评命题

3.1　基于馆校合作的科学素养测评命题原则

基于第四代教育评估理论，在基于馆校合作的科学素养测评过程中试题依据评估内容开发，是实现评估目标的载体。在普通八年级科学试题中经常会出现示例 1 这样的试题，但诸如此类的试题仅仅涉及知识维，并没有涉及能力维与情感态度维。通过相关的研究，我们认为基于馆校合作的科学素养测试题，应遵循如下四方面的原则。

表 2 示例 1

题号	题目
示例 1	 （1）该细胞是神经系统结构和功能的基本单位，称为_____，该细胞是由_____和_____组成； （2）我们周围的信息就是通过这些细胞获取的，信息获取的正确顺序_____（用字母按顺序表示）

3.1.1 以馆校合作为背景

馆校合作中场馆资源是对学校内科学教育的重要补充，在场馆中运用陈列展览、互动式活动、讲座、小竞赛等形式加深了学生对于科学内容的直观体验。在这样的教学背景下，学生的知识储备量、创新思维及实践能力是与普通教学有所不同的，因而，试题的命制必须以馆校合作为背景。

3.1.2 体现学习迁移的生活情境

结合情境的测量能让学生认识到学习是有用的，同时能增加学生的学习动机以及学习迁移的可能。与体现学生生活的教学情境不同，命题不再强调从实际生活出发，使学生从已知出发进行学习，而是强调"既熟悉又陌生"的生活情境，能提供学习迁移的平台。[7]所以，试题的情境应该先关注学习迁移再与生活相联系。

3.1.3 渗透 SSI 教育理念

SSI 即社会性科学议题，在国际上被认为是学生应用科学知识、理解科学本质、形成正确的科学观、培养参与社会决策能力以及道德伦理发展的有效途径。[8]这一教育理念与核心素养视域下科学教育目标相符，基于馆校合作的科学素养测评试题命制也需要与这一理念保持一致。

3.1.4 结合学生发展的核心素养

信息爆炸时代，学生面对的环境越来越开放，不同文化思想的冲击对学生核心素养的形成有着极大的影响。馆校合作就是教学环境开放的体现，在这一背景下，试题应该在考查学生科学知识及能力的同时，从不同角度去渗透学生核心素养。

3.2 基于馆校合作的科学素养测评命题案例

在这里以针对 8 年级的学生"人体生命活动的调节"这一主题为例，基于以上命题原则，对于命题做简单说明及示例。

3.2.1 从场馆展项设计理念出发

科技场馆内从展厅到展项的展览陈列，都是有一定的设计理念的。我们可以从展项设计理念的角度出发进行变式出题。

步骤如下：①从展教融合的内容框架或馆本课程的框架中找到展项设计的理念；②结合展项设计理念创设类似情境；③完善理念渗透或呈现的方式；④提出引导建立新知识的问题。

例如，某一展项的理念为通过对人体生命调节的科学史展示，让学生体会科学探究的思维及方法、科学本质。我们就需要对这些点进行梳理后变化着来出题。在示例的过程中，要注意科学史理念的呈现方式，避免冗杂信息。对问题的提问可从多个角度进行切换，如示例 2 在题干中渗透科学探究精神，从变式的条件反射引出探究问题，在第二问考查学生的创新探究能力。

表 3 示例 2

题号	题目
示例2	著名的条件反射实验如下图所示,但研究者巴甫洛夫最初研究的并不是条件反射,而是研究狗在吃食物时各种消化液的流量变化。但每次一放盘子,还未喂食狗就会流唾液,想尽办法也无济于事,这干扰了他原先的研究。失望之余,他决定对这一现象进行系统的分析研究,这才有了条件反射实验。 1.条件反射前　食物　反应　唾液分泌 2.条件反射前　摇铃　反应　没有唾液分泌 3.条件反射期间　摇铃 + 食物　反应　唾液分泌 4.条件反射后　摇铃　反应　唾液分泌 (1)如果一直摇铃狗还会分泌唾液吗? (2)条件反射的有效保持时间是多长? 请设计一个实验对此进行探究。

3.2.2 从学生真实生活情境出发

真实情境并不等同于学生生活的实际发生，而是强调情境要与学生的经验相联系，要与学生的真实探究相联结[9]。我们可以这一角度进行命题，促进学生学习的迁移。

步骤如下：①选取与主题相关的生活情境；②避免不合适的情境及问题；④简化超范围的试题；⑤提出具有现实意义的问题。

在示例1中，考查内容为"人体生命活动的调节"，题干及选项都相对抽象，当题干与学生必经的首次发言或演讲相联系时（如示例3），学生做题的过程中要去搜索与组建之相关的知识结构，不仅考查了学生综合分析的能力，还能让学生意识到学习的价值，激发学习的兴趣。从这一角度创设试题情境时，首先要考虑不同年龄阶段学生的特点，其次要考虑情境的真实性，不贴切或不真实的情境会让学生质疑学习的必要性。当试题情境超出学生认知范围时，可通过简化情境元素、提供支架或进阶式提问等方式让试题更合理，如示例3中，先让学生解释现象，找到原因再给出现实建议，另外，考虑到"紧张"涉及的因素较多，在提问时便以"联系神经调节来解释"简化试题。

表4　示例3

题号	题目
示例3	在大部分人的第一次当众发言或演讲时,可能都会紧张,有的面红耳赤、心跳加快;有的却脸色苍白、手心冒汗。 (1)为什么会出现不同的表现? 请联系学过的神经调节来解释这一现象。 (2)这些现象很常见,但可能会影响正常发挥,我们怎样利用人体调节来进入一个好的状态呢?

3.2.3 从科学性社会议题（SSI）教育理念出发

SSI 即社会性科学议题，将社会性科学议题作为试题背景，可以有效地促进学生批判性思维和论证能力的发展。

步骤如下：①选取与内容相关的社会议题；②避免不合适的议题；③提升表述的严谨性及科学性；④提出启发性问题。

在选取与"人体生命活动的调节"相关的社会议题时，也排除了一些不合适的议题，如"脑的性别差异"和"互联网的膝跳反射现象"，前者议题在表述时很容易造成误解，引发价值观矛盾，后者虽然与膝跳反射相关，但却涉及更多社会经济等内容，不适合作为 8 年级的试题。选择人体冷冻技术（如示例 4），首先是因为其符合 STS 的教育理念，其次，该技术的出发点是造福人类，符合科学价值观。最重要的是该技术虽然提出多年，但仍然处于探索阶段，学生可以结合所学从不同的方面发表自己的观点，在论证、创新中促进素养提升。

表 5　示例 4

题号	题目
示例 4	人体冷冻技术是一种试验中的医疗科学技术，被美国生命科学列为十大人脑未解之谜之一。该技术也被国外杂志列为十大超越人类极限的未来科学技术。是一种试验中的医疗科学技术，把人体或动物在极低温（零下 196 摄氏度以下）的情况下速冻（不破坏细胞结构），冷藏保存，梦想未来能通过先进的医疗科技使他们解冻后复活及治疗，但至今尚未有成功案例。 你如何看待这项技术？请联系人体调节及细胞的相关知识，谈谈你的看法。

3.2.4　从中国文化故事出发

由北京师范大学中国教育创新研究院和美国 P21 提出的核心素养 5C 模型[10]中，文化理解与传承素养成为新的焦点。在命题过程中，以中国典故来创设情境是科学素养评估本土化的有效途径。

步骤如下：①选取与内容相关的文化故事；②避免缺乏科学性的故事情境；③简化超范围的故事情境；④提出问题。

在选取相关典故后，仍然需要对典故进行筛选，对于一些玄幻传奇的情境，需要谨慎使用。另外，由于中华文化的博大精深，典故都带有隐喻，在命题时需要说明。如示例 5 中将"无经验而撞南墙的人"与"不听劝的人"区别开来，突出非条件反射的性质。

表 6　示例 5

题号	题目
示例 5	"不撞南墙不回头"的典故：我国的建筑物大门一般都是朝南开的，旧时代有地位，有势力的人家大门外都有影壁墙，所以出了门就要向左或右行，若无此经验的人肯定撞南墙！现在主要用来比喻人不听劝。下列成语中与"无经验而撞南墙的人"发生相同神经调节活动的是： A. 闻鸡起舞　　　　　　B. 望梅止渴 C. 飞蛾扑火　　　　　　D. 画饼充饥

4 结果与讨论

基于馆校合作的科学素养测评在结合国际大型测评经验的同时，要结合实际教育背景，才能评估学生科学素养，正确回馈与引导馆校合作教学，促进学生科学素养的提升。本研究结合国际科学素养评估框架，提出了基于馆校合作的科学素养测评的大致体系；在此基础上，结合场馆教育主题化特征，提出从展项设计理念、真实生活情境、SSI 及中国文化故事四个角度出发的试题开发策略及示例，说明各个策略的注意事项，以便该试题开发方法能被更多人利用，促进我国馆校合作背景下科学素养测评的发展。

由于研究尚处于初始阶段，可能还存在不完善的地方，如评估具体流程、评估的指标体系及表现水平等都未详细说明。本研究已按照计划开始研发试题，未来将继续进行评价细节完善、试题开发、试测等工作，将不断对评估及命题进行改进，希望在馆校合作的背景下以改进评估的方式促进学生科学素养的提升。

参考文献

［1］季娇、伍新春、燕婷：《探索职前科学教师专业发展的新途径——非正式学习情境的促进作用》，《课程·教材·教法》2014 年第 3 期。

［2］王乐、涂艳国：《馆校协同教学：馆校合作教学模式的理论探索》，《开放学习研究》2017 年第 5 期。

［3］Pella M. O., O'Hearn G. T., Gale C. W., Referents to Scientific Literacy, *Journal of Research in Science Teaching*, 1966, 4 (3).

［4］Miller, J. D., The Scientific Literacy: A Conceptual and Empirical Review, *Daedalus*, 1983, 12 (2).

［5］American Association for the Advancement of Science (AAAS), Benchmarks for Science Literacy, http://www.project2061.org/publications/bsl/online/index.php.

［6］卢立涛：《回应、协商、共同建构——"第四代评价理论"述评》，《内蒙古师范大学学报》（教育科学版）2008 年第 8 期。

［7］李晓东：《教学情境与命题情境的区分及其意义——基于〈普通高中思想政治

课程标准〉的文本分析》，《中国考试》2020 年第 1 期。

［8］孟献华、李广洲：《国外"社会性科学议题"课程及其研究综述》，《比较教育研究》2010 年第 11 期。

［9］张春华：《走向真实情境的写作教学》，《基础教育课程》2020 年第 8 期。

［10］刘妍、马晓英、刘坚、魏锐、马利红、徐冠兴、康翠萍、甘秋玲：《文化理解与传承素养：21 世纪核心素养 5C 模型之一》，《华东师范大学学报》（教育科学版）2020 年第 2 期。

由广西中小学教师科学营活动
对科技教师队伍建设的思考

李　丹*

（广西科技馆，南宁，530022）

摘　要　广西中小学教师科学营活动（以下简称教师科学营）充分依托校外教育资源，让科技类学科教师和科技老师成为校外教育的受益者，使他们产生认同感，也间接提升校内外教师群体的流动性，其独特的培训方式和理念优化了教师的知识结构，让他们从社会、人文角度重新观察科学，对传播科学方法，弘扬科学精神起到了积极作用，可以说全方位提升了教师的综合素质。教师科学营是培训模式的创新，为科技教师队伍建设的思考带来全新视野。

关键词　科技教师　校外教育　队伍建设

校外教育蓬勃发展的趋向鲜明，教师队伍素质是其发展动力和层次的决定性要素。科技馆、青少年活动中心等社会机构拥有相对固定的校外科技教师团队，但从素质和数量上看仍然无法满足需求。学校老师参与校外科技教育活动成为有益补充，但是学校内的专业科技老师也较为匮乏，科技类学科教师由于教学任务重，或对校外教育缺乏热情，涉及这一领域的群体规模也不大。近两年，广西科技馆组织了教师科学营活动，在科技教师队伍扩充和素质提升方面有一定的重塑作用。本人自 2017 年举办首届科学营起就一直参与组织工作，做了粗略研究。本文略陈管见，望能抛砖引玉。

---

* 李丹，广西科技馆科技辅导员，经济师，研究方向为科普教育。

1　相关概念辨析

在正式探讨教师科学营活动之前，要对本文"科技教师"的概念做一个明确的定义。科技教师概念较为宽泛，本文研究的领域属于青少年科技教育的范畴，故定义其为主要面向未成年人的以传播科学技术知识、科学方法和科学精神为职业或从事相关社会活动的教师。按从属单位来分，可以有学校科技教师和校外科技教师，学校科技教师又可细分为科技类学科教师和专门组织管理学生科技探究活动的科技教师。但从狭义上说，科技教师专指学校内外以培养未成年人综合科学素养为目的，组织管理课外科技探究活动的教师。随着校内外教育的融合，校内外科技教师也一直存在身份交叉的趋势。这表现在参与校外教育机构相关工作的学校老师日益增多，一些已然成为校外科技教师队伍的人员之一。另一表现则是，随着校外教育资源成为学校课程的一部分，校外科技教师某种程度上也参与了校内教学活动。若严格地以从属单位来划分和研究科技教师群体，不免狭隘，除了切割了校内、校外教育，也容易忽略科技教师的共有群体性，在身份认同上自动屏蔽了部分科技教师，不利于在探讨队伍建设时形成广域视角。为避免概念混淆，下文所指称的科技教师除了特别说明，均从狭义方面定义，不考虑从属单位，是对校内外科技教师的统一指称，而相对的概念则为科技类学科教师，即教授科技类学科课程的老师。

2　教师科学营基本情况

教师科学营活动由广西科协和广西教育厅共同主办，广西科技馆（广西青少年科技中心）、广西青少年学生校外教育培训基地承办，中国国际科技交流中心、北京市海淀区中科科学文化传播发展中心协办。活动组织广西中学物理、化学、生物学科教师以及小学科技教师（或校长）赴北京开展相关培训活动。活动 2017 年首次举办，迄今已开展三次培训，每次活动持续 7～10 天。首届教师科学营分设物理营和化学营，100 名学员参加，由于反响良好，此后活动扩大规模，增设了生物营和小学营，每期学员 200 余名。科学营活动是教师培训的一次模式创新，学员满意度高，获得感强，在推进青少年科技教育工作方面也起到一定作用，已经成为广西科技馆（广西青少年科技中心）的一个教师培训品牌活动。

教师科学营活动的场所分为三类：一是中国科学院和著名高等学府与活动学科相对应的相关院所，如物理营会进入中国科学院物理研究所、力学研究所、半导体研究所、微电子研究所、国家纳米科学中心等进行学习；二是在科技教育和校内外教育融合方面较有特色的北京当地中小学校；三是国家级的科普场所，如中国科技馆、中国自然博物馆、国家动物博物馆等，首届教师科学营活动正值北京青少年科学节举办之际，也组织学员去现场参加了活动。教师科学营的课程形式包括四类：一是参观学习，每天平均安排两个参观活动，在科研院所和高等学府侧重选择国家重点实验室、重点科研项目、院所史料馆、科学家事迹和精神纪念室等，在中小学校则是参观教学实践基地、教学实验室、课外活动室等，每场参观活动都安排了讲解人员。二是讲座和交流会，每天平均有 2~3 场讲座或交流会，每次科学营活动都会邀请 2~3 位中国科学院院士开展主题讲座，在科研院所和高等学府学习时也设置了科技工作者的讲座，再者就是与中小学校的同行交流。三是参与科学小实验，这里的科学小实验区别于利用先进的设备和复杂的方法解决科学研究难题的实践活动，它是通过简单的器具和材料展示科学知识的实验，非常适合学员运用在课内外教学活动中。教师科学营的课程包括以下内容：一是学科前沿知识；二是科学技术的应用及发展前景；三是科技史相关知识（包括科技发展史及其内在规律，科技与社会和历史之间的互动关系等）；四是科学精神及其蕴含的正能量。四是专业技能学习，包括课外科技活动的组织和教学。

广西科技馆（广西青少年科技中心）注重活动数据和信息的收集工作。活动期间工作人员都会组织学员制作每日简报，活动结束后学员要填写调查问卷和撰写心得体会。为了总结活动经验，提高活动服务水平，专门组织部分学员参加了 2018 年广西中小学科学教育骨干教师交流培训活动，其中一个流程就是学员针对教师科学营活动交流心得，建言献策。以上数据信息收集活动为本文的研究提供了参考和依据。

3 教师科学营对科技教师队伍建设的积极作用

教师科学营活动开拓了学员的学科视野，优化提升其知识结构。理念培养、理论学习和教学业务训练并驾齐驱，传播科学方法、弘扬科学文化、树立科学精神三管齐下。从收到的调查问卷来看，每期学员的满意度都为百分之百。通过学员的示范带动作用，校外科技教育的各资源要素进一步流通，促进了校内外教育的融合，也为科技教师队伍建设带来积极思考。

3.1 对科技教师队伍的重构

本文主要研究的是教师科学营对科技教师队伍建设的积极作用。科学营的服务对象主要面向科技类学科教师，如果仅从这个角度考虑难免有研究偏题之嫌。但若深究不难发现，这正是科技教师队伍建设要解决的瓶颈问题——如何引导和吸引校内教师力量助力校外科技教育的发展。

科学营活动促进了教师队伍流动和重构。尽管活动面向的对象是科技类学科教师（除了小学科技教师），但是参加科学营的老师中糅合了很多科技教师的属性，或是参与活动后具备了这一属性。一是这些被选中参与活动的老师有些长期参与校外活动，如有的老师积极组织学生参与广西科技馆每年举办的广西青少年科技创新大赛、机器人竞赛、青少年科学工作室等活动，有的则在教育部门系统管辖下的青少年校外活动中心担任科技辅导员；二是教师科学营本质上就是校外教育，所以教育局和学校会推荐科技教师来参加活动；三是参加活动的学科教师在活动中实现了身份转化，他们将活动中接触到的校外教育资源介绍到学校中，构成学校课外教学的一部分，实际上充当了科技教师的角色，随着他们对校外科技教育理解的加深，不排除他们会将其当成职业发展的一部分。在 2018 年广西中小学科学教育骨干教师交流培训活动中，有两位至三位老师告诉我们，他们联合周边学校，通过协办单位之一的中国国际科技交流中心邀请了中国科学院的科技工作者进校园开展多场科普讲座活动，形成辐射效应，让没有参加科学营活动的学校也能享受到校外科技教育的成果。有的学校动员参加教师科学营的老师回校后开展二级培训，也是一种资源的分享。

能够促成这种教师队伍流动性和身份转换的主要有两个因素。首先，这个活动由广西科协和广西教育厅共同主办，而承办单位为广西科技馆（广西青少年科技中心），从这些单位性质来看，活动本身是校内外教育资源要素的结合体。教育部门管辖范围除了学校，还有青少年校外活动中心等机构；而广西科技馆和广西青少年科技中心常年组织开展科技馆活动进校园、科普大篷车、广西青少年科技创新大赛、机器人竞赛、广西青少年科学节等活动，与学校建立了良好的合作关系；协办单位中国国际科技交流中心、北京市海淀区中科科学文化传播发展中心是本次活动课程和资源的提供者，它们在平时的业务中主要就是面向青少年开发校外科技实践活动和教师培训项目。这些资源要素的联合，使这个活动一开始就跳脱了校内传统教育的范围。推荐学员参加活动由各设区市科协、教育局负责，根据活动属性他们会适当选择具有相关校外科技活动经验或有科技教师发展潜质的老师。其次，第二个因素亦是活动属性使然，前面已经说过，课程设置和活动是校外教育的资源，活动实施的单位也主要从事校外教育活动，整个活动经过精心策划，采用了先进的教育理念，创新培训模式，自身充满了知识光环和教育魅力，闪耀着科学精神和力量，这些在潜移默化中影响着老师们，使他们对校外科技教育的某些偏见（或是模糊概念）得到化解，不自觉地参与其中，他们在提交的心得体会和活动简报中处处表示了新鲜感、兴奋感甚至是心灵上的震撼，可以说是校外科技教育成功地做了自我推荐。

3.2 全面提升教师综合素质

从校外教育的角度看，科学营活动对教师综合素质的提升也是多方面的。

一是知识框架的优化和专业能力的提升。由于教学任务繁重和自身意识的缺失，很多科技类学科教师的知识体系大多仍停留在中学基础教育阶段，注重基础理论的掌握和积累，对前沿科技发展的了解都相对匮乏，更遑论对新理论和新技术及其应用的关注，这些情况使其不能自如地应对时代发展的要求，完成新时期教育改革的目标，不利于学生能力培养。教师科学营活动针对这个情况，力图在科技前沿知识、科技应用和发展前景、与历史和社会的互动等方面开拓专业视野，延展学科内涵，重构学员的知识体系。老师们在与中小学同行交流时，接触了相对先进的教学模式和理念，对发散教育思维，创新教育形式，促进校内外教育衔接融合有积极影响。

二是加强对科学本质的认识，塑造正确的科学观。谈这个问题时，不妨把科学营等同于一个面向教师的成功的科学传播活动。20 世纪 80 年代，英国皇家学会理事会指定成立的调查小组为了科学和社会的普遍利益而进行了公众理解科学的调研，调研结果形成了《博德默报告》（*The Public Understanding*），报告真正较全面地理解并提出了"公众理解科学"这一概念，而它的形成也正式宣告了公众理解科学这一新兴研究领域的诞生。[1]科学传播开始践行促成"公众理解科学"这一理念，即促进公众对科学本质、科学活动规律等的认知。随着科学活动的结构和过程、科技知识的生产和应用渗透进社会、政治、经济的各个方面，其不再是"不食人间烟火"的象牙塔内的活动，科学家走下"神坛"成为普通人，科学活动被打上文化、伦理的烙印。公众理解科学的模式转向公众参与科学，科学家与公众之间开展合理对话的新模式。促进公众对科学活动的社会建制属性的认识，了解科学发展的规律，明确科学家和科技工作者的社会属性，具备参与与科学技术相关的社会活动的基本能力等，是现代科学传播的一个重要方向，也是公民应具备的科学素质，对于传道授业的科技教师来说，更是如此。教师科学营活动的部分老师很少有机会进入中科院、重点实验室和科研项目基地等场所，也较少接触科学家和科技工作者，对于他们来说，这些地方和人们代表了科学的神圣，"神圣"到难以触及甚而虚幻。当他们有机会零距离接触时，感受实验室里的人文气息，观察实实在在工作和学习的科学家、科技工作者后，神秘感消失了，刻板印象亦解除。但是这些并没有减少他们心中对于科学的崇尚，对科学家和科技工作者的尊敬之情，反而添加了亲近感。相应地，活动在课程设置中也会涉及这方面内容，老师们通过学习这些课程，更好地理解科学的局限性，及其与社会互动中的"双刃剑"现象，理解了伪科学、学术造假的产生具有怎样的客观因素，更重要的是，更深刻地认识到科学、科学家和科技工作者的伟大之处就在于能够克服种种局限性而不懈追求"真善美"的人类探索活动的极致目标。

三是传播科学精神，营造科学文化。刘华杰教授在《整合两大传统：兼谈我们所理解的科学传播》中将科学传播分为一阶和二阶两个层次，一阶科学传播指对科学事实具体知识和科学发展状况的传播，二阶科学传播是指"更高一层的观念性的东西"，包括科学精神和思想、科学技术方法、科学技术的实践过程、对社会的影响等。[2]教师科学营不只注重老师学科素养和教学能力的提升，更通过带领老师领略科学家和科技工作者风采，感受院所文化，传播科学方法，弘扬科学文化，树立科学精神，充分激发老师对科学的兴趣，由此引导和鼓励学生崇尚科学，投身科学事业，传播了"更高一层的观念性的东西"。

四是对落后地区教师的启蒙。广西部分较为贫困落后的地区在校外教育上资源匮乏。教师科学营侧重组织这些地区的老师参加活动，让他们有机会开阔眼界。也许一周的活动并不能实质性地改变窘境，但是在他们在心得和简报中多次表明"心灵受到极大的冲击，更加深了作为教育工作者的使命感和责任感"。这个活动对他们今后的事业和当地教育事业的发展会有怎样的影响不好下定论，但是相信在适当的政策和支持力度下，当大量优质的校外教育资源进入这些地区后，这些老师的接受度和参与度会更高一些。

4　对培训活动的建议和思考

通过以上分析，在设计培训活动或探索培训模式时，笔者有以下见解：要想让老师积极参与校外科技教育工作，首先，要提升他们的认同感和价值感，我们在设计一个培训项目时，不妨转换角色，不把老师当作老师来培训，而是当成学生来教育，让老师们站在学生的角度感受校外科技教育，切身体会其中的价值和乐趣。其次，当我们的培训着眼于校外的科技教师时，可以适当放宽范围，充分利用校外教育的环境、资源，吸引其他老师参与，这对扩充科技教师队伍，最大限度地依托和挖掘人才力量是有利的。最后，现在很多培训的内容较注重提高教学技巧，对于老师自身知识结构的改善，及其对科学的本质、属性和规律的正确认知方面不够重视，是只有具备这些基本素质，才能谈如何运用和发挥的问题，才能更好地激发孩子的创造力和探究热情，引导他们从人文角度、以社会人的身份观察科学，让孩子具备科学素质而不只是科学知识，所以在培训内容设计上应该做些调整。

5　结论

通过这个活动，我们和学校老师也建立了联系，学校老师对于青少年科技教育工作多了了解和热情。对于先进教育资源相对匮乏的地区来说，面向科技教师组织类似的活动非常必要，如果能够建立起资源共建共享平台，让参加活动的老师发挥示范带动作用，则能让更多的老师受益，也符合举办教师科学营

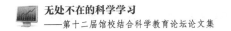
活动的初衷。教师科学营活动只办了三期，它所体现出来的社会效应虽然未成规模，但长期的发展趋势是可预见的。

参考文献

［1］谭笑、刘兵：《公众理解科学的修辞学分析》，《自然辩证法通讯》2007 年第 2 期。
［2］刘华杰：《整合两大传统：兼谈我们所理解的科学传播》，《南京社会科学》2002 年第 10 期。

科学传播视域下小学科学教师
专业发展路径之探索

赵书栋*

（肇庆学院，肇庆，526061）

摘　要　在科学技术蓬勃发展的时代背景下，科学传播进入一个数位新形态，它不仅仅传播科学技术知识和内容，也蕴含着普及民众科学素养的途径和方法。科学传播能运用"多元、平等、开放、互动"的观念让民众理解社会科学知识，传递科学精神，培育科学素养，是社会科学普及的新途径。本文在科学传播视域下对我国小学科学教师在专业发展过程中遇到的困境进行探讨，就小学科学教师专业发展路径的创新提出了实施策略和建议，以期提高小学科学教师的科学素养，最终促进我国基础科学教育更好的发展。

关键词　科学传播　小学科学教师　专业发展

当前，科学主导着人类世界，科学技术的重要性显而易见。任何国家若想生存于现代社会，且扮演主要角色的话，其民众势必具备科技时代所需的科学知识、能力，并能应付当前科技发展的巨变。一个国家或地区，只有当民众的科学知识得到普及并具备了较高的科技素养，才能保持科学技术的优势，才能在国际竞争合作中有立足之地。融合一般大众认知、参与成分在内的"大科学"将是时代发展之趋势，我们只有为民众提供良好的科学学习环境，利用迅速多元发展的科学传播媒介，才能促使他们有效地接受社会科学知识，并使

　＊　赵书栋，肇庆学院讲师，研究方向为基础科学教育。

他们在社会主义建设的过程中形成主动性和自觉性。另外，基础科学教育是提升民众社会科学素养的重要途径。然而在国际经济快速发展的背景下我国基础科学教育也面临着诸多挑战，存在一些不可忽视的问题，譬如小学科学教师的科学素养偏低、区域性差异明显等。诸多问题背后的深层原因都值得我们重新审视和研究，在科学传播视域下积极探索小学科学教师专业发展的路径，将十分有助于促进我国基础科学教育获得更好的发展。

1　新时代科学传播的概念和内涵

科学传播能够使社会主要行为主体（如媒体、公众及非政府组织等）运用"多元、平等、开放、互动"的观念让民众理解科学知识并具备一定的科学素养，这不仅增加科学教师参与社会科学实践活动的可能性，也为解决小学科学教育中遇到的现实问题提供了条件。

1.1　新时代科学传播的概念

"传播"（communication）这个词源于拉丁文 communi，有"共同"的意思，意指人们共享同一信息、一个观念或一种态度，并在这样的分享中建立共同认识。从利用骨头或石头记录人们生活情形开始，就有了传播的历程。人们不断用新科技创造传播形态，扩大传播的范围和效果，进而使人们更好地适应新的环境和生活方式。在各种信息、通信科技以及交通工具的快速发展下，政治、经济、娱乐或消费活动都是一种蓬勃的意义传播与分享的行为。传播领域是一个贯穿所有学科的跨领域门类，联结了人类内在的认知情感与外在的文化、道德与政治。传播学者认为，传播是一种社会过程，它已成为社会发展的必然与需求，每一项活动都有其独特的传播形式。"科学"一词英文为 science，德文为 Wissenschaft，本义皆为知识、学问，在清末时期曾被译为"格致"。科学是一个求知探秘的过程，促进了社会不断进步，尤其是 17 世纪以来的近代科学塑造了现代文明。近代科学的快速发展，除了发挥惊人的作用，也经常伴随着许多需要解决的问题。[1]科学传播是指一定社会条件下，科技内容及其多层次分析和探讨在社会各主要行为主体，如科学共同体、媒体、公众等群体之间双向交流的复杂过程。科学传播作为一种现代科普理论，是在传统科普观的基础上，吸取现代学术成果而发展出来的全新理论。[2]

1.2 新时代科学传播的内涵

科学传播是近二三十年才在欧美学术界快速成长的一个领域。在当前科学迅速发展和经济全球化的历史时期，科学传播不仅传播科学技术知识，还应该传播更多元的科学内容，包括科学本质、科学方法和科学精神。科学传播的内涵主要包括以下几个方面：首先，科学及对科学技术的传播都是有条件和限度的，并非一切称作科技的东西都要传播以及都能传播；其次，科学传播不但要传播科学知识，还要努力传播新科学的观念；最后，科学传播也要处理好普通科学知识与人文知识的关系。也有学者认为，科学传播是社会科学普及的一个新形态，是民众理解社会科学领域知识的一个扩展和延续。一个更为成熟的科技公民社会，需要依靠媒体与各种传播管道来增进民众对于社会科技议题的感知，以面对急剧变化的科技进展及环境风险。这个过程包括媒体如何再现社会科技议题的特质、阅听人如何感受媒体的影响，进而形塑对于社会科技议题的认知、不同媒体形态对科技传播的效果、科技传播的媒体社会责任等。科学传播在普及社会科学知识和科学精神的过程中，不仅可以让民众了解社会科学的价值，同时也可以让民众参与到社会科学的实践活动之中。

2 小学科学教师专业发展的困境和原因分析

2.1 小学科学教师专业发展的困境

当前我国小学科学教师面临兼职教师比例偏高、专业知识和能力普遍偏低、缺乏对科学教育课程的系统学习或培训、理论深度不够等现状，不能满足科学素养导向下科学教育的现实需求。2015 年，我国小学科学教师总人数就已经达 18.6 万，其中本科以上学历比例偏低，专科以下学历比例较高。《中国义务教育质量检测报告》（2018）调查显示：在小学科学兼任教师的比例达85.4%，其中接受过相关专业教师培训的兼任科学教师比例只有 71.9%。[3]一方面，小学科学教师的科学知识结构还不够完善。李猛等对河北某市小学科学教师科学素养的调查结果显示，科学知识维度平均分最低；[4]李竹对重庆主城区小学科学教师的研究表明，科技辅导员对科技活动相关背景、内容了解不够，缺乏具体的实践指导培训；[5]林静等对小学科学课程 STEM 教育调查发现，小学科学教师对跨学科知识的理解与应用不足，部分教师不能很好地运用跨学科概念组织课程教学。[6]左秀娟与郭聚鑫对山东省小学科学教师专业能力的调查显示：36% 的教师对教师专业成长中的教学反思缺乏认识；49% 的教师对教学研究"心有余而力不足"。[7]王明祥对句容市小学科学专职教师的调查研究中发现：他们在学历知识、课堂教学、课题研究、论文写作、指导学生等专业能力方面都存在差异性和不均衡性。[8]

另一方面，小学科学教师专业认同度低，专业发展动力不足。大部分小学科学教师因工作忙碌，对科学课程的教学时常感到"力不从心"，不愿意付出过多的精力和时间，时常依照固有的知识传授模式进行课程教学，更不愿意跨学科到其他专业领域进行有探索性的探究活动。《中国义务教育质量检测报告》（2018）调查数据显示：39.1% 的小学科学教师表示从不或很少使用科学实验室；大多数科学教师没有积极地创设实验环境，没有充分利用各种机会学习或向有经验老师请教，通常是消极地应对。[3]黄其梅等对福州市某区小学科学教师的调查结果显示：针对目前在科学课程教学中遇到的问题，26.5% 的教师表示"学校不支持"，71.7% 的教师表示"缺少教学资源"，20.8% 的教师表示"得不到指导"。[9]胡锦秀等对大别山区中小学科学教师的调查显示，大部分科学教师仅仅停留在学科教学的经验层次上，没有将理论与实际相结合，对于教育规律和科学项目的研究意识和积极性都不高，不愿意更深层次地研究科学教育和关注科学教育的发展，[10]也有一些小学科学教师创新敏锐性不够，专业发展自信心不足。[5]

2.2 小学科学教师专业发展困境的原因分析

当前我国小学科学教师专业发展的现实困境受多种因素的影响，其中教师个人主观因素和客观环境因素较为突出。

就我国目前小学科学教育的整体情况而言，兼职科学教师所占的比例较高。他们往往因兼顾其他课程或因教学任务繁重，不能在科学专业上花费更多的精力和时间，也使得他们在科学课程教学过程中往往只注意科学知识层面的目标，而忽略了科学素养层面的目标。受传统科学本质观的影响，他们对科学的认识仍然停留在逻辑实证的基础之上，通常认为科学就是真理。他们也因缺乏历史的辩证的思维方式，把归纳作为科学知识或理论产生的基本范式，认为科学知识是确定的、单一的，过多依赖科学知识的固有模式，把探究教学局限于传统模式中，不能把科学本身所蕴含的精神价值渗透到科学教育之中。我国小学科学教师的思想观念相对落后，专业知识的缺失使他们在实践和探索中难以创新。

学校对开发科学课程资源的投入较少，对校内外科学课程教育资源缺乏有效整合。我国《小学教师专业标准（试行）》明确指出：小学教师是履行小学教育教学工作职责的专业人员，把小学教师的专业发展提高到了一个突出的地位。但管理者对小学科学教育相关政策的解读和贯彻不到位，小学科学课程的"基础性"地位难以显现。长期以来，我国小学科学教育开课率不足 30%，处于"副科"的地位。[11]在大多数小学的课程安排上，还存在小学科学课程被语文或数学等课程"替代"或"占用"的现象。

3 科学传播促进小学科学教师专业发展的可行性分析

首先，良好的科学传播环境将为小学科学教师专业发展提供有利条件。从认知心理学理论来看，生成心智的有机体与环境的相互作用具有整体性和交互性，心智是身体活动的内化或内部运行。外在的、良好的科学传播大环境在很大程度上是小学科学教师形成某种兴趣或参与活动的诱因，建立良好的外在环境也将是促使其产生兴趣和积极参与活动的重要因素。认知心理学主张把对人的教育重心放在研究和培养人能够自我完善的内在动力上，更多关注的是人的积极面，强调人的价值和人文关怀，倡导个体对问题做出积极的回应，并能通过问题去获得积极的体验。科学探究过程强调体验和参与过程的重要性，在科学实践活动的过程中，参与者在实践过程中体察觉悟，强调反思、反省，最终实现个人认知和能力的提升。参与者之间充分的互动、相互促进的伙伴式学习更能促进个体能动性的发挥、优化自身知识结构、促进知识迁移、扩大社交领域、培养爱好、陶冶情操等，并把获得新的感受和认识运用到科学教育之中。可以说，利用好科学传播的互动平台，在一定程度上通过参与和体验的方式，弥补了校内科学课程教学的不足，对提升小学科学教师的综合素养具有重要意义。

其次，建设学校、家庭、博物馆和媒体多方的合作平台，各方充分利用已有资源优势，开展更为丰富的沟通和合作，为小学科学教师提供一个较为浓厚的科学学习氛围和环境十分必要。例如，博物馆和学校多渠道合作，博物馆可以为科学教师提供课程素材和各类设备资源，也可通过举办涵盖科学与文明内容的科学主题活动，自成系统地表现地方性和人文性，更容易获得小学科学教师和其他参与者的认同与支持。博物馆也可以通过招募志工的方式，鼓励小学科学教师和研究者参与其中，同时与大学及科学研究机构合作，开展科技设计与制作，共同进行科学研究。现代传媒杂志和数位媒体是有效促进科学学习的重要管道，有助于小学科学教师在探讨并解决现实生活中的科学问题时更加有效。小学科学教师也可以通过参与非正式科学教育组织，包括科学中心、科学咖啡馆、平面与电子媒体之大众传播工具等，这种多元化的数位媒体设备，对小学科学教师科学素养的形成和科学概念的提升皆有很大帮助。

4 科学传播视域下促进小学科学教师专业发展的路径探索

4.1 依据小学科学教师的科学兴趣和爱好，扩充科学课程教学的外延

首先，鼓励和带动小学科学教师加入多种形式的科学兴趣小组，如科学历史文化研究协会、机器人协会、社区科普宣传协会、科学创新协会、科技漫画协会、科普志愿者社团、义务科学宣教服务队等协会或社团，让他们在积极的交际和社会实践体验中增进对科学的认识，进而形成良好的科学认知体验。其次，充分发挥博物馆的功能，包括自然科学博物馆、科学工艺博物馆和海洋博物馆，除了让他们接受科学新知之外，也有助于他们对科学与科技的批判理解。同时还可以利用周围高等学校科学教育之资源，透过立体实物、展示机械操作、拥有声光化电效果等新颖丰富的互动模式的实验，让小学科学教师直接接触或产生身临其境之感，不仅能够为他们呈现科学知识和原理，还能够使他们聚精会神地投入其中。

4.2 创设科学普及的良好场域和社会环境，发挥好"互联网＋"主渠道作用

科学传播研究不再只是单向度地社会科学普及，而是融合了丰富内容的科学沟通、参与模式。科学传播不再只限于知识传播的范畴，包含了更为多元的社会科技议题。现代社会中多元观点的知识、态度、价值观，透过各种形式的传播媒介传达给阅听人，除了让科技知识和科学精神深入一般民众的生活之外，更让不同背景的民众有机会理解并参与社会科技的发展。科学及科技的多元化呈现，让一般大众除了了解科学现象外，也能够善用科学知识，将科学与生活结合。如电视媒体、手机媒介、地铁动态海报、社会科学艺术文化电子杂志等都能够达到对社会科学的宣传效果，也使人们更容易感受到社会科学与美学、社会科学与生活等方面的魅力。因此，在对小学科学教师科学素养状况调查的基础上，了解其群体特征和心理需求，紧密结合他们在工作和生活中遇到的现实性问题，利用不同层次的社会科学普及途径，使其对社会科学的认知过程与其心理认知相契合。例如，开发具有吸引力的网站，引导他们积极参与其中。

4.3 搭建多方媒体合作互动平台，为小学科学教师提供浓厚的科学实践氛围

美国麻省理工学院教授约瑟夫·派恩等在《体验经济》一书中（2008）指出：人们在阅读时获得的信息，能学习到10％，视听时获取的信息，能学习到15％；但体验过的事，我们却能学习到80％，经由亲身体验活动的过程是学习的最好途径。我们可以依据小学科学教师工作生活特点和个人的兴趣爱好，通过对网络媒介和虚拟设备的运用，扩充他们社交互动的体验性和真实性。鼓励和带动他们加入多种形式的互动沟通平台和协会机构，如社群学习网络平台等，通过网络专题讲座或研讨交流等形式为他们解读课程标准、科学素养内涵、科学教育国际形势、科学教师专业发展标准等，使他们认识到小学科学教育的重要性，认识到自身科学知识及理论对科学教育效果的影响。在此基础上，多关怀、指导和鼓励小学科学教师，使他们积极参与科学教育的各项工作，如依托校本资源、区域经济文化发展特色，开展结合当地实际的与科学教

育主题密切相关的项目调研探究活动，动员科学教师积极参与，并形成团队，使他们在实践中研究，在研究中实践。

参考文献

[1] 黄俊儒：《导言：科技社会变迁下的科学传播新视界》，《中华传播学刊》2017年第32期。

[2] 张晶、尹兆鹏：《科学传播理论的历史考察：将"传播"理念引入"科学"的历程》，《自然辩证法研究》2006年第5期。

[3] 中华人民共和国教育部：《义务教育小学科学课程标准》，北京师范大学出版社，2017。

[4] 李猛、王世存、许光哲：《小学科学教师科学素养现状分析与策略研究》，《中小学电教》2019年第7期。

[5] 李竹：《小学生科技活动：现状·问题·策略——基于重庆主城区部分小学科学教师的调查》，《现代中小学教育》2017年第7期。

[6] 林静、石晓玉、韦文婷：《小学科学课程中开展STEM教育的问题与对策》，《课程·教材·教法》2019年第3期。

[7] 左秀娟、郭聚鑫：《小学科学教师教学能力发展现状及提升策略研究》，《现代教育》2018年第6期。

[8] 王明祥：《县域内小学科学教师专业发展考核评价工作的探索与思考——以江苏省句容市科学教师队伍建设为例》，《江苏教育》2019年第6期。

[9] 黄其梅、洪亲、蔡坚勇：《小学科学教育现状的调查与研究——以福建省福州市鼓楼区为例》，《福建教育学院学报》2016年第7期。

[10] 胡锦秀、兰智高：《大别山区域中小学科学教师现状调查研究——以黄梅县为例》，《黄冈师范学院学报》2015年第1期。

[11] 胡继飞：《我国新版小学科学课程标准探微》，《中小学教师培训》2017年第6期。

校外科学教育逐渐兴起背景下的
科学教师专业发展路径初探

李昱　宋瑞雪　吴兰　崔鸿*

（华中师范大学，武汉，420000）

摘　要　近年来，随着科技发展、社会进步，科学教育越来越受到重视，校外科学教育也逐渐兴起，在此形势下，如何促进科学教师的专业发展，切实开展校外科学教育活动，发挥校外资源的育人作用变得至关重要。因此，本文通过实证研究，分析现今我国科学教师专业发展的不足之处，并在此基础上提出在校外科学教育逐渐兴起这一时代背景下的科学教师专业发展路径，以期为我国科学教育发展、科学教师队伍建设和未来人才培养贡献微薄力量。

关键词　校外科学教育　科学教师　专业发展

21 世纪，国内外科学教育呈现新的发展趋势，校外科学教育也应运而生并逐渐发展，这对科学教师的专业发展提出了新的要求。而实证研究发现，目前我国小学科学教师专业发展现状不容乐观，因此，抓住新形势下的机遇与挑战，探寻校外科学教育逐渐兴起这一时代背景下的科学教师专业发展路径势在必行。

---

* 李昱，华中师范大学生命科学学院硕士研究生，研究方向为学科教学（生物）；宋瑞雪，华中师范大学生命科学学院硕士研究生，研究方向为学科教学（生物）；吴兰，华中师范大学生命科学学院硕士研究生，研究方向为学科教学（生物）；崔鸿，本文通讯作者，华中师范大学生命科学学院教授，研究方向为科学教育、科学课程与教学论。

1　国内外科学教育发展趋势对科学教师专业发展提出新要求

21 世纪，随着科学教育的价值目标与社会化功能日渐突出，[1]国内外科学教育呈现新的发展趋势，其中很重要一点就是由注重知识体系构建转向注重能力与情感态度培养，主张通过科学探究与科学实践活动使学生理解科学本质，掌握科学探究方法，形成科学思维，同时认同科学、技术、社会与环境之间的紧密联系，为未来进入社会生活做好准备。

例如，美国《K－12 科学教育框架：实践、跨学科概念、学科核心思想》提出"科学实践"一词，指出人们要通过科学实践形成、扩展和完善科学知识。[2]澳大利亚《科学课程与标准框架》宗旨之一为：使学生终生应用科学，在科技先进的社会中发挥作用。同时该框架将科学探究技能纳入其科学课程目标。[3]法国《自然教学大纲》规定在科学学习中，学生要初步掌握科学实验（学习）的方法。[4]在我国，教育部于 2017 年颁布的《义务教育小学科学课程标准》指出小学科学课程是一门基础性、实践性和综合性课程，倡导科学探究式学习；[5]而 2011 年版《义务教育初中科学课程标准》也借助初中科学课程对科学教育提出了新的要求，即要以提高学生的科学素养为宗旨，体现科学本质。[6]

在这样的时代要求下，校外科学教育应运而生并逐渐发展。我国学者刘恩山等人（2017 年）基于对美国《科学教学研究杂志》的实证分析后指出，非正式环境中的科学教育已成为新兴的研究领域和主题。[7]校外科学教育是对校内科学教育的衔接与延伸，对培养和发展青少年科学素质具有重要作用。近年来其形式也越发多样，比如科技实践活动、研学旅行、科普活动、科学论坛等。同时，校外科学教育资源也逐渐丰富，比如博物馆、科技馆、天文馆等科普场馆、科学教育实验基地、高等学校实验室以及动植物园等。例如，美国许多博物馆引入 STEM 教育理念，结合展品为不同年龄段的学生设计课程内容，开辟了科技博物馆教育新方向。[8]英国科学博物馆集团通过研究大众需求，提供令人难忘的学习体验。[8]在我国，许多场所也已成为校外科学教育的主要阵地。

校外科学教育虽好，但因其不具专门的教材支撑，且不可控因素较多，实际上对科学教师的专业素养提出了新的要求。首先，在专业知识上需要科学教师具备丰富度极高的综合学科知识；其次，在专业能力上需要科学教师具备良好的探究性教学能力、话语互动能力、活动策划与组织能力等；最后，在专业信念上需要科学教师具备专业理想信念，从心理层面驱动教师的教学决策和教学行动。

2 我国科学教师专业发展现状

2019 年 5 月，中国科普研究所联合华中师范大学科学教育研究团队对我国江浙沪、京津冀、黑吉辽等多个地区展开小学科学教育发展现状调研。笔者也参与了本次调研的部分工作，通过对调研数据的分析，发现目前我国小学科学教师的专业发展主要有以下三个问题。

2.1 科学教师实现自身专业发展的机会较少

调查中"上学期"有 63.88% 的教师参加科学教研活动的次数不超过 5次，有 86.24% 的教师参加科学公开课的次数不超过 2 次，有 81.89% 的教师参加《义务教育小学科学课程标准》培训的次数不超过 3 次，并且只有 37.62% 的科学教师认为参加培训活动对自我的职业发展、教师技能的提升确实有帮助。这些数据都反映了科学教师实现自身专业发展的机会较少，参加高级别培训的机会不多，且参训效果不理想。

2.2 科学教师专业化水平不高

所调研的九个省份中，仅有 27.78% 的小学科学教师所学专业为科学教育专业，69.32% 的学校有兼职的科学教师，兼职科学教师因原本所学专业的不对口，专业素养和专业知识水平有限，在教授科学课时会受到很多限制，很容易出现因专业化水平不高而影响教学效果的问题。此外，仅有 33.41% 的科学教师上课常采用的教学形式为"训练与实践式"，其他也有部分老师受专业化水平限制仍习惯用"讲授法"。上述数据都反映了目前大部分科学教师专业素养不强，专业知识掌握不扎实，在整个课程的设计和实施过程中，不能准确把握《义务教育小学科学课程标准》对每节内容提出的要求，也不能根据学生的认知水平合理地进行教学设计。

2.3 职业认同感较低，专业发展积极性不高

调查显示，小学科学教师周课时数平均为 16～18 节，最多可达 22 节，此外还要负责科技创新活动、STEM/STEAM 课程等。并且因为很多科学课的课前准备工作有很多，所以约 90% 的老师认为完成一节科学课需要花费很大精力，工作压力较大。此外，调研数据还显示，所采访的小学科学教师中只有 50.65% 的教师表示热爱这份职业，只有 22.81% 的教师完全赞同目前小学科学教师有良好的发展前景，还有 28.95% 的教师不能保证以后能继续留在小学科学教学的岗位。这些数据反映了目前还有很多科学教师的职业认同感比较低，在其从事教育工作的过程中，不能对科学教师这份职业产生一种肯定态度，专业发展积极性不高。

从上述对小学科学教师师资队伍建设现状的相关数据分析中可以看出，目前我国小学科学教师专业发展仍不乐观，没有达到现今科学教育对科学教师提出的新要求，还需结合校外科学教育谋求进一步发展。

3 结合校外科学教育的科学教师专业发展路径

随着科学教育的发展以及科学技术、信息技术的突飞猛进，校外科学教育应运而生并逐渐发展，笔者认为这既是挑战也是机遇，如果此时能发挥政策的引领作用和科学教师自身的主观能动性，将十分有利于科学教师的专业发展，其主要路径如下。

3.1 外部推动，发挥政策的引领作用

3.1.1 定期开展培训活动，促进科学教师的专业发展

科学教师是校外科学教育的主要引导者，建立一支优秀的中小学科学教师队伍至关重要。对此，笔者认为应开展丰富多样的中小学科学教师培训活动或定期聘请相关专家对科学教师进行专业培训，使中小学科学教师在任职期间得到更好的专业发展。

例如，澳门科学馆把"走进校园"和"教师培训"作为主要特色项目，在馆校合作过程中，重视教师培训，无偿向教师提供 PBL 方式的 STEM 教学培

训，定期举行研讨会、讲座、科学展览等来帮助科学教师实现专业发展。[9]又如，我国台湾科学教育馆邀请实验研究院台风洪水研究中心专业人员共同举办了主题为"台风来了"的教师培训活动，通过展览或者实验体验的形式增加教师有关台风方面的专业知识。[10]再如，哈尔滨市加大对前沿科技教师岗位的培训力度，教师上岗前必须保证有 2 个月岗位培训，经过考核合格后才能上岗，而已上岗的教师要确保每年有 2 周以上的培训时间，同时鼓励教师参加前沿科技体验课的教学研讨活动或课赛活动，[11]不断发展自身专业素养。

如此一来，科学教师自身专业能力在一定程度上得以发展，有利于提高校外科学资源的利用度以及学生在校外科学教育活动中的受益度。

3.1.2 整合校外科学教育资源，锤炼科学教师的实战能力

目前我国的校外科学教育资源利用率比较低，笔者认为政府、相关部门（例如教育局、科协等部门）以及学校应该实现三方联动，共同制定相关政策，充分发掘和利用校外科学教育资源，比如在科技类博物馆或动植物园开展科普活动，将专业的科学场所（如高等学校实验室、科研院所等）向学生群体开放，建立更多的科学教育实验基地等。在此基础上，建立公开透明的信息网络，搭建校外科学教育平台。

例如，美国政府积极与民间联盟或企业沟通与协助，为科学教育争取最大限度的资金支持与技术赞助，其博物馆每年都接受社会团体的资金扶持与赞助，免费为中小学学生提供多样体验式探究活动。[12]又如，台中市"自然科学博物馆"周围学校的教师利用博物馆资源来辅助教学，教师在带领学生参观博物馆的过程中扮演了推手的角色，这是对教师自身决策与组织能力的考察，开展这样的教育活动，有利于不断锤炼教师的专业素养。[13]

如此一来，既避免了教育资源的浪费，又促进了校外科学教育的开展，同时，科学教师的发挥空间也更加开阔，不再困于方寸之间，而是有机会开展各类校外科学教育活动，在实战中丰富自己的专业知识，锤炼自己的专业技能。

3.1.3 搭建展示与交流平台，促进科学教师的共同进步

科学教师需要专门的展示与交流平台以督促自己不断进步，因此教育主管部门可以联合校外科学教育机构共同举办一些对教师专业发展有利的活动，如校外科学教育创新竞赛、科创比赛、科学主题论坛等，活动可设置受教育主管部门认可的奖项，这将对教师的职称评定、未来发展等有极大的推进作用。此

外，各学校也可以联系校外科学教育机构搭建网络平台，实现校内外科学教育资源和活动案例共享。

例如，美国建立博物馆体验式探究教学活动网站，辅助中小学科学教师专业发展。又如，我国青少年科技教育知名领先品牌机构"鲨鱼公园"引入国际最先进的"STEM + AS"教育系统，定期举办全国科学教师教学大赛，实现科学教师之间的交流和相互切磋，帮助科学教师不断学习、不断创新以更好地引导学生。

上述举措将给科学教师足够的机会展示自己，同时，来自各个学校的科学教师可以在相互交流中共同进步，不断提升自身专业水平。

3.2　内部孕育，实现自身专业发展

3.2.1　抓住学习机会，广泛积累专业知识

科学不是一个单独的学科，而是融合了物理、化学、生物、地理等学科形成的一门综合学科，涉及的知识面十分广阔，对教师专业知识的熟练度与丰富度要求极高。尤其是在没有教材作为依据的校外科学教育活动中，如果科学教师的专业知识掌握不够，就很容易被学生问倒或出现科学性错误。对此，笔者认为科学教师应抓住所有学习的机会，如参加各类培训或交流展示活动、参与校外观察活动、收看科学频道相关节目、关注社会热点科学技术问题等，通过这样的方式广泛积累专业知识，做到心中有数，临场不慌。

3.2.2　积极组织形式多样、评价多元的校外科学教育活动，切实提高专业能力

（1）提高校外科学课程开发与活动组织能力，促进校内外科学教育联动

新形势下，科学教师应主动探索校外科学教育资源与学校科学课程资源的整合机制，积极开发与学校科学课程紧密联系的校外科学教育课程，组织与学校科学课程紧密联系的校外科学教育活动。

在课程开发方面，科学教师应熟知各类校外科学教育资源的功能特点，发掘其价值，寻找与校内科学教育的结合点。例如，上海自然博物馆内有"起源之谜""演化之道""探索中心"等展区，以及"自然探索移动课堂""恐龙盛世""探索者联盟"等主题活动。[14]这些主题就可以作为"生物进化"部分校内科学课程的校外补充教育资源，教师可据此设计校内外联动的科学教育活动。另

外，近年来科技馆的教育属性也越发明显，笔者曾有幸作为华中师范大学科学教育研究团队成员参与湖北省科学技术馆新馆科教项目设计工作，从中深切感受到开发馆校合作课程的重要性。例如其"科学风暴"展厅，设置了一系列互动装置或展项供科学教育使用，教师可充分发掘它们的教育价值，联系校内科学课程安排与科学课程标准，开发校外科学教育课程。以其中一个展项"用可见光传输信息"为例，科学教师可以据此开发有关"光"这一重要科学内容的馆校合作课程，在巩固"光的传播、反射、折射"等知识的同时，拓展延伸人类对于"光"的应用，使学生在认识科学本质，理解"科学·技术·社会·环境（STSE）"的关系基础上，形成对科学和技术应有的正确态度及责任心。

在活动组织方面，科学教师应积极组织符合学生认知水平的校外科学教育活动，关注学生科学探究能力、思维创造能力以及科学态度的养成，反哺校内科学教育的开展。例如，当讲到植物的结构组成、生命史及繁殖进化时，科学教师可以组织学生到植物园进行参观，观察辨别植物的各组成部分，同时让学生选择一种植物的种子带回去，亲历植物从种子萌发成幼苗，再到开花、结出果实和种子的过程。[12]又如前面提到的湖北省科学技术馆的例子，科学教师同样可以利用"用可见光传输信息"这一展项，开展展教融合实践活动，给学生提供带盖子的浅盒子、小的硬纸板、镜子、剪刀、手电筒、胶带、黑布等材料和工具，让学生制作一个光迷宫，使光可以从迷宫内的一个角落传播到另一个角落，在科学实践中实现知识巩固与能力提升的完美融合。

（2）提高多元评价能力，促进学生全面发展

科学教育不是死板的知识传授，而具有极高的开放性，尤其是校外科学教育活动，它不像校内科学课程一样具有固定的知识性目标，其灵活度更高，可以更加注重对学生技能以及情感态度价值观的培养。因此，在校外科学教育活动中，科学教师应充分考虑不同学生的个体差异，重视评价的诊断、激励与促进作用，创建多元化评价体系，促进学生全面发展。

例如上文提到的"制作光迷宫"展教融合项目，在此活动中，教师可以先让学生相互点评，然后教师再来评价，同时制作详细的活动表现评价量表，不仅关注学生最后制作出的成品，也关注学生在制作过程中展现的知识迁移与应用能力、创造能力、解决问题能力以及动手能力等，充分展开过程性评价，适时给予引导与鼓励，激发学生学习热情。

综上所述，科学教师应充分发掘与利用校外科学教育资源，提高校外科学课程开发与活动组织能力，同时创建评价主体多元化、评价内容多元化、评价方式多元化的评价体系，发挥校外科学教育的补充与延伸作用，促进学生在知识、技能与情感态度价值观等方面的全面发展。

3.2.3 增强职业认同感并树立终身发展观念，不断坚定专业信念

（1）增强职业认同感，做好职业生涯发展规划

科学教师的专业信念在一定程度上影响其专业知识与专业能力的发展空间与发挥限度，因此教师应主动增强其对职业的认同感并做好职业生涯发展规划，热爱自己的工作并相信自己可以胜任这份工作，在学习与实践中不断进步，逐渐坚定专业信念。

一方面，科学教师应增强其职业认同感，热爱自己的工作，尽量克服工作环境不够优质、工作压力较大等问题。这就需要科学教师发自内心地认为自己适合从事科学教育工作，树立自己的教育理想并保有高涨的工作热情、高度的责任心与强烈的使命感，形成良好的教师职业价值观。另一方面，科学教师应对自己的职业生涯做出合理的发展规划，明确前进的方向。这就需要科学教师对自己的个人特质、能力特长及不足之处有较为清晰的认识，并据此制订合理可行的计划来弥补自身专业知识或专业能力上的缺陷，同时抓住专业发展相关的一切学习机会，积极参与校内外的各类培训或交流研讨活动，不断提高自身的专业水平。

（2）树立终身发展观念，吸收先进教育理念

在校外科学教育活动中，传统的"讲授式"教学模式是行不通的。因此，笔者认为科学教师应紧跟时代变化，树立终身发展观念，学习先进教育理念并尝试做出改变。

例如，2017 年，中央教科院发布的《中国 STEM 教育白皮书》指出应将STEM 教育纳入国家创新型人才培养战略。STEM 教育是科学、技术、工程和数学的融合，将各学科知识整合到解决问题的过程中，是一种跨学科学习的范式。因此，在校外科学教育中，教师可以多尝试组织 STEM 项目活动，实现学科融合。同样以上文"制作光迷宫"展教融合项目为例，其中"S"对应"光的传播、反射"等科学知识，"T"对应制作光迷宫过程中所运用到的技术手段，"E"对应"制作光迷宫"这一工程学实践任务，"M"对应涉及的"距离、入射角与反射角计算"等物理知识。同时该项目遵循 5E 教学模式，体现

了 STEM 活动的综合性、实践性和灵活性的特点，[15] 分别是：吸引（Engage）——发布制作光迷宫的任务，吸引注意；探究（Explore）——学生头脑风暴，制作光迷宫，建立起科学、技术、工程与数学之间的联系；解释（Explain）——学生对自己制作的光迷宫模型进行解释和交流；展开（Elaborate）——分享与改进自己制作的光迷宫模型；评价（Evaluate）——教师对学生的光迷宫模进行点评，同时小组互评。

综上所述，科学教师应增强自身的职业认同感并树立终身发展观念，以坚定的专业信念引领自身专业知识的丰富与专业能力的提高，这样在面对不同科学教育环境时才能得心应手，切实开展科学教育活动，培养学生的科学素养，从而实现科学教育的育人目标。

4 总结

科学教师专业发展对我国科学教育发展、未来人才培养以及科技竞争力的提高具有重要作用，然而我国科学教育师资队伍的发展现状还令人不甚满意。如今，校外科学教育逐渐兴起，我们应抓住新形势下的机遇与挑战，一方面，发挥政策的引领作用，定期开展科学教师培训活动，整合校外科学教育资源，搭建展示与交流平台，从外部推动科学教师的专业发展。另一方面，科学教师应发挥提高自身专业水平的能动性，抓住所有学习机会广泛积累专业知识，通过组织形式多样、评价多元的校外科学教育活动提升专业能力，同时增强职业认同感，不断坚定专业信念并树立终身发展观念，如此才能跟上时代进步的步伐，更好地为我国科学教育发展和未来人才培养贡献力量。

参考文献

［1］ 陈光军：《国际科学教育发展趋势及其对我国科学教育的启示》，《中小学教师培训》2015 年第 9 期。

［2］ National Research Council, *A Framework for K – 12Science Education：Practices, Crosscutting Concepts, and Core Ideas*, Washington, DC：The National Academies Press, 2012.

［3］姚建欣、郭玉英、伊荷娜·诺曼：《美、德科学教育标准的比较与启示》，《全球教育展望》2016 年第 1 期。

［4］刘伟男、张松、崔鸿：《馆校合作：科学教育发展新路径》，《教育教学论坛》2018 年第 28 期。

［5］中华人民共和国教育部：《义务教育小学科学课程标准》，北京师范大学出版社，2017。

［6］中华人民共和国教育部：《义务教育初中科学课程标准》，北京师范大学出版社，2011。

［7］周丐晓、黄瑄、李诺、刘恩山：《透视国际科学教育研究发展趋势及其启示——基于美国〈科学教学研究杂志〉（1995～2016 年）的实证分析研究》，《科普研究》2017 年第 2 期。

［8］沈嫣、宋娴：《新时期科技博物馆的发展趋势：提高科学教育能力》，《自然科学博物馆研究》2019 年第 4 期。

［9］梁思聪、黎珮君：《到校服务及教师培训在馆校合作活动中的重要性及新模式探讨——以澳门科学馆为例》，载《科技场馆科学教育活动设计——第十一届馆校结合科学教育论坛论文集》，2019。

［10］郭桂周、于海波：《基于科学馆的科学教师教育研究》，《教育理论与实践》2013 年第 26 期。

［11］胡祥明、王凯甲、王树龙、杨建明、崔凤山：《义务教育学段青少年前沿科技体验活动策略研究——以哈尔滨市为例》，《今日科苑》2020 年第 2 期。

［12］关松林：《发达国家中小学科学教育的经验与启示》，《教育研究》2016 年第 12 期。

［13］黄千殷、王鸿裕、张黛华、凌至善、王奕翔、凌玉庭：《小学教师利用博物馆资源辅助教学之研究——以自然科学博物馆附近学校为例》，《海峡科学》2012 年第 3 期。

［14］赵玥：《非正式环境下"馆校合作"科学活动方案的开发与实践》，《生物学教学》2018 年第 12 期。

［15］叶兆宁、郝瑞辉、王蓓：《非正规教育环境下青少年 STEM 教育活动的设计与实践研究》，《自然科学博物馆研究》2016 年第 1 期。

利用"反思实践"重塑博物馆教师专业学习

——"RoP 项目"分析与启示

梁 雨[*]

（华东师范大学，上海，200062）

摘 要 反思实践是在改进人们在某一特定领域的技能时的一个关键环节，也成为近年来教师教育领域关注的热点。本文将着重介绍以反思实践的专业学习为基础的 RoP（Reflection on Practice）项目，希望通过对项目背景、运行方式、课程内容和成效的剖析，为我国博物馆的教育人才培养提供借鉴。

关键词 反思实践 教师教育 博物馆人才

1 博物馆的教育功能

博物馆教育是现代教育体系中的重要组成部分，同其他教育形式一起，共同发挥教育的功能与作用。1990 年美国博物馆协会将"教育"和"为公众服务"并列为博物馆的核心要素，协会首席执行官 E. H. Able 认为博物馆第一重要的就是教育，教育已成为博物馆服务的基石。[1]美国所有的博物馆已将教育纳入办馆宗旨，例如美国自然历史博物馆（AMNH）的馆徽上展示着"Education（教育）、Expedition（探索）、Research（研究）"三项职能。博物馆主要通过环境设计来实现自己的教育功能，是一种典型的非正式学习环境。[2]事实上，人一生的大部分时间都处在非正式学习环境中，大部分的学习

---

* 梁雨，华东师范大学课程与教学论研究生，研究方向为科学教育。

形式也是非正式学习，可以说，非正式学习贯穿人的一生。[3]

对于任何教育方式，教育者和教育对象都是最基本的范畴，缺一不可。博物馆通过陈列展品向观众进行直观教育，这是博物馆的基本特征，也是博物馆独特的陈列语言。[4]但若要使观众充分理解陈列内容，则必须借助辅助手段，例如文字陈述、语音视频，或者是博物馆教师的专门讲解。绝大多数博物馆已具备文字符号和有声语言等辅助手段，教育效果却不甚理想。以往，博物馆的教学工作者参考已有的藏品与展厅，仅为传播链条的最后一环即受众服务，为观众开发教学内容、组织活动。美国学者 Miles 认为，若展品设计与教育活动分开，那么博物馆的教育功能从一开始就被减弱了。[5]教育工作者应当尽早介入，协助博物馆的展区策划与展品设计。作为展品与观众之间桥梁的博物馆教师，必须提高自身及团队的专业性。

2 "反思实践"取向的教师教育思想

在教师教育领域，主流关注趋势也从理论逐渐转向了实践，美国教育家舍恩是推动这一转向并奠定理论根基的重要人物之一。舍恩将大学内所学的理论知识称为"学校知识"（school knowledge），认为它把知识作为成品来看待，是定论化的。它造成了三个人为的分裂：一是学校与生活的分裂，"学校知识"将学习者的经验封闭起来，使得学校与生活相分割；二是"教学"（teaching）和"做"（doing）的分裂，使教师们认为所教和所做并非同一件事；三是"研究"与"实践"的分离，"学校知识"将"研究"看成是分离甚至是对立于"实践"的。[6]

舍恩把专业实践分成两大层次，一是"高硬之地"（a high hard ground），有着清晰的情境和目标，实践者能够运用科学理论和技术有效地解决问题；二是"低湿之地"（a swampy lowland），它充满着"复杂性、模糊性、不稳定性、独特性和价值冲突"，是实践的"不确定地带"。这一地带的问题无法直接使用已有的理论知识或技术手段，只能依靠"行动中的知识（knowledge-in-action）"来解决。[7]"行动中的知识"是实践者在专业活动中对活动进行反思而形成，由"反思实践"活动来澄清、验证和发展的知识。反思实践是改进人们某一特定领域技能时的一个关键环节，可以帮助初学者识别自我实践和他人实践的相同点，需要在把知识运用到实践的过程中反观自身。

其他学者也表达了对反思实践的理解。[8] Kottkamp 等人认为反思实践是一种通过反思把理论和实践结合起来的模式，以提高自身职业水平为目的，并对自身的行动进行思考和批判性分析。Peters 认为，反思实践要求对实践本身进行系统性调查。

3　RoP（Reflection on Practice）项目

3.1　项目背景

RoP 项目全称为 Reflection on Practice，即对实践的反思。[9] RoP 项目受到国家科学基金会 NSF 的赞助支持，由 Lynn Tran 和 Catherine Halversen 共同创建与发展，团队总部位于加利福尼亚大学伯克利分校的劳伦斯霍尔科学馆。项目合作伙伴有动物园和水族馆协会（AZA）、国家解说协会（NAI）和科技中心协会，包括美国自然历史博物馆、太平洋水族馆等。RoP 是一个专业学习项目（professional learning program），旨在通过非正式的科学学习环境，帮助教育工作者提高专业能力，继而推动非正式教育领域的发展。RoP 有三个主要目标：第一，将研究与实践相联系，在专业人员之间建立起共同语言和理解；第二，帮助教师养成反思的习惯；第三，培养持续学习型教师，建立专业学习社区。

3.2　项目运行模式

RoP 理论认为，对自身实践进行持续的学习反思是任何职业增加专业知识的基础。因此，它借助专业学习的相关理论，帮助教师不断通过反思性实践探究自己的实践，提高专业能力。RoP 项目是一份为教师团队设计的计划书，由受培训的教师团队自定步调开展，而不是 RoP 派遣外部专家指导或仅培训特定人员。项目实施包括两个环节，第一环节为选取教育或志愿者部门的管理者（最好是新手管理者或者中层管理者）参加 RoP 的培训研讨会，成为 RoP 协调员（RoP facilitator）。在研讨会中，RoP 协调员将熟悉反思实践课程的理念和设计方式、学习教学实践和活动的模式以及与其他 RoP 协调员相联系。第二环节是协调员借助课程材料在自己所在的团队组织中开展实施 RoP。这使得全部教师可以相互学习，在过程中通过实践形塑语言和知识意义。

这样的运作方式需要有培训团队及教师个人两方面的参与承诺。团队管理者需要提供时间、资源和实施项目的自由；教师个人需要保持开放的心态和具备探索、审视和改变的意愿。RoP 为受培训团队提供了课程内容和培训程序，团队负责制订自己的培训计划，完成书面课程之后利用 RoP 的理念继续学习。

3.3 项目内容

RoP 是一个模块化项目，模块侧重于非正式 STEM 学习环境中与教育实践相关的主题。目前团队已开发实施 4 个模块（见图 1），各模块的内容分别为以下几方面。

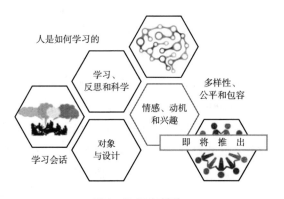

图 1 RoP 各模块

模块 1：学习、反思和科学（learning，reflection and science）。该模块主要介绍了 RoP 项目的课程，并介绍有关学习的基本理念，参与者将讨论专业学习和反思的相关理论以及操作（doing）和反思科学。通过模块 1 的学习，参与者将了解 RoP 的理论基础和实践方法以及科学的性质和操作。

模块 2：人是如何学习的（how people learn）。参与者将深入探究人是如何学习的，就三个主题展开研究讨论：大脑和先前知识、社交活动与会话以及学习参与。参与者不仅要了解学习，更要了解学习的基本理念对教学的影响。

模块 3：学习会话（learning conversations）。参与者将共同探讨对话在学习中的作用，批判性检查自己的教学实践，并根据教学目的和现有实践找寻在互动中促进学习对话的方法。

模块4：对象与设计（objects and design）。参与者将探索如何借助对象来支持非正式环境中的学习和如何设计学习步骤和学习活动。在模块4中，参与者将通过基于研究的实践（research-based practice）来审查反思自己的活动设计。

4个模块将为学习者奠定学习、教学和设计的基础知识，使参与者建立起对实践进行反思的常规和习惯。所有的模块内容都已详细记录在书面课程中，帮助协调员在团队中开展项目。每一个模块都包含交互环节和视频反思环节（见图2），环节内含课时学习内容，表1展示了各模块及课时内容。

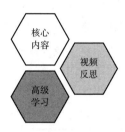

图 2　RoP 各环节组成

表 1　各模块及章节名称

模块	环节	课时
模块 1:学习、反思和科学	互动环节	第 1 节:学习理念、行为和目标
		第 2 节:有效的反思实践
		第 3 节:科学的本质与实践
模块 2:人是如何学习的	互动环节	第 1 节:人是如何学习的
		第 2 节:学习者的前知识
	视频反思环节	第 3 节:团队全体视频反思——前知识
		第 4 节:关键小组视频反思——前知识
模块 3:学习会话	互动环节	第 1 节:讨论学习
		第 2 节:促进会话
	视频反思环节	第 3 节:团队全体视频反思——学习会话
		第 4 节:关键小组视频反思——学习会话
模块 4:对象与设计	互动环节	第 1 节:使用对象教学
		第 2 节:设计教学经验
	视频反思环节	第 3 节:团队全体视频反思——对象与设计
		第 4 节:关键小组视频反思——对象与设计

互动环节时长为两个半小时，意在让学习者参与学习和教学的活动和讨论，将教学经验与神经科学、心理学、教育和社会学等专业领域的研究相结合。互动环节包括核心内容和高级学习两种类型。核心内容提供了关于非正式环境中学习和教学的基本概念、学习活动和讨论；高级学习以核心内容为基础，提供进一步的活动以加深理解。互动环节将会被全程录制以供反思环节使用。从模块 2 开始，每一个模块都包含针对整个团队和关键小组的视频反思环节，时长为 2 个小时。这是 RoP 的标志性环节，参与者一同观看互动视频和聆听他人的反馈来反思自己的实践，体验教学习惯和思维方式的深刻变化。在视频反思环节中，一名成员提出问题，并提供材料（如视频、书面课程等）供团队审查和提出反馈来协助解决问题。在后续讨论中，这一演示者保持沉默，倾听和记录。团队的所有成员均有机会成为演示者。以模块 3 为例，详细说明两个环节及课时的主要内容（见表 2）。

表 2　模块 3 内容简介

环节	课时	主要内容
互动环节	第 1 节	参与者集思广益，讨论高质量学习会话的特点；参与角色扮演，在其中分析讨论会话的局限与潜力及对教学目的的支持性；阅读并讨论会话在学习中的作用的研究，包括信息的长期记忆存储以及与长期记忆和学习的关系等
	第 2 节	参与者参加动手实践活动，该活动提供了共享的经验，可以帮助教育者在促进会话的过程中更深入地探究教学目的；阅读并讨论不同的对话促进方法，学习并使用"促进方法框架"
视频反思环节	第 3 节	参与者对模块 2 和模块 3 中有关学习和对话的研究讨论部分进行仔细的重读。随后，团队对如何促进学习对话进行视频反思，有策略地设计教学目的，包括如何利用帮助学习者在科学观的指导下分享自己的观点
	第 4 节	参与者在关键小组会面，就本模块的重点，即谈话对学习过程的重要性再次进行视频反思

进一步分析来看，课程中包含四个要素，主要用于检查和改变实践。

第一，建模与构建实践，例如实践活动。协调者开展交互式会议，在会议中团队成员模拟循证实践。参与者作为积极的学习者参与教学法讨论和反思。

第二，联系研究与实践，例如研究讨论。由协调者先行示范，参与者阅读并讨论文献中的关键思想，帮助参与者将研究落实到教学实践中。研究讨论为参与者提供了与团队成员讨论并理解研究思想的机会。

第三，讨论并尝试实践。参与者思考当前所使用的教学策略，生成新的教学方法。参与者开展教学实践的实验，并相互交流经验。

第四，观察并反思实践，例如视频反思。团队成员一同回顾视频录像，公开实践做法，彼此交流审查，这一环节也可以将团队、机构的方法和理念纳入其中。

3.4　项目成效

RoP 项目具有可实施、可持续、可通用和可迁移的特点，通过对参与项目的教育工作者进行访谈可知，RoP 项目对活动开展和结果都有积极影响，教师的行为、思维、语言以及在其领域的参与程度都有明显的提升。

教师是 RoP 项目最大的受益者。通过与团队成员的共同工作与学习，教师对教与学有了更深入的理解，实践与理论研究的联系也更为密切。美国自然历史博物馆的参与者提到："RoP 鼓励我批判性地思考我应该在做什么和为什么这样做。它为我提供了一个反思和与其他教师互动的平台，扩展了我的技能。"这说明教师主动将反思作为提升自己知识与技能的良好工具。

RoP 项目注重培养领导能力，因此对协调员也有一定增益。协调者多为新手管理者或者中层管理者，实施 RoP 项目帮助其更好地融入团队，增强自信心，构建起团队平等交流的氛围与文化。此外，协调者还可以获得专业技能，促进了在非正式学习领域的职业发展。

4　RoP 项目的启示

博物馆是展示文明的窗口，更是一所公众的大学。相较于学校等正式学习环境，博物馆一类的非正式教育机构面临着更多挑战，实施教育的重任也交给了博物馆教师们。舍恩的 "反思实践" 的理论根源可以追溯到杜威、莱温和皮亚杰的学习理论，重视实践与反思的结合以及理论与实践的结合。贯彻了 "反思实践" 理论的 RoP 项目为博物馆教育人才培养提供了很好的借鉴方法。

4.1　促进多种形式的专业学习

现如今技术日新月异，新知识层出不穷，博物馆教育者的专业发展是一个长期持续的过程。开展形式多样的学习是促进专业发展的有效途径，但是现实中教育者的学习会受到多种内部及外部条件的限制。博物馆管理人员或者教师应当积极寻求学习途径，克服学习的障碍。比如借助信息技术开展远程学习；与其他博物馆共同探索发展道路；与高校开展合作，推进教师教育与理论发展的双赢。

4.2 建立反思文化

舍恩认为，"对行动的反思"是一种事后的思考，是实践者和问题情境间的对话。反思实践可以帮助教育者发现自身专业知识、技能和实践工作中存在的问题，及时改进工作，有效促进教师专业发展。例如 RoP 项目的视频反思会议、反思日志和观摩学习等，创造透明、深入、彼此共同进步的良好氛围。

4.3 构建与发展教师共同体

博物馆教育者的专业实践多处在"低湿之地"，问题多具有独特性，需要根据现场情况和个人直觉灵活处理，这样一来，势必对教师个人提出了极高的专业要求。教师必须联合起来，构建共同体，彼此共享实践时遇到的问题与经验。另外，教师背景各异，共同体也可以开阔教师的视野与思维，让多学科的知识相融合，使教师立足于整体进行全面思考。

参考文献

[1] 单霁翔：《博物馆的社会责任与社会教育》，《东南文化》2010 年第 6 期。

[2] 〔美〕菲利普·贝尔等：《非正式环境下的科学学习：人、场所与活动》，赵健、王茹译，科学普及出版社，2015。

[3] Life Center, Learning in Informal and Formal Environments, http：//life – slc. org / about /about. html.

[4] 项隆元：《试论博物馆教育与学校教育的联系与差异》，《文博》1991 年第 6 期。

[5] 鲍贤清：《博物馆场景中的学习设计研究》，华东师范大学博士学位论文，2012。

［6］洪明：《"反思实践"思想及其在教师教育中的争议——来自舍恩、舒尔曼和范斯特马切尔的争论》，《比较教育研究》2004 年第 10 期。

［7］洪明：《反思实践取向的教学理念——舍恩教学思想探析》，《外国教育研究》2003 年第 8 期。

［8］刘丽丽：《西方反思型实践理论综述》，《比较教育研究》2003 年第 8 期。

［9］Reflecting on Practice，http：//reflectingonpractice. org.

科技场馆科技辅导员能力要素框架浅析

——以北京科学中心科技辅导员的培养实践为例

苗秀杰*

（北京科学中心，北京，100029）

摘　要　教育是科技场馆的重要职能，科技辅导员是落实场馆教育职能的核心力量，科技辅导员的能力决定场馆教育的水平。本文从现阶段科技馆教育的发展要求出发，结合北京科学中心科技辅导员培养实践，探索出基于科技辅导员职业认同、通用能力、专业能力的"三个维度、十项能力、三个水平等级"的能力要素框架，以期为科技辅导员的招聘准入、岗位聘任、系统培养、考核晋级以及科技辅导员制定个人发展规划等提供参考依据，促进场馆科技辅导员专业发展，提升科技场馆的展教效能，更好地发挥新形势下科技场馆的教育职能。

关键词　科技场馆　科技辅导员　北京科学中心

1　科技场馆科技辅导员能力建设现状

1.1　科技场馆科技辅导员定位

教育是科技场馆的重要职能。近年来，随着社会对科技场馆定位认识的不断发展，场馆的教育属性越来越凸显，科技场馆所提供的教育活动已成为社会

＊苗秀杰，北京科学中心展览教育部部长，高级教师，研究方向为场馆教育、科技辅导员队伍建设。

教育资源的重要组成部分，而科技辅导员作为落实场馆教育职能的核心力量，其职业定位也在不断清晰和明确化。目前，科技场馆业界公认为，科技辅导员是指在科技场馆从事各类展览教育活动的人员。《科技馆展教人才队伍建设研究报告》中提出，科技辅导员是具有较高科学素质与专业技能的科技教师，其首要职责是开发和开展教育活动。[1]国外如加拿大安大略科学中心，将科技交流员定位为科技馆的面孔、声音和耳朵，是科技馆的灵魂。[2]日本未来科学馆把科学交流员定位为公众与科学家、工程师交流的科学传播者，通过向公众解释科学思想、科学研究，向科学家传达公众的问题和期望，促进科学和社会之间的交流。[3]基于上述文献研究及北京科学中心的场馆教育实践，笔者认同，科技辅导员的本质是教育工作者，其职责是围绕科技场馆资源和公众需求开展教育活动的研发、实施、评价及组织管理等工作，在向公众展示科技馆的教育理念、传播展览展项的教育内涵、搭建公众与科学对话的交流通道、引导公众特别是青少年利用展项进行实践探究获得直接经验等方面发挥着重要的作用。

1.2 科技辅导员队伍建设的薄弱环节分析

《全国科技辅导员职业现状调查报告》指出，科技辅导员要具备以下素养和能力：具有科技、历史、文化知识；能运用教育学、传播学、心理学、市场营销等理论和方法；掌握各种教学方法，具备科普写作能力；熟悉各种教育技术手段，能够开发教学、实验器材；熟练掌握语言表达、沟通、交流、表演、互动的技巧和科学实验、科技制作的方法；熟悉教育活动开发程序和项目管理制度，熟悉教学器材制作的质量要求；具有处理突发事件的能力。[4]可见，科技辅导员是一份对从业人员综合素质要求极高的职业，要同时具备教育者、策划者、传播者、服务者、管理者等多重身份的相应能力。另外，从全国科技馆辅导员大赛的实践和评审标准来看，其特别强调教育工作者的属性，对科技辅导员在展项辅导目标、内容、方式的设计，以及如何引导观众对科学方法、科学思想、科学精神等层面的深层次思考，提出了明确要求。

而当前科技辅导员队伍整体水平与科技馆事业发展相应要求不匹配，科技辅导员队伍建设中还存在诸多薄弱环节，具体有：一是科技辅导员自身对事业的认知不高，缺乏个人职业规划；二是科技场馆对科技辅导员的招聘准入标准不明确，现有人员基础素质不能满足岗位要求；三是科技辅导员的在职培养体系不完善，没有建立职业化、标准化的系统培养规划，缺乏理论和实践相结合的岗位培训；四是科技辅导员的评价机制不健全，多为基础知识的考试及日常服务性工作的数量统计，少见对核心专业能力的考核办法。[5] 所以探索一套符合科技馆发展需求和单位工作实际的能力要素框架，不仅可以回答什么样的人可以成为科技辅导员的问题，同时也可为科技辅导员的准入、培养、评价及科技辅导员制定个人发展规划等提供参考依据。

2 基于北京科学中心科技辅导员培养实践，探索科技辅导员能力要素框架

2.1 北京科学中心科技辅导员职能定位

在国内外场馆的调查研究基础上，北京科学中心结合开馆以来的展教实践，逐步探索出"展教结合，以教为主"的展教理念，在此理念的指导下，开展了基于"生命·生活·生存"主题馆的展线课程、展厅实践活动、主题实验室活动、科普讲座、特色营地等多种类别场馆教育活动的研发及实践。北京科学中心的讲解员、科技辅导员分别设岗，科技辅导员的定位和职责非常明确，主要包含以下三个方面的工作：一是各类展览教育活动的策划和实施；二是展览教育合作项目的统筹管理，包括馆校合作、课程资源开发、特色活动策划等项目；三是合作单位及兼职科技辅导员队伍的组织管理、教研培训工作。

2.2 科技辅导员的能力要素框架

科技辅导员在实际工作中的行为直接反映了其能力素养状况，本研究团队着重对北京科学中心科技辅导员实践行为进行深入研究和总结，探索出基于实践的能力要素框架。框架探究的思路从科技辅导员的定位及展教工作目标切入，首先明确岗位职责及工作标准；其次梳理出高质量完成岗位工作所必备的能力；最后在科技辅导员履行职能的实践中，通过对其成长全过程的行为观察和分析，对照岗位任务完成最好的工作状态进行总结和提炼，将必备能力细化为外显的、可检测的工作状态或行为表现，最终形成源于实践的、可操作性强

的行为标准。

北京科学中心科技辅导员能力要素框架包括职业认同、通用能力、专业能力三个最核心的维度，具体分解为职业态度及行为规范、计划与控制能力、活动研发能力等十项必备能力（见表1）。

表1　北京科学中心科技辅导员能力要素框架

能力维度	能力项	内容描述
职业认同	职业态度及行为规范	热爱科普工作;认可科技馆教育的价值;爱岗敬业,乐于奉献;言传身教,为人师表
通用能力	计划与控制能力	了解工作的意义与价值;具有计划意识;掌握制订和调节计划的方法
	团队协作能力	认同团队整体发展目标;与团队成员相互尊重,相互包容,形成合力
	语言表达能力	遵守语言表达基本规范;具有良好的语言设计能力;掌握相应的表达技巧
专业能力	活动研发能力	了解科技馆教育的特点;掌握教育活动设计的基本方法;能结合场馆资源及受众需求设计教育活动
	活动实施能力	具备基本科学素养;了解科技馆教育活动的模式;掌握科技馆教育活动实施策略与方法;能有效实施教学活动
	研究能力	熟悉基本的研究方法和过程;能通过不断反思、归纳,提升工作质量,形成有指导性的研究成果
	服务沟通能力	具有主动服务意识;具备沟通技巧;能根据服务对象需求提供专业化的服务建议或方案
	组织协调能力	具备一定领导力;有效地协调各方面资源,推进项目实施工作,提升项目质量和工作效率
	应急管理能力	有安全防范意识;熟悉本单位应急工作流程;能及时发现安全隐患并主动协调解决,妥善处理冲突

职业认同是决定科技辅导员行为和表现的关键因素。包括科技辅导员对所从事职业的性质及价值的认知程度、持有的职业态度、遵守的行为规范以及在此基础上形成的个人职业发展取向。北京科学中心作为科普工作阵地，科技辅导员首先要热爱科普事业，认可科技馆引导公众走进科学、理解科学的价值，认可科技馆的教育属性，在实际工作中，体现出乐于奉献、言传身教、为人师表的职业态度。

通用能力是胜任科技辅导员岗位的必备基础能力。包括制定工作规划和计划、执行计划、控制和调整计划的能力；认同团队发展目标，并与成员相互支持和促进的团队协作能力；在遵守语言表达规范基础上的语言设计和表达能力。其中语言表达能力是科技辅导员开展日常交流、项目管理、教学实施等各项工作的通用工具性能力。

专业能力是体现科技辅导员职业属性的行业能力。其中活动研发能力、活动实施能力和研究能力是体现科技辅导员岗位教育属性的核心能力；服务沟通能力、组织协调能力、应急管理能力是体现科技馆行业属性的综合能力，是决定科技辅导员为公众提供优质教育服务的支撑性能力。具有广博的科技知识是对科技辅导员的基本素质要求，本框架没有把其作为独立的一个能力项，而是在相应的能力要素分级中分别体现。

实际操作中，结合北京科学中心工作要求，兼顾科技辅导员队伍梯队建设的目标，根据各项能力水平相对应的工作状态和行为表现将十项能力具体划分为三个水平等级（见表2）。例如，职业认同三个层级的行为标准核心要素为情感认同、专业认同和成就认同。情感认同行为标准为：积极主动了解科技场馆教育工作，明晰自己的定位与发展方向，愿意在科技馆教育岗位持续发展；专业认同行为标准是不断钻研、积极实践，对科普事业及科技馆教育工作有系统的理解，能够为科技场馆创造价值；成就认同行为标准是深刻理解个人成长与科技馆发展、科普事业共发展的内涵，享受科学传播工作，具备一定的行业影响力。这种理论与实践融会贯通的能力导向，会进一步推动科技辅导员将个人职业发展与科技馆事业发展融为一体的探索与实践，促进科技馆教育的创新实践。

表 2　北京科学中心技辅导员能力要素分级描述

能力维度	能力项	Lv1	Lv2	Lv3
		核心要素	核心要素	核心要素
职业认同	职业态度及行为规范	情感认同	专业认同	成就认同
通用能力	计划与控制能力	具有计划意识	掌握制订计划的方法	全面谋划工作
	团队协作能力	融入团队	影响团队	引领团队
	语言表达能力	承担基本讲解工作	有效沟通协调	胜任场馆教学工作

能力维度	能力项	Lv1	Lv2	Lv3
		核心要素	核心要素	核心要素
专业能力	活动研发能力	了解教学活动设计的过程和基本方法,具有活动研发的创新意识	熟悉活动研发的相关理论及关键要素,能独立研发场馆教育活动	把握场馆教育发展动向,能主持研发项目
	活动实施能力	掌握场馆教育活动实施的基本原则,熟悉实施流程,有效组织教育活动	教学活动实施过程体现科技馆教育的基本特征,有效传播科学思想和方法	教育活动实施过程体现先进教育理念和方法,培育学生科学观
	研究能力	具有研究意识,了解评价反馈方法	参与课题研究及教学评价反馈	独立开展科研课题研究
	服务沟通能力	完成一般性服务工作	提供专业化服务方案	对服务的全程做出合理的预案和跟踪,能开展专业的服务沟通培训
	组织协调能力	日常工作的组织协调	项目的组织协调	全面统筹和协调资源及其应用
	应急管理能力	日常工作应急管理	解决突发性问题	制订应急预案,避免和快速处理突发性问题

科技辅导员能力要素框架内容是基于场馆科技辅导员群体的普遍工作制定的,但实际工作中,根据科技辅导员的个人特点及工作任务的需要,科技辅导员之间存在着岗位职责的差异,或侧重于活动研发,或侧重于活动实施,或侧重于项目统筹管理等,因此在实际操作中对科技辅导员要达到的每一项能力级别要求会有差异。表3是对活动实施能力的三级行为标准的描述举例,采用将隐含的能力要求对应为外显的行为及工作状态、工作成果的表述方式,有助于科技辅导员进行自我的水平评价,查找个人能力短板,明确自我学习提升方向,给科技辅导员成长留有自主规划的空间。

表3 活动实施能力的三级行为标准

级别	核心要素	行为标准
Lv1	掌握场馆教育活动实施的基本原则,熟悉实施流程,有效组织教育活动	• 能对活动方案进行优化形成实施方案 • 能结合科技馆资源特点,采用适切的活动组织形式,有效组织教育活动 • 能准确示范并引导学生操作展项,准确介绍展项体现的科学原理 • 在教学过程中融入必要的安全教育内容,时刻关注可能出现的安全隐患并及时排除
Lv2	教育活动实施过程体现科技馆教育的基本特征,有效传播科学思想和方法	• 了解科技馆各类活动的组织形式,把握实施要点 • 了解学生身心发展规律,根据学情调整活动实施流程 • 创设情境引发学生兴趣,引导学生主动探究,获取直接经验 • 构建科学知识与生活经验的联系,传播科学思想和方法
Lv3	教育活动实施过程体现先进教育理念和方法,培育学生科学观	• 灵活运用多种教学策略,帮助学生建立所学知识与核心概念的联系;培养学生应用跨学科知识解决问题的能力 • 以学生为主体,根据学生反馈调控教学进程 • 从育人的角度提升学生核心素养,培育学生的科学观

3 北京科学中心基于科技辅导能力要素框架的培养实践

科技辅导员的成长与科技馆教育功能的发挥息息相关。科学中心(科技馆)服务人群全龄化、服务内容多维度、学科领域跨度大、教育形式多元化,这就决定了科技辅导员是一份必须在实践中不断提升能力的职业。在能力要素框架的探索过程中,北京科学中心对科技辅导员能力的培养也有了更为深入的思考和实践,对应不同能力层级采用不同的培养路径。

3.1 面向全员的通用能力培养

北京科学中心注重全员的基础培训,充分利用闭馆日和工作日下午时段观众较少的时间分布规律,举办"四点钟开讲"全员培训,对科技馆行业动态、基本服务规范、语言表达技巧、日常工作制度及流程等内容进行专题学习,提升工作人员的通用能力。

3.2 基于科学素养提升的集体学习

展项是科技辅导员开展各类活动最重要的教学资源。北京科学中心展项涉及学科领域广，如何让新手科技辅导员在短时间内尽快熟悉展项是科技辅导员队伍能力提升遇到的首要问题。实践中，在对每位科技辅导员学科专业背景、个性特点和兴趣爱好等方面进行深入分析基础上，合理划分学习小组，制订学习方案，从挖掘展项内涵及策划教育活动的资源入手，对馆区的展项资源进行深度学习，通过自主学习、共享促学、集体研讨、互为陪练的团队合作学习方式不断提升辅导员科学素养。

3.3 基于具体项目的实践培训

北京科学中心以馆校合作展教活动、三生展线课程体系研发、科技辅导员大赛等项目为切入点，采用全程参与、全程指导、以赛促学等方式，基于不同层级的辅导员，开展有针对性的培训，将个人能力提升融于项目实践过程中。例如对新手科技辅导员，鼓励其参加科技辅导员大赛，从具体参赛要求切入，把科技辅导员能力框架的要求分解到展项辅导三个比赛环节，尤其强化对活动研发和实施能力的理论与实践指导，逐步实现科技辅导员由被动接受项目任务到形成具有个人特色的自主学习提升路径的转变，促进科技辅导员在项目实践中成长。

3.4 基于核心专业能力提升的导师带教

北京科学中心充分利用首都地区高层次人才资源丰富的优势，邀请科研院校的科学教育研究人员、中小学优秀科学教师、科普机构优秀科技辅导员参与中心的展教活动，对中心展教团队进行教育理念、教学策略、辅导技巧等方面的专项指导，通过导师带教，提升科技辅导员的活动研发、实施及研究等核心专业能力。

3.5 基于个人成长与发展的综合指导

北京科学中心将科技辅导员的成长和发展规划紧密结合，加强科技辅导员成长空间和渠道的打造，一方面通过日常展览教育活动实施及馆校合作对接中的问题反馈研讨，指导科技辅导员逐步形成分门别类的问题解决方法和对策，提升服务沟通、组织协调、应急管理等综合能力；另一方面以北京市科学传播序列职称评定的具体要求为目标导向，将评审条件分解到阶段工作任务中，有效激发科技辅导员自我提升的动机，促进科技辅导员的职业认同及专业发展。

4 结语

总的来说，北京科学中心基于展教工作实际，初步摸索出了一套符合本单位工作要求和队伍建设发展需求的科技辅导员能力要素框架，并在此基础上对科技辅导员成长的模式和路径进行了实践，取得了一定的成效。本研究团队将继续加强科技辅导员能力框架的理论和实践研究，以期形成对科技辅导员整体队伍建设更具指导意义的科技辅导员能力胜任模型。我们相信以需求为导向的、基于具体实践的、有针对性的能力框架，将为场馆科技辅导员队伍建设提供思路，也将在促进科技辅导员专业发展中发挥重要的指导作用。

参考文献

[1] "科技馆展教人才队伍建设研究"课题组：《科技馆展教人才队伍建设研究报告》，载束为主编《科技馆研究报告集（2006～2015）》（上册），科学普及出版社，2017。

[2] 张彩霞：《新形势下科技场馆辅导员的角色定位》，《科协论坛》2016年第11期。

[3] 张彩霞：《我国科技馆科技辅导员队伍的特点分析及反思——基于〈全国科技辅导员职业现状调查〉的数据分析》，《科技传播》2016年第5期。

[4] "全国科技辅导员职业现状调查"课题组：《全国科技辅导员职业现状调查报告》，载束为主编《科技馆研究报告集（2006～2015）》（上册），科学普及出版社，2017。

[5] "全国科技馆展教人员状况调查"课题组：《全国科技馆展教人员状况调查报告》，载束为主编《科技馆研究报告集（2006～2015）》（上册），科学普及出版社，2017。

浅谈科普视角下人才专业多元化

——以厦门科技馆人才培养模式为例

夏 楠*

（厦门科技馆，厦门，361000）

摘 要 随着科普事业的蓬勃发展，对于专业的科普人员的需求也在逐年增加。然而高校的科普专业学科在增设时还存在一些问题，专业科普人员与市场的供需不平衡，科普场馆在面向高校招募时很难招到专业对口的员工，导致员工的专业呈现多元化现状。面对专业多元的问题，科普基地可以从几个方面入手解决：一是整合专业多元的资源；二是以多平台搭建解决专业性不强的问题；三是基于场馆自身需求制订人才培养计划，并以厦门科技馆为例进行具体分析。但从长远发展来看，不能仅依靠科普基地来提升科普人员专业性，高校专业人才的输送也是必不可少的一环，最后本文就高校科普人才培养提出建议。

关键词 员工专业 多元化 专业性 科普教育 人才培养

近年来，科普教育事业在我国蓬勃发展，科普教育工作者的需求量逐渐增加，但因我国科普事业发展起步较晚，在整个科普体系中还存在科普资源分布不平衡、专业的科普人员数量有限等问题。专业科普工作者在市场上存在着严重的供需不平衡问题。因此，大多数科普基地在招聘展教科普人员时，很难招收到专业真正对口的高校毕业生，员工专业呈现多元化的现象。

---

* 夏楠，厦门科技馆展教部科普辅导员。

1 专业多元化现象产生的原因

科学教育事业的发展离不开专业人才的培养，而专业学科是人才培养的基础。2019 年出版的《中国科学教育发展报告（2019）》中指出，目前国内的科普教育专业并无独立的院系，大多划分在物理、化学、生物院系中。

比如中国科学技术大学、中国农业大学在传播学专业基础上设置科技传播专业方向；复旦大学在哲学专业基础上设置的科技传播与科技决策是一个双学位专业。近年来，还有少数具有师范教育基础的高校在教育学专业基础上设置了科学教育或科技教育方向。但其课程结构、设计都存在不完善的地方。这些也反映了本科专业学科的定位不明确。受上述科普本科教育学科专业基础的制约，我国的科普研究生教育学科专业基础也十分薄弱。在我国的研究生教育中，没有独立的科普专业一级学科点和二级学科专业。[1]

我国科普事业飞速发展，科普人才队伍建设却仍然处于薄弱阶段。受上述因素影响，专业人才无法得到充分补充，这必然会对科普事业的发展产生影响。

2 科普基地当下的应对措施

科学知识的产生和传播是两个阶段。科普工作者在传播阶段所承担的作用是把知识以一种通俗易懂、能为大众所接受的形式表达出来。那么，当科普场馆的科普工作者来自多元化的专业，应该如何进行科普工作呢？

2.1 以人为载体、整合专业多元的资源，创新模式

习近平总书记强调：科技创新、科学普及是实现创新发展的两翼，要把科学普及放在与科技创新同等重要的位置。科技创新与科学普及的关系密不可分，如鸟之双翼、车之双轮。[2]科学普及可以随着科技的发展把新媒体手段与之融合起来。让科技的创新能够为科学普及所利用，培养社会的文化环境和公众的科学素养。同时公众素质的提高也将推动科普事业的发展，形成良性循环。

2.1.1 内容上的改革创新

贝尔等在研究非正式环境下的科学教育中指出："鼓励并满足人类的好奇

心是科学学习的非正式环境自身的一个重要目标。"随着科技的发展,人们对精神文化的需求不断增加,对于传统讲解来说是一项重要挑战,知识点、拓展的内容老生常谈,很难吸引大众的眼光,驱动好奇心也是纸上谈兵。校外非正式教育环境下科技老师大多都是本科及以上学历,专业涉及的领域不同,在挖掘场馆展项设计教案、开展活动的时候侧重点往往是自己所熟知的领域。因此,合作分工中的知识观点碰撞是摆脱思维局限、拓宽思路、创新模式的重要方式。应以人为载体,把不同专业领域的知识整合起来,营造"人尽其才,才尽其用"的环境。[3]

2.1.2 多元化的展教形式

除了内容上的改革创新,还要大胆变换科普展教形式,尝试多种科普手段。科普虽是公益事业,但也要依靠市场运作,才能保障科普事业持续健康发展。公众都有较强的自我选择意识,传播者要站在公众的角度思考他们想要了解什么知识,用他们喜闻乐见的方式表达,多渠道多方式展开宣传。以厦门科技馆为例,如表1所示。

表1 厦门科技馆2020年的展教活动

平台	活动内容	形式	专业要求
五大主题展厅	深度看展品	结合实验、科学史深入了解展品	基础学科类
五大主题展厅	戏剧导览	以戏剧表演的方式面向观众进行特色展品的讲解	戏剧表演、编导艺术类
磁电舞台	疯狂实验室	以舞台表演的节目形式面向观众展开	播音主持、基础学科类
儿童馆	科学餐车	创设餐厅角色制进行有关食物实验,面向低年龄段孩子	播音主持、学前教育
教室结合展厅	年卡会员活动	面向会员而展开的科技课程	基础学科类、师范类
展厅	研学营	对接课标、结合展品而面向学校学生展开的活动	旅游管理、会展策展类、基础学科类
线上	生活科学实验室	以生活中常见东西为材料进行实验、解释生活中一些现象的原理	基础学科类、新媒体运营、计算机类
线上	科普亲子团	针对4~6岁的学前儿童的STEAM亲子活动课	基础学科类、新媒体运营、计算机类
线上	云参观	以直播或是录播的方式云参观厦门科技馆	播音主持、新媒体运营、计算机类

通过表1我们可以看到，线上线下的多元化活动形式对馆内不同人员提出专业要求。通过发挥自身的专业优势，也能够对活动的形式和内容进行进一步的创新优化。

2.2 多平台搭建提升专业性

科普场馆当下的两大功能：一是旅游功能。固定的科普场馆不能经常大规模更换展品而使观众产生视觉疲劳，所以我们需要开发多元化活动，通过活动的补充吸引观众，扩大影响力。二是教育功能。随着馆校合作、研学的发展，科技馆已不单单是一个参观的场所，更承担了校外教育的角色。由此，对科普人才队伍的建设提出了更高的要求，那么如何弥补科普老师专业性的不足呢？

2.2.1 与科研机构合作

与科研机构合作来弥补专业性不足。比如为了让市民提高对地震的认识，加强对地震应对的防护能力，厦门科技馆与厦门地震局合作研发了地震模拟平台展项，营造最接近地震的全方位逼真体验，让展项更具专业性。

2.2.2 与科普场馆合作

和科普场馆合作，填补空白。比如厦门科技馆中涉及自然科学方面的展品较少，我们在开展天文活动时，联系了陨石博物馆进行合作；带领观众参观陨石博物馆弥补自身场馆设施设备的不足。而在此过程中，与其他场馆工作人员的交流，也弥补了自身知识的不足。

2.3 基于场馆自身需求、提升专业性的培养计划——以厦门科技馆为例

厦门科技馆的招聘模式以校招为主，以2019年为例，我们面向厦门大学、集美大学、厦门理工学院、福州大学、福建师范大学等高校进行了招募。以展教部为例，厦门科技馆在2019年招收的12位科普辅导员中专业分布如图1所示。

从图1可以看出，2019年招募的新员工专业较为分散，基于展教部的功能，我们从以下几个方面进行专业性的培养提升。

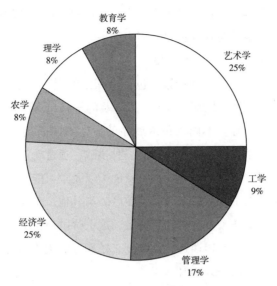

图 1　厦门科技馆 2019 年招收科普辅导员各专业人数占比

2.3.1 "松进严出"的考核制度

在招募时专业虽不受限制,但并不意味着进入科普行业并无门槛。反之,对于人才的筛选工作是慎之又慎。在正式成为厦门科技馆的科普辅导员之前,需要进行的考核包括周考核、月考核。在每年年末的时候会对员工进行年终考核(见表2)。

表 2　厦门科技馆的考核模式

模式	周考	月考	年终考
题量	一个主题场馆	全馆	全馆
形式	选取五件展品自行设计路线,编写讲解词。在考核前半小时会替换其中两件展品	五大主题场馆进行串讲,自行设计路线	参考中小学课标,结合展厅一件到三件展品,自行确定主题,设计教案
考量标准	考查当场反应能力、随机应变能力以及对展品的熟悉程度	展品的熟悉程度、学习能力以及语言表达、展品与场馆之间的衔接能力	教学方案的设计能力、创新能力等专业能力

由表2可见,通过周考、月考两个阶段的考核,可以帮助科技馆从形体仪表、逻辑思维等方面来选拔人才。年终考核修改过的教案应用到2020年我们

推出的年卡会员课程中，让考核不再成为一种形式，让设计的课程在实践中不断优化，整个过程也是对辅导员自身能力的一大提升。

2.3.2 "互通有无"的轮岗制度

厦门科技馆具有五大主题场馆，包括"探索发现""问问大海""和谐发展""创造文明""儿童未来"馆区。所涉及的学科包含了数学、物理学、力学、机械工程、生物等。不同的馆区展品的设计不同而接触的知识是不一样的，这对单一专业学科的毕业生来说是一种挑战，通过轮岗模式可以弥补毕业生专业单一的不足，提升其对知识的接受能力以及学习能力。例如，水产专业的学生在海洋主题馆工作后轮岗到其他馆区，与其他员工在交流实践中分享知识，互相帮助，增加各个方面的知识储备。这个阶段是在员工具有一定科普工作业务能力的基础上，希望通过轮岗制度来挖掘专业优势和特长。这个过程也是对辅导员自身能力的一大提升。

2.3.3 "内外结合"的培训模式

基于本馆业务需求的业务方向培训——在新员工入职后，公司会给员工开展多项培训，主要包括辅导员职业规划培训、展品讲解培训、应急事件处理培训、教案编写策划、讲解词培训等。

在志愿者管理规范、内控相关流程的培训中，会详细介绍基础事务的一些处理流程以及过程中应当注意的问题。展品讲解的培训包括内容和方法两个方面。内容包括展品的名称、使用、原理、展品拓展的深度和方向这几个部分。方法包括肢体语言的表达、语气语调的变化、讲解的重心重点如何把握、面部表情的控制等。应急事件处理培训过程中，通过案例情景模拟，培训关于志愿者与游客发生冲突的处理办法，强调了顾客在参观过程中的体验感与观众的人身安全以及安全与服务意识。职业规划培训主要是让新员工了解到自己工作的内容与性质。

紧跟国内外形势的发展方向进行外训：①邀请国内知名的学者专家对员工进行培训。比如邀请郑博文、王子楠等老师分享关于讲解词的撰写、场馆教育活动开发策略等方面的知识。邀请李秀菊老师分享科技馆教育活动设计的经验以及鲍贤清老师分享对于科学教育基础的见解。②以赛促学，以写代练。比赛对于员工来说是最好最快提升讲解能力和舞台表演能力的方式，在博弈中发现不足，在比赛中获得成就。而论文的撰写也是对员工文字表达能力的提升，是其专业知识与教育理念的体现。③外出参观相互交流。每年厦门科技馆都会安排一批工作人员外出学习交流，借鉴其他科普场馆的先进之处，结合自身馆区特点，在展开活动时使其更具创新性。

通过内训，让员工明确自身的角色定位、规划自己的职业生涯、传递企业的价值观和核心理念，为新员工迅速适应工作及与团队其他成员展开良性互动打下了坚实基础。通过外训，时刻与国内外先进的理念保持一致，不会出现"闭门造车"的现象，同时也让新进员工对科普这一朝阳产业持有信心，对于增加科普工作者的黏性、保持科普教育事业工作人员的稳定性都具有重要意义。

笔者以自身所在的场馆为例，介绍了面对科普人员以非专职人员为主、专业人员队伍规模有限、专业人才稀缺的现状，厦门科技馆整合专业多元化资源、多平台搭建、基于场馆自身需求的培养计划的应对方式。

当然，上述方式在厦门科技馆的实践中也呈现了一些问题。比如对非师范类的本科学历员工来说，在教学过程中对于具体年龄段学生的接受能力、心理状态没有很好地给予把握，导致教学的效果不理想。对于研究生学历的员工来说，科普工作和研究方向有些不适配，科技馆并没有课题能让之前的研究方向有更好的展示。长此以往，还是会造成人才流失，而人才培养模式耗费的成本、付出的精力是非常大的，所以科普工作人员的专业化培养仅依赖科普基地是远远不够的，高校的专业输送也是必不可少的一环。

3 对高校的建议

3.1 发挥高校人才资源优势

积极推动科普人才培养的专业学科建设，合理设置课程。加强与科技馆的互动，与科技馆合作建立实践基地，针对幼儿教育、策展等专业，共同搭建合作平台。科普传播专业的生源中调剂生较多，除了宣传力度不够，大众对科普行业的不熟悉之外，也有部分原因是对未来的职业发展存有担忧。区别于计算机、新媒体这类各行各业所需的"万金油"专业，科普传播专业所对口的企事业单位范围较窄。为了减少学生的后顾之忧与疑虑，馆校可适当合作，如采取开设"订单班"等模式，从大三、大四就可以培养能力，为学校学生提供实践、实习岗位等。引进学校的优秀人才为企业谋发展，同时反馈学校走进课堂，形成一个良性循环，让培养的人才变得更优秀，反馈企业则促进企业发展得更长久。

3.2 发挥高校的科研资源优势，搭建课题研发平台

高校可与科普场馆展开合作，发挥高校的科研资源优势，解决科普场馆在面对某项课题时可能会存在的专业设备不足、专业知识不够等问题。挖掘科技馆展品的教育潜能，创新展品的利用价值，促进提升科技馆展览、展品活动方面专业性以及科普性，以弥补现在专业性的不足。

4 总结

科普人员的专业素质对于科普教育场馆的发展至关重要，面对科普人员专业多元化的现状，如何提升科普人员的专业性是一项重要课题。从长远发展来看，科普基地和高校的培养对于专业科普人才的队伍建设来说是必不可少的一环。

参考文献

[1] 任福君、张义忠：《科普人才培养体系建设面临的主要问题及对策》，《科普研究》2012 年第 1 期。
[2] 习近平：《为建设世界科技强国而奋斗——在全国科技创新大会、两院院士大会、中国科协第九次全国代表大会上的讲话》（2016 年 5 月 30 日），《人民日报》2016 年 6 月 1 日。
[3] 倪杰：《创新文化建设背景下科普能力的提升与科普人才的培养》，《科学教育与博物馆》2018 年第 3 期。

北京市科技教师专业发展现状及对策研究

赵 茜*

（北京学生活动管理中心，北京，100061）

摘 要 在从兴趣出发、多学科融合的时代背景下，校外教育地位更加重要。本文通过问卷法和访谈法对 276 名北京市科技教师进行了专业发展现状的调查。结果表明，科技教师多以小组教学的形式开展活动，教师最大的收获是积累经验和增加职业认同感。发现教师专业发展存在专业化水平不高，政策、时间、空间保障不足，缺乏奖励机制，优势资源利用不足，缺乏交流学习等问题。同时，提出鼓励终身学习，满足教师期许，合理设置考核奖励制度，深度开发优势资源，搭建网络化资源共享平台等教师专业发展对策。

关键词 教师专业发展 科技教师 校外教育 课外教育

教育公平给予每个孩子同等的机会，促进孩子卓越成长。[1]科技日新月异，各国的竞争已日趋激烈，从综合国力到科技力量，根本上说是高素质人才的竞争。培养高素质人才就成为各国的教育共识。高素质人才，需要优秀教育来培养；优秀教育，需要优秀教师；优秀教师，需要专业发展。

1 校外教育教师的专业发展

1.1 校外教育

沈明德在《校外教育学》中认为校外教育是指在学校以外广阔的时间和空

---

* 赵茜，北京学生活动管理中心教师。

间里，学生通过文化教育机构和丰富多彩的社会政治活动、科学技术活动、公益劳动、社会服务、文化娱乐活动、体育活动以及个人的课外阅读、栽培花草树木、自我服务等所接受的教育。[2]2000 年 7 月，中共中央办公厅、国务院办公厅发布了《关于加强青少年学生活动场所建设和管理工作的通知》，成立了"全国青少年校外教育工作联席会议"。将教育行政部门主管的少年宫、青少年宫、青少年活动中心和政府及社会力量共同主办的综合性、主题性教育基地，博物馆、科技馆、图书馆和文化馆等社会公共文化体育设施机构都纳入校外教育范畴内。[3]

1.2　科技教师

教育行政部门主管的校外教育机构中从事科技教学活动的拥有教师资格的人员，以及学校中利用课堂以外时间从事科技活动的教师，统称为科技教师；而政府及社会力量合办的社会公共文化设施机构中从事科技教育活动的人员，多称为科技辅导员。本文中的科技教师，指的就是校外教育和课外教育中的科技教师。北京市学生金鹏科技团自 1998 年成立以来，作为北京市科技教育最高水平的代表，涵盖了科技教育的顶尖力量，选取其作为样本，具有一定的代表性和现实意义。

1.3　教师专业发展

1966 年，联合国教科文组织与国际劳工组织在《关于教师地位的建议》中提出了"教师专业化发展"的概念。[4]教师专业发展是指教师从非专业人员逐渐发展成专业人员的过程。霍伊尔认为，教师在职业生涯的每个阶段能否掌握好专业知识、专业技能决定了教师专业发展水平的高低。佩里指出，教师的专业发展，是与从业自信、技能提高、知识拓展和教学反思等方面的提升和进步密不可分的。[5]美国校外教育在教师专业发展方面，主要侧重于对教师从事儿童青少年工作策略、课程建设策略以及满足儿童特殊需求策略等方面的培训。[6]英国已建立起多层次、多元化的针对教师可持续专业发展（Continuing Professional Development，CPD）问题的教育网络，[7]在专业品质、专业知识和理解、专业技能、团队合作等方面进行训练和发展。我国于 20 世纪 80 年代，针对教师专业精神、专业理论、专业知识及专业技能方面，提出了教师专业发展的问题。

上海市就"十二五"期间课外教育中青年教师专业发展问题，对教师工作现状、专业发展培养情况、工作中存在问题以及期望等方面进行了研究。[8]天津市就青少年宫教师专业发展现状，对教师专业发展的一般属性和校外教师工作的特殊性进行了较为全面的分析。[9]北京市形成了以建制校外教育机构为主体，校外教育工作联席会成员单位为辅的校外教育体系，暂未有对科技教师专业发展问题的论著发表。[10]

2　研究方法及对象

2.1　研究方法

本研究采用文献法、问卷调查法、访谈法和数据分析法相结合的方式进行，问卷由中国科普研究所专家团队编制，根据数据分析结果，笔者编制了半结构化访谈提纲。

问卷采用了结构化与开放性题目相结合的方式，主要由个人信息、工作情况、对工作的看法、开展活动的支持情况、工作面临的困难、对工作的期许等部分组成。根据拟定的访谈提纲，对部分科技教师进行意见建议的收集。

2.2　研究对象

本研究回收有效问卷 276 份，研究对象来自 66 家单位，其中，男性占总数的 53.33%，女性占 46.67%。教师年龄主要集中在 26 ~ 45 岁，占比超过 70%。大学本科及以上学历占 97.1%，54.88% 的教师教龄在 15 年以上。

3　研究结果

3.1　校外科技教师的工作量

3.1.1　指导学生时间安排

对科技教师的工作时间安排进行调研，结果表明，接近一半的科技教师报告辅导学生不分节假日，越是节假日，会越忙。有近 40% 的科技教师将辅导时间安排在工作日（见图 1）。整体来看，科技教师的休息时间不多。

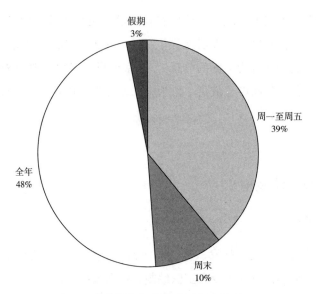

图1 科技教师指导学生时间安排情况

3.1.2 指导学生数量

对科技教师平均每年指导学生的数量分析表明，超过一半的科技教师每年指导的学生数为50人以内，21%为50～100人，12%为101～300人，6%为300人以上（见图2）。

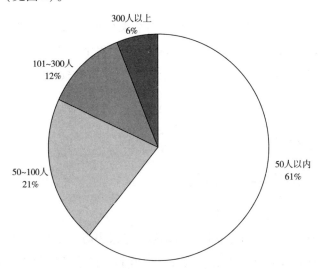

图2 科技教师年指导学生人数情况

3.1.3　科技教育活动开展的形式

对教师开展科技教育的形式进行调查，结果表明，超过一半的科技教师采用组织小组活动的方式开展活动；超过 1/3 的科技教师采取开设专门课程的方式对学生进行辅导。由此看出，校外科技教师多以小组活动的形式开展科技教育，18.03% 的教师选择单独给有兴趣的学生辅导，这说明校外科技教育活动不系统，没有形成体系（见图 3）。

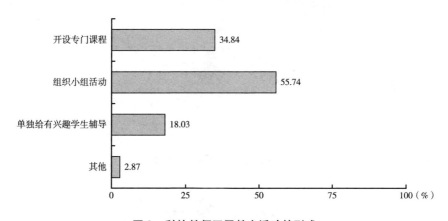

图 3　科技教师开展教育活动的形式

3.2　开展科技活动的经费

在活动资金方面，大部分校外科技教育活动都有相应的资金支持，调研发现，每家单位的配套资金各不相同。具体情况如图 4 所示：46% 的科技教师表示所在单位提供的配套金额在 5 万元以下（含），20% 为 10 万 ~ 30 万元（含），26% 的信息缺失。

3.3　科技教师参加培训情况

针对科技教师参加培训的情况，结果表明：近一半的科技教师每年参加 1 ~ 3 次学习交流、讲座等培训活动。另外，有 18% 的科技教师一年中没有参加过任何活动（见图 5）。进一步分析发现，未参加活动的人群主要集中在教龄 15 年以上的老教师。这要求有针对性地开展培训活动，尽量将培训效果最大化。

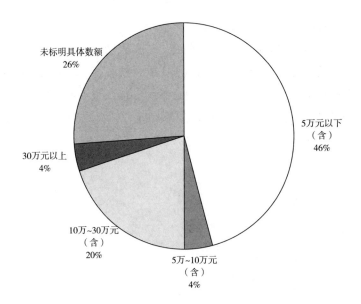

图4 科技教育活动配套资金情况

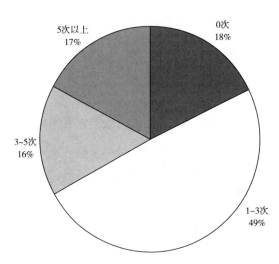

图5 科技教师参加各类培训的频率

3.4 科技教师获得成绩

3.4.1 学生获奖情况

在269份有效样本中，87%的科技教师所指导的学生曾获得各类奖项，其中126位曾获得国家级奖项（占46.84%），96位曾获得省级奖项（占35.69%），获区县级奖项的占18.96%，获校级奖项的占5%，见图6。这说明教师指导的学生成绩斐然，获奖比例非常高。

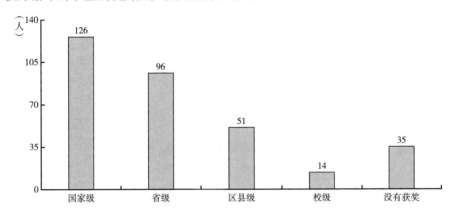

图6 学生获奖数量

3.4.2 科技教师获奖情况

科技教师自身获奖也是体现教师专业能力和水平的重要指标。如图7所示，科技教师获得国家级和省级奖项的人数合计有203人，占比约为67%，说明科技教师整体上能力较强。

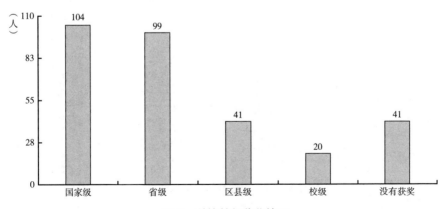

图7 科技教师获奖情况

大约15%的受调查科技教师没有获得过任何奖项（见图8）。这个比例低于教龄少于5年的教师比例，说明新手科技教师也取得了一定的成绩。

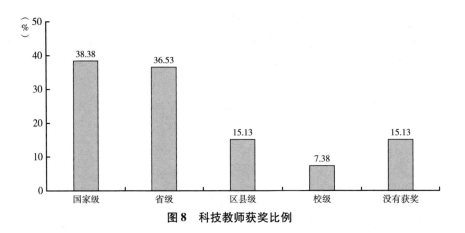

图8 科技教师获奖比例

3.5 针对科技教师的评价

对评价科技教师工作的方向和趋势进行调查，结果表明：大部分单位都以科技竞赛成绩为主要的衡量指标，以下依次是工作量、工作能力和工作态度（见图9）。科技竞赛成绩成为评价科技教师的重要指标，一方面会促进其工作向更精进的方向发展，但另一方面也会影响非竞赛性科技教育活动的实施效果。

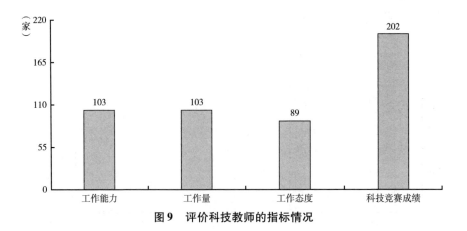

图9 评价科技教师的指标情况

3.6 科技教师工作收获

对科技教师在工作中的收获进行调查，结果表明：大部分科技教师认为工作带来的最大收获是积累经验和增加职业认同感，分别占 59.27% 和 61.69%，还有 35.89% 的教师认为是得到与同行交流的机会，仅有 1.61% 的教师认为工作没有收获（见图 10）。由此可知，大多数科技教师对工作的价值予以了积极评价。

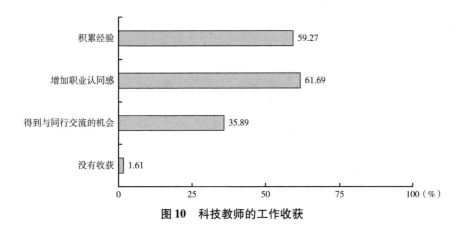

图 10　科技教师的工作收获

3.7　科技教师对专业发展的期许

3.7.1　对培训的期许

培训是促进校外科技教师专业发展的重要途径。对科技教师期待的培训内容进行调研，结果如图 11 所示：超半数的科技教师认为理论与实践相结合的培训内容收获最大，其次是科技教育最新发展趋势的培训。以下依次是能与同行进行经验交流的培训、系统地学习科技辅导的全过程的培训和关于科技辅导思路与方法的培训。

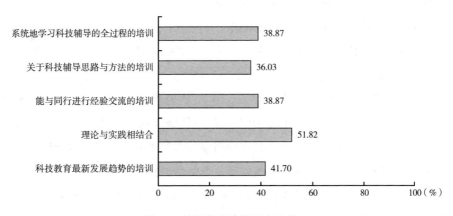

图 11　教师期望的培训内容情况

213

进一步对科技教师期望的培训形式进行分析，结果表明：51.82%的教师希望通过导师带教，向有经验的教师学习；49.80%的教师希望提供出国学习的机会；55.87%的希望参加国家级科技竞赛指导教师培训班。此外，有1.62%的教师提出其他建议，如进行经验交流、完善培训体系和课程、拓展帮扶等（见图12）。

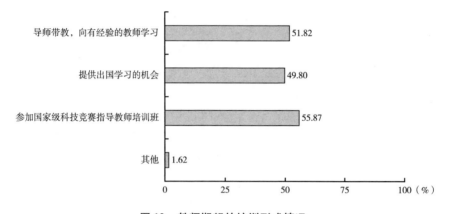

图12　教师期望的培训形式情况

由此可知，对于开展培训的形式，半数以上的教师倾向于组织理论与实践相结合，这样可以将知识应用于实际工作中，从而促进个人的终身学习和发展。此外，教师希望通过导师带教向有经验的教师学习、获得出国学习机会、参加国家级培训班等途径来促进专业发展。

3.7.2　科技教师对奖励机制的期许

众所周知，科技教师的付出是巨大的，常牺牲休息时间开展工作，却未受到应有的重视，如何设置激励机制就显得尤为重要。结果发现，超过70%的教师最期待的奖励机制是增加收入，其次是期待职称评定上的政策倾斜（50%以上）。现有职称评定体系中没有科技教师序列，科技教师要与其他学科教师一起参加职称评定，无论是在课时量还是论文数量方面都有很大劣势。职称评定不仅是北京市科技教师的问题，也是全国科技教师共同的问题。排在第三位的是专业发展方面的支持，有24.19%的科技教师希望在继续教育方面得到支持（见图13）。

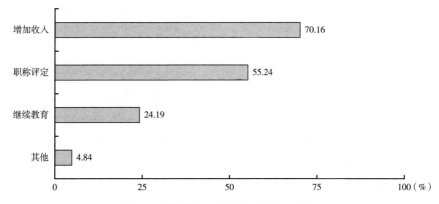

图 13　科技教师对奖励机制的期望情况

4　对策

4.1　问题分析

4.1.1　专业与工作不对位，教师专业化水平有待提高

科技教师是科技教育实施的有力保障，而科技教师大多从事的专项工作与自身的专业背景不相符，教育专业化水平有待提高。

4.1.2　科技教育时间、空间缺乏保障

科技教育的顺利持续开展，在很大程度上取决于经费保障和充足的活动时间，科技教育中存在着缺乏资金支撑和活动时间得不到保障等问题。

4.1.3　政策保障不足，缺乏奖励机制

有效的政策保障和奖励机制能调动科技教师的积极性与创造性，[11]科技教育中激励机制与教师的期许不符，在政策制定和激励机制上还有待完善。

4.1.4　优势资源利用不足，缺乏交流学习

科技教师间的交流学习、资源共享，将对专业发展提供巨大的助力。[12]但现有优势科技教育资源利用不足，交流平台搭建尚不完善，资源共享受限。

4.2　对策建议

在科技飞速发展、建设创新型国家的今天，科技教育强调师生间的合作交

流，创新探究。教师专业发展正是在科学思想、科学精神、科学探究上的深刻体现及其根本宗旨。

4.2.1 倡导终身学习，促进教师专业发展

加强学习型组织建设，打破个人钻研、单打独斗的模式，倡导团队合作，加强教师间的互学互助。教师发展有自主权和主动性，结合职业期望及项目特点，有针对性地制定个性化的专业发展规划。[13] 提高科技教师教育水平和专业素养，鼓励终身学习。关注新手教师和年轻教师群体，资源向参加培训少的人员倾斜。通过开放尖端技术、展示优秀案例，开阔教师视野，提高科技素养，促进科技教师专业发展。[14]

4.2.2 满足教师期许，调动教师工作积极性

教师是科技教育发展的不竭动力，满足教师在组织形式及奖励机制上的期许，可以更好地调动科技教师的工作积极性，提升职业认同感。这就需要在教师对时间、空间、经费、机制、培训管理、专家指导等方面的需求上下功夫。

4.2.3 合理设置考核奖励制度，优化教师队伍

对教师统一管理、定期考核，制定合理的绩效考核标准和考核评价目标，对优秀教师予以经费补贴或活动资源奖励，对牺牲休息时间的教师给予工作量倾斜，在教师的职称评定和晋升方面给予支持，保障优秀科技教师的积极性与专业发展的稳定性。

4.2.4 深度开发优势资源，搭建网络化资源共享平台

借助优势科教资源，打破壁垒，加强高校、教委、科协、科技馆、分项目协会之间的合作，支持鼓励区域教育资源融合，搭建网络化资源共享平台，实现教育资源共建共享。[15] 提供更多的师资、课程、技术、资金等支持，建立完善的校外科技教育体系，促进教师专业发展。

5 结论

本文聚焦于科技教师这一群体，对教师专业发展进行了探讨。通过问卷调查和半结构化访谈对 276 名北京市科技教师进行了研究，并对问卷数据进行了分析，从个人信息、工作情况、对工作的看法、活动支持情况、工作面临困难、教师对工作未来期许等几个方面进行了测评。结果表明，过半科技教师每

学期平均辅导学生人数在 50 人以内，开展科技教育的方式大多为组织小组活动。科技教师多对工作产生积极评价，获得的最大收获是积累经验和增加职业认同感。指导学生中过半参与科技竞赛并获得了国家级奖项，大多数教师也取得了科技类奖励。科技教师专业发展存在的问题主要表现在：专业与从事工作不相符，教师专业化水平不高；科技教育政策不完善，时间、空间缺乏保障；缺乏奖励机制；现有优势资源利用不足，缺乏交流学习。最后，综合教师访谈建议和文献资料提出了倡导终身学习，满足教师期许，合理设置考核奖励制度，优化教师队伍，深度开发优势资源，搭建网络化资源共享平台等教师专业发展对策建议。

参考文献

[1] 宁波、张民选：《公平与卓越：主要发达国家基础教育发展趋势》，《外国中小学教育》2018 年第 10 期。

[2] 王秀江：《我国校外教育政策的价值分析》，《教育科学研究》2016 年第 2 期。

[3] 康丽颖：《中国校外教育发展的困惑与挑战——关于中国校外教育发展的三重思考》，《北京师范大学学报》（社会科学版）2011 年第 4 期。

[4] 庞力伟：《上海市青少年校外科技教育组织实施的调查研究》，上海师范大学硕士学位论文，2010。

[5] 侯怀银、雷月荣：《"校外教育"解析》，《教育科学研究》2017 年第 5 期。

[6] 高洁：《美国校外教育项目研究》，华东师范大学硕士学位论文，2018。

[7] 艾伦、赵秋晨：《英国基础教育教师持续专业发展培训工具评析》，《中国现代教育装备》2017 年第 5 期。

[8] 郭洁：《天津市（青）少年宫教师专业发展现状调查研究》，天津师范大学硕士学位论文，2018。

[9] 盛清：《上海市课外教育中青年科技教师专业发展现状调查》，华东师范大学硕士学位论文，2013。

[10] 蔡颖：《"五大支点、十大平台"让校外教育更精彩》，《北京教育》（普教版）2016 年第 4 期。

[11] 曹浩甜：《基于青少年科技教育的在线跨学科教师共同体模式建构——以天津市为例》，天津大学硕士学位论文，2018。

[12] 吴宗哲：《校长科技领导辅成教师专业发展》，《中国信息技术教育》2011 年

第 7 期。

[13] 杨薇:《对博物馆特色校外教育活动的探索——以北京文博交流馆为例》,《北京文博文丛》2016 年第 1 期。

[14] 沈国金:《农村学校信息科技教师网络研修的实践研究——以青浦农村学校为例》,华东师范大学硕士学位论文,2011。

[15] 薛华磊:《校外教育机构教师学习共同体建构研究——以上海市为例》,上海师范大学硕士学位论文,2017。

浅析校外科学教育环境下
科学教师的专业发展

——以重庆科技馆为例

肖 瑶　　陈香桦*

（重庆科技馆，重庆，400024）

摘　要　校外科学教育是未来学生科学素质培养的发展趋势，科技场馆日益兴起，其在推动校外科学教育和培养学生综合科学素养方面也发挥着越来越重要的作用。本文以重庆科技馆的馆校结合综合实践活动为例，通过对馆校科学教师的现状分析，发现存在的问题及影响因素，剖析在多元化的馆校教学形式下，科学教师需要具备的专业能力和综合素养，并提出相应的对策及建议。

关键词　校外教育　科学教师　专业能力

1　校外科学教育的发展趋势

2017 年由中国教育科学研究院和 STEM 研究中心共同起草的《中国 STEM 教育白皮书》正式发布，针对我国具体情况提出"中国 STEM 教育 2029 创新行动计划"，中国 STEM 教育正在走向更加全面、专业、成熟的发展道路。[1]

随着国家对科学普及的推广和对学生科学素养的重视，校外丰富的科学资源，如科技馆、博物馆、天文馆等规模不断扩大，场馆教育、研学活动都在如

---

* 肖瑶，重庆科技馆助理馆员，研究方向为科普传播；陈香桦，重庆科技馆助理馆员，研究方向为科普传播。

火如荼地进行，因其具有可操作性、身临其境的参与性和资源的多样性等优势，能将 STEM 所倡导的跨学科综合素养很好地展现出来，受到了广大师生及家长的欢迎，校外科学教育俨然扮演着越来越重要的角色，也必将成为未来学生科学素质培养不可或缺的部分。

2 科技场馆科学教育的发展趋势

科技场馆的科学教育呈多元化的发展态势，有馆校结合、研学活动、创客教育等，内容丰富，形式多样，可以满足学生不同的需求，在将丰富的展览教育资源充分利用起来的同时，也让学生通过不同的形式体会到更多学习科学知识的乐趣。

从教育的侧重点来看，学校教育有一定的培养目标，严格的管理制度和统一的教学内容，注重学生知识性的学习；培训机构则侧重于满足学生短时期内某一方面的需要，如知识、技能、文化等，是对正规学校教育的补充和延伸。[2]与学校教育和培训机构不同的是，科技场馆提倡以学生为主体，科学教师起引导作用，以激发学生科学兴趣为教学目标，改变以往教师灌输的教学方式，追求课程的创新性、趣味性，增强学生的体验感、获得感。

根据科技部发布的 2018 年全国科普统计数据："全国共有包括科技馆和科学技术类博物馆在内的科普场馆 1461 个，其中科技馆 518 个，比 2017 年增加 30 个；2018 年科技馆参观人次达 7636.51 万，比 2017 年增长 21.18%。"可见，随着国内科普场馆数量的增多和公众校外教育需求的增加，科技馆在推动校外科学教育和培养学生综合科学素养方面发挥越来越重要的作用，场馆教育将是未来校外科学教育发展的必然趋势。

3 场馆科学教师的专业现状

就目前校外科学教育模式而言，跨学科教育成为一种潮流和发展趋势。从教育的目的和价值诉求来看，学科融合旨在通过多门学科资源的介入，有效地化解问题，更好地达成教学目标，并在问题探究的过程中全面培养和训练学生的学习能力和综合素养。[3]这对科学教师的个人专业能力和综合科学素养提出了更高的要求，对于科技馆来说，科学教师还存在以下问题。

3.1　非师范类教师居多

与学校教育相比，科技场馆多以非师范类教师为主。以重庆科技馆为例，现有馆校教师共36人，其中非师范类教师23人，占比64%。由于缺乏前期系统的教学技能及教学理论知识的学习，以及后期的专业指导和系统培训，在课程实施和教案编写上表现吃力。

3.2　缺乏自我提升渠道

自学是科学教师提升自我科学素养和技能的源动力，但科学教师可以提升自我的渠道有限，现有的方式有阅读《科学大百科全书》《万物运转的秘密》《科学实验嗨起来》《课程实施的10种模式》等科普类相关书籍，以及中小学科学课本等；网上查询所需专业知识，但受限于网上信息庞杂，难辨真伪，专业性高、知识面广的学习网站相对较少；观看各类科学赛事的视频，从中获取相关的知识或创意，但此方式易导致场馆活动或课程的同类化，使教师的创新想法受到限制。

3.3　专业培训名额受限

科技场馆相关专业培训虽多，但名额有限。如每年由中国青少年科技辅导员协会、中国自然科学博物馆学会等主办的"科普场馆科学教育项目人员交流活动""中国自然科学博物馆学会教育人员培训班"等，为全国科普场馆提供了良好的学习机会，但每次参与学习的名额多为2名，科学教师获得培训的机会有限，也使得教师们的整体素质和能力提升较为缓慢。

3.4　缺乏系统的指导

没有系统的指导，科学教师的学习多是零散和盲目的，他们没有清晰的学习目标和系统的学习方法，学习效率普遍偏低；在课程研发方面，由于没有统一标准和缺乏理论性的指导，科学教师容易陷入自身逻辑矛盾，导致想法很难付诸实践，课程研发进度放缓。加之没有选题规范，容易出现同一个主题被多次选中，产生"撞课"现象。

4　针对现状提出的对策及建议

4.1　提升科学教师个人素养的重要性

科学教师作为科技馆科学教育的践行者，需在工作实践中积累经验，不断提升个人素养和专业技能。科学教师只有不断提高自身能力才能助推馆校结合快速发展，在课程的研发方面，重庆科技馆对馆校课程提出了更高的要求，教学模式不仅仅限于 STEM 教育模式，也将 PBL、HPS、CDIO 等模式运用到馆校课程中来，极大地增加了课程的多样性和契合性，能更好地培养学生跨学科的思维能力和科学素养。因此，教师自身的科学素质必须过硬，只有有扎实的科研理论基础和熟练的教学模式运用能力，才能助推科技馆校外教育走上更高的台阶。

4.2　科技教师应具备的专业能力

多元化的馆校教学形式，要求教师运用跨学科的思维方式和知识技能去解决问题，科学教师需要具备多样的能力和综合素养。

4.2.1　跨学科知识的融合能力

每个新的教学模式都是多个学科的融合，比如：STEM 教育要求教师对科学、技术、工程和数学的基础知识有所了解，HPS（History of Science and Philosophy of Science）教育则要求教师对历史、哲学、社会学有一定的认识，CDIO（Conceive，Design，Implement，Operate）教育就需要教师熟悉工程的构思、设计、制作等。教师必须善于发现各个学科之间相关联的知识点，并加以融合，以一种有趣的方式呈现出来。

4.2.2　教学课程研发能力

科技教师需根据现有的展教资源，找到合适的教学模式进行科学课程的研发，需要教师对每个环节的教学设计、不同教学方法的使用、教具的制作和开发、教案的可实施性等内容进行深入思考和反复推敲。这对教师的研发水平有很高的要求，教师需在不断的实践中提升能力。

4.2.3　创新思维能力

美国著名科普作家阿西莫夫说过创新是科学房屋的生命力。创新在各个领域都起到重要的作用，很多人认为科学枯燥和无趣，所以教师更要与时俱进，创造出不同的科学表现形式，用学生愿意接受的方式寓教于乐，为学生种下热爱科学的种子。

4.2.4　教学实践能力

课程的实施环节十分重要，当前馆校教学环境中，教师所扮演的角色是一位引导者，引导学生自己发现问题，自己提出问题，启发学生自己想出解决问题的方法等，而不是按照教师设计好的步骤进行，更加注重以学生为主体的教学模式。这就要求科技教师在实践过程中合理运用教学方法，准确和科学地引导学生，以达到教学目标。

4.3　怎样培养教师的专业能力

4.3.1　加强教师理论技能培训

理论知识可以提供一个系统的基本框架，既帮助教师知其然也能知其所以然，又能锻炼教师的逻辑思维和策划能力。重庆科技馆利用每年的寒暑假，邀请专家进行现场培训指导，教师结合实际工作将遇到的难题与专家进行面对面交流，为教师的理论学习和技能提升提供了很大的帮助。针对每年参与的全国性培训学习，重庆科技馆都会安排学习教师开展分享会，将学到的知识和教学案例进行分享，巩固和提升了全体教师的教学水平。

4.3.2　成立带头小组，更系统更专业

自 2017 年起，重庆科技馆成立馆校结合综合实践活动教研组，组员全部由馆校课程骨干教师组成。教研组从教学理论、教学模式、教案编写等多方面进行了专业且详细的研究，规范了教案编写模式、课程研发流程、验课标准等，使得教师队伍建设更完善和专业。实践中，教研组会对每位科学教师发放调查问卷，了解教师们在教学过程中存在的疑惑，如对"如何制定对应课标又具有科技馆特色的多维度教学目标"的问题，收集到 28 位老师表示有困难的反馈，占比84.8%，对问卷结果进行统计后提出对策，制订每个季度开展教研活动的计划，活动中对教师存在的困惑进行解答和针对性培训；教师们也可以一起对课程难点进行探讨学习等。这些举措让教师队伍的教学水平得到提升。

4.3.3　课后及时总结和反思

每次课程结束后，由上课老师对当天的课程实施情况、遇到的问题以及学

校提出的建议等进行分享和讨论，及时发现问题并提出解决办法，在实践中不断改进和完善教学方法，使得教师的课程组织和实施能力日益提高。

4.3.4 积极参与行业赛事

如每两年举办一次的全国科技辅导员大赛，大赛会集了全国各个科技馆的优秀科技辅导员，通过展品辅导赛和科学表演赛展现各自的风采。赛事不仅提高了科技辅导员综合素质和展教水平，也为全国科技馆业界搭建了学习交流的互动平台。科学教师应积极主动参与行业赛事，以赛代训，在备赛、参赛过程中学习他人之长，弥补自身不足，高效提升个人专业技能。

4.3.5 建立云端共享课堂

无论是创新思维，还是教学模式都可以在课程实施中得到充分的体现，笔者认为可以建立全国优秀的馆校课程库，共享优秀课程和教学案例；或打造线上及时分享课堂，让优秀教师和学生进行线上公开教学，以此打破地域局限，让各地有需求的科技教师实时学习优秀的教学模式和灵活的教学技能。

5 结语

校外科学教育是社会发展的必然结果，对于提升公众特别是青少年科学素养发挥着重要作用。科技场馆作为重要的科普阵地，在挖掘自身优势的同时，应加强对科学教师个人科学素养和跨学科教学能力的培养及锻炼，唯有强大自身才能更有底气做好科普工作。我们有理由相信在国家和各个场馆的共同努力之下，科普之路将越走越宽。

参考文献

［1］《〈中国 STEM 教育白皮书〉正式发布》，《中小学信息技术教育》2017 年第 7 期。
［2］孙知礼：《我国教育培训机构现状与发展对策研究》，淮北师范大学硕士学位论文，2015。
［3］赵军、陆启威：《学科融合不是简单的跨学科教育——学科融合教育的实践和思考》，《江苏教育研究：理论》2016 年第 11 期。

UBC 科学教师培训课程对
我国科技辅导员培训的启示

王加希*

（金华外国语初中，金华市，322100）

摘　要　科技辅导员是科普教育活动中的灵魂人物，是科普活动的关键因素之一。但我国科技辅导员的职业发展存在困难，具体体现在其职业身份的困惑，科技辅导活动的艰难程度与自身能力不匹配，以及科技辅导员的培训不完善。在重视发展核心素养的教育背景下，笔者借鉴 UBC 的科学教师培训课程，依据课程理念指向核心素养、重视发展教师素养、培训专业性技能与理论知识并重的特点，对我国科技辅导员的培训内容提出建议。

关键词　科技辅导员　UBC　培训课程

我国对青少年的科普工作日益重视，《"十三五"国家科技创新规划》提出的战略明确人才的优先发展，要求培养具有国际竞争力的创新型科技人才，全面提高青少年的科学素养。科学素养要求相应的科学知识水平、科学方法和科学精神，以及基于事实情境对科学知识的运用，而科技场馆作为重要的科学普及阵地，有着其独特的科普优势，科技辅导员作为科技场馆中最活跃的教育要素，是科学传播主体。在后科学时代，科学素养的追求远比对单纯科学知识的追求重要，因此高水平、复合型的科技辅导员显得重要。

---

　*　王加希，金华外国语初中科学教师，研究方向为课程与教学论、科普研究。

1 临渊徒羡鱼：科技辅导员的困境

1.1 何为科技辅导员

"科技辅导员"的范围是指在各中小学校和科普场馆内，负责组织、实施青少年科技活动的教师。科技辅导员的主要职责是讲解（guide）和辅导（direct）。[1]这需要科技辅导员将自身作为科学活动和受众之间的媒介，用通俗易懂而不失科学的语言，借助其他的辅助表达方式，将公认的科学知识以互动的方式传递给观众；需要科技辅导员在中小学、少年宫、青少年科技活动中心等开展如中小学"科技辅导"课程等综合活动，用探究的教学方式帮助学生掌握科学知识和科学方法，领悟科学精神。

1.2 科技辅导员的困境

1.2.1 职业处身之惑

科技辅导员在科普场馆的实际工作中十分重要，但当前科技辅导员对自我的工作职责定位并不清晰。首先，科普场馆和学校科技辅导员群体中大有兼职或者无编制人员的存在，这些人员只是将科技辅导员作为一份挣外快的工作，并无职业发展的诉求。其次，调查显示，在岗的大多数辅导员将核心工作内容聚焦在"讲解接待辅导答疑""展品操作演示工作""展品秩序维护"等教学活动运行的事务上，缺乏讲解和辅导的活动性质。并且，当前科技辅导员的知识结构和传播技能等不能满足科普场馆的发展需求，无法完成高质量的科普传播工作。

1.2.2 辅导工作之艰

在信息时代，科技辅导员的科普活动设计需指向青少年核心素养的发展，而素养不单指知识与技能，而是在特定情况下使用和调动社会心理资源（包括技能和态度）来满足复杂需求的能力。[2]而核心素养统领下，科技辅导员更应重视对科学素养的培育，科学素养包含科学知识、科学方法和科学精神。合格的科技辅导员在对应展品进行解说，或者在设计展览时，需要兼顾这三方面。如何依托科普场馆的资源整合知识和技能，针对核心素养和科学素养的要求，对课程活动进行设计，这对科技辅导员的工作提出了很大的挑战。

调查显示，我国当前的科技辅导员选拔的来源途径窄，岗位任用无标准，大部分地区科技辅导员队伍结构不合理。科技辅导员的工作被看作副业，无定岗定编，缺乏待遇保障。选拔标准的低下和待遇的不足导致科技辅导员的素质亦是参差不齐，即使是在科普教育发达的上海地区，也存在科技辅导员学历较低、学科单一、专业水平不达标的问题，无法开展高质量的辅导活动。[3]

1.2.3　自身发展之阻

科技辅导员的水平不达标，因此在职培训成为其职业发展的重要环节。科技辅导员培训的组织形式大致有专题讲座、专题研讨、案例教学、教育科学研究、导师带教、研修和实践相结合、自我研修，以及广播、电视、函授、刊授的形式。[4]由于科技辅导员是科技竞赛的主要指导者，培训的内容呈现如下特点：①为科技竞赛和科技活动服务，突出培训的功利性而忽视了对科技辅导员职业素养的完善；②课程的时间安排呈现随意性和不确定性，按照科技竞赛和科技活动的时间随意增删，缺乏系统的设计；③培训内容缺乏系统性，培训内容集中于"应急处理能力、消防安全培训""礼仪接待规范培训""辅导沟通技巧培训"三块。科技辅导员群体自身诉求是增加"教育活动的开发、组织实施能力培训""教学方法、技巧等实践能力培训""科技史相关理论培训""新技术新媒体应用等"提升性内容的培训。

2　他山之石：UBC 科学教师培训课程体系

2.1　UBC 科学教师培训课程的设立背景

UBC（University of British Columbia）是加拿大英属哥伦比亚大学的简称，是一所公立研究型大学，在加拿大的大学中稳居前三，在不同版本的全球大学排名中居第 40 名左右，堪称世界顶级大学，其科学教育研究成果丰富，不乏科学教育领域的学术大咖，是科学教育领域的执牛耳者。

针对当前科学教育对核心素养的关注，加拿大各省都对科学课程设计进行了更新。英属哥伦比亚省也根据核心素养的要求对科学课程进行了重新建构，课程建构的"大概念"（big ideas）中突出核心素养内容，对核心素养进行着重阐释。[5] "核心素养是所有学生都需要的，为了参与深度学习和终身学习而发展的，一系列智力、个人、社交和情感能力"，英属哥伦比亚省期望在科学课程的全过程中渗透核心素养的发展，在各学科中以"实践"的活动形式帮助学生掌握"沟通""思维""个人和社会"三方面的能力，以达成学生在日常的学校生活和社会生活中实践这些能力解决实际问题的目的。自课程实施以来，科学教师的科学素养有了明显的增强，德国学者克雷尔（Krell）称之为科学教师培训的理想案例。[6]

2.2　UBC 科学教师培训课程的特点

新的课程样态催生出对课程教师新的要求，而为了实现课程的顺利实施，UBC 开设了相应的课程，其呈现如下的特点。

2.2.1　理念指向核心素养，创设能力驱动性课程

UBC 科学教师培训课程的设立背景便是培养能够培育学生核心素养的科学教师，建构能够发展学生核心素养的课程，因此，培训课程体系格外地重视核心素养的培育。核心素养归根结底是在新的情境中运用已有的知识和方法解决未知的实际问题的能力。因此，课程的设计重视创造性和思维性，重视培养科学教师的科学推理能力、在实验室中解决问题的实际能力。批判性思维涉及根据推理做出判断：考虑选择方案；使用特定标准分析这些内容；得出结论并做出判断。批判性思维能力包括学生用来检查自己的思想以及其他人关于通过观察、经验和各种形式的交流获得信息的能力。

英属哥伦比亚省的科学课程采用"了解—理解"学习模式进行组织。科学课程的内容包括内容（"知道"）、大创意（"理解"，强调科学学科的关键概念）和课程能力（"做"）。这三个要素一起作用，以支持学科领域的能力发展和深度学习。培训课程的大纲由一些关键主题组成，如"什么是科学""什么是科学课程""儿童如何学习科学"，这些关键词以问题的形式提出。教师培训的过程亦是解决实际问题、发展自身素养的过程。

2.2.2　发展教师素养，课程体系全面

在重视发展核心素养的背景下，UBC 科学教师培训课程的设立旨在发展科学教师的素养，并非为科技竞赛和科技活动服务，课程的安排体现系统性。

课程目标包括探究科学的本质及其对科学教学的影响；阐明和审查教师的

个人哲学和理科教学原理，以及科学在中学课程中的作用；制定评估对科学内容、科学推理、实验室过程和问题解决的理解的策略；获得相应技能，以提高学生对科学的兴趣并理解科学在社会中的作用；认识到科学课堂中学生的需求、观点和信念的多样性，并制定应对策略以解决科学教学中的多样性问题。该课程提纲由关键主题组成，并分配在不同的学年中。

2.2.3 "两条腿走路"，专业性技能与理论知识并重

由上文论述可知，中国的科技辅导员在知识与技能方面的薄弱体现在两个方面：①专业性技能的不足。由于入岗的要求低，科普所需的内容广博，许多科技辅导员无法胜任专业性强的科普工作。②理论知识的欠缺。在重视发展学生核心素养的背景下，理论知识作为指导教师设计课程、教授课程的依据，显得尤为重要。许多辅导员在调查中呼吁加强"教育活动的开发、组织理论""教学方法理论知识""科技史相关理论"的培训。

UBC 科学教师培训课程重视两方面的发展，主张两方面的能力齐头并进。在专业性知识技能方面，所有科学教师必须完成 6 学分的化学（至少一门课程包含实验室部分）、数学（一门或两门课程最好包含微积分）、物理（至少一门课程包含实验室部分）、生物学和地质学的入门课程，每门选定学科的课程必须包括讲座和实验室学习。科学学科的普通科学方法课程为时长 13 周或 39 小时的科学方法指导，另外还有 2 周的"短期实习"，在方法课程期间也会辅以加强方法课程概念的专业知识。科学方法课程的总体框架是："为科学教师介绍科学教学是通过探究促进学生学习科学的行为的概念，并在科学课堂中模拟、参与和反思探究教学"。课程目标综合了内容（例如科学性质、科学推理）、教学法（例如如何培养科学过程技能）以及课程（例如什么素养）。具体见表 1。

表 1　UBC 科学教师培训课程

课次	主题	课程活动/问题示例
1	● 课程概述 ● 什么是科学？ ● 科学学习和科学教学观 ● 个人科学故事	● 库恩（Kuhnian）式科学 ● 画一个科学家 ● 科学上的大思想（big ideas） ● 科学本质是什么？

续表

课次	主题	课程活动/问题示例
2	• 什么是科学教育学？ • 科学教学的要素是什么？ • 教学策略 • 微格教学	• 微格录像：讲授一个主题 • 科学中有哪些有用的教学策略？ • 我们如何计划促进对科学的理解？
3	• 课程：科学过程 • 活动：理论箱 • 主题：科学的本质	• 黑箱活动 • SWT（科学作为一种思维方式，Science as a Way of Thinking） • SBK（科学作为一个整体认知，Science as a Body of Knowledge） • STS（科学－技术－社会，Science-Technology-Society）·SWI（科学作为一种调查方式，Science as a Way of Investigating）
4	• 儿童如何学习科学？ • 建构主义简介	• 儿童的概念 • 概念变化 • 互动式与说教式的演示 • 我们如何学习？什么是建构主义？ • 什么是批判性思维？
5	• 科学方法介绍 • 课程、科学过程 • 可口可乐挑战赛	• 可乐漂流实验及科学方法 • 探究课程和过程 • 中学科学课程是什么？公共科学图书馆怎么了（开处方的学习成果，prescnbed leaming outcomes）和IRPs（综合资源包或课程包，Integrated Resource Package or the curriculum package）？什么是能力？
6	• 课程规划/课程 • 布鲁姆分类学 • 询问/提问	什么是课程计划和单元计划？我们如何通过提问促进和评估科学理解？
7	• 演讲嘉宾	• 来自学校或组织的教师

3 知不足而后进：对科技辅导员的职业发展培训课程的建议

3.1 "馆校结合"的内涵深化

馆校结合主要是指科普场馆和学校进行合作交流，两者为实现共同的教育目的，互相配合、互相协作，共同开展的一种教学活动。[7] "馆校结合"可以充分利用科技场馆丰富的科普教育资源、较为完善的科普类硬件设施和开放的教育活动空间，与学校的教育资源优势互补，使得教学活动更加有趣和有效，可以说，科普场馆是学校科学教育的有益补充。

传统意义上的"馆校结合"指向学生，是科普场馆和学校为了提升学生学习效果的结合。笔者认为，"馆校结合"不仅限于学生的发展，更应该是教师的发展，是教师在"馆校结合"过程中的自我发展。因此，"馆校"不应局限于义务教育阶段的学校，还应当包含高校。高校应该开设相应的课程，发展科技辅导员的专业知识和技能，让高校成为科技辅导员职业发展的重要助力。

3.2　培训重视教师素养发展

高校的科学教师培训课程不应当功利化，以竞赛为风向标。"竞赛考什么，便培训什么；竞赛什么时候开始，培训便什么时候设置"。教师的培训课程应当重视教师的职业发展，教师培训课程应当在高校进行顶层设计，培训课程力求发展教师的素养。科普场馆也应与学校、教师、学生加强联系，学习、研究学校的课程标准和科学教学内容。例如，科技辅导员可以将科普场馆现有的展品和活动进行整理归纳，研究学校使用的课程标准，设计配合学校科学等课程的活动方案。

3.3　构建完善的课程体系

为了提升科技辅导员的素养，弥补现有科技辅导员在科学知识和理论知识方面的不足，课程体系应当力求完备。课程体系作为科技辅导员实然水平和应然要求的连接，一方面要在现有科技辅导员的真实水平基础上建构；另一方面要将科学本质、个人哲学、教学评估、教学策略等抽象理论知识传授给科技辅导员，弥补其理论的不足。

3.4　专业技能和理论方法并举

培训课程应当兼顾科技辅导员专业技能的发展和理论方法的完善。专业技能是科技辅导员的立身之本，没有深厚的物理、化学等专业知识，科技辅导员的科普工作将无从开展，科普的课程亦无法实施。而科学哲学、教学原理等理论知识又影响着科技辅导员的教学形式和教学风格，没有正确的科学哲学，学生通过科普活动对科学本质形成不了正确的认知，便无法形成独立思考、依据证据判断的人格；缺乏教学知识，亦不能使教学活动顺畅进行。

参考文献

［1］张彩霞、袁辉：《我国科技辅导员的现状及其职业发展路径研究》，《科普研究》2016 年第 4 期。

［2］The Definition and Selection of Key Competencies，http：//www. oecd. org/dataoecd/47/61/35070367. pdf.

［3］沈新：《加强科技辅导员队伍建设　促进青少年科学素质提高》，载《创新在这里奠基——上海市青少年科技辅导员论文汇编》，2006。

［4］吴锦骠等主编《中小学现代科技教育的实践和思考》，科学出版社，1998。

［5］Sun C.，Raptis H.，Weaver A.，Crowding the Curriculum? Changes to Grades 9 and 10 Science in British Columbia，1920 – 2014，*Canadian Journal of Education/ Revue canadienne de l'éducation*，2015，38（3）.

［6］Khan S.，Krell M.，Scientific Reasoning Competencies：a Case of Preservice Teacher Education，*Canadian Journal of Science，Mathematics and Technology Education*，2019，19（4）.

［7］王乐：《馆校合作的反思与重构——基于扎根理论的质性研究》，《中国教育学刊》2016 年第 10 期。

浅谈科技馆科普旅游产品的开发

——以科技研学旅行项目为例

叶洋滨　叶　影[*]

（浙江省科技馆，杭州，310014）

摘　要　当下，科普旅游逐渐成为一种新兴的旅游形式，许多科技馆也开发和推出了相应的科普旅游产品。研学旅行作为一种新型的集旅行与教育于一体的活动，可以充分发挥科技馆的教育特色和科普优势，值得继续优化推进。本文通过探讨科技馆与研学旅行的关系，并以浙江省科技馆为例分析了科技馆科学教育发展带来的机遇与挑战，希望借由研学旅行更好地推进科技馆科普旅游事业的发展，进一步提升科普效果和影响力。

关键词　科普旅游　科技馆　研学旅行　科普作用

1　科技馆科普旅游发展的背景

随着科技的发展、社会的进步，人们对素质教育越加重视，对旅游资源开发的要求也越来越高，在旅游方式的选择上不再仅仅满足于单纯的休闲、观光旅游，而是更希望通过旅游活动获得更多的科学知识。"科普旅游"就是一种近几年火热发展起来的新兴旅游形式，它集科普教育与休闲旅游于一体，其中科普是主题，旅游为形式，通过旅游有目的地获取和学习科学文化知识。

科普旅游的形式多样，内容丰富，工业小镇参观、动植物园观摩、科技研

---

* 叶洋滨，浙江省科技馆科普活动部副部长，副研究馆员，研究方向为科普活动；叶影，浙江省科技馆副研究馆员，研究方向为科学表演。

学、天文观察活动、科学夏令营等都属于特色科普旅游。而科技馆作为科普教育的前沿阵地，可以向观众展示最新的科技成果，满足游客对探索未知世界的需求，科技馆旅游作为科普旅游的一种重要类型，近十年来发展势头强劲，成绩斐然，科技馆旅游已经成为当前的热门话题，目前全国已有几十处科技馆被评为4A级或者5A级旅游景区。科技馆日益增长的参观需求，促进了科技馆旅游业的发展。但是，科普旅游作为一个新兴的旅游方向，尚处在起步阶段，理论和实践研究也处于探索开展过程中，目前各省市科技馆并未推出较为完善且成熟的具有科技馆特色的科普游项目，基本还是以现有的展品展项的展示体验为主。如何利用科技馆自身的场馆优势和科普教育资源开发适合自身发展的科普旅游资源，将科技文化和旅游活动深度结合，研发出特色旅游品牌是我们科技馆行业从业人员需要努力的方向。

2 科普旅游兴起背景下科技馆与研学旅行的关系

2.1 研学旅行的定义

"研学旅行"是近年来出现的新词，它是指由旅游部门、教育部门和学校有计划地组织安排，通过集体旅行、集中食宿方式开展的研究性学习和旅行体验相结合的校外教育活动，是学校教育和校外教育衔接的创新形式，是教育教学的重要内容，是综合实践育人的有效途径，也将是旅游业发展的一个新增长点。

从"研学旅行"这四个字可以看出，其包含了"研"、"学"以及"旅行"，是基于旅行的研究学习，把课堂搬到校外，用亲身体验的方式代替传统的看书听讲，同样是以丰富知识为目的。但研学旅行可以学习和感受到学校里学不到的知识，拓展视野、陶冶情操，加深与自然文化的亲近感，增加对集体生活方式和社会公共道德的体验，提高中小学生的团队协作能力、自理能力、创新精神和实践能力。

2.2 科技馆发展研学旅行项目具有自身优势

研学旅行作为一种依赖社会各个行业提供文化资源的旅行活动，教育科研机构和学校教师在研学旅行的学科迁移中起着至关重要的作用。而科技馆作为非正规教育场所，对比其他教育途径而言，具有"科普知识密集"、"紧跟科技前沿动态"、"教育形式生动、寓教于乐"和"互动学习"的教学优势，与研学旅行项目的关系密切，正是研学旅行的重要基地之一。

科技馆自身的定位是面向大众提供科普教育和旅行参观项目，这与研学旅行的目的是一致的。目前市场上的科技馆发展研学旅行项目，可以充分利用现有的展品展项资源，通过以旅游的形式规划、设计，把科学实践课程、科学趣味实验、知识讲座与学生的广泛参与融为一体，使学生在实践活动中充分领略现代科技的神奇魅力、传统文化的博大精深，并从中提高自身科学文化素养、陶冶情操。比如中国科技馆、上海科技馆、重庆科技馆都是在行业内做得较为成功的研学实践教育基地。

3 科技馆开展研学旅行活动中存在的问题

3.1 科技馆在研学旅行中的参与度较低，较为被动

从目前的情况来看，研学旅行主要以旅行社或学校为主导，科技馆只是作为旅行中的一个环节或者一个站点，起辅助作用，参与度和主动性较低。由于研学旅行属于集体旅行，大多数都采用了集中食宿方式，旅行社掌握了大量的旅游资源，配备成熟、周全的服务，研学旅行基本按照旅行社的安排进行，科技馆往往作为参观学习的一个环节、一个行程，在科技馆驻留的时间短暂有限，仅有半天或者一天的时间，很难展开深入的学习。另外，由于是学生集体性的外出活动，安全责任重大，学校方面在组织上把过多的精力放在保障学生的安全出行上，虽然这是活动开展的前提与关键，但是在行程安排的形式和深度上就有所欠缺，事先往往没有和馆方就研发活动进行深入的对接合作。科技馆研学活动形式单一，多为走马观花式的参观，利用学习单、任务卡的形式要求学生在参观过程中回答问题，完成任务。这种情况下在科技馆进行的讲解和在课堂里教授给孩子的没什么两样，不能做到学生自主提问并汲取知识，"只有学没有研"和"只有游没有学"一样都失去了研学的真正含义。

3.2 研学旅行中未能深度挖掘优势资源，研学效果不佳，流于形式

研学旅行，研学为目的，旅行是形式载体。虽然这一活动被纳入教学计划，但由于科技馆自身专业师资匮乏、展教人手不足等各方面现实条件的制约，有时会出现重游览轻学习的现象，其学习的效果和普通游客自行参观科技馆并无太大区别。

目前，许多科技馆还停留在接待讲解的阶段，科技馆自身的科学教育优势尚未充分发挥出来。现阶段多提供的是单一的讲解参观服务，还未推出适合学生研学旅行的特色产品或者王牌项目。未考虑到学生的相关知识储备，影响学生对研学内容的准确感知。导致讲解或者辅导时，面向中学生团队、小学生团队、高年级段和低年级段的讲解并无实质性的区别，学生缺乏学习的主动性和积极性，效果不佳。尤其是在参观高峰期，展厅教辅人员更多忙于观众的引导、秩序的维护，也很难分出精力给研学团队提供个性化、精准化的教学服务。这导致来科技馆研学更像是参观游览科普景点，蜻蜓点水般地浏览了场馆展品，浮于表面，没有体现出研学的探究性和实践性。

3.3 没有形成一个较为层次化、多样化的研学评价体系

研学旅行的教学目标有无达成，效果如何，需要一套切实可行的评价体系。同时这个评价体系必须是层次化、多样化的，不仅要关注结果更要注重过程，但是目前无论是科技馆还是学校都未建立一套针对研学旅行的评价体系，更多的是以考核、成绩为导向，评价单一，考虑欠周全。

最美的教育永远在路上，爱因斯坦曾言，提出问题比解决问题更重要。学生即使没有给出最完美的答案，或者实践任务失败了也并不代表没有收获和进步。研学旅行的特点就在于学生"提出问题能力""探究能力""交流能力""实践能力""创新意识和应用意识"的培养，而这些能力在传统的教学模式中很难得到培养。研学的开展不能只关注研学的最终结果，更要在过程中通过每个时间节点开展自评、互评和点评，不断优化研学成效。评价的主要宗旨可以随着每次的研学主题不同体现不同的侧重点，主要关注学生的思辨能力、动手能力和创造力，这一方面也是目前我们需要改进的问题。

4 科技馆开展研学旅行活动的建议

4.1 提升馆方研学课程的设计和运营能力，增强参与的主动性

《中小学综合实践活动课程指导纲要》对综合实践活动课程提出了如下要求：强调设计与实施综合实践活动课程，要引导学生运用各门学科知识分析解决实际问题。也就是说，要引导学生利用"学科知识"解决问题，这就要求学生在研学旅行过程中研究和掌握的知识、能力和素养，要尽量呼应课堂和课本知识。研学旅行的目标受众是学生，是未成年人，知识体系和价值观尚未完善，不同于普通的旅游，更有目标性和针对性，研学的课程要对着课本来，与学校衔接。

科技馆要充分利用当下馆校结合活动开展的有利条件，提升研学课程、活动的研发设计能力，培养研学旅行方向的人才，加强与学校的对接，提前介入研学活动行程和内容的安排上来。只有主题设计独到、环节预设合理、学生欢迎接纳、符合国家要求、对应学科学习的精彩课程才能经得起社会和市场的检验。同时，研学旅行不应将行程交由旅行社来做安排，旅行社一定程度上对于研学方面的把握不如学校与科普场馆在教育方面专业，相比之下，学校的正规教育与科普场馆的非正规教育的结合能够更大限度地发挥研学旅行的教育功能，馆方对研学旅行行程的选择与安排应有更大的话语权，提前参与，充分配合学校的研学安排。

4.2 充分挖掘现有的馆校结合资源，创新形式，拓展研学的深度和广度

科技馆与学校的馆校结合活动迄今已经开展了十余年，形式更加丰富多样，包括科普资源包、科技夏令营、假日小队走进科技馆、科技馆活动进校园以及科技馆主题科普活动等。馆校结合活动一直强调的是对接课标而区别于课堂，提倡情境式教学、探究性学习，提升学生的科学素养。而研学旅行是将旅游与研学相结合，是一种研究性学习和旅行体验相结合的校外教育活动，更加注重"学"，重视课程内容，更加强化其深刻的教育意义，是学生素质教育的新途径，实际上也是一种创新的馆校结合活动。

科技馆可以在现有的馆校结合活动的基础上挖掘亮点和特色，继续完善深化，根据来馆研学团队学生的目标要求和年龄特点编排课程内容，同一知识点以学生年龄设置难度，操作材料从少到多，制作过程由简单到复杂。通过科学实验、手工等方式，让孩子举一反三。还可以将科技馆外的户外课堂、科学体验活动有效结合起来，融入地方文化、科技等，进一步丰富科学教育方式。比如浙江省科技馆曾经开展的科学亲子活动——科技馆奇妙夜，邀请十户亲子家庭在科技馆老师的带领下进行科技馆两天一夜的科学探秘之旅，在科技馆的月球基地内搭帐篷开展馆内露营活动，就很受家长和孩子们的喜欢。还有浙江省科技馆开展的科学行走活动，带领学生们走进工厂、实验室、科研机构，走进田间地头，走进植物园、动物园，实际上就是一种研学旅行。对这些已经开展得较为成熟的馆校活动进行改进，可以提高工作效率，缓解馆方人力物力不足的问题。

4.3　制定研学手册和评价体系，保证活动开展和学习质量

科技馆可以针对来馆研学团队的实际情况制定一份详尽的研学手册，包括此次科技馆研学的主题、目的、行程介绍、行程地图、学生分组表、安全事项、纪律要求、研学内容（包括核心问题）、物资清单、通讯录等，既帮助学生了解在科技馆开展的研学的基本情况，也方便指导学生开展活动和监督学习质量，还可以明确纪律要求和需要做的准备。

研学课程由于是脱离父母、脱离学校实施的课程，因此在知识和能力之外，还会有很多方面对学生的训练，比如团队合作、交流沟通、公共礼仪等。因此，研学评价体系的设计要多层次、多样化，科技馆作为非正规的教育机构，重点评价和考核的是研学课程对学生整体素养的训练和提升，不是简单的分数高低或者答案的正确率，评价更应该贯穿全程，包括行前、行中与行后，做好跟踪与反馈。只有设计好科学的评价体系，才可以根据收集到的信息和数据，真正抓住受众的需求和心理，及时调整，开发出受学校和市场欢迎的研学课程，在未来掌握更多的主动权。

5　结语

在科普旅游火热发展的背景下，科技馆为旅游与科普的结合搭建起平台，

研学旅行作为新型的校外教育活动和科普旅游形式可以充分发挥科技馆作为第二课堂的优势，利用研学旅行引导青少年实际参与，更深切直观地感受科技的神奇。科技馆开发研学旅行项目，一方面可以拓展科普旅游产业的形式和内容，满足科普爱好者的需求；另一方面也可以利用科技场馆的场地、展品、人力资源，通过科普旅游的形式来传播科学知识，使科普宣传的途径更加多元。通过研学旅行活动与学校的深入合作，也为促进馆校结合的进一步发展提供了支持。研学旅行的健康良性发展，需要学校、科技馆、旅行社多方的支持和努力。

新冠肺炎疫情下科技馆科普
教育活动实践探索与思考

常　佳*

（山西省科学技术馆，太原，030027）

摘　要　新冠肺炎疫情使全国科技馆被迫闭馆，线下科普教育活动无法开展，科技馆坚持"闭馆不闭科普门"，利用互联网开展各种线上活动。本文通过分析抗击新冠肺炎疫情期间科技馆进行科普教育活动的优势和线上服务现状，从以用户思维为指导思想、用创新思维提高科普效率、用技术思维助推科普质量、用战略思维构建科学共同体四个方面，提出做好疫情期线上科普活动的措施，希望能够为业界相关人员提供有益的参考和借鉴。

关键词　新冠肺炎疫情　科技馆　科普教育活动

2020年初，突如其来的新冠肺炎疫情打乱了我国经济社会的正常运行和人民群众的正常生产生活。全国各级各类科技馆纷纷采取了闭馆的举措。观众无法到馆参观和参加流动科技馆、科普大篷车等线下科普活动，面对突如其来的疫情，我们坚持"闭馆不闭科普门"，充分利用"互联网＋"的优势，推出各种线上创意活动，让公众足不出户云游科技馆，探索创新宣传教育、社会服务模式。本文通过分析抗击新冠肺炎疫情期间科技馆进行科普教育活动的优势和线上服务现状，从以用户思维为指导思想、用创新思维提高科普效率、用技术思维助推科普质量、用战略思维构建科学共同体四个方面，提出做好

---

* 常佳，山西省科学技术馆辅导员，研究方向为科学教育。

疫情期间线上科普活动的措施，希望能够为业界相关人员提供有益的参考和借鉴。

1 新冠肺炎疫情背景下科技馆进行科普教育活动的优势

科技馆作为科普传播先锋，面对疫情不得不闭馆的情形，科技馆把科普阵地转向线上，进行线上科普教育活动势在必行。科技馆是拥有广大受众的公益性科普主体，在疫情期间及时开展应急科普活动、准确提供能够满足观众需求的科学文化知识是其应当承担的社会责任。

1.1 数字科技馆为疫情期科普教育活动提供资源保障

数字科技馆是数字化科普资源的集散中心，具备为全国科普产品开发、创作提供资源支撑的功能，以及面向公众开展网上科普宣传教育的作用。近年来，我国数字科技馆建设发展迅速，出现了以中国数字科技馆为代表的一批多方共建全面共享的全国性跨系统数字化科普资源平台，这为疫情期间科技馆开展科普教育活动提供了资源保障。新冠肺炎疫情属于突发公共卫生事件，在常态化的科普教育活动中，数字科技馆已积累了一些资源，里面不乏能够直接对应突发事件的相关知识和技能的部分，这使得科技馆能够在疫情暴发后高效地完成科普内容开发流程，及时、准确地发布具有权威性、科学性的信息，从而借助其自身的影响力积极正确地引导舆论，有效消除民众恐慌，使其明辨是非，从根本上遏制谣言，有利于营造积极健康的科普教育氛围。

1.2 广大群众的科普需求是疫情期间科普教育活动的动力

科技馆拥有广泛的受众群体，它是广大人民群众进行科普教育的重要场所，能够满足人民群众的科普需求。新冠肺炎疫情的突发性使得观众在短时间内无法找到可以信任的平台了解防控疫情的科学知识和技能，而科技馆在常态化的科普教育活动中积累了足够数量的粉丝。根据第 10 次中国公民科学素质调查的结果[1]，2018 年，我国公民在过去一年参观过科技馆等科技类场馆的比例达 31.9%，相比来说，2016 年美国的这一数据是 26%，科普覆盖率优势可见一斑。所以，科技馆在疫情期间能够依托自身广大的受众基础保证其建立足够的影响力。

2 新冠肺炎疫情背景下科技馆工作路径

2.1 情怀所系与社会担当

科技馆在闭馆防控的同时积极作为，展现科普工作者的责任担当。科技馆作为重要科普阵地和服务窗口，要积极发挥其科普"排头兵"作用，统筹利用网络平台宣传渠道，积极整合科普内容资源，主动担当应急科普职责，及时科普权威防疫知识，正确引导社会舆论方向，积极传播正能量。助力疫情防控阻击战，坚定打赢必胜信心决心。做到"疫情不解除，科普不掉线"。防控疫情专题的线上科普教育活动不仅第一时间受到公众的欢迎和肯定，更是在疫情期间增加了新的一批平台粉丝。在各个科技馆推出"预防新型冠状病毒科学知识有奖竞答"活动时，场馆全员迅速响应，积极谋划，明确分工，用最快的时间完成初级题库采集、页面制作、平台开发等工作，保证活动当天上线。我们虽然不是白衣天使能上前线与疫情战斗，但我们仍然加入到这场战"疫"中来，各级各地科技馆为医务工作者及其家属提供专属科普服务，营造了致敬时代楷模的良好社会氛围。

2.2 被动"关门"与主动"开窗"

疫情暴发以来，全国各级科技馆以最快速度整合现有数字资源，通过门户网站、移动客户端、微信公众号等载体，利用虚拟现实技术，搭建云间展览、网上虚拟科技馆，为公众提供线上展览服务。开展"'宅'家战疫情，'云'游科技馆"系列活动，展厅从线下搬到线上，引导公众漫步云端，齐心共抗疫情，履行社会责任。例如中国科技馆充分发挥其国际级科普阵地的优势，全力推出"新"的对决——疫情防控阻击战网络展览。上海科技馆筹建临时展览"舞动的幽灵：新冠启示录"。还有重庆科技馆自主策划了"超级病毒——科学防疫主题科普展"。展览介绍了病毒家族、病毒与细菌、新冠病毒、病毒防护等科普内容。这次展览，是在全国科普场馆中率先推出的关于新冠疫情的实体科普展览。对引导公众正确认识新冠病毒危害，掌握科学防疫方法，助力打赢战"疫"具有十分重大的意义。体现了科技馆从原来的展品至上到现在开始慢慢以观众为中心的理念转变，科技馆的社会功能越来越突出。这是对社会发展和需求的回应。

从这个意义上来看，社会价值成为科技馆核心的价值判断，笔者认为在未来对于热点事件的回应很可能会成为一种常态，因为科技馆理念至少经过三次转变。第一阶段是单纯展示科技展品，传授科学知识；第二阶段是倡导科学方法，传播科学思想，弘扬科学精神；第三阶段是寻找展品和个人的相关性，从而完成人的意义建构。热点话题是科技馆和观众关系建构桥梁的不二之选。这个结果归根于我们理念的转变，然而形塑它的不是科技馆本身，而是科技馆和社会互动的结果。对于新事物，尚处于争论的新观点可以通过临展或特展展出。

2.3 联合出击与多路作战

全国多家科技馆主动出击、多方联合，充分利用各自优势，通力合作，加快形成大联合、大协作的全域科普工作格局，为拓展公共文化服务体系和提高公民科学素质做出新的贡献。

例如，中国科技馆发出的"对抗疫情，全国科技馆在行动"——科学实验挑战赛的活动，引起全国 147 家科技馆响应，科技辅导员们发挥带头作用，设计编排一系列适合家庭的科学实验，通过公众号和抖音发布教学视频，引导青少年居家做实验。鼓励和引导家长居家防疫期间带领孩子们运用常见的生活物品进行科学实验，开展科学教育，通过玩科学、学科学进一步提升孩子们的思维能力和动手能力。让宅在家里的孩子们上科学课，拍摄科学实验视频，体验科学的奇妙之处。

中国科技馆、上海科技馆、山西省科技馆等单位联合承办共同打响的全国性科普战"疫"线上竞答活动。上海科技馆主办推送"新型冠状病毒感染的肺炎疫情防控科普知识竞答"和长三角联盟"科普战'疫'有奖竞答"等活动，竞答题目涉及新型冠状病毒肺炎、人类传染病及其防治科学史、生物多样性保护、疫情心理健康等相关科学知识和政策法规，题库还会随着疫情和科研的最新进展每日滚动更新和扩充。采取"边推广、边吸纳、大联合"的方式，积极组织和发动全国其他科普场馆、动物园、高校博物馆、图书馆、出版社、科技企业、自媒体等共同参与，多路径宣传，以提高活动的参与度。通过参与竞答，公众不仅能更好地掌握科学的新冠肺炎防控知识，还能了解流行病学相关概念、知识，消除疫情恐慌。全国共有 300 余家单位参与，答题者遍布全国 34 个省、自治区、直辖市，总答题次数超 40 万次，共发放免费门票、电影票、科普图书、文化周边、免费课程等近 3 万份，反响热烈。

2.4　客流遇冷与研学趋热

疫情防控打乱了科技馆集中办公和开门服务的常态模式，但是科技馆工作人员居家办公，线上办公，树立了"闭馆不停工、居家不休假"的意识。例如科技辅导员们启动家庭视频录播模式，将疫情转化为课程和教育资源，利用各种方式进行线上科普文化传播。

新冠肺炎疫情期间的课程研发围绕多个问题，深层次、多维度展开，主题丰富，联系实际。课程不仅从疫情"经历"入手，紧跟时事热点，创新设计"新冠病毒"相关课程，围绕"哪些人感染病毒需要隔离，你能找出哪个是新型冠状病毒吗"等一系列问题，借科学"慧眼"，打开微观世界的大门，用科学和理性揭晓未知，驱散疫情恐慌；同时还紧密联系生活，特别针对如何预防新型冠状病毒、普通流行感冒和新型冠状病毒肺炎的区别、疫情期间如何返程等公众日常生活防范密切相关的话题。

新冠肺炎疫情暴发和肆虐初期，人与自然的非正常互动是疫情暴发的深层缘由。科技辅导员将这次突发公共事件中反映的人与自然的关系，转化为科学课程和教育资源，为观众授业解惑。让观众学会用正确的方式探索大自然的奥秘，引导公众正确面对自然界各种生物与人类活动的关系，从而树立公众热爱科学、崇尚自然的信念。

这次的新冠肺炎疫情席卷全球，是一次史无前例的灾难，也是一次教育机会，一份教育素材。对疫情下教育资源的挖掘和开发，正是科技辅导员对此做出的一次尝试。

3　关于疫情背景下科技馆科普教育活动的思考

在此次新冠肺炎疫情期间，科技馆科普教育活动还存在很多问题：比如在新冠肺炎疫情发生后的第一时间内，如何提升需求感知、如何提高线上科普产品的质量、如何提升活动开发能力等。笔者通过自身工作经验，提出如下几点建议。

3.1 以用户思维为指导思想

科技馆应以公众需求为导向。闭馆期间，应及时调整全年活动计划，可通过线上调查问卷收集分析当下公众对科普活动的需求，从公众已有的经验和身处的环境出发，因时制宜对各项活动的形式和内容进行全面思考和策划。同时，充分利用科技馆自媒体平台定位受众群体，优化科技馆科普活动粉丝群，针对不同目标群体策划多元化的线上科普活动。新冠肺炎疫情加快了展厅主题科普活动网络化进程，我们可以策划"宅"家系列主题科普活动，通过网络，将活动场地由展厅转向家庭场所，活动对象也由亲子家庭拓展到全家动员，每一个参与家庭均能实时在线与活动主持人、同伴交流互动，从时间和空间上突破现场活动的固有界限，提升活动科普成效。

3.2 用创新思维提高科普效率

3.2.1 创新科普内容和形式

由于知识更新速度越来越快，尤其是疫情期间我们未知的与新冠病毒有关的不确定的科学知识，观众倾向于用碎片化时间学习，这与传统的学校教育固定时间授课不同。所以，科技馆针对这种非常态化情境的科普教育需要运用创新思维。目前制作防控疫情的科普应急产品方面，优质科普内容生产者仍然缺位明显，雷同的产品巨多，有的甚至简单粗暴，缺乏细致和有针对性的阐释，科技馆应该以制作优质科普内容为目标，努力在科普视频研发上精益求精，在科普内容和形式上有所创新。

3.2.2 创新员工学习机制

充分利用网络资源，积极应对疫情挑战，同步制订闭馆期间员工线上学习方案，力争做到停工不停学，引导员工合理安排时间，做好学习规划，进一步提高自身素质和技能水平。丰富培训资源，创新学习形式。一是利用"学习强国""科普中国""中国职业培训在线"等平台资源，提升线上培训的权威性、专业性和便利性。整合政治理论学习、疫情防控科普知识、职业技能培训等方面的培训资源供员工学习。二是搭建学习交流平台，依托 QQ 群、微信群、OA 办公系统等数字平台建立馆级学习平台和部门级学习平台，用于发布培训内容、交流讨论、答疑解惑等。

3.3 用技术思维助推科普质量

虽然 5G 时代已经到来，但是疫情期间有的线上活动还是会出现卡顿、闪退、延迟等问题，还有科技辅导员开发录制的微课堂没有使用任何剪辑特效，观看效果平淡无味，影响了科普教育活动的质量。要解决这些问题，必须用技术思维进行突破。我们要在硬件和技术上进行改进，只有这样，才能实现远程科普教育活动的互动直播，给观众更好的线上体验。科技辅导员应学习并且熟悉微课堂录播课视频制作与剪辑，必要时可利用虚拟现实技术来呈现实验过程和还原实验效果，完善影像、音效、字幕等制作细节，从技术入手，不断优化受众观看体验。

3.4 用战略思维构建科学共同体

科技辅导员自身并不掌握特定领域最前沿的科学知识和研究成果，不具备独立制作权威性科普内容的能力，需要寻求科学共同体的支持。因此，科技馆应该用战略思维构建科学共同体。常态化情境中重视参与科学共同体，建立科学专家资源库，深入了解科学家群体的专业研究方向，这样既能满足常态化语境下开展科普活动的需求，又可以在新冠肺炎疫情这样的突发事件发生后迅速与相关科学家取得联系，减少需求上传和成果交流的流程。

4 结语

新冠肺炎疫情既是一次战役，也是一次考验。对于科技馆来讲，疫情期间为观众提供丰富的资源、满意的服务，是检验科技馆建设成效与服务能力的重大测试。在这次考验中，许多科技馆既取得了值得肯定的成绩，同时也暴露了一些短板和不足。对此，科技馆要认真审视，找准差距，相信疫情期间的广泛探索，将为科技馆下一轮蝶变在理论和实践上提供储备。

参考文献

［1］ 中国科普研究所：《2018 中国公民科学素质调查主要结果》，http：//www.
crsp. org. cn/KeYanJinZhan/YanJiuChengGuo/GMKXSZ/0919231R018. html，2018
年 9 月 19 日。

"科普研学"，青少年科学学习的行走课堂

——以山西科技馆"参观科技展览 有奖征文暨科技夏令营"活动

程文娟*

（山西省科学技术馆，山西，030027）

摘　要　科普研学是通过集体旅行、集体食宿方式开展的研究性学习和旅行体验相结合的校外教育活动。青少年正处于学习科学知识的黄金期，有着明显的猎奇和探究心理，对很多新鲜事物都充满着好奇心，所以合适的教学方法对于青少年的科学学习起到了助推器的作用。本文以山西省科学技术馆2017年"参观科技展览有奖征文暨科技夏令营"科普研学活动为例，谈谈科普研学项目对于青少年科学学习的重要意义，以及如何让科普研学旅行真正成为青少年行走的课堂。

关键词　科普研学　青少年　探究式教育

院校现在所使用的科学教材包含物质科学、生命科学、地球科学、设计与技术四大领域的知识，几乎涵盖了人类认知的方方面面，知识领域十分广泛。2001年的《全日制义务教育科学课程标准》将沿用半个世纪的"自然"课更名为"科学"，起始为三年级，而2017年进行了修订，9月开始，科学课起始年级变为一年级，可以看出新课标强调了科学课的重要性。让孩子们从小就在心里埋有一颗"科学家"的种子，总有一天它会长出"科学之果"。早在

---

*　程文娟，山西省科学技术馆辅导员，研究方向为展品教育活动开发与实施。

2015 年，《上海教育科研》中发表的《我国青少年科学态度现状调查》就发现，我国青少年对科学知识的兴趣度高于科学方法和科学研究的过程，这也暴露出一个问题，无论是学校，还是青少年本身对于科学课程的知识学习和分数更为重视，但是对于科学方法和科学过程的学习主动性和学习热情、学习态度相对欠缺。值得注意的是，知识的学习虽然是科学教育的基础，但是对于科学方法和科学研究过程的强调是提高青少年科学实践能力和科学思维能力的关键途径，科学方法和科学研究过程的学习与科学知识的积累同等重要。而造成这种结果的重要原因是科学课程学习形式单一，导致青少年学习科学的兴趣度随着年龄的增长是逐渐下降的。然而课标的不断更新，体现了对学生综合实践能力的要求在不断提高。[1]2016 年 11 月 30 日教育部等 11 部门推出《关于推进中小学生研学旅行的意见》。"纸上得来终觉浅，绝知此事要躬行"，以实践能力为基础的科学课程设置风起云涌，研学旅行正是在此背景下迅速发展起来。那科普研学对于青少年的科学学习有何意义呢？它与传统的教育之间又有什么关系呢？我们又该如何更好地开展科普研学呢？本文试图以山西省科学技术馆 2017 年"参观科技展览有奖征文暨科技夏令营"活动为例，谈谈对这些问题的思考。

1 对科普研学的理解

有人说，读书万卷是在寻找时间上的远方，行万里路是在寻找空间上的远方。在美好的旅行体验与真实的研究性学习中，学生的学习空间得到了延伸，学习的深度得到了拓展，二者相辅相成，缺一不可。科技馆是以科普普及展示、教育为主要功能的公共文化服务设施。走进科技馆的综合实践和研究性学习也越来越成为学校、教育部门和社会团体在设计和开展科普研学时的必选内容。山西科技馆 2017 年举办以"体验科技展览，感受科技魅力"为主题的科普研学夏令营，来自山西各地市的 60 名小营员们在短短的几天里感受一场科学盛宴。将"研"置于"学"前面，其本质就是强调了一种研究性的、探究性的学习。本次活动共分为三大主题日，分别是"认知世界"—"改变世界"—"走向未来"。小营员们参观了天文台展厅、观测太阳黑子，了解得天独厚的生存空间——窑洞，感受了各种机器人的魅力等，营员们亲眼看到、亲手触摸，能激发他们对展项背后科学知识的兴趣及提出"为什么是这样"的动力，就要比单纯地告诉其知识点的方式更能激发营员们探究、创造和创新的兴趣。而科普研学确切地说是一种以"研学"为目的的旅行，是一种开放式的学习。当营员们走进国家重点实验室——山西大学光电实验室，去到太原卫星发射中心，走出封闭的课堂和教科书，真正走到科学课堂的现场，去发现问题和动手、动脑解决问题，就使得学习不仅变成了开放式的，更变成了一种创造性的学习。总之，"科普研学之旅"是研和学、研学和旅行、认知和体验、理论和实践有机结合的一种新型科学学习方式，是一种具有探究性、开放性、创新性、完整性的学习方式。

2　科普研学旅行对青少年学习科学的意义

"青年兴则国家兴，青年强则国家强。"青少年是祖国的未来，只有青少年一代养成善于观察的习惯，具备完备的科学素养，培养创新的科学能力，才能用科学的本领在激烈的国际竞争中做出自己的贡献，所以从小培养孩子形成科普研学的学习方式，突破了狭隘的知识教育和沿用多年的"应试教育"的模式，为完整而全面的青少年科学教育开辟广阔的前景。[2]

2.1　是一种以提出问题为导向的探究式教育

小营员们参观了天文台，观看了绚丽多彩的宇宙，走过了中华文明发祥地之一的黄土高原。在这里，没有现成的知识、现成的方法、现成的答案，甚至没有现成的问题。从看到的天文现象，到我们生活的黄土高原，在探究的过程中，自己去寻找知识，"宇宙是如何形成的？""地球为什么会有四季的变化？""黄土高原又是如何形成的？"，自己去寻找方法，自己去解决问题，重新"认识世界"。然后走进国家重点实验室——山西大学光电实验室，来一场物理课堂的现场教学，也体验了世界科技日新月异的产物机器人，看到了人类运用科技知识在一步步脱离地球引力，卫星带着人类探索更遥远的外太空，科技改变着我们的世界。从"认知世界"到"改变世界"，整个过程中营员们不停向自己"提问"，自发寻找"答案"，不仅对自己生活的地方，更对世界、对外太空有了深刻的认识，这样的学习方式有利于培养科技领域创新性人才。因此，这种"提问"导向的探究式教育不仅可以作为"应试教育"的补充，更是未来青少年科学教育改革的一个方向。[3]

2.2 是一种探究自然，打开"自然之书"的教育

卢梭的自然教育理论认为，自然教育的目的是要顺应孩子发展的天性，让孩子成为充分发展的"自然人"。初中地理课中讲到了黄土高原的形成和范围，而这些知识是僵硬的，不够鲜活，不仅是容易被遗忘的知识，也是不能够扎根心灵的知识。而此次研学夏令营显然并不满足于书本中关于黄土高原形成的知识，而是让生长在黄土地上的小营员们用自己的眼睛和耳朵，亲自去看、去听、去互动、去思考。从展项"青藏高原的隆起"开始，利用动态展项和多媒体的配合，完美地呈现了黄土高原形成的原因，走进黄土高原居民得天独厚的生存空间——窑洞，探究了独特的窑洞建筑学结构，并进行了窑洞搭建的拓展活动。最后营员们抓起一把黄土，与黄土亲密接触，又会发现什么？是黄土地特有的农耕文化，还是黄土蕴含的古气候的秘密？这些让营员们上了一节有深度的地理课。自然和科学的完美结合，为营员们打开了一本"自然之书"，在同大自然亲密接触中，身临其境，寻找问题，去探究自然，认识自然，发现自然。[4]在这里，不仅让营员们学习和验证了已有的知识，更是学到了课本以外的知识，并在探究中有所领悟，有所发现，有所创新。因此，科普研学应当推行打开"自然之书"的教育理念。

2.3 是一种探究社会，探究人生的教育

从心理学角度看，随着身体的变化，青少年心理也开始发生变化，具有社会参与的心理需求，渴望他人和社会的认可。学校的科学课大多采用封闭式教学，很大程度上被书本、课堂束缚，不仅与自然分离，和社会隔绝，更是由于对分数、升学的焦虑，很大程度上消解了科学对于人生的意义和价值。此次夏令营开展了"奔跑吧，少年！"全能拓展训练，将营员们分为 10 个小组，每组选手自己选队长，确立队训，团队间的竞争悄然开始。活动根据展厅展项设立了 13 个关卡，从需个人完成的展项"无尽的光"中寻找测试题目并回答，到团队协作完成的"滚球"平衡游戏，每一次任务下达后，小营员们需要在最短的时间内选出队长，制订计划，确立目标，要发挥每个人的智慧和特长。

知识储备是赢得比赛的锦囊，而互相的沟通更能使大家凝聚在一起，激发潜力，而最终团队合作才是制胜的法宝，就如当今世界号召的"合作、互利、共赢"。也就是说，科普研学不仅打开了"自然之书"，还打开了"社会之书"，二者是密切相关的。有"格物致知"的探索，才能实现"经世致用"的目的；反之，有"经世致用"的目的，才有更大的动力去"格物致知"。因此，不仅要在打开"自然之书"时有所领悟，发现和有所创新，更要在打开"社会之书"时深刻领悟到科学的社会意义和价值。"今日之责任，不在他人，而全在我少年。少年智则国智，少年富则国富，少年强则国强，少年独立则国独立，少年自由则国自由，少年进步则国进步，少年雄于地球则国雄于地球！"青少年是祖国的未来，应该"立德、树人"。整个"奔跑吧，少年！"活动让小营员们明白自己的人生方向和目标，成长中具有的生存意义和个体价值，在发现外部世界的同时，还要进一步发现"内心世界"，打开"人生之书"，树立志存高远的"科学人生"志向。

总之，此次"夏令营"科普研学旅行，让小营员们在科学学习中，打开"自然之书""社会之书""人生之书"，从而接受一种以提出问题为导向的全方位探究式教育。这种教育既包括"格物致知"的科学认知教育，又包括"经世致用"的科学价值教育，还包括"志存高远"的科学人生观教育。

3   让科普研学旅行真正成为青少年行走的课堂

科普研学的核心是"研学"，而"研学"的重点是"研"。"研"的高度和深度在很大程度上决定着"研学旅行"的质量和水平。如果夏令营的活动中，只有走马观花的展项"旅行"，"研"的成分不足或程度不高，那"学"就大打折扣，充其量这只是一场没有"研学"内涵的"旅行"。那如何实现"研""行"一致，让科普研学旅行真正成为青少年行走的课堂？

3.1   对开展科普研学旅行机构的选择

现在开发科普研学旅行的机构主要有学校、科研机构、社会团体，以及各种科技馆、博物馆等。青少年一般都有着明显的猎奇和探究心理，对很多新鲜事物都充满着好奇心，所以合适的教学方法非常重要。科技馆的展品除了反映物理、化学、数学等基础学科知识的展项外，还有关于古代科技、生命健康、生态环境及航空航天等高新科技发展的多方面内容，而且展品具有很强的互动性，有些科学课程的研学开发和实施过程借助展品就可以全部完成。例如，此次夏令营科普研学活动中的"仰望苍穹"，小营员们参观天文台，观测太阳黑子，用专业望远镜观看太阳的守护神——月球，利用科技馆的展品就可以探究宇宙的知识，开展制作望远镜的拓展活动。

科技馆也可以整合高校、科研机构、企业和社会团体资源，设计出以学生为中心、引导学生"提出问题""解决问题"的优质科普研学课程。此次活动中山西科技馆与国家重点实验室——山西大学光电实验室联合，让小营员们亲身体验新奇的物理世界，从"认识世界"过渡到"改变世界"，最终形成以学生发展为核心的综合课程体系。

因此，在青少年科普研学项目的设计中，科技馆应该更好地把握界定课程目标的原则，界定项目主题，构建适合的课程框架，最终形成更适合青少年科学学习的科普研学课程体系。

3.2　科普研学导师应具备的能力与素养

2012 年 2 月，教育部发布的《小学教师专业标准（试行）》《中学教师专业标准（试行）》等文件，对中小学教师提出以学生为本、师德为先、能力为重、终身学习的要求。科技馆的科普研学导师的能力素养要向国家对教师的要求靠拢，其应具备以下几方面能力。[5]

3.2.1　专业能力

山西科技馆的科普研学导师在平时的工作中，注重专业技能、业务水平的培训，掌握一定的教育基础理论和实践知识。与学校教师的不同之处在于，学校教师侧重于"教"，而科普研学导师注重于"导"，当小营员走进展项"得天独厚的生存空间——窑洞"，学校教师强调知识的系统性传授，让学生系统地知道"拱形是什么""拱形稳固的原理""黄土地上的人们为什么选择窑洞作为栖息地"，而科普研学导师则是注重对科学的自主探究方法，当小营员们亲眼看到窑洞，培养学生"提出问题"："为什么称窑洞为黄土地上人们得天独厚的生存空间"，从而引出黄土的特点和拱桥的概念，让小营员们去探究拱桥背后的知识点，激发他们对建筑学的兴趣，并开展亲手搭建窑洞的拓展活动。

3.2.2 综合能力

科普研学是新型的一种学习方式。此次夏令营人数众多，从前期的准备工作，到小营员入营活动开始，每天的活动安排、食宿安排、安全问题等，这些前期工作要求科普研学导师不仅要有开发课程的能力，更要具备实施能力、协调能力、成本控制能力、团队管理能力、安全意识和应急处理能力等。

3.3 从"游学"到"研学"的课程设计

科普研学课程的设计，要做到不唯教材，突破教材，为学生创设科学探究的情境，身临其中，利用观察、实验、假设、验证等方法，自己提出问题，解决问题，体会取得研究成果的快乐，最终培养自己的科技素养。

3.3.1 游中有学，玩与学的结合

"游"是"学"的方式，"学"是"游"的目的，两者交互共生。科普夏令营就是让青少年走出校园，体验与平时不同的教学环境，此次活动小营员们走进山西科技馆，走进国家重点实验室山西大学光电实验室，走进太原卫星发射中心，拓宽视野，提高兴趣度和实践性。其主要强调课程既重教育性，又不失趣味性。

3.3.2 学中有研，研后有思

典型的例子就是，英国著名科学家牛顿在观察苹果落地过程中，经过深入的分析研究思考，最终得出了万有引力的定律。此次活动设计的思路是根据山西科技馆展厅的主题脉络，从"认识世界"—"改变世界"—"走向未来"，主题不断深化，反映着人类不断探索追求进步的文明史和科技史。活动中不断引导小营员积极思考，主动体验，提出问题，克服困难，解决问题，不断反思，在短短几日内不仅可以深刻体会到人类的探索精神，更使他们获得新的体验、新的知识和能力，从而提高自身素质，拥有创新能力。

3.3.3 激思导行，思与行的整合

科普研学课程要广泛激发青少年的主体意识，尊重青少年的自主权利。此次夏令营设计了多种拓展活动：有观看月球后的自制望远镜，有参观窑洞后的房屋建筑的搭建，有参观光电实验室后开展的激光寻址等。让每个小营员在研学旅行中都有更多的机会去自己设计、开发、创造。[6]

总之，科普研学课程要通过"游、学、研、思、行"五个环节整合设计，做到游中有学，学中有研，研后有思，激思导行，从而促进青少年科学课的深度学习。

当然，尽管青少年科普研学旅行比传统教育更贴近科学教育的本质，但显然不可能取代传统的已经非常规范化的传统科学教育。未来青少年的科学教育应当走一条"融合"道路，即"研学旅行"和"课堂教育"相辅相成的方式，使传统的科学教育回归本真的科学生活。

百年大计，教育为本。祖国的命运掌握在青年一代中，通过科普研学旅行，走向"研学"课堂和传统课堂相融合之路，寻找到一条真正适合青少年科学学习的行走课堂。那么，这不仅能给我国的青少年科学教育事业带来质的飞跃，更能给我国的科学事业带来质的飞跃。

参考文献

［1］胡铁贵：《发展研学旅行对我国中小学生核心素养培养的重要意义》，《当代教育实践与教学研究》2019 年第 18 期。

［2］纪秀群：《在科学探究中提升青少年的科技创新素养》，《科技传播》2018 年第 1 期。

［3］孟建伟：《走向"科教融合"的科学教育——关于中小学"研学旅行"的哲学思考》，《北京行政学院学报》2020 年第 1 期。

［4］曾川宁：《浅谈科技馆科普研学导师的工作内容及其能力要求》，《学会》2020 年第 2 期。

［5］袁洁、陈玲、李秀菊：《我国青少年科学态度现状调查》，《上海教育科研》2015 年第 1 期。

［6］周春梅：《整合设计，让研学旅行课程更有深度——以太仓市实验小学研学旅行课程设计为例》，《江苏教育科研》2019 年第 11 期。

搭建多方位平台进行科普研学

——以厦门科技馆"苏颂的超级天文台"研学活动为例

朱朝冰*

（厦门科技馆，厦门，100036）

摘　要　"读万卷书，行万里路"。研学旅行是衔接学校教育与校外教育的创新形式，是综合实践育人的有效途径。科技馆作为青少年课外学习的重要场所，要立足科技馆展品优势，结合馆外资源开展优质研学活动。本文从科普研学的视角，以厦门科技馆"苏颂的超级天文台"为例，解读活动流程，剖析活动的设计理念，探讨搭建多方位平台进行研学活动的合理途径。

关键词　科技馆　科普研学　平台搭建　多方位

2017 年 9 月出台的《中小学综合实践活动课程指导纲要》指出："中小学综合实践活动课程大纲，也是基础教育课程体系的重要组成部分，建议综合实践和学科课程应通过在活动中设置探究、服务、生产、体验等方式和内容，锻炼学生在生活环境中发现问题、提炼研究主题的能力，培养学生的综合素质，以学生的真实生活和发展需要为基础。"

1　科普研学概述

1.1　科普研学开展的特点

研学即研究性学习，又称探究式学习。和现有的学科教学不同，不再局限

---

*　朱朝冰，厦门科技馆科普辅导员。

于对学生进行纯粹的书本知识的传授，是学生基于自身兴趣，在教师指导下，从自然、社会和学生自身生活中选择和确定研究专题，主动地获取知识、应用知识、解决问题的学习领域。[1]科普研学以青少年为主要对象，引导学生关注现实生活，直接把学生置于真实情境之中，将自然资源、社会资源和教学资源有机结合起来，用寓教于乐、自主学习的方法拓展学生的课堂学习。让学生在"做中用用中学"的过程中，培养学习科学的兴趣，促进科学理论知识与科学实践活动的融合，形成自主的学习意识，提升实践创新能力，最终实现培育学生核心素养的教育目标。

评估一项科普研学活动优劣的标准包括：这项活动的设计和实施是否能指导实践探究过程；是否做到了不仅重视传授科学知识，更重视培养科学精神的传播和青少年的科学抱负；是否真正把科学研究精神、科学思想与方法植入青少年的心中。[2]

1.2 科技馆研学的特点

科技馆研学是基于科技馆展览和教学资源进行的科普研学，包括科技馆基于展品、基于生活情境和对接学校课标自主开发的探究式科学教育课程科学实验表演、科学互动游戏等[2]所开发出来的研学活动，以满足学校需求为导向，以学生为中心，引导学生围绕现实探索其中问题，用科技馆特色的探究式教育方式，让学生在科技馆的研学过程中，了解与生活有关的浅显的科学知识，并能应用于日常生活。同时，用科学探究活动，逐步学会科学地看问题，想问题。在丰富的研究内容中，实现书本知识与科研实践的深度融合。

本文选取厦门科技馆"苏颂的超级天文台"研学活动案例，简要分析多方位平台搭建下的研学开展，如何引导学生自主探究，如何鼓励学生站在科学史的角度去探索科学本质。以期对当下多平台、多方位的融合型研学活动开发和实施有一定启发。

2 研学案例概况

本文选取的"苏颂的超级天文台"案例是厦门科技馆"吾爱吾师"趣味工作坊系列活动中的一个分项。该系列活动针对"2019 国际天文年"，以"重走苏颂故里、讲述当代科学"为主脉络。整个研学活动分为展馆参观、专家主题讲座、"宇宙空间站"小课堂活动、天文观测活动四个部分，活动内容丰富，让研学内容更加丰满。贯彻落实了《关于推进中小学生研学旅行的意见》（以下简称《意见》）中开展研学旅行的重要精神：研学旅行是全面推进中小学素质教育的重要途径以及研学旅行是培育和践行社会主义核心价值观的重要载体。

"苏颂的超级天文台"活动选取的展品是"水钟"和完全1∶1复原的水运仪象台，理解枢轮擒纵机构的结构特点、水钟"以水为动力的计时方式"的运用以及水运仪象台的结构和功能。该研学活动是面向小学高龄段学生开发的主题科学活动，旨在促进学生对四大科学领域"地球科学"板块的初步认识，同时重点培养学生的科学态度和爱国主义精神。

2.1 活动准备

主题讲解 PPT、观测设备、太阳系挂图、行星卡片、超轻黏土、透明球、硬纸板、棉线、八大行星模型、打印纸带、行星贴图、旋转星座图、行星大小对比（米粒、小黄豆、大黄豆、绿豆、小海洋球、大海洋球、小玻璃球、大玻璃球）、A4 纸、颜料画笔等。

2.2 活动流程

阶段	活动内容	合作平台
参观与学习	厦门科技馆——"水钟" 问题引入："认真观察水钟的结构并且提出你们觉得哪一个部分是水钟的核心"，了解"枢轮擒纵机构"作用。 苏颂科技园——1∶1复原的水运仪象台，进一步了解水运仪象台的结构和功能、了解苏颂的成就。 陨石博物馆——认识陨石，通过讲解员的细致讲解以及近距离观察陨石的特点，引起学生的兴趣	厦门科技馆＋苏颂科技园＋陨石博物馆 （"三位一体"参观学习，让"游"的方式更加丰富，培养学生"尊重事实、乐于探究"的科学态度）
"仰望苍穹，大无止境"天文主题讲座	针对不同年龄层，开展"漫谈天文——聊聊宇宙那些事儿""天文摄影——追寻醒醒的真实面目""迈向太空——工作和休闲在地球之外""航向星系中心的黑洞——看科技创意如何揭秘宇宙的奥秘"四大主题知识讲座	北京天文馆＋台中自然博物馆（结合天文热点现象开展科学知识普及，与学生近距离探讨相关天文现象和知识）

续表

阶段	活动内容	合作平台
"宇宙空间站"小课堂活动	第一个课堂:认识太阳系!(适合1年级至3年级学生) 猜谜语和"太阳公公和它的八个孩子"的故事,将学生带入情境,引出八大行星;"图片上的八大行星""用图片来完成知识问答",带有视觉冲击的大型图画能够引起学生的好奇,帮助学生加深对知识点的理解;制作"八大行星球"鼓励学生动手操作,颜色的搭配和超轻黏土的使用,激发学生的想象力	厦门科技馆 (根据课标的内容和学生的不同需求,设计课程活动。鼓励学生动手操作,寻找身边的科学,将科学技术和生活联系起来。引导学生积极观察思考,加深对科学的兴趣)
	第二个课堂:你来自哪颗星?(适合4年级到6年级的学生) 儿歌《小星星》吸引学生的注意力,探究星星是什么?帮助学生完成知识的回顾和巩固;"星图游戏""组装八大行星仪",梳理已学过的知识点,鼓励学生动手实践,主动探究;"纸带游戏""给行星排大小和顺序游戏",引导学生积极观察和思考,探究八大行星离太阳远近及大小特点	
天文观测活动	下午场——科技馆广场:太阳表面黑子、米粒、日珥的观测;通过天文相机和单反相机拍摄传到大屏幕上,以动态的媒介普及天文科学知识	厦门科技馆 + 南方天文工作室 + 同安军营村 (专业设备架设和专业老师,现场讲解和天文知识的普及,激发学生的学习动力)
	夜晚场——同安军营村: 月亮、土星、木星的观测;老师讲解星座趣事和星座的基本情况,描述星座特征;架设70mm口径折射望远镜,进行深空天体拍摄记录和星座拍摄	

3 研学活动案例分析

3.1 多平台合作的必要性

3.1.1 科技馆作为研学基地的优势和局限性

基础类科学展品是科技馆最大、最有特色的教育资源。[3]科技馆可以通过展览、展品辅导、依托展品开发活动或者课程等方式,对基础科学进行普及,引导观众体验和主动探究,以此获得展品的原理和知识、科学方法、科学思想、科学精神,认识技术与社会的关系等,增进公众对基础科学内容的理解。

为观众提供了一种多样化的学习形式，引导观众进行"基于实物的体验和基于实践的探究"的学习方式，从而获得"直接经验"，这是科技博物馆的价值和优势所在，也是学校和其他科学教育、科学传播机构及其传播载体难以取代的。[4]

对于本次研学活动，若只是依靠科技馆的展品，缺少自然观测，在这种封闭的条件下，学生无法做到实验和体验，一味地听或者看，会让学生进入乏味的学习状态。《义务教育小学科学课程标准》（2017 年版）表示：小学科学是一门实践性课程。要把探究活动作为学生学习科学的重要方式。所以加入"路边观测活动"，初衷就如"旧金山路边天文学家"的天文组织的宗旨一样：向路边的行人免费提供观测天体的机会，并负责解答观察者们提出的各种稀奇古怪的天文问题，引起天文爱好者的兴趣和加入。组织学生，通过专业设备，突破限定的条件，做到《意见》中的第四个特点，亲身体验，也注重培养学生"尊重事实、乐于探究"的科学态度，重视对真实世界的观察。

3.1.2 资源整合，弥补科技馆展览硬件条件的不足

《义务教育小学科学课程标准》（2017 年版）中提到小学科学课程是一门综合性课程。理解自然现象和解决实际问题需要综合运用不同领域的知识和方法。科技馆开展研学，要充分利用展品的优势，还要以此为基础，进行馆外资源拓展和融合。在缺少专业背景的时候，更应该注重跨学科团队的建设，关注校外资源的专业化引导，注意在传统教育与研学活动中实践层面的协调。真正形成以学生的素质发展为核心的综合课程体系，注重各学科、各体系的对接和融合，落实到具体的教育活动之中。

《意见》明确提出：研学旅行要以统筹协调、整合资源为突破口。要做到融合性原则，就要针对本次活动进行资源梳理和整合。就展品、科学史、天文知识、机械原理、动手实践等，只有多方面联动和互补，才能站在综合育人的高度，再基于核心素养的形成来进行统筹、设置和实施。首先是展品整合："水钟"和"水运仪象台"，从展品的原理上主要强调"枢轮擒纵机构"的作用；"水钟"的认识和"苏颂的了解"，是科学家精神的体现；"2019 国际天文年"与"水运仪象台"在天文学上的主要成就，串成科学史的发展；"宇宙天体观测"和"陨石的认识"，做到"动手与动脑、书本知识和生活经验的整合"；"厦门科技馆""苏颂科技园""陨石博物馆"，"三位一体"的展览模式，可以相互补充和联系。

3.2 如何促进多平台在活动中的融合

3.2.1 研学活动教学模式分析

本次研学活动使用 HPS 教学模式，把馆内相关展品结合起来，进行活动课程的开发。HPS 教学模式，把科学史、科学哲学、科学社会学的有关内容纳入科学课程中。以期提高科学教育的质量，使科学教育能真正地、有效地、全面地提高国民的科学素养。[5]科学课程中加入 HPS 的内容，并不是简单地上一节历史课或是哲学课。HPS 教育强调科学基本史料的重要性，侧重于用历史的观点分析科学事业，使公众能够按照科学真正的发生方式来理解科学。[6]以北宋厦门同安籍天文学家苏颂主持的修建水运仪象台的巨大贡献为切入点，活动主要从展品本身出发结合科学史，提供丰富的背景资料。从历史的角度为学生讲述"枢轮擒纵机构"的工作原理，"水运仪象台"在天文发展中的地位再到苏颂的突出贡献，一步一步为学生讲述科学，还原科学。通过情景构建，帮助学生梳理科学知识从起源到今天的发展脉络，让学习历史为科学概念赋予人文思想。增加学生对系统化科学知识的掌握和理解，搭建学生对天文观测活动的兴趣和好奇，从而培养学生的科学精神和创新能力。这是让学生把握科学本质，知道科学知识是怎样产生的，科学家是怎么做的，使学生接受科学教育的过程既是学习科学知识的过程，也是科学探究的过程；既是思考的过程，也是享受快乐的过程。[7]

其次，科学家是科学精神的载体，通过回溯"水运仪象台"的主持建造以及对现在的影响，介绍苏颂探究科学真理的历程；再结合苏颂的成就介绍，包括机械、星图、文学、医药等方面的贡献，从科学家的思想、性格、精神，甚至牵涉到他们所处的经济、政治、社会环境与学术环境，培养学生关注科学家、理解科学来之不易的正能量精神。展示前人科学精神，帮助青少年养成崇高的精神品质。[8]

通过这样的教学过程，能够使科学教育实现"从知识分散到大概念整合""从工程实践到科学态度""从知识灌输到自主探究""从单一学科到跨学科"等当下追求的各类教学目标。[9]

3.2.2 注重实操过程，锻炼学生的实践能力

教育部基础教育一司司长王定华提出研学旅行的特点：亲身体验。动手做

做中学，学生必须要有体验；避免展览讲解像上课和学习单像考卷的问题，这种教育活动实际上还是灌输式教育，背离了科技馆一贯主张的"做中学""探究式学习"理念。[10]这一类情况的发生，是更加注重实操过程的结果。开展"路边观测活动"，结合南方天文工作室的专业设备和专业老师，突破课堂上"1对全体学生"的"填鸭式"教育，让学生走到户外，通过接触自然、接触实体物品去学习。活动的开展是向自然环境、生活领域以及社会活动领域的扩展，让学生在认知上超越教材、课堂和学校的局限，实现探究式学习和培养发散思维。使学习的内容更具多样性，学习的途径充满新颖的方式，密切学生与自然、与社会、与生活的联系，给予学生"动手的机会、动脑的机会、动口的机会、表达的机会"。

3.3 多平台融合设计活动的优势

《意见》中提到：研学旅行要因地制宜，呈现地域特色，引导学生走出校园，在与日常生活不同的环境中拓展视野、丰富知识、了解社会、亲近自然、参与体验。科技馆在设计研学课程内容和线路时，将地域人文、科普资源和时事热点同馆内的科普内容以及课程课标有机融合。"苏颂的超级天文台"融入了乡土乡情、科教、科学史、人文精神、社会热点等多种元素，其教学偏向于增加学生的见识、丰富知识和关注精神层面的修养，促进学生主动积极思考，解决实际问题。

研学作为"第二课堂"，能弥补学校正式教育和正式学习中的不足或者缺陷，拓展学生体验的活动空间，以引导学生自主探究为主。活动参观部分，通过展品和场景式教学，可以给学生沉浸式的学习体验；专家讲座则反映出"知识性目标"[11]的特点；实验与路边观测部分在先前的基础上，注意启发性和开放性，让学生主动参与进来，真正变成研学过程的主体。以综合活动的形式实现研学活动中多学科知识的融合与关联，促进学生养成多元化学习的基本形态，观察是学习，体验也是学习。[12]

4 结语

从近几年的发展来看，研学旅行对教育和旅游业都有着重要的意义，既有教育价值又有旅游产品的产业价值。但对于科技馆、博物馆等科普场所来说也是一个巨大的挑战，一方面要利用自身的场馆优势，发挥科普研学的功能；另一方面又要突破场馆的局限性，开发出更多适合社会需求的新的科普教育内容和形式。

笔者在本次的实践当中，主要从通过多平台搭建开展研学活动的角度，来克服科技馆在硬件条件上具有局限性的困难。然而，科技馆在科普研学上存在的问题不仅仅于此，比如，我们还需要组建研学旅行团队、培养专业研学导师、完成研学旅行课程化、开发稳定的研学旅行基地、评估研学效果等，这些都需要逐步完善，才能使其成为推动传统教育向素质教育转变的新动力。

以上是笔者参与本次研学活动的经验，就科技馆在科普研学的设计和开发，有待与业界同行共同探讨和改进。

参考文献

［1］吴支奎、杨洁：《研学旅行：培育学生核心素养的重要路径》，《课程·教材·教法》2018 年第 4 期。

［2］曾川宁：《浅谈科技馆科普研学导师的工作内容及其能力要求》，《学会》2020 年第 2 期。

［3］朱幼文：《"馆校结合"中的两个"三位一体"——科技博物馆"馆校结合"基本策略与项目设计思路分析》，《中国博物馆》2018 年第 4 期。

［4］朱幼文：《科技博物馆展品承载、传播信息特性分析——兼论科技博物馆基于展品的传播/教育产品开发思路》，《科学教育与博物馆》2017 年第 3 期。

［5］张晶：《HPS（科学史、科学哲学与科学社会学）：一种新的科学教育范式》，《自然辩证法研究》2008 年第 9 期。

［6］张晶：《HPS 教育的五个主要特征及其对我国科学教育改革的启示》，《科学技术哲学研究》2010 年第 1 期。

［7］宋娴、赵佳然：《HPS 科学教育范式在科技博物馆教育中的实践》，《外国中小学教育》2012 年第 11 期。

［8］　《研学旅行，怎么设计才合理?》，https：//www.sohu.com/a/297074266 - 578923，2019 年 2 月 23 日。

［9］周文婷：《将 HPS 教育融入科学课程，促进科学态度培养——以"吾爱吾师"科学课程为例》，载《科技场馆科学教育活动设计——第十一届馆校结合科学

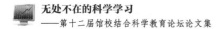

教育论坛论文集》，2019。

［10］中国自然科学博物馆协会科技馆专业委员会课题组：《科技场馆基于展品的教育活动项目调研》，中国科协青少年科技中心"科技馆活动进校园"调研项目，2015。

［11］宋娴、赵佳然：《科技馆科学教育三维目标模型的构建》，《科普研究》2011年第 2 期。

［12］殷世东、程静：《中小学研学旅行课程化的价值意蕴与实践路径》，《课程·教材·教法》2018 年第 4 期。

科普研学课程的开发与实践

——以吉林省科技馆"走近伯努利"为例

闫 俊 马晓健[*]

（吉林省科技馆，吉林，130117）

摘 要 随着国家大力推进中小学研学旅行活动，各类研学项目如雨后春笋般开展起来，科技馆作为其中的重要力量，其科普教育功能日益凸显。科技馆整合自身展教资源，开发科普研学课程，对助推科普研学的开展起到非常重要的作用。本文以研学课程"走近伯努利"为例，浅析吉林省科技馆在科普研学课程的开发与实践中的经验与不足。

关键词 科普研学 科技馆课程 课程开发与实践

2013 年 2 月，国务院办公厅印发的《国民旅游休闲纲要（2013～2020年)》首次正式提出"研学旅行"的概念，并指出要"逐步推行中小学生研学旅行"；2014 年 7 月，《中小学学生赴境外研学旅行活动指南（试行)》明确了开展研学旅行的基本标准和规则；2014 年 8 月，《国务院关于促进旅游业改革发展的若干意见》首次提出了在中小学生日常教育中开展研学旅行的要求；2016 年 11 月，教育部、国家发展改革委等 11 部门联合发布了《关于推进中小学生研学旅行的意见》，将研学旅行纳入中小学教学计划中。同年 12 月，教育部等 11 个部门提出推进中小学生研学旅行的意见，研学旅行得到多部门的重视。2017 年 12 月，教育部办公厅发布了《关于公布第一批全国中小学生研

---

* 闫俊，吉林省科技馆培训部副部长，助理研究员，研究方向为科技管理；马晓健，吉林省科技馆培训部部长，助理研究员，研究方向为科技管理。

学实践教育基地、营地名单的通知》，公布了第一批 204 个全国中小学研学实践教育基地。[2]吉林省科技馆是首批全国中小学生研学实践教育基地。

科普研学是基于中小学生自身的兴趣，引导学生进行研究性学习，探究答案背后的科学，以开放、自由的学习方式，充分发挥学生的能动性，达到"知行合一"的教育宗旨。本文以"走近伯努利"课程的开发和实践为例进行阐述，吉林省科技馆在科普研学课程的开发与实践过程中总结的一些经验和存在的一些不足。

1 整合场馆资源，系统规划科普研学课程

科普研学是一种独立于学校教育之外的非正式学习形态，研学课程是一种形态独立又特殊的课程。随着中小学课程改革力度不断加大，充分利用科技馆特有的展教资源和学校教育教学资源，积极探索、开发主题特色鲜明的科普研学课程，有助于提高科普研学的可操作性和实效性。本文认为课程开发可以从以下几个方面入手：首先，明确教学目标，科普研学不是学校某一课程的延伸和发展，而是在科学技术不断进步的当下，为学生综合实践能力的提高提供空间和平台；其次，科普研学尊重学生自主性探究，学生在课程中主动发现问题、提出问题、分析问题、解决问题，从而增强学生学习的积极性；最后，课程内容设计贴近学生的生活，密切学生与生活、与社会的关系，给学生提供实际参与、切身体验的机会，满足学生的内在需求。

1.1 科普研学课程需明确教学目标

科普研学是为中小学生研学团队提供近距离参与、体验科学的旅程。科普研学课程教学目标是与学校校本课程相结合，以提高学生综合实践能力为前提，充分利用馆校资源体现教学目标的多元性，开发设计全面的、系统的、富有探索性的科普实践课程。

1.1.1 科普研学课程目标需科技馆教育与学校教育相结合

2017 年初，教育部发布《义务教育小学科学课程标准》。新课标不仅对小学科学课堂教学提出新要求，同时也对课外科学教育提出新希望。科技馆不仅是学校科学课堂的延展和发展，而且是提升中小学生科学素养不可或缺的场

所。吉林省科技馆科普研学课程一方面达到了科普场馆教育资源与学校教学目标、科学内容的契合，另一方面满足了学生科学素质与学习成绩共同提高的需求。"走近伯努利"课程是向学生讲解伯努利原理，而这一原理是初中科学课课标"机械运动和力"主题"流体压强与流速的定性关系"中的内容，课标要求学生理解伯努利原理的物理意义并能够用伯努利原理去解释生活中的现象。[3]在小学科学课课标"力作用于物体，可以改变物体的形状和运动状态"中，要求学生理解并举例说明"5.1 有的力直接施加在物体上，有的力可以通过看不见的物质施加在物体上"和"5.2 物体运动的改变和施加在物体上的力有关"，[4]伯努利原理作为课程内容拓展和延伸，让学生理解生活中的很多现象是与其息息相关的。

1.1.2　科普研学课程目标要体现综合性

在科普研学过程中，学生在研学的过程中面对的是完整的科学世界，目标设计要求综合学生各种技能和经验，充分挖掘潜力，培养学生多方面的才能，也就是说，在目标的设计中要注意知识、情感、能力、过程与方法、技术与工程、社会与环境等多方面的目标，考虑学生综合素质的发展，而非其中一面。"走近伯努利"在课程目标设计的过程中充分考虑了综合性这一特点：通过实验、科普教师讲授学习伯努利原理的内涵和外延；通过对伯努利家族及丹尼尔·伯努利的介绍，了解一个科学原理的发现永远不是一个人的灵光乍现，而是一代代科学家们不懈坚持、不断努力的结果；通过动手做橡筋动力飞机和吸尘器，解决技术难题；通过了解伯努利原理在现实生活中的应用，理解科学对生活、环境的影响等。

1.1.3　科普研学课程目标要体现差异性

教学目标的"差异性"要求尊重学生群体的个性差异，体现课程教学目标的针对性、教学内容的对接性和教学方法的适用性。由于入馆参与科普研学的学生学龄特点、动手和创新创造能力及兴趣点的不同，设计的课程需面向全体学生，就需要在设计教学目标时充分考虑学生群体的差异性。由于"走近伯努利"课程主要面向4~8年级的学生，考虑到学生的接受能力和心理特点，将课程分为两个主题："橡筋动力飞机实验"和"吸尘器实验"，两个主题分设难易有度的教学目标，利于不同研学学生群体接受。

1.1.4　科普研学课程最终目标学生获得发展

获得知识、理解科学基本概念并用原理解释生活现象是科普研学的基本教学目标，科学方法、科学精神的领悟与学习和科学探究能力的提升是研学课程的深层次目标。比如说对科学思想的领悟，伯努利原理是流体力学的基本原理，也是与生活中很多现象息息相关的科学真相，学知识、解现象之余，学生通过对丹尼尔·伯努利家族的了解，针对敢于质疑、勇于挑战的科学精神也将引起灵魂的互动。同时希望通过科普研学课程的学习，对中小学生的价值观、人生观起到积极的引领作用。

1.2　科普研学课程应凸显学生学习的自主性

学生是研学的主体，在研学活动中表现出较强的自主性。科普研学课程是通过科技馆自身的展教资源引导学生参观、体验、观察现象获得直接经验，再将前人的科学实践转化为以学习为目的的科学探究，形成间接经验。在学习方式上，凸显学生在学习中的主动性，鼓励他们发现问题、提出问题、分析问题、解决问题，从而改变学习态度，在不断的学习探究中发现问题和不足，建立积极主动学习与探究的学习方式。

1.2.1　科普研学课程突出学生的实践性

学生是研学旅行过程的亲历者和体验者。科普研学是为中小学生创设一个适宜的学习环境，促进学生积极参与、主动探究。在课程中，科普教师的作用是学生实践探究过程中的指引，引导学生动手和动脑结合，增强学生的问题意识，培养他们的创新精神和实践能力。在"走近伯努利"课程中，科普教师会抛出一系列预设的典型问题，如"为什么不能在湍急的河水中游泳""鸟儿为什么能在天空中飞"，以及"在地铁站、火车站为什么会设置'安全黄线'"等，引导学生带着问题去思考、讨论、研究，最后完成作品飞机或吸尘器。

1.2.2　科普研学课程倡导跨学科学习方式

科普研学课程是综合性的课程，综合呈现各领域知识之间的相互渗透和相互联系。这也是 STEM 教育理念的核心，通过课程设计把各个学科真正融合起来，通过学科融合培养学生真正的综合素质。这在"走近伯努利"课程的制作环节体现得尤为明显。吸尘器现在已经成为很多家庭的生活必需品，学习了吸尘器吸灰的奥秘之后，就要制作一台手持吸尘器。吸尘器的外壳和部分零件是在电脑上设计、制图，然后由激光雕刻机来雕刻、打印完成的；吸尘器能够工作是因为要完成电路的安装与调试；在安装过程中，学生要学会使用螺丝刀、钳子等工具。在整个学习过程中，学生充当了设计师、电子技师、工程师等多个角色。

2　科普研学课程是让知识"活"起来

我国著名教育学家陶行知先生曾说："活的人才教育不是灌输知识，而是将开发文化宝库的钥匙。"如何让科技馆的展品、科普教具具备"生命"，让科学原理"鲜活"起来，需要科普研学"活"课程来实现。我们在实践中不断碰壁、摸索，设计了现在的"走近伯努利"课程，在实际教学方面做了一些大胆尝试，尽可能规避研学活动中的碎片化学习弊端。

2.1　科普研学第一要务：培养积极性与学习兴趣

兴趣是一种表面的新鲜，也是学习最好的助推力。科普研学课程为学生营造了一个轻松、愉快的学习环境，通过趣味十足的科学实验，导入与生活息息相关的学习内容以及丰富的探究实验、拓展知识。为的是学生能够保持新鲜感，让短暂的"热度"得到进一步的深化，而不是流于表面的新奇。伯努利原理是流体力学的基本原理，"物体在等高状态时，流速大，压强大；流速小，压强小"。如何在课程中既保持学生的学习热情，又理解原理？在"走近伯努利"课程中，设计了一些趣味实验，如放大的吸管，生活中我们都喜欢喝奶茶，奶茶杯中的珍珠只有豌豆粒大小，而我们的实验中珍珠是一颗30公斤的保龄球，怎么把它吸起来呢？学生在实验过程中不断创新方法尝试，失败了重来，最后成功将巨大的珍珠吸起来，完成实验。这样的实验只是"走近伯努利"课程内容中的冰山一角。

2.2　科普研学需巧用"学习单"

"学习单"是组织学生实现自主学习的教学策略。"学习单"的设计主要针对教学目标，由科普教师预设导学方案，是科普研学课程教学思路的体现，同时也是学生自主学习的主要线索。以吉林省科技馆设计的科普研学"学习

269

单"为例,课前导学,通过参观、体验展品,观察现象,实现感性认识;课中实践、探究,主要记录学生学习效果,同时记录探究过程中遇到的难题与解决办法,实现理性认知、学以致用;课后评价,主要记录学生的自我评价和综合评价,做学习效果记录及课程反馈。

2.3 科普研学是"学中做,做中学,玩中学"

《荀子·儒效》中说:"不闻,不若闻之,闻之,不若见之,见之,不若知之,知之,不若行之。学至于行而止矣。行之,明也。"学问到了实行阶段就达到了极点。美国教育学家杜威认为活动是学习者学习兴趣的源泉,提出了"做中学"理论。"走近伯努利"课程是基于体验的探究活动。学生以兴趣为引,以"学习单"为纲,在学中做,在做中学,在玩中学。

2.4 科普研学评价多元化

在研学活动中,学生是主体,科普研学评价需客观记录学生的实际掌握程度。吉林省科技馆科普研学评价附在"学习单"后,评价内容包括:自我评价,主要记录学生对知识的掌握程度,利用理论解释现象的熟练程度,本部分以题目为主,学生自行作答;表现性评价,主要记录学生动手能力和在实践中分析问题能力、解决问题能力及创新能力等,关注学生个性差异,鼓励学生创新实践;反馈与建议,主要记录学生体验后的心得,从实际参与者的角度为课程建言献策。科普研学评价不仅是对学生学习效果的记录,同时也是科普研学课程质量提升的重要资料。

3 存在的不足

在科普研学课程开展过程中,学生需在科普教师的引导下先进行展厅展品参观、体验,再到动手实践园地进行探究实践,这期间需跨越楼层,教学秩序不易控制,学生注意力不能迅速集中到下一环节。

科普研学课程内容还需根据学生不同的学龄、知识基础、区域性教育程度等进一步细分主题,保证学习效果。

4 结语

科普研学的灵魂是实践育人，好的研学课程应保持教学设计、实施与评价的一致性，并时刻关注学生的体验。吉林省科技馆开发的"走近伯努利"课程立足于馆内展品"伯努利小球"，通过动手实践课将内容拓展到自然现象、生活常识、体育运动、机械原理等领域，让学生通过科普研学活动切身体验"做中学，学中做，玩中学"。"走近伯努利"这一课程还有许多待改进之处，作为科普教师，也应该尽可能多地掌握教学方法，围绕课程目标拓展更多的学习方式如科学辩论会、科学运动会等，不仅仅局限于探究式学习。关于科普研学课程的开发任重道远，需在实践中不断探索、创新才能保证课程的长久魅力。

参考文献

［1］《教育部等 11 部门关于推进中小学生研学旅行的意见》（教基一〔2016〕8号）。

［2］《教育部办公厅关于公布第一批全国中小学生研学实践教育基地、营地名单的通知》（教基厅函〔2017〕50号）。

［3］中华人民共和国教育部：《义务教育初中科学课程标准（2011年版)》，北京师范大学出版社，2012。

［4］中华人民共和国教育部：《义务教育小学科学课程标准》，北京师范大学出版社，2017。

［5］王莹莹：《对接〈课标〉又区别课堂——"校园博物馆"项目课程开发的思考与实践》，《科学教育与博物馆》2019年第6期。

科技类博物馆在线游戏的国际比较

——以中、美、英四大科技类博物馆为例

曾 琦 李 娜 刘 晶 李 娟*

（华中师范大学生命科学学院，武汉，430079）

摘 要 科技类博物馆在线游戏的开发和应用是数字媒体技术与博物馆结合和促进青少年科学学习的一大研究方向。本文通过对中、美、英三国四大科技类博物馆在线游戏进行质性与量化比较分析，得出国内科技博物馆在线游戏在适用于青少年科学学习方面的优势与不足之处，并基于上述结果，为了更好地促进青少年科学学习，提出科技类博物馆在线游戏在设计、宣传、实施三方面的反思与展望。

关键词 国际比较 博物馆游戏 在线游戏 科学学习

信息化时代，科技类博物馆（包括科技馆和自然科学技术博物馆）的交互性和社会参与性不断增强。为顺应时代变化，与数字媒体技术的结合成为21世纪博物馆变革的主流趋势。我国文化和旅游部2019年印发了《公共数字文化工程融合创新发展实施方案》，以推动文化数字化发展。博物馆在线游戏正是推进科技类博物馆数字化和游戏化的重要举措。Kidd指出博物馆增加对网络游戏的投资以及人们对虚拟和现实博物馆的期待是文化领域游戏化趋势日

---
* 曾琦，华中师范大学在读研究生，研究方向为学科教学（生物）；李娜，华中师范大学在读研究生，研究方向为学科教学（生物）；刘晶，华中师范大学在读研究生，研究方向为学科教学（生物）；李娟，本文通讯作者，华中师范大学副教授，研究方向为课程与教学论、教师教育。

益明显的表现。[1]

博物馆不是教观众必须学习特定信息的机构，而是鼓励人们发展其终身学习的欲望与技巧。[2]而博物馆在线游戏的最终目的是扩大学生的共同知识面，提供真实世界的真实学习体验。[3]国内外研究证明科技类博物馆在线教育游戏能显著激发学习者动机、促进情境学习、增强自主学习、提升社交合作和问题解决能力。但目前国内科技类博物馆在线教育游戏发展迈入瓶颈期，游戏质量不高、普及率低等现象弱化了利用在线游戏促进青少年科学学习这一功能。国外博物馆游戏研究起步较早且深入，对国内外科技类博物馆在线游戏的教学适用性进行质性与量化比较分析，可为我国推进基于博物馆在线游戏的青少年科学学习提供些许参考。

1 科技类博物馆在线游戏的现状

借鉴赵阳对教育游戏的定义："由游戏设计和制作人员创作、具有教育和娱乐目的的软件"，[4]将博物馆在线游戏定义为由博物馆参与开发，具有教育目的的网络游戏。目前博物馆游戏已成为博物馆的一部分甚至一种艺术。史密森尼美国艺术博物馆 2012 年进行了"视频游戏艺术"展览。[5]各国也积极推进科技类博物馆游戏开发与使用。英国科技馆联盟公布的《数字化策略 2018 ~2021》明确要求增强数字科技馆建设，拓展数字化资源类别。美国博物馆联盟（American Alliance of Museums，AAM）在 2007 年将游戏纳入媒体与技术奖类别。[6]中国科技馆在 2010 ~2012 年完成"基于数字游戏化学习的科普内容展示方法及研究课题"项目，总结出博物馆科普游戏研发的一般原则等。[7]

电子游戏与科技类博物馆的主要结合方式有馆内展项游戏、在线游戏资源两种，前者如芝加哥科学和工业博物馆的"芝加哥未来能量"展项游戏，后者如澳大利亚博物馆的"AM Games"游戏 App。在线游戏资源受到各国博物馆重视。英国国家科技馆将"App 和游戏"作为主页专题。新西兰国立博物馆"read watch play"栏目中展示了 ShakerMod 等游戏。我国的中国数字科技馆、上海科技馆、北京数字博物馆等官网上均有主题丰富的在线游戏。

科技类博物馆在线游戏促进科学学习的主要应用方式有自主学习、场馆结合和课堂教学三种。如加州科学院官网推出的五款科学教育游戏，学生在浏览网页时可自主选择并进行游戏。[8]澳大利亚科技馆游戏 App 要求对馆内展项拍照并答题。Yeni Nurhasanah 等人利用印度尼西亚虚拟博物馆"确定化石年龄"游戏对 35 名学生进行课程教学。[9]我国则主要通过自主学习的方式利用科技类博物馆在线游戏促进青少年科学学习。

2　四个科技类博物馆在线游戏情况分析

科技类博物馆在线游戏资源能否真正普遍并持续地用于科学教育活动受诸多因素的影响,其中学习资源获取与使用是否容易、是否满足教与学的需求等是比较重要的因素。本研究基于游戏获取容易、游戏开发数量和质量、科技类博物馆游戏领域代表性等条件,对博物馆在线游戏开发较好的中、美、英三国科技类博物馆进行筛选,最终选取中国数字科技馆、上海科技馆、史密森尼博物馆、英国科学博物馆作为比较对象,从资源获取难易程度、在线游戏的教育性与游戏性两方面对国内外科技类博物馆在线游戏进行对比。

2.1　四大科技类博物馆及代表性在线游戏介绍

中国数字科技馆是由中国科协、教育部、中国科学院共建的一个基于互联网传播的国家级公益性科普服务平台。上海科技馆是一所具有中国特色、时代特征、上海特点的综合性科技馆,是中国重要的科普教育基地和精神文明建设基地。史密斯尼博物馆历史悠久,馆藏丰富,还作为研究中心,从事公共教育、国民服务等多方面研究。英国科学博物馆是世界上第一个科学博物馆。同时,这四类科技类博物馆在线游戏在各国科技类博物馆在线游戏领域开发较早、质量较好,极有代表性。为增加比较的信度与效度,本文参考 AAM 对博物馆在线教育游戏的六大类型划分,从每家博物馆选取一个体验感较好的角色扮演类在线游戏进行比较(见表1)。

表1　科技类博物馆代表性游戏的基本介绍

游戏名称	所属科技馆	游戏类型	受众年龄	游戏简介
鱼类	中国数字科技馆	角色扮演类闯关类	—	按照提示,在市集上通过互动买到妈妈指定的三条鱼

游戏名称	所属科技馆	游戏类型	受众年龄	游戏简介
垃圾特攻队	上海科技馆	角色扮演类 闯关类	—	身为垃圾分类怪物,躲避蟑螂同时搜集指定垃圾
Disaster Detector	史密森尼博物馆	角色扮演类 策略类	13～14岁	作为灾害预测工程师通过数据变化预测灾害到来时间,选择策略帮助城市抵御灾害
Total Darkness	英国科学博物馆	角色扮演类 探险类	7～13岁	在手电筒电量耗尽之前完成五个支线任务,并解决停电故障

2.2 科技类博物馆在线游戏获取难易程度的比较分析

教学资源获取难易程度是发挥科技类博物馆在线游戏教育价值的重要限制因素。出于科学学习可行性的考量,必须对其资源获取难易程度进行比较。从该角度出发对科技类博物馆在线游戏的游戏板块内容、游戏数量和主题以及游戏筛选方式三个方面进行比较,可帮助潜在需求者快速定位游戏界面,并在尽可能短的时间内筛选出满足科学学习需求的在线游戏。

根据搜集到的四个博物馆在线游戏相关信息,在游戏板块内容上,中、美、英三国科技类博物馆均在其首页设立单独的在线游戏板块,但国外的在线游戏板块功能和信息更完善。美英科技类博物馆在线游戏界面有介绍游戏内容、部分操作说明、开发者信息等,且配有游戏链接和用户反馈界面。英国科学博物馆网站在其首页推送优秀的在线游戏,网站也可搜到游戏介绍的博客文章。国内则直接给出游戏界面或链接。特别的是,中国数字科技馆在线游戏板块上有游戏排行榜。

在游戏主题和数量方面,中国的科技类博物馆在游戏数量和主题上较国外更丰富。四大科技类博物馆在线游戏主题繁多、划分方式不统一,中国数字科技馆有自然科学、宇宙探索等7个主题,英国科学博物馆有艺术设计、工程设计等15个学科和电、力、工程等15个科学主题,部分博物馆没有对在线游戏进行主题划分,这可能与其在线游戏数量较少有关。总体上看,可以划分为传统文化、健康生活、自然探索、科学原理、科技工程、能力提升和观览导引这7个主题。据此来看,中国数字科技馆设有228个在线游戏(不含部分课件动画），涵盖包括传统文化、健康生活、自然探索、科学原理和科技工程在内的多个主题，偏重知识的呈现和体验。而美国史密森尼博物馆有 9 个 STEM 游戏，英国科学博物馆仅有 7 个游戏。重视 STEM 教育的英、美两国在科技类博物馆在线游戏主题方面也重点关注能力提升、科学原理和科技工程主题，注重培育学生互动合作、问题解决等能力。

在游戏筛选方面，我国各科技类博物馆在线游戏划分程度不同，国外更利于快速定位与筛选。为方便学习者更迅速地搜索适合的游戏，美国史密森尼博物馆对在线游戏设置了按适用年级划分的筛选方式，分类涵盖幼儿园、1 ~ 8 年级、中学阶段以及全年龄段。英国科学博物馆则按照学科、主题、对象和形式标签区分不同的在线游戏。相比之下，国内科技类博物馆在线游戏的设计存在些许不足。中国数字科技馆的在线游戏按照学科、类型和难易三个维度进行区分，将不同游戏划分成"简单、适中、困难"三个难度等级，但没有具体适用年级划分，上海科技馆甚至没有任何区分。由此看来，国内科技类博物馆在线游戏可供选择数量较多，主题也十分丰富，但信息不够完善，且不能快速定位到青少年科学学习所需资源，而美英科技类博物馆在线游戏的选择性弱但信息更完善，方便青少年自主选择。

2.3 科技类博物馆代表性在线游戏教育性与游戏性的比较分析

科技类博物馆在线游戏属于教育游戏之一。教育性与游戏性是其本质属性，也是科技类博物馆在线游戏适应于科学学习的关键所在。青少年可以在游戏中感受科学乐趣、增加科学知识，实现玩中学、学中玩的快乐科学学习。因此，游戏的教育性与游戏性是科技类博物馆在线游戏科学学习适应性比较的重要考量维度。

目前教育游戏评价量表研究较多。如 R. Mena 等人的教育性和游戏性 E/E 矩阵量表[10]，郁晓华等人基于多元智能理论的 9 维度量表[11]，刘文辉等人的学习设计、游戏设计和软件开发 3 维度指标体系[12]。其中美国乔治梅森大学教育与人类发展学院的 L. Annetta 教授等人在 2011 年提出的严肃游戏评价量表（SEGR 量表）包含 15 个指标，采用"0/1/2"3 点计分法，旨在帮助教师与学生评价教育游戏的质量是否满足教与学的需求。[10]这与本文比较目的一致，且在国内外实证检验下信度效度较高。沈娟基于专家咨询法对 SEGR 量表指标赋予教育性与游戏性的归属维度。[13] 本文确定以结合归属维度的 SERG 量表对科技类博物馆代表游戏进行比较。

本文邀请了两位具有科技馆资源建设和教学研究经验的师范类研究生（编号 X、Y）在一天时间内充分体验四个代表游戏，并利用 SEGR 量表进行独立评分。随后对两位评分者数据进行 Spearman 相关性检验，结果显示评分者之间为中等正相关（Spearman 相关系数 r = 0. 620，P < 0. 01），即两位评分者根据 SEGR 量表对四个游戏的评价比较一致。计算每个游戏各指标的平均得分结果见表 2。

表 2　国内外博物馆代表在线游戏评价结果

比较维度＼代表游戏均分	归属维度	中国数字科技馆	上海科技馆	史密森尼博物馆	英国科学博物馆
		鱼类	垃圾特攻队	Disaster Detector	Total Darkness
序言	游戏性	2.0	2.0	2.0	2.0
教程、练习	游戏性、教育性	0.5	1.0	2.0	1.0
互动	游戏性	1.5	1.5	2.0	2.0
反馈	游戏性	2.0	2.0	2.0	2.0
身份认同	游戏性	0.0	1.0	0.0	0.0
沉浸	游戏性	1.0	2.0	1.0	2.0
愉快的沮丧	游戏性	0.5	1.0	1.0	2.0
操控	游戏性	2.0	2.0	2.0	2.0
难度递增	游戏性、教育性	1.0	1.5	2.0	1.5
规则	游戏性	1.5	2.0	2.0	2.0
告知学习	教育性	1.0	0.0	0.0	1.5
学习	教育性	2.0	2.0	1.5	2.0
教学效果	教育性	1.0	1.0	1.5	1.0
阅读效率	教育性	1.0	2.0	2.0	1.5
交流平台	游戏性	—	—	—	—

注："交流平台"维度仅对多人在线游戏进行评价，在此不作比较。

根据 SEGR 量表分析可知，中、美、英三国科技类博物馆优秀代表游戏均能较好地满足青少年科学学习的需求。具体来看，包括以下几个方面。

游戏性上，国内外科技类博物馆优秀在线游戏的游戏性较好，我国黏性不足。中、美、英科技类博物馆优秀代表游戏在"序言""互动""反馈""操控""规则"维度表现较好，即在游戏中有明确的目标、游戏教程和规则，违反规则有一定影响，游戏过程中注重玩家与物品、游戏 NPC 的互动以及操作有及时准确反馈。一定程度上反映出国际上科技类博物馆优秀在线游戏的设计普遍遵循游戏设计的互动性、目的的明确性等原则。但"愉快的沮丧"维度存在较大差异，国内代表游戏存在一定难度但可以自我解决，美、英两国代表游戏中挑战性较强同时具有较高的游戏黏性，即使存在挑战玩家也愿意并积极投入游戏解决难题。

教育性上，国内外科技类博物馆优秀在线游戏的教育性较好，我国指导性与反馈形式不足。中、美、英科技类博物馆代表游戏的评分均较高，尤其是在"难度递增""学习""阅读效率"三个维度上表现较好，即这些游戏均以简洁明了的方式呈现文字、在游戏中渗透知识与技能，且能借助进度条、数字、分数的方式给予游戏者即时反馈。结果说明国际上科技类博物馆优秀在线游戏的设计注重在线游戏的教育性、即时性与反馈性。国内外代表游戏在"教程、练习"维度上差异较大，国外代表游戏会提供游戏前的游戏练习，帮助游戏者熟悉游戏操作，而国内代表游戏对这一方面的建设有所忽视。此外，我国代表游戏在"告知学习"维度也存在差异，说明游戏对玩家数据收集和反馈形式较少，需要在游戏设计中完善。

3　结论

通过对国内外科技类博物馆在线游戏的数量和主题、板块内容、筛选方式以及教育性与游戏性四个方面进行比较分析可知，国内外科技类博物馆在线游戏的游戏数量和主题、筛选方式以及教育性与游戏性方面存在着较大的差异，具体可以归结为以下三方面。

3.1　国外对接 STEM 素养需求，国内主题多元化

国外在线游戏对接 STEM 素养需求，注重培养学生的创造性、工程思维和问题解决能力等。国内科技类博物馆在线游戏主题多元化，涵盖传统文化、健康生活、自然科学、宇宙探索等多个方面，注重学生的全面发展。

3.2 国外信息全面，国内差异化明显

国外科技类博物馆在线游戏信息全面，在科技类网站首页有明显的游戏导航标识，且对游戏难易程度、适用年龄、游戏主题、开发者等均有说明。国内科技类博物馆在线游戏的筛选呈现明显差异，多数没有利用标签筛选，少数如中国数字科技馆采用主题、类型等进行区分，但游戏筛选方式的设计均对受众年龄有所忽视。

3.3 国外游戏黏度高，国内设计全面

国外科技类博物馆在线游戏配有游戏教程，可帮助游戏者快速掌握游戏要领，且游戏挑战性强，反馈及时，可强化游戏者的游戏动机，具有较高的游戏黏度。国内游戏设计兼具游戏性与教育性，注重游戏中科学知识的体验、学习与应用，利于落实"做中学""玩中学"这一教育理念。

4 反思与展望

综上所述，以国内外四个代表性科技类博物馆及其在线游戏为例，通过本文的系统归纳与分析，针对如何利用国内科技类博物馆在线游戏更好地促进青少年科学学习，从开发、宣传和实践三方面提出了如下建议。

4.1 扬长补短，增强在线游戏专业性与设计感

我国科技类博物馆在线游戏应当保持其主题与数量、融合优秀传统文化的优势地位，并进一步优化游戏设计。由教育工作者、学术顾问与专业游戏设计团队共同参与在线游戏开发，保证在线游戏的教育性与游戏性，使其契合教与学的需求。增加游戏前期指导与练习环节，帮助游戏受众更快地沉浸到在线游戏情境中。以多样化的方式收集受众的游戏数据，并及时反馈给受众、教师等群体，帮助青少年在评价反馈中知不足而后进。同时游戏内容可更丰富、更具有探索性与挑战性，游戏中及时给予奖励强化，保证积极的情绪体验，增加游戏黏性。进一步地，还可在游戏中增加科技类博物馆特色如科技史、科技展品等，实现线上与线下的特色融合。

4.2　扩大宣传，完善在线游戏版面信息

我国科技类博物馆在线游戏研究起步较晚，普及率较低。基于在线游戏促进青少年科学学习的独到之处，应大力宣传科技类博物馆在线游戏，驱逐在线游戏市场的劣币。可以完善科技类博物馆网页上在线游戏版面信息，如开发者团队、游戏设计理念、适合人群、基本操作等。增设用户反馈界面，促进游戏的迭代优化，更符合青少年科学学习需求。优化在线游戏的筛选功能，采用正规教育系统的年级、学科主题与游戏类型等游戏特征的划分方式，便于直接搜取教学需要的在线游戏资源。此外，还可联合线下展览、公众号推送等多种方式扩大宣传。

4.3　多样实施，创新在线游戏适用情境

青少年科学学习是全方位进行的，学校、场馆、家庭等都是科学学习的重要场合。除了目前科技类博物馆在线游戏主流的自主在线游戏方式外，还可创新家庭亲子互动在线游戏、Web 2.0 在线游戏社区、大型全民性科技类博物馆在线游戏竞赛等多种在线游戏使用方式。同时可联合当地学校，开创科技类博物馆在线游戏编程开发的校本课程，既是寓教于乐也将馆校双方由配合者转变为积极的合作关系，打开馆校合作双赢的新局面。真正将青少年的快乐科学学习由个人拓展到同伴、学校、家庭和社会等多个层级，打造基于科技类博物馆在线游戏的科学学习的整体局面。

中、美、英三国比较来看，我国科技类博物馆在线游戏具有良好的基础和极大的提升空间。为充分发挥科技类博物馆在线游戏的教育优势，有效促进青少年科学学习，还需要教师、游戏团队、科技类博物馆等相关人员与机构共同努力，从开发、宣传与实施三方面着手，不断进行科技类博物馆在线游戏的迭代优化，使其成为青少年科学学习的有源活水。

参考文献

[1] Enny Kidd, *Museums in the New Mediascape*, Ashgate Publishing Limited, 2014.

［2］ 徐纯：《游戏与学习的理论探讨》，《科学教育与博物馆》2017 年第 3 期。

［3］ Din H. W., Play to Learn: Exploring Online Educational Games in Museums, International Conference on Computer Graphics and Interactive Techniques, 2006.

［4］ 赵阳：《教育游戏评价指标体系研究》，河南大学硕士学位论文，2012。

［5］ Filomena, Izzo, Gaming and Museum, *Journal of US—China Public Administration*, 2017（1）.

［6］ 徐俊：《公众教育视野下的美国博物馆数字技术与体验设计》，《美与时代：创意》（上）2020 年第 1 期。

［7］ "基于数字游戏化学习的科普内容展示方法及研究"课题组：《基于数字游戏化学习的科普内容展示方法及研究报告》，载束为主编《科技馆研究报告集（2006～2015）》（下册），科学普及出版社，2017。

［8］ Koushik, Madhuri, Lee, et al., iPad Mini-games Connected to an Educational Social Networking Website, International Conference on Computer Graphics & Interactive Techniques. DBLP, 2010.

［9］ Y. Nurhasanah, A. S. Rohman and A. S. Prihatmanto, The Design and Implementation Determining Age of Fossils Game Simulation at Virtual Museum of Indonesia（A Case Study at a Museum of Geology）, 2012 International Conference on System Engineering and Technology（ICSET）, Bandung, 2012.

［10］ L. Annetta and S. C. Bronack, et al., Serious Educational Game Assessment: Practical Methods and Models for Educational Games, *Simulations and Virtual Worlds*, 2011.

［11］ 沈娟、章苏静：《教育游戏评价方法研究述评》，《远程教育杂志》2014 年第 3 期。

［12］ 刘文辉、王艺亭、赵敏、胡贺宁、江丰光：《教育游戏评价指标的设计与开发》，《开放教育研究》2017 年第 2 期。

［13］ 沈娟：《中美教育游戏评价指标体系比较研究》，杭州师范大学硕士学位论文，2015。

基于 STEAM 教育理念的学科融合式科普教育实践探索

黄丽琴*

（温州科技馆，温州，325000）

摘　要　在新时代社会背景下综合创造型人才成为普遍需求，科技馆科普教育也逐渐开始被重视。与传统单学科重视书面知识为主的教育方式相区别的 STEAM 教育，以集科学、技术、工程、艺术和数学于一体的全新教育理念，成为当前培养创造型人才的重要教育方式。温州科技馆将自身科普教育资源与 STEAM 教育学科融合理念相结合，开展"周末科学派"科普教育活动，让青少年打破学科界限亲身经历科学探索活动，激发青少年学习兴趣，创造出更多可能性。

关键词　STEAM 教育　学科融合　科普教育

1　科技馆开展 STEAM 教育的必要性及现状分析

1.1　科技馆教育与 STEAM 教育具有共通性

从二者的基本特征可看出科技馆教育与 STEAM 教育具有共通性。STEAM 教育是集科学、技术、工程、艺术和数学于一体的强调学科融合、打破学科界限，注重创新和实践能力的培养，支持学生以学科整合的方式去认识世界，以

---

* 黄丽琴，温州科技馆科普辅导员，研究方向为展览与教育。

综合创新的形式改造世界，培养他们解决问题的创新能力。[1]科技馆教育是区别于课堂教育的另一种教育方式，基本特征是"引导观众通过模拟再现的科技实践进行探究式学习并进而获得直接经验"，[2]以融合多学科的展品展项为载体，以激发青少年学习兴趣和增强学生实践能力为目的的，开展一系列趣味科普活动让青少年通过亲身经历科学探索活动，了解科学原理并能够引导青少年主动探究，激发学习的主观能动性从而创造出更多的可能性。长期以来，部分科技博物馆存在着"重展轻教""以展代教"的倾向，很少开发和实施相关的活动，[3]科技馆作为社会重要的科普教育基地，应合理运用丰富的展品、展项、展教等资源，与时俱进地合理开发科学探究活动，科技馆丰富的科学教育资源也为在科技馆内开展 STEAM 教育提供了很好的硬件条件和软件条件。

1.2 STEAM 教育已成为培养创造型人才的主流教育方式

传统的基础学科教育逐渐不能满足青少年全面素质发展需求，也不能培养社会普遍需求的创造型人才，STEAM 教育已成为主流教育方式。在知识经济时代下，科技创新能力已然成为综合国力竞争的重要因素，"少年强则国强，少年富则国富"，青少年时期是学习的重要阶段，具有很强的可塑性，对培养综合创新型人才也是黄金阶段。随着教育行业的发展，科普教育也逐渐受到重视，创新型人才培养日趋重要，科技馆作为青少年科学教育的前沿阵地，开展科学教育已成为不可或缺的活动。传统的教育方式重视单科目学习、书本知识、填鸭式学习方式，已经不能成为培养创造型人才的主流教育方式，科技馆科普教育活动的开展也应该重视青少年自主探索并培养青少年解决现实问题所需要的灵活性、适应性，而 STEAM 教育与传统教育方式不同，它让青少年以学科整合的方式认识世界，以引导式的学习方式，培养青少年解决问题的创新能力，远离碎片化的知识和死记硬背，不断提升青少年的逻辑思维能力以及自我实现的激励能力。因此，科技馆科普教育方式与STEAM 教育相结合有利于培养创造综合素质全面发展的人才，让科技馆教育发挥出巨大作用。

1.3 科技馆关于 STEAM 教育现状

目前部分科技馆也逐渐开展科普教育相关活动，但仍然以单纯的知识灌输式教育占大多数，STEAM 探究式教育较少。科技馆科普教育应具有科技馆特色、充分利用资源，发挥参与体验式学习的作用。但是，目前各地科技馆开展的科普教育活动，大多数以传统形式为主，没有充分利用展馆资源发挥科技馆特色，与普通的社区少年宫等其他科普教育基地活动形式相似。更令人困惑的是，许多科技馆虽不满足于"展览辅导与讲解像上课"，但又苦于不知如何开发"不像上课的展览辅导与讲解"。[3]

2　科技馆开展学科融合活动应具有的特征

2.1　STEAM 教育结合展品资源，强调思维建构和创新思维能力培养

科技馆与学校最大的不同在于学习载体不同，学校里以书本教材为载体，而科技馆则是以展品资源为载体，通过观察与亲身参与，将前人的科学实践成果转化为自己的学习成果的实践探究式学习，科技馆展品教育效果，应从"基于实物的体验""基于实践的探究""多样化的学习"中产生。[4]这样的从实践中来到实践中去的探究式学习方式，符合未来科技馆与科学教育发展的新趋势，也符合先进科学教育理念与教学方法。科技馆通过开展 STEAM 教育下的学科融合式活动，以科学表演、科学小实验、趣味科技工艺品制作等多种方式为载体，对学校课本中枯燥、抽象的知识进行生动呈现，突破知识碎片化、实践操作差、填鸭式被迫学习等困境，强调构建思维和创新思维的培养，将多门学科理论知识以及科学实验提升到解决具体的、现实的实践问题的层面，从而打破青少年思维局限突破已有的思维能力，固化学科思维体系。

2.2　STEAM 教育结合艺术文化，激发学科学习动机和兴趣

青少年群体在学习和实践中存在艺术审美的需求，优秀的 STEAM 教育也离不开艺术，艺术在于学习实践，艺术和 STEAM 教育结合能够辅助学生的理解与运用，还能激发和优化学习与实践。研究表明：基于艺术的 STEAM 教育能使学生获得更高的学习成就，并提升他们对科学、工程等学科的兴趣和动机，促进其在整合"艺术"的 STEAM 教育中受益。[5]科技馆开展渗透艺术的

STEAM 教育下的学科融合式活动，有利于学生在学科融合式学习过程中的自主学习、团队协作、个人责任感、艺术灵敏性等能力素质的培养，如温州科技馆开展"电路农场"活动时，通过对农场布局、颜色、图案等多方面的设计，小组成员进行农场角色扮演共同构建属于自己的农场作品，以及各小组之间交流评价的反思等，逐步完善和构建农场生活来激发和掌握关于电路实践和理论知识的学习，也培养了学生的团队协作、实践操作、个人责任等多方面综合素质，达到了培养综合素质、学科融合式学习以及掌握理论知识的目的，突破了有些 STEAM 教育活动注重学习体验与学习兴趣，忽视学习目的与产出的教学困境。

2.3 STEAM 教育学科融合式活动，具有创新性与可复制性

科技馆科学教育活动的开发并不是最后的成功，对科普教育活动进行不断改进和运营，挖掘出活动更多的教育价值，形成适应于不同的模式、适应于不同条件的可复制性，进而使更多科普教育基地能够学习借鉴以及引用该活动，使受益面更加广阔，不受限于一些不必要因素，才是科技馆科学教育活动的宗旨。国内科技馆建设在规模体量、布局装饰等方面已经超过了部分发达国家，现在面临的是关于如何"教育大于展品，软件大于硬件，实践大于理论"的转型。在千馆一面、大同小异的今天，关键在于科技馆如何利用自身资源和优势进行科普教育方式和科普教育理念的优化与创新。割裂式的学习方式，知其然而不知其所以然，绝不是令人满意和符合时代发展规律的教育方式，而"重展轻教""以展代教"的科普教育方式，没有与时俱进、亲身体验式的学习体验，也不是令人满意的科普教育方式。温州科技馆开展的"科普列车行"活动，利用科技馆中的展教资源通过走出展馆走进学校的方式来进行科普教育，这是将同一个主题的多种活动整合起来开展的活动，如对以电路为主题的周末科学派、科普秀、探探实验台等活动进行一个整合，使它变成以同一主题不同方式的活动组开展科普教育，走进校园通过不同于学校学习的亲身参与体验的探究式学习方式来学习科学知识，不仅如此，走进校园时学校也引用了温州科技馆这样的学科融合、亲身体验的探究式学习方法，使这样的科学学习活动走向课堂，从而使受益面更加广阔。

3　学科融合式的"周末科学派"科普教育活动设计思路

"周末科学派"是利用学生周末时间开展相关科学学习的活动，通过有趣的实验等方式来激发学生学习兴趣，是不同于学校学习的第二科学学习课堂。活动设计基于 STEAM 教育理论学科融合的亲身体验参与的探究式学习方式。学科融合并不是简单的几个学科叠加，而是各学科以适宜的方式和实践整合成以综合目标为导向的全新教育形态，[6]不同于传统填鸭式学习方式，学科融合学习方式可以避免理论知识碎片化，构建思维体系，将理论知识提升到解决实际问题的层面上。科技馆开展学科融合式科普教育可以与学校教育相区别，合理运用展馆资源，充分体现展馆特色，缓解科技馆"重展轻教""以展代教"以及和学校雷同的教育方式等困境。

本文以"走进神奇的 3D 世界""我是哆啦 A 梦的道具师""我是小小演奏家"这三个主题活动为例，分析"周末科学派"设计思路。

3.1　结合展品，构建学习情境

首先，在开展每一个主题课程的过程中，要结合展品进行探究（见表 1），让学生充分了解展品中的科学原理，把前人的实践成果充分吸收并形成自己的观点，让学生以小组协作的形式进行学习探究，相互之间进行沟通评价，在活动过程中不仅有展品的研究，也包含了一定难度的探究项目，这个过程能够充分引导学生自主学习，也可以培养学生素质。

表 1　不同展品结合活动

活动主题	学习目标	对应展品
"我是小小演奏家"	• 了解声音的产生需要振动 • 充分掌握物体之间的共振原理、频率越高和频率越低的与发出的声音之间的关系 • 制作"气球嘟嘟笛"和"吸管排箫"	空中音乐
"我是哆啦 A 梦的道具师"	• 掌握空气炮原理 • 炮口大小与射出的气流之间的关系 • 制作"纸杯空气炮"	云环

活动主题	学习目标	对应展品
"走进神奇的 3D 世界"	• 了解 3D 打印历史 • 掌握 3D 建模要领和技巧、熟悉建模工具菜单栏含义和用法 • 利用 3D 建模软件制作杯子	3D 打印

其次,通过科普辅导员的学习情境设置引入,以温州科技馆"周末科学派"系列"走进神奇的 3D 世界"活动为例。

"引入":通过观看电影《十二生肖》中的绕铜首一周就能够复制出一模一样的铜首,这样的高科技展示,提出 3D 打印的概念,激发学生的兴趣,并由此开始介绍 3D 打印的历史、材料、设备,慢慢地由浅入深地开始学习 3D 打印。

"探究":在学生了解 3D 打印的基础上,进行进一步的实践探究——制作设计与众不同的杯子。学生利用电脑 3D 建模软件,独立自主设计杯子模型,进而通过艺术、数学、3D 打印技术和材料科学相融合制作出与众不同的杯子,将碎片化知识进行相互衔接,扩展并丰富成知识脉络,构建思维模式,达到"知识应用于生活"的实践目的。

辅导员通过引导—讲解—实践—总结的脉络,让学生带有目的性地感受 3D 打印,通过实践再获得经验,这是一个从实践中来到实践中去的思维历程。

3.2 基于展品,实践拓展内涵

展品反映丰富的科学原理,基于展品的科普教育活动不仅可以学习展品之间的科学原理,还具有多种学科知识点融合的特征。在温州科技馆"周末科学派"活动中每个主题都将多种学科的知识点进行融合,将各个学科之间的知识进行相互衔接,扩展并丰富知识脉络,如"我是哆啦 A 梦的道具师"活动中,选取展品云环中的空气旋转原理。其中制作空气炮实验中不仅包含了空气旋转原理,而且包含了美术、材料科学等知识,对学科知识进行交叉,有助于学生形成综合知识结构。又如在"我是小小演奏家"活动中,对生物、科学、艺术、材料科学等知识进行交叉学习,这些不仅体现了展品的科学原理,还进行了跨学科关联,充分拓展内涵,形成良好的思维品质和完善的科学体系。

3.3 注重实践，小组互动式学习

STEAM 教育是以探究式学习为主的学习方式，在活动中，注重培养学生自主发现、自主探究的能力。"周末科学派"系列"我是哆啦 A 梦的道具师"的活动中，采用小组形式进行学习探究，并在活动的最后进行小组之间的交流评价，分享与交流是活动中获取重要知识点的直接方式，并倡导学生对学习过程中发现的问题进行进一步的探究，最后提出自己的想法，表达自己的感受，回顾活动中的知识点。

3.4 资源整合，综合利用

"周末科学派"系列活动充分利用场馆展品资源、展教资源、展厅资源、户外资源等增加科技馆教育资源利用率。如"走进神奇的 3D 世界"活动，充分利用展馆内的机房和 3D 打印设备，为科普教育活动拓展了空间，也增加了机房内设备的使用率，避免造成资源浪费，使 3D 打印设备不只应用于展览还可以应用于现实的实践操作，资源的合理运用为科普教育活动提供了更多的设计思路。

4 结语

STEAM 教育活动对于科技馆来说，无论是对促进科学学习还是对提升科技馆教育职能都是极为重要的，传统的基础学科教育逐渐不能满足青少年全面素质发展需求，以及不能培养社会普遍需求的创造型人才，因此科技馆作为科普教育的主阵地，在提升青少年科学素养方面扮演重要角色，应当充分利用科技馆资源，培养创造型人才。

参考文献

[1] 赵慧臣、陆晓婷：《开展 STEAM 教育，提高学生创新能力——访美国 STEAM 教育知名学者格雷特·亚克门教授》，《开放教育研究》2016 年第 5 期。

[2] 陈宏彦：《跨学科创新视角下 STEAM 教育与科技馆教育的融合》，《科技风》2018 年第 12 期。

[3] 李博、常娟、齐欣、朱幼文等：《科技馆教育活动创新与发展研究报告》，载束为主编《科技馆研究报告集（2006～2015）》（下册），科学普及出版社，2017。

[4] 秦媛媛、李笑菲、唐剑波、侯易飞、秦英超：《基于展品的信息技术类 STEAM 教育活动模式探究》，《学会》2019 年第 1 期。

[5] 苏昕、音袁：《科学文化视角度下的大概念科学教育——论科技馆场域中的展教活动》，《科学教育与博物馆》2019 年第 6 期。

[6] 周文婷：《基于展品资源，引进 STEAM 教育理念，对接课标——科技馆"馆校结合"项目开发的思考与实践》，《自然科学博物馆研究》2019 年第 1 期。

基于场馆资源的研学旅行项目设计研究

吴 倩*

（温州科技馆，温州，325000）

摘 要 研学旅行日益成为学校、家长、学生、旅行社的一个新选择，将"研""学""游"三者相结合，学生在旅行中参与研究性学习，让心灵与身体共同成长。科技馆开展科普研学活动是学校教育和校外教育结合的创新形式，应当基于场馆资源制定研学参观线路和 STEAM 探究课程，最大限度地发挥科技馆作为校外科普教育基地的作用，同时避免参观者走马观花、游而不学的现象。

关键词 科技馆 研学旅行 STEAM 教育

1 科普研学旅行的意义

2016 年，教育部等 11 个部门联合印发的《关于推进中小学生研学旅行的意见》（以下简称《意见》）中指出研学旅行的重要性，是综合实践育人的有效途径。[1]为将政策落到实处，全国各地科技馆积极响应，充分发挥场馆、展品的优势，利用丰富的校外科普教育资源，制定特色参观路线，同时基于 STEAM 教育模式设计相关的探究性研学课程。将科普研学和旅行有效结合，使学生在轻松游玩的氛围中，有所思考，有所学习，有所收获。

开发研学旅行活动需要考虑地域因素、资源因素、人员配置等。如云南省科普研学活动不局限于科技馆内，能够利用工业、农业园区等资源开展为期一

---

* 吴倩，温州科技馆科普辅导员，研究方向为科学教育。

周的研究"梯田生态学""梯田物理学"等系列活动,[2]充分发挥了得天独厚的地域优势和科普教育资源优势。但并不是每一个地区的科技馆都能聚集如此多元化的资源。

对于大多数科技馆而言,如何发挥场馆自身的资源优势是设计科普研学旅行活动的重点。各地科技馆需要分析自身场馆资源,利用人与展品之间的互动性,开展探究式学习活动,调动参观者主动学习的积极性,改善"只游不学"的现象;科技馆需要了解当地学校教育的需求,设计有针对性的 STEAM 课程,促进"馆校结合"的发展;科技馆还需要结合地方特色,因地制宜地设计有利于场馆自身发展的研学旅行。

2 科技馆研学旅行的特色

2.1 基于场馆资源,发挥校外科普教育的作用

科普研学旅行中的学校、科技馆、旅行社构成了实施的三要素。[3]其中,科技馆作为校外科普教育基地,其安全性及公益性有所保障;旅行社主要负责团队带领和辅助管理,提供引导、交通等方面的支持。针对学校需求设计特色研学旅行线路,利用展品的互动体验开展相关主题的探究式学习,一方面是利用科技馆丰富的科普教育资源,最大限度地发挥校外科普教育基地的作用;另一方面也是区别于传统"游"科技馆,发展将"研"与"学"充分融合在"游"中的研学旅行。

科普研学旅行利用科技馆独有的资源,贯彻学校"读万卷书,行万里路"的教育理念和人文精神,同时明确了旅行社主要职责。体验者背起行囊走出校园,拓展视野,丰富知识,增强自理能力,锻炼团队合作能力,培养社会责任感,同时提高中小学生实践能力并培养创新精神。

2.2 基于场馆资源,形成 STEAM 课程

STEAM 是科学(Science)、技术(Technology)、工程(Engineering)、艺术(Art)及数学(Mathematics)五个学科的首字母缩写。STEAM 教育是目前一些学校为了提升竞争力而策划出现的教育政策及课程规划,它不是单一的学

科分割式学习，而是强调多学科融合。在实施过程中要将多学科知识融于有趣、具有挑战性、与生活相关的问题中，问题和活动的设计以激发学生内在学习动机为目标，培养学生跨领域素养和能力。

科技馆具有"玩中学"的特色教育优势，应设计区别于学校"填鸭式"教育的STEAM课程。STEAM课程通过项目化学习（PBL）模式，设计以项目为基础及以学生为中心的探究式学习方法，将学习与任务或问题相结合，引导学生通过合作实践，磨炼坚毅的性格，使学生完成任务和掌握解决真实世界问题的技能。

3 基于场馆资源的研学旅行项目案例设计研究

3.1 基于场馆资源的研学旅行项目设计的目的

科学问题源于自然，源于某一现象。当我们在设计科普研学旅行时，需要注意结合时下热点，将参观者的需求和体验感摆在首位，制定符合参观者认知需求、年龄需求、知识需求、具有个性化差异的内容。以下以温州科技馆研学旅行系列活动为案例研究。

5月的温州，即将进入梅雨季节，伴随而来的是电闪雷鸣、风雨交加的现象。所以温州科技馆抓住地域性气象特点设计了有关"电"的科普研学旅行系列活动。一方面是满足学校教学需求，活动将与"静电"相关的展品作为探究性学习的导入，从电的发现及应用、用电安全、搭建电路三个方面进行设计，驱动学生内在学习动机；另一方面是改善春游中遇到的"重游不重学"现象，设计推荐有关"电"主题的特色参观路线。温州科技馆基础科学展厅设有"电与磁"展区，其中以"高压放电""手蓄电池""辉光放电球"等展品最受欢迎。所以，科普研学旅行将"高压放电""静电乒乓"展品作为互动体验的基础，设计系列探究性学习环节，使体验者了解电的发现、电的应用及用电安全，激发体验者在"游""研""学"中主动学习的兴趣，培养想要探究、乐于探究的思维；活动还将结合《义务教育小学科学课程标准》，融合STEAM教育模式，设计搭建电路的课程，目的在于感受角色扮演的乐趣，体验团队合作、沟通交流、职业技能培养的实践活动。

3.2　基于展品设计探究性学习

3.2.1　基于展品，多感官体验

自然界中的闪电是一种静电现象。将体验"高压放电"作为研学旅行第一站，目的是从生活现象入手，引出科学原理。"高压放电"是一场时长约 8 分钟的视觉盛宴，以工作人员操作演示及讲解为主，体验者站离护栏约 2 米的距离，通过视觉、听觉等多感官认识高压电，感受类似"闪电"的效果。由于现场效果十分震撼，在体验过程中，体验者会在科普辅导员的语言引导和展品产生现象的视觉冲击下，激发对电的探究兴趣，以及自觉形成对电的安全意识。

3.2.2　基于展品，探究性学习

体验者对短暂而又精彩的"高压放电"意犹未尽时，开展"探究静电的奥秘"活动，可以加深体验者对静电的了解。主要形式以温州科技馆特色活动"探探实验台"为主，针对展品"静电乒乓"开展探究性学习（15 分钟）。此环节意在引导学生，了解泰勒斯最初通过摩擦毛皮、琥珀等物体发现了静电，知道"电荷的基本性质"；通过与展品的互动体验及演示相关实验，探究"产生静电的三种方式"，了解"如何预防静电"。活动中，科普辅导员通过设置情境、趣味游戏、演示实验等方式，引导体验者提出问题、思考问题、解决问题。该活动环节耗时 15 分钟，主要目的在于有效拉近科普辅导员与体验者的距离，令体验者在"游"中快乐学习。随着对"电"的逐步了解，学生产生继续探究的欲望，为接下来的课程实践环节打下基础。

3.3　结合课标，设计 STEAM 课程

经历了前两站的研学旅行，该环节默认体验者对"电"有一定的了解及兴趣，因此不再强调与"电"有关的认知。该环节设计"搭建电路"的体验课程（150 分钟），是此次研学旅行系列活动的重点，也是特色。它结合课标要求，即三、四年级学生需要知道"组成电路的必要元件""区别导体与绝缘体"的教学需求，所以此环节真正意义上有了更加明确的教学内容与体验者的认知学段，能够有针对性地满足学校对三年级及以上体验者的教育需求。课程设计将"电"的基础知识与动手实践技能相结合，旨在培养体验者的认知

能力、合作能力、创新能力以及职业能力。

3.3.1 STEAM 教育强调与社会之间的关系

STEAM 教育强调在学习过程中，调动体验者的自身生活体验，从而加深相关学习。而现实世界是一个复杂的系统，体验者在学习中应该培养如何用所学知识去解决复杂问题，系统思考完成一个项目的能力。以"搭建电路"为例，采用项目化学习（PBL）模式，以创设真实的故事情境导入课程，营造现实生活中真实的体验氛围。老爷爷求助体验者帮助自己布置和设计农场的晚宴外景和灯光，并提供相关的材料及道具。体验者本着节俭的中华传统美德，在不浪费的前提下，通过对老爷爷需求的分析，完成场景设计与制作、电路设计的技术要求、成果展示及推销、评估总结一系列活动，体验真实世界虚拟化后需要掌握的生存技能。

在分析老爷爷的需求时，引导体验者利用 NWWR 思维方式（见图1），从不同角度来思考帮助爷爷解决的问题，通过团队多个角度探讨，明确问题，可以避免个人做出不适合的判断。每个人可以就电路农场的各个方面自由发表意见和观点，促进大家共同学习、共同思考。在动手实践之前，通过头脑风暴可以先筛选一些符合研究的对象和内容。

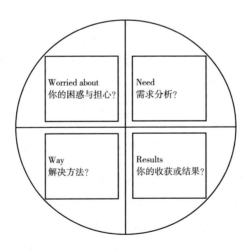

图1　NWWR 思维方式

3.3.2 STEAM 教育跨学科教学

STEAM 教育是构建科学、技术、工程、艺术、数学之间相互支撑、相互补充、共同发展的关系。它们之间必须互相碰撞，才能达到深层次学习、理解性学习以及真正培养儿童各个方面的认识和技能的目的。以"搭建电路"为例，课程将布置晚宴灯光及外景作为主线，把"电路知识"（科学）、"动手搭建电路"（工程和技术）、"农场的外景及色彩设计"（艺术）、"限制动物的种类及数量"（数学）等探究目标结合在一起，完成跨学科式教学。体验者不仅学习了科学知识，培养了动手实践能力和交流表达能力，还提高了艺术审美，体验了团队合作精神，增强了社会责任感。

3.3.3 STEAM 教育在差异中寻发展

STEAM 教育强调在差异中寻求发展，设计课程时需要秉承科学精神与人文精神，采取集教育、交流、探究、职业技能于一体的 STEAM 教育。以"搭建电路"为例，该课程增设职业体验，体验者不仅能够通过角色扮演掌握该职业的技能，还落实了"大众创业、万众创新"的国家战略。体验者可以自由组队，每队不少于 5 人，并讨论团队名称。每人根据自己的特长和兴趣选择职业（见表1），分工合作完成作品。团队需要头脑风暴画出设计图，根据搭建制作需求，选取得心应手的材料，尝试搭建出炫酷的灯光，同时需要考虑节约成本。

表1　职业及职责

职业	职责
总策划师	作为项目的总指挥，是团队里的脑力担当。需要协调各个方面，做好总体把控工作
工匠	主要负责搭建农场及周围设施，协助他人完成电路农场
电路工程师	主要负责电路设计与制作，协助他人完成电路农场
色彩艺术家	主要负责农场的美化工作，协助他人完成电路农场
金牌销售	主要负责电路农场的文案撰写与展示分享，协助他人完成电路农场

3.3.4 设计学习单，形成课程评估

设计学习单的目的是引导体验者专心参与课程，及时巩固知识，形成总结及评价。所谓"好记性不如烂笔头"，学习单的设计要考虑体验者的认知和语言特色，问题设置简单易懂，提问方式亲切，以此制造轻松的学习氛围，使体验者愿意动笔，勤于动笔。注意学习单的最后一定要形成评估与总结，有助于体验者自我反思及日后复习。下文以"搭建电路"为例（见表2）。

表2 "搭建电路"学习单

我的农场我做主

思考一:我知道连接电路的方式有……(请画在方框里哦~)

方式一:	方式二:

思考二:我认为搭建电路农场需要的材料有……(尽可能多、越详细越好)

农场硬件设施	装饰性材料	搭建工具	其他需要
例:农场地基、绿化	例:贴纸、毛根	例:胶枪、锥子	例:动物(具体说明)

思考三:我在团队里扮演的职业角色是……	答:
思考四:我所扮演的职业角色能为团队做什么? (请列举两项工作内容)	①_____ ②_____

我还有疑惑……(可以组内讨论解决或求助辅导员;若无,可以忽略,完成下一项内容)

我的问题	是否解决	解决方案

快开始你的"手""脑"风暴吧!

我心目中的最佳电路农场是_____

理由是_____

自我评估与总结

我做到了!	1. 我设计了_____ _____ 2. 我在实践中,动手完成了自己的设计。　☑是　□否 3. 我有积极参与团队讨论,与他人合作。　□是　□否 4. 我能虚心接受他人意见和建议。　□是　□否
我的反思!	在设计中,我碰到的问题_____ 我做了修改,如_____
我的收获!	今天,我学习到了_____

3.4 设计具有指向性的导览参观路线

科普研学旅行既需设计以"游"为基础的旅行活动，又需要考虑学生的接受能力，设计快乐学习，满足学校的教育需求，将"研"和"学"融入"游"中。以温州科技馆科普研学旅行系列活动为例，前三站设计以探究性学习和STEAM课程体验为主，"游玩"的内容相对缺乏。因此，在研学旅行第四站设计时，充分考虑到"游"与科技馆有关"电"的主题特色线路。此环节将提供"电与磁展区"讲解服务。该环节以体验者与展品之间的互动体验为主，辅导员通过演示、讲解辅助体验者有引导性、有针对性、有目的性地"玩"。针对特色展品进行深入讲解探究，比如"旋转的铁蛋""手蓄电池""悬浮的地球"等，辅导员引导体验者与展品互动、提出问题，同时耐心解答体验者的提问，并且针对其认知需求拓展延伸科普知识，使体验者知其原理并知其生活应用。该环节体验时长为30分钟，目的是通过提供指向性的导览参观路线，体验精品展项的讲解与深入探究，使体验者了解科技馆，喜欢科技展项，爱上科学。同时，若能因科普研学旅行吸引更多游客成为科技馆的回头客甚好。

4 结语

利用场馆资源设计科普研学旅行活动是根据国家相关政策要求顺应时代发展的必然趋势，将学校教育与校外科普教育有机结合，既开辟了"老场馆、老展品、新运行模式"的经营思路，将给科技馆带来新的发展动力与活力，又将本地空间服务延伸至地域间的沟通交流，扩大了服务范围。结合科技馆展品设计具有探究性、研学性、可实施性的研学旅行内容，能够充分发挥自身特色与特长。基于STEAM教育设计有别于学校传统教学的科学课程，培养学生跨领域素养和能力。

在研学旅行的实施过程中，需要学校、科技馆、旅游等各个部门相互协调，考虑安全性、资金保障、交通方式等方面，共同合作制定符合当下社会背景的研学内容。研学旅行需要多学科融合，需要整合全国科普教育资源，需要不断挖掘与提升研学旅行与馆校结合的课程品质，为体验者提供全方位完善的科学教育服务，实现研学旅行与科普教育的创新融合。

参考文献

［1］中华人民共和国教育部等：《关于推进中小学生研学旅行的意见》，2016。

［2］云南省科普教育基地联合会：《简析利用科普教育基地资源开展科普研学活动》，《云南科技管理》2019 年第 2 期。

［3］洪在银：《研学旅行活动下科技馆"馆校结合"科学教育的发展》，《中国科普理论与实践探索——第二十四届全国科普理论研讨会暨第九届馆校结合科学教育论坛论文集》，2017。

基于青少年及各类年龄团体的研学活动开发与思索

——以"小小工匠"系列课程为例

金子龙[*]

（上海科技馆，上海，200127）

摘　要　根据全球主题娱乐行业权威机构 AECOM&TEA 的报告，2013 年起上海科技馆已连续入选"全球最受欢迎的博物馆"前 20 名。近年来，学生团、研学团、亲子团逐渐增多。上海科技馆开展研学项目，为配合各种年龄段观众的需求，结合场馆自身资源，设计出不同主题类型的系列课程，以做好未成年人及特定年龄团队的科普服务，发挥好场馆科普教育基地和非正式学习基地的作用。同时结合新时代下"工匠精神"的教育意义开展研学活动，本文以其中的"小小工匠"系列课程为例，探讨并反思。

关键词　研学　科艺结合　科技史　机械传动　工匠精神

1　系列课程开发背景、思路、场馆资源

1.1　活动开发背景

当前上海正在全力建设具有国际影响力的科创中心。上海科技馆作为重要的科普教育基地，做好科普工作显得更加重要。我们要充分利用并发挥好科技

---

[*]　金子龙，上海科技馆展教处教育活动部员工，研究方向为展览教育与课程开发。

馆拥有的科普教育资源优势，并在此基础上进一步延伸和开发，发挥好作为非正式科学教育场所的重要功能。近年来，受众对于研学活动的需求也日益高涨。然而，大部分学生团队的参观形式以走马观花式的游览为主，缺乏教育资源的深度挖掘和思考。因此，应开发针对青少年及其他年龄段受众的科学创新实践活动，培养其创新意识、科学思维和科学兴趣。上海科技馆依托自身资源，制定了"科技与人"的主题。"小小工匠"系列课程作为其中的一部分，旨在让不同研学团体及学生掌握某些高新技术领域的发展动态，体会人类在机械制造和科技发展中的重要作用，培养科学精神，传承"工匠精神"。同时，"工匠精神"与科创精神之间的联系，也决定了科普场馆具有"工匠精神"教育价值。[1]

1.2 活动开发思路

系列课程以"机械传动"为主题，综合利用本馆"智慧之光"展区"飞翔的公牛""动力传递"等互动展品、展项，以"基于科普场馆展项的STEAM+探究式学习"为教学理念，开展基于科学、工程实践、艺术人文的跨学科探究式学习。以基于实物的体验式学习、多感官学习、情境教学为主要教学方法，通过展览参观、互动体验、实践探真、设计制作相结合的形式，激发青少年及其他年龄段受众对机械工程的兴趣，培养创新精神和实践能力。前半程通过机械结构的导入让受众从模仿与实践中获得感性的认识，后半程实现创造和实际问题的解决能力。系列课程结合馆内外资源，结合科技史探寻机械结构背后的文化内涵，激发学生学习兴趣。融合不同学科和领域的知识与技术，利用跨学科的理念来思考和解决问题，树立团队合作意识，体会新时代下孜孜不倦的"工匠精神"。

1.3 科技馆场馆资源

1.3.1 飞翔的公牛

"飞翔的公牛"是一台大型的机械雕塑。辛勤的船员分工合作，协同配合，从下往上通过一系列的简单机械层层组合，最后唤醒了"沉睡的公牛"，随着音乐的不断起伏，公牛振翅高飞，构成了一副恢宏的场景。其中展现了杠杆、凸轮、曲柄、轴承、滑轮、齿轮等机械构造。正是这些简单机械的巧妙组合，让公牛完成了振翅的循环往复运动。机械的精巧与音乐的灵动，令现场观众身临其境，如痴如醉，这也得益于科学与艺术的完美融合。

1.3.2 动力传递

机械传动在机械工程中应用非常广泛，主要是指利用机械方式传递动力和运动的传动。其分为两类：一是靠机件间的摩擦力传递动力与摩擦传动。二是靠主动件与从动件啮合或借助中间件啮合传递动力或运动的啮合传动。

透过透明的有机玻璃，我们能看到墙上安装着许多机械部件，大小不一的各类齿轮，还有链轮、皮带等。它们通过各种方式组合在一起，形成了复杂的机械系统。当摇动手柄时，这些传动装置通过中介物的传递改变了原来的运动方式，从中了解其组合、转向和速度等。其演示了行星齿轮、齿轮齿条、双曲柄槽传动机构、皮带轮传动和间隙齿轮传动装置。通过互动体验，让受众对现代机械制造有一定的了解。

1.3.3 "时间故事"临展

"时间故事"临展于 2018 年 5 月至 8 月在上海科技馆二楼临展厅展出。主要阐述钟表是时间的载体，借其发掘时间背后的故事：包括科研知识和文化，人类如何在其文明发展的长河中认识时间、测量时间，最后人类如何利用物理学的进步，量度和运用更精确的时间。临展期间也展出了众多精巧的钟表展品。观众渴望去了解和深挖钟表内部的结构及运作的原理，但依靠临展的实物结合图文版的展示还不能满足他们进一步获取这方面知识的需求。临展虽然结束，但所传达的钟表背后的科学原理和文化内涵依然能保留及延续。因此，活动基于临展并以钟表为延伸，从全新的角度来解构和重组钟表结构，更为清晰地阐述其原理，并且辐射更多的机械传动的文化内涵。

2 实施过程及特色

2.1 课程概述

系列课程基于上海科技馆"智慧之光"展厅相关机械传动展项，以机械传动为主题，创造情境式学习环境。课程由三次探究式活动和一次成果设计汇报组成，形成一个完整的 STEAM 系列课程，前三部分亦可根据不同年龄受众，作为子课程独立实施。课程以"基于实物的学习"为教学理念，通过动手实践及对比探究，了解机械传动的知识及在日常生活中的应用。在参观、体验、实践的基础上，了解不同机械传动的原理，拓展背后的文化内涵。分为"玩中学""实践探真""文化探寻""成果诠释"四个部分。最后以小组的形式，应用所学的机械传动原理设计制作一个联动装置。

2.2 教学过程

2.2.1 第一阶段：玩中学——身边的简单机械

（1）参观"飞翔的公牛"展项

这个展项是一台大型的机械雕塑，公牛会随着不同机械的组合呈现飞翔的状态。这其中展现了杠杆、凸轮、曲柄、轴承、滑轮、齿轮等机械构造。这些都属于简单机械，在我们身边随处可见。

在参观过程中，教师提出问题：公牛"起飞"的关键部分是哪种结构？

（2）搭建各种简单机械结构

利用材料搭建常见机械结构，如杠杆、滑轮、凸轮、曲柄、齿轮、轮轴、棘轮等，加深对于常见机械结构的认识。以杠杆结构为导入，介绍以杠杆为变形的机械结构。比如：曲柄是连接在转动的轴上的杠杆；滑轮是一种能转动的杠杆；齿轮是另一种形式的杠杆，一个齿倾轧另一个齿让杠杆作用不断地被应用，形成连续不断的啮合传递运动和动力。

（3）认识中西方古代著名结构

讲解并演示典型的中国古代机械，如指南车、计里鼓车、弩机等。同时结合达芬奇逝世 500 周年，演示一些经典达芬奇机械设计。学习并初步了解中西方机械史，体验古人运用机械解决问题的历程。

（4）复原达芬奇扑翼结构

扑翼结构是达芬奇机械结构中的经典之一，它是一种曲柄连杆结构，与"飞翔的公牛"结构类似。曲柄带动偏心轮的旋转，使连杆处衔接的翅膀做上下运动。这个结构也是整个公牛"起飞"的关键。还原扑翼结构时，偏心轮也可以用齿轮代替，同样可以实现类似的功能。这种曲柄连杆结构在生活中应用也特别广泛，比如发动机、雨刷、缝纫机等。

教学目标：这一阶段是一个建构的过程，以展品中的机械原理为导入，融入情境教学与做中学的理念。由小及大，以杠杆原理引申出其他机械结构，使教学的条理清晰，让学生对于机械结构有直观的认识。

2.2.2 第二阶段：实践探真——探究组合复杂机械

（1）参观"动力传递"展项

该互动展项演示了行星齿轮、齿轮齿条、链轮、皮带轮等，分别对应汽车变速、火车轮、电影放映机的机械传动，这些机械传动的组合属于复杂机械，但是依然是通过各种不同的简单机械组合而成的。

（2）探究齿轮传动的作用

利用齿轮套件，观察相邻齿轮间的运动规律。分别观察两个齿轮啮合的运动特点，与三个齿轮啮合进行比较。观察大齿轮转动一圈小齿轮转动几圈，探究并总结齿数与转动圈数的关系。了解齿轮传动的特点：传递动力、改变运动方向、改变运动速度。

（3）制作齿轮箱

自制齿轮箱，探究不同大小齿轮组合带来的变化。尝试不同的加速、减速、变向的齿轮组合。完成不同齿轮的组合：①使被动齿轮转速不变，②使被动齿轮加速，③使被动齿轮减速，④使被动齿轮按比例提高转速，⑤使被动齿轮按比例降低转速，观察所组装齿轮组，⑥齿轮传递方向反向改变，⑦齿轮传递方向保持正向，⑧齿轮传递方向垂直。

（4）制作仿真迷你自行车

制作仿真迷你自行车以加深认识。制作过程中解构自行车，了解不同机械结构的组合。

自行车应用了杠杆、齿轮、链条等不同的简单机械组合，包括三角结构、杠杆结构、齿轮结构等。自行车属于一种小型的动力机器，由动力部分、传动部分、操纵部分所组成。自行车的脚踏板属于动力部分，它的作用类似于曲柄。传动部分由带齿链轮和链条组成，起到传递动力的作用。自行车的车把属于操控部分，可以控制自行车的转向与制动，也属于一种杠杆结构。

教学目标：通过本阶段的学习让学生了解复杂机械，认识到现代工业中机器的几大要素。了解现代机械传动中应用最为广泛的齿轮传动，探究其功能和特点，也为最后的成果设计提供基础。

2.2.3　第三阶段：探寻钟表——钟表里的机械与文化

（1）科普钟表背后的故事

以日常生活中不同的时钟和手表为导入，了解钟表的历史及背后的故事。谈及钟表的发展历史，就是在不断的创新之中逐渐演变，它的内涵不仅仅局限在最基础的计时上，更是涵盖了天文、航海、物理、数学、材料学、美学等多方面的学科。最初，钟的出现也是为了解决航海中的定位问题。通过钟表文化的科普，将加深受众对于钟表的认知。

（2）组装透明的机械钟

相比于之前的自行车，钟表是更为精密的齿轮传动机械。

指导学生组装一只透明的机械钟，从中认识机械钟各个部分。分别由动力、传动、调速三个部分组成，即发条轮、传动轮、钟摆等构件。课程中制造冲突，为什么指针会不受控制飞速转动？（未安装钟摆，缺少用来控制的钟摆部分）机械钟的心脏是哪个部分？（钟摆是机械钟的心脏，使其具有固定周期并均匀计时）

利用解构与重组的方法，以一直线的方式排列钟表内各大轮系，将复杂的机械原理化繁为简。通过指针校时，进一步认识齿轮比减速的运用。

简单来说，机械钟将发条作为动力源，经过一组齿轮组成的传动系来推动钟摆工作，再由钟摆反过来控制传动系的转速。传动系在推动钟摆的同时还带动指针系统，所以指针能按一定的规律在表盘上指示时刻，我们就知道时间了。

（3）对比探究

对比机械钟和石英钟的结构，拆解并观察石英机芯，找寻两者的共性及个性。

通过对比观察能够发现，机械钟和石英钟最本质的区别在于动力部分和控制部分，而传动部分的顺序及传动比是一样的。此部分可以作为拓展，进一步探究钟表的精确度。了解现代先进制造业对于机械部件在精密度和精准性上的重要作用。

教学目标：这个阶段让学生掌握一种解构的学习方法，将复杂的机械化繁为简，同时利用透明的机械钟组件安装，培养学生的逻辑能力，认识到钟表内各个轮系的传动顺序。

2.2.4 第四阶段：奇妙的联动——设计制作机械装置

经过前三个阶段的学习，学生对于各种机械结构都获得了直观的经验。教室布置任务，利用以下材料设计制作机械装置。

杠杆：木条、木棒、塑料杆、废弃笔杆等。

链轮：各种大小链轮、链条、链轮轴等。

滑轮：动滑轮、定滑轮、滑轮组、线绳、滑轮支架等。

带轮：带轮、锯齿橡胶带等。

齿轮：各种规格大小齿轮、齿轮轴棍轴杆、锁定插销等。

教学目标：学生通过前三个阶段的学习从而认识到不同的机械传动间的协同组合。利用材料制作简易机械装置，演示故事场景或生活中的创意设计，达到培养学生逻辑力和创造力的目的。

2.3 系列课程特色

系列课程遵循小学高年级至初中阶段学生成长需求、认知特点和创新实践教育规律，利用上海科技馆丰富的展览教育资源，以机械传动为核心，从展品导入，以科技史为内涵，利用做中学的实践教学理念，培养中小学生创新意识、激发科学兴趣，提升青少年科学创新综合素质。在学习中积累知识与技能，完成一项科学小成果。培养学生的科学精神、实践能力与社会责任感。同时，针对各类研学团体的需求，延伸相应子课程，制定符合其认知特点的课程内容。

本教育项目的创新之处：①课程设置灵活，作为系列课程可供研学团体于假期实施，亦可根据不同年龄段受众及侧重点独立实施子课程。②以探究为目的进行实践，基于科技馆展览资源，融合文化内涵，真正体现利用科技馆展览资源的"STEAM＋课程"的意义。③用重组与解构的理念，将复杂的机械结构简单化，突出机械传动的应用及重要性，符合学生的认知特点。④在创设的情境中，将科学与艺术相融合，完成一项设计任务，体现了以学生为主的理念。

3 实施情况与效果评估

3.1 实施情况

系列课程子课程"探寻钟表"，以2019年全年度统计数据，接待研学团队 83 批次 2800 人次。其中特别为高客流的金山研学团队和东方绿洲研学活动定制了活动方案和开辟了活动场地，专项接待 16 批次约 1700 人次。活动对象涵盖了中小学生、成人、特殊人群等团队。系列子课程"探寻钟表"也分别在馆校合作子项目"博老师研习会"和上海市开放大学中向教师们实施，共计实施 2 场，受众 90 人次。

系列课程作为上海市科委及教委"上海科技馆青少年科学创新实践工作站项目"课程之一，进一步扩大了研学品牌的影响力。暑假期间共计招募了 14 名六年级学生参与课程。八月初每周一次，共计实施四次。学生们分组完成了四个设计成果，分别是盾构机、飞鸟小车、百变履带、吊机叉车。其中飞鸟小车以"飞翔的公牛"为灵感结合齿轮传动结构的创新设计，让小车实现了行进中振翅的效果。盾构机以国之重器为原型，模拟了盾构机的主要功能。这两个作品也获得了专家的一致好评。

在 2019 年 9 月全国科普日的时候将学生们的优秀作品进一步完善，作为一个"临展"内容，向广大市民游客进行充分的展示宣传，达到普及科技创新之最终目的。此次展示获得了良好的社会效应，扩大了系列课程主题的影响力，也让更多的民众一起来关注扶持青少年的创新教育。

系列子课程"探寻钟表"被评为 2019 年上海市民终身学习体验基地特色体验活动。

3.2 效果评估

"小小工匠"系列课程发挥场馆优势，针对不同的对象，具有适切性，符合因材施教的宗旨。在辅导学生开展教育教学活动的过程中，以基于项目为核心，以问题为引导，以探究为过程，以解决问题为任务目标，过程清晰可见，环环紧扣，对培养学生的创新意识和实践能力，提升学生核心素养有着重要的现实意义。课程对学生的考评记录包括过程性评价和总结性评价两方面内容。馆内科学老师全程参与学生的课程实践，记录学生活动过程中的表现。每次活动学生填写"课程实施过程记录本"，记录活动过程中的收获、困惑、反思，馆内导师回收记录表，填写学生活动中存在的问题和改进建议，每个学生形成一套实践过程记录表，作为过程性评价的内容。

本课程开展后通过学生访谈发现大部分学生能在项目中找到自己的定位和

角色，学生普遍反映在项目实施中遇到了各种各样的问题，但最终都通过"集体利益优先""团队讨论"等方式解决，在参观展览资源过程中，学生们都感受到了科学与艺术结合的魅力，充分提高了学习的热情。通过课程的学习，也让同学们对于机械工程产生了浓厚的兴趣，认识到"工匠精神"是保证我国从"制造业大国"跨向"制造业强国"的重要因素，产生了强烈的民族自豪感。

经评估发现，参加本课程的学生在表达能力、问题解决能力、批判思维能力、动手实践能力、团队合作能力等维度上都有所提高。在最后的项目总结中，学生提到自己对设计成果的看法、自己在任务中存在的问题、与生活中遇到的问题的联系等，这些都让科学教师们感到这些学生未来可期。

4 结语

"小小工匠"系列课程是一次 STEAM 融合新时代下"工匠精神"具有教育意义的教学实践。研学活动想要走得更好、更远，还需要制定更为详尽而缜密的项目规划，一步一个脚印地用心实践，以及有效地追踪和管理。教育，以人为本；科普，从需出发，谨以乐业、专业、敬业之心，走好、走远研学科普教育道路。

参考文献

[1] 梁军：《科技创新需要"工匠精神"》，《学习时报》2016 年 12 月 19 日。

科技馆背景下的研学课程设计

——以温州科技馆"开心农场"为例

张自悦[*]

（温州科技馆，温州，325000）

摘 要 研学旅行的兴起，为科技馆提供了一次扩大辐射能力的机会。学校、旅行社等对研学课程开发的缺位，导致了"重游轻学"现象严重；而科技馆由于自身具备跨学科内容，本身是基于实践的探究式学习，具有强大的先天优势。本文以科技馆课程为例，分析应该如何利用好这个优势，如何开发具有科技馆特色的研学课程，最终找准角色定位。

关键词 研学 科技馆 课程设计

2016 年，教育部、国家发改委等 11 部门印发《关于推进中小学生研学旅行的意见》（以下简称《意见》），将研学旅行纳入中小学教育教学计划。研学旅行是由校方组织，以旅行为载体，以研学为核心的新兴起的学生校外活动，可以让学生在校外获得不同于校内的体验，拓展他们的视野，锻炼学生的实践能力、自理能力以及团队协作能力等。中国传统文化有"读万卷书，行万里路"的说法，其精神内涵和研学旅行可谓一脉相承。

但是，在各地对于研学旅行的实际实施过程中，我们不难发现："重游轻研"成为普遍现象，学校组织的研学旅行形式更接近"春秋游"，而不是"研学游"。究其原因，并不是学校对研学没有需求或者对研学不够重视，而是缺

---

[*] 张自悦，温州科技馆展区辅导员，研究方向为科普教育。

少优秀的研学课程,[1]使得研学旅行只有"旅行"而没有"研学"。

2012 年以来,教育部先后选取了安徽、江苏、陕西、上海、河北、江西、重庆、新疆等 8 个省(区、市)部分县市区开展研学旅行试点,并确定天津滨海新区、湖北省武汉市等 12 个地区为全国中小学生研学旅行实验区。从实验区的经验得出:研学旅行的教材和课程非常缺乏,研究和开发研学旅行的课程以及教材对于学校来说是一个极大的挑战,但对中小学教育改革,却是一种难得的机遇。[2]

1 科技馆在研学旅行中的定位

根据《意见》及校方的需求,我们可以看出:研学旅行,关键在研,本质在学,形式在游。所以做好研学旅行,提高研学效果,课程是抓手,落脚点在于课程开发。科技馆由于自身具备跨学科内容,本身是开展基于实物的体验式学习、基于实践的探究式学习、形式多样化的学习,其教育特征在许多方面与"基于科学与工程实践的跨学科探究式学习"教育理念相吻合。由此可见,科技馆不仅具备了实现多维度教学目标的资源,而且可以践行最先进的科学教育理念。这恰恰是当前大多数学校最缺乏、最需要的,这也是科技馆在研学旅行中的优势所在。[3]

因此,如何最大化地发挥自身优势,是科技馆行业结合研学旅行的核心问题。如果能把"研究性学习"发展成自身特色,科技馆将成为研学旅行中重要的一环,科技馆的公益性和辐射能力也能得到极大的突出。

2 研学课程的开发原则

2.1 研学的原则

根据教育部等 11 部门 2016 年联合印发的《关于推进中小学生研学旅行的意见》,研学需具备教育性原则、实践性原则、安全性原则和公益性原则。

教育性原则要求研学旅行需要考虑到学生学习的身心特点、每个人的差异化的接受能力及实际需求。要将系统性、知识性、科学性和趣味性相结合,促进学生全面发展。

实践性原则要求研学旅行要有地域特色，根据不同地区的特点有针对性地展开研学，引导学生在不同的环境下了解多元的自然、社会，丰富各方面知识，有更多亲身的体验，获得直接经验。[4]

科技馆自身的特色决定了科技馆的安全性和公益性都有一定的保障，因此如何体现科技馆研学的教育性、实践性，提高研学效率是开发研学课程的重点。

2.2　应培养的关键能力

研学旅行是活动课程中的一种方式，根据活动课程的理论，研学课程要求学生自己去组织完成一系列活动。通过活动中的各项体验获得直接经验，提高学生解决问题的能力。

在学生学习阶段，基础知识和基本技能的培养是核心问题，而如何强化学生的关键能力则是重中之重。当前，对于四种关键能力的培养是研学旅行的侧重点之一：认知能力、合作能力、创新能力、职业能力（见表1）。

表1　四种关键能力内涵比较一览

类目	认知能力	合作能力	创新能力	职业能力
隐形素质（素养）	终身学习的意识	遵守、履行道德准则和行为规范	好奇心，勇于探索，大胆尝试，创新人格，创新思维	职业精神，知行合一
外显行为	独立思考，逻辑推理，信息加工，学会学习，语言表达和文字写作	自我管理，与他人合作，过集体生活，处理个人和社会的关系	想象力，创新创造	适应社会需求，动手实践和解决实践问题

3　温州科技馆研学案例分析

3.1　实际案例分析

基于对关键能力培养的认知，研学的课程设计也应当遵循对这四种能力的培养。本文以"开心农场"为例进行分析。

"开心农场"从真实世界的故事出发，以帮助爷爷设计农场的景观电路完成晚宴的灯光布置为主线，让孩子们以同理心带入故事情景中，并基于现有的材料、道具，通过项目式学习，经历头脑风暴、设计、制作、测试、评估等过程，激发他们的创作热情，培养团队合作精神和社会责任感。

3.1.1　活动基本信息

活动主题：开心农场。

活动对象：3～6年级的学生。

课程时长：150分钟。

知识与技能：掌握基础电路知识（串联、并联等）；将所学知识应用于实践；培养学生发现问题和处理问题的能力；培养学生分工与合作能力。

3.2.2　过程与方法

"开心农场"分为导入、观察、设计、制作、交流及反馈等环节（见表2）。通过学生的自主探索和合作，完成情境内的任务，辅导老师尽量减少灌输式的指导，而是用引导的方式辅助学生自主完成。

表2　"开心农场"各环节及对应能力

环节	内容	对应能力
导入 （进入情境）	利用一段爷爷邀请大家来农场游玩的视频作为导入，让学生迅速了解今日的任务——帮助爷爷布置农场晚宴现场。 通过引导，让学生对任务进行分解（环境美化、夜晚灯光布置、电路设计、农场动物安置等）	认知能力（逻辑推理、信息加工）
观察 （职业分配）	根据导入环节对任务的分解，学生组成小组进行合作。每人都有对应职业和具体分工（如总设计师、电路设计师、发言人等） 同时，老师对之后农场搭建时将要使用的道具进行介绍	认知能力（对电路设计的基础知识理论进行掌握） 合作能力（与他人合作、沟通）
设计 （农场设计）	学生根据每人分配到的职业，完成自己工作的设计。将自己的设计思路写在纸上，并在正式开始搭建农场之前和组员沟通，确保可以实施	认知能力（独立思考、逻辑推理、语言表达和文字写作） 合作能力（与他人合作、沟通） 创新能力（想象力和创造力） 职业能力（动手解决实践问题）

续表

环节	内容	对应能力
制作 （动手实践）	学生们开始动手制作农场。根据职业分工,合理使用各种道具,对照自己设计的图纸进行农场的搭建。 在实践过程中遇到的问题,需要学生自己讨论解决	合作能力（自我管理,与他人合作、沟通） 职业能力（动手实践） 认知能力（独立思考）
交流 （发布会）	由分组时选定的发言人对自己小组设计的农场进行介绍（发言人在动手实践环节作为各个其他职业的助手,在帮助他人的同时也需要搜集足够的资料以丰富自己的发布会演讲）	认知能力（信息加工、语言表达）
反馈（点评售卖农场）	根据每组农场的完成情况和发言人的发布会情况,学生给自己最喜欢的作品投票（除自己小组的作品）,点评他们的优缺点并与自己的农场进行对比	认知能力（信息加工、语言表达）

通过 6 个教学环节"导入—观察—设计—制作—交流—反馈"进行课程设计,将整个研学课程分解为"帮助爷爷准备农场晚宴""各自分配工作""设计农场""动手搭建农场""推销自己的农场""评价自己和别人的农场"等过程,促进学生发挥自己的主观能动性,通过动手实践理论,对自己的理论进行修正和更新,在实践过程中获得直接经验而不是灌输式的间接经验。

4 基于科技馆的研学课程的改进措施

"开心农场"作为一个探究式学习的课程,从"探究性""科学性""趣味性""互动性"的角度来看基本完成了目标任务。

根据周文婷的基于"学""研""游""实践"四要素的"科普研学"设计思路,对课程进行分析（见表3）。

表3　研学要素对照

要素	内容	"开心农场"
学（教育性）	以学校发起的探究问题为导向,对接课标的教学目标、内容引导学习	以任务为导向 缺少与课标的对接,并没有纳入完整的知识体系

续表

要素	内容	"开心农场"
研(研究性学习)	发挥场馆资源优势和特征,贯彻"研究性学习""探究式学习"的教育理念与教学方法	"探究式学习" 课程缺少科技馆特色
游(旅行体验)	充分利用科技馆"基于实物的体验"的展览资源,开展参观游览和灵活多样的体验活动形式	缺少和科技馆资源的连接,没有"基于实物的体验"
实践(实践性)	在活动过程中通过"基于实践的探究",使学生获得直接经验,而不是间接经验	"基于实践的探究",是一种沉浸式体验

朱幼文的《"馆校结合"中的两个"三位一体"——科技博物馆"馆校结合"基本策略与项目设计思路分析》提出,"馆校结合"应满足三个基本要求:①满足需求,对接课标;②发挥资源优势,体现出科技馆的教育特征;③要能体现当代科学教育先进理念。

因此,本人在此基础上,针对"开心农场"提出改进意见,并对科技馆类似课程提出广泛性意见。[3]

4.1 对接课标

"开心农场"的设计过程中没有对接课标,形式接近蒙氏教育。建议根据学习内容对接课标,如"开心农场"可以对接以下课标。

第一,材料具有一定的性能:观察常用材料的性能说出它们的主要用途。

第二,了解电的相关知识:电路是包括电源在内的闭合回路;电路的通断可以被控制;有的材料容易导电,而有的材料不容易导电;电是重要的能源,但有时也具有危险性。[5]

4.2 设置任务单,对学生进行引导

课程中没有学习任务单,在进行职责分工和设计农场的步骤中缺少引导。学生可能是初次接触某项工作,因此对各个职责需要做的工作缺乏足够的了解和正确的认识。所以,在分组的过程中,他们并不知道自己的哪些优势可以在哪个工作中得到较好的发挥。建议设置各个职责分工的任务单,明确职责

分工。

以"电路设计师"为例，如表4所示。

表4　电路设计师任务单

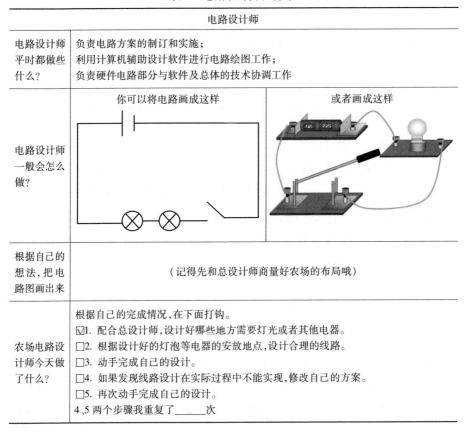

电路设计师	
电路设计师平时都做些什么？	负责电路方案的制订和实施； 利用计算机辅助设计软件进行电路绘图工作； 负责硬件电路部分与软件及总体的技术协调工作
电路设计师一般会怎么做？	你可以将电路画成这样　　　　　或者画成这样
根据自己的想法，把电路图画出来	（记得先和总设计师商量好农场的布局哦）
农场电路设计师今天做了什么？	根据自己的完成情况，在下面打钩。 ☑1. 配合总设计师，设计好哪些地方需要灯光或者其他电器。 □2. 根据设计好的灯泡等电器的安放地点，设计合理的线路。 □3. 动手完成自己的设计。 □4. 如果发现线路设计在实际过程中不能实现，修改自己的方案。 □5. 再次动手完成自己的设计。 4、5两个步骤我重复了_____次

4.3　提供解决问题思路，让学生学会自己解决

课程中提倡学生自己发现问题，解决问题，既可以自己思考解决，也可以合作商量对策。但是，大部分学生并没有这方面的经验，仍需要老师进行引导。

图1为"开心农场"课程中提出的解决方案十字表格，让学生根据十字表格的思路去思考，强化其自主解决问题的能力。

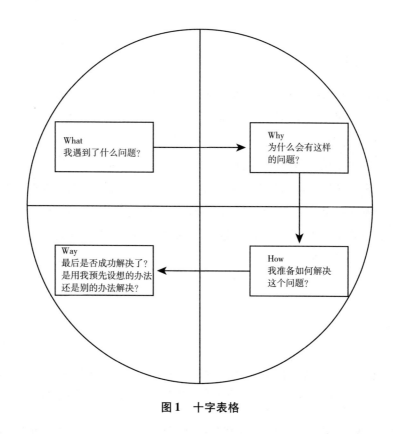

图1 十字表格

4.4 体现科技馆特色、发挥科技馆场馆优势

展品和展区环境是科技馆特有的教育资源，也是开展馆校结合教育项目的优势所在，所以研学活动本身的特色就在于充分运用科技馆的展品和环境资源。"开心农场"作为科技馆的研学项目，并没有结合展区内容，缺少科技馆特色。

需要加强这方面的内容设计，可以增加展区的游览项目，在课程时长上可以酌情增加。较适合的展区有科技馆的"电与磁"展区。相关展品有高压放电（了解电是重要的能源，但有时也具有危险性），能量转换轮、法拉第和奥斯特实验（自然界有多种表现形式的能量转换，一种表现形式的能量可以转换为另一种表现形式）；在游览的过程中，让学生先行了解电与磁等相关知识，对后续课程内容起到预热作用。

5　结语

由于政策的支持，研学旅行的市场迅速壮大，在快速发展的同时其对研学课程的需求量也在不断攀升，大量优秀的研学课程可以有效解决研学旅行"游而不学"的困境。

科技馆本身就具备研学旅行的各项要素，是开展研学旅行的极佳场所。科技馆可以利用展馆中丰富的展览资源作为支撑，并且通过参观、体验达到教育目标，凸显了"教育性"的优势。在开发课程的过程中，在满足校方需求对接课标的前提下，更应该大力发掘展区参观体验和研学课程的关联性，发挥科技馆自身的场馆优势。

参考文献

［1］洪在银：《研学旅行活动下科技馆"馆校结合"科学教育的发展》，《中国科普理论与实践探索——第二十四届全国科普理论研讨会暨第九届馆校结合科学教育论坛论文集》，2017。

［2］黄敏、王露：《中小学生研学旅行课程开发探讨》，《当代教育理论与实践》2018年第3期。

［3］朱幼文：《"馆校结合"中的两个"三位一体"——科技博物馆"馆校结合"基本策略与项目设计思路分析》，《中国博物馆杂志》2018年第4期。

［4］中华人民共和国教育部等：《关于推进中小学生研学旅行的意见》，2016。

［5］中华人民共和国教育部：《义务教育小学科学课程标准》，2017。

基于 PBL 教学法的科学史馆本课程体系设计

——以湖北省科技新馆"飞向太空"展区课程体系建设为例

常鸿茹　叶佳慧　李　娜　张秀红[*]

（华中师范大学生命科学学院，武汉，430079）

摘　要　馆本课程是科技馆创新特色教育活动资源的重要组成部分，是发挥科技馆育人价值的重要保障。本文以湖北省科技新馆"飞向太空"展区的馆本课程体系建设为例，阐述基于 PBL 教学法的科学史馆本课程体系建设，以期为今后的馆本课程建设、馆校合作课程建设提供新思路，充分发挥科技馆的科普教育功能。

关键词　馆本课程　PBL 教学法　科学史课程　课程体系建设

1　前言

当前我国高度重视发挥科技馆等非正规学习场所的教育作用，先后颁布《中共中央办公厅国务院办公厅关于加强青少年学生活动场所建设和管理工作的通知》《科技馆活动进校园工作"十三五"工作方案》等纲领性文件。馆本课程是场馆资源的重要组成部分，加强创新馆本课程体系资源建设，打造特色鲜明的馆本课程体系，是充分发挥科技馆等非正式场馆的育人价值的必要措

---

[*]　常鸿茹，华中师范大学生命科学学院研究生，研究方向为学科教学（生物）；叶佳慧，华中师范大学生命科学学院研究生，研究方向为学科教学（生物）；李娜，华中师范大学生命科学学院研究生，研究方向为学科教学（生物）；张秀红，本文通讯作者，华中师范大学生命科学学院副教授，研究方向为生物课程与教学论、中学生物学教育、中小学科学教育。

施。然而，当前国内的馆本课程体系建设尚处于起步阶段，现有的馆本课程体系存在受众复杂难以进行有针对性的学情分析，课程体系松散，[1]盲目重探究活动轻探究能力和缺乏探究本质的培养，与学校课程类似无法突出场馆学习优势等问题。

科学史课程是指以科学的发展史为主线的课程，可加强学生对科学本质的认识，提供有效的学习情境，促进学生科学知识的建构；PBL（Problem-Based Learning）教学法是指"基于问题的学习"的教学模式，以问题将课程体系串联，可有效改善传统馆本课程分散、联系不紧密的问题。因此，本研究提出基于 PBL 教学法的科学史馆本课程体系建设的新思路，以期有效解决馆本课程面临的问题，并在湖北省科技新馆天文展厅的馆本课程体系建设中进行了实证研究。

2 基于 PBL 教学法的科学史馆本课程体系具有场馆课程和教学上的优势

基于 PBL 教学法的科学史馆本课程是发挥科学史教育价值、促进学生深度学习、树立学生科学本质观、发挥科技馆特色的创新课程，具有场馆课程和教学等多方面的优势。

2.1 基于 PBL 教学法的科学史馆本课程体系，具有课程上的优势

有研究表明，学生的前概念与科学发展历程平行，即学生在学习科学知识之前对世界的理解，是和科学史上前人的理解平行的。[2]例如，学生会认为白光是纯的，是不含任何颜色的光，这与牛顿三棱镜实验前人们的认知相同。因此科学史课程能够使教师有针对性地将学生前概念作为教学切入点，合理进行教学设计。对于学情更复杂的馆本课程教学而言，利用科学史预判学生前概念的优势则更加明显。科学史不仅为了解学生的前概念提供了参考，还提供了有效消除前概念的情境。[2]这些与前概念相互矛盾的情境能够激发学生对前概念的思考，并更有效地建构新概念。而在创设认知矛盾情境方面，PBL 教学法无疑是最适合的方式。此外，从科学史中能够高效提取核心问题，用以创设问题情境。

2.2 基于 PBL 教学法的科学史馆本课程体系，具有科技馆教学上的优势

近年来，在 STEAM 理念、探究性学习理念的指导下，馆本课程展现出动手可操作性强、实验探究性强等学校课程不可比拟的优势。然而，馆本课程的问题也随之而来，如课程演变成动手课，学生不清楚探究的本质，只是机械地跟随步骤等。这是因为科学探究本身并不能提升学生对科学知识的理解和对科学方法本质、科学探究本质的认识，只有将科学探究放在有效的情境下，才能促进学生对知识的建构和对科学的认识。[2] 而科学史便为馆本课程中大量的科学探究提供了切实可行的情境，这是科学史为课程提供的特质与功能。此外，基于 PBL 教学法的科学史课程能够以问题串将课程体系紧密联系起来，帮助解决当前馆本课程之间分散无联系的问题，能够使馆本课程真正成为一个具有内在联系的课程体系。

2.3 基于 PBL 教学法的科学史馆本课程体系，具有馆校合作教学上的必要性

虽然科学史教学的教育价值一再被强调，但是学校教学由于实验设施不齐全、师资力量跟不上等问题，对于科学史的讲授只能是让学生听故事似的感受科学经典实验，给学生灌输科学经典实验的结论，科学史的教育价值被大打折扣。而科技馆拥有先进的实验器材、拟真的演示手段、充足的动手操作空间，能够充分发挥科学史的教育价值。总之，以科技馆的特点开发的馆本课程可以有效弥补学校课程在科学史教学上的不足，这也是《科技馆活动进校园工作"十三五"工作方案》对科技馆课程和活动提出的要求，我们应该在馆本课程体系设计中有意识地弥补学校课程的不足。

3 基于 PBL 教学法的科学史馆本课程体系设计

3.1 设计理念——促进深度学习，发挥场馆优势

从科学史中挖掘学生可能具备的前概念，以 PBL 教学法激发学生认知矛盾，创设知识缺口，从而使学生自主建构知识网络，促进深度学习。课程体系

以问题为中心，每节课解决一个问题，前后紧密联系的问题串使课程体系更为系统。用科学史经典实验树立科学本质观，用 PBL 教学法促进对探究过程的理解，真正发挥场馆的设备优势、展品优势、探究优势。

3.2 设计目标——提升场馆学习的有效性

无法发挥场馆优势，是当前馆本课程体系最大的问题之一，因此基于 PBL 教学法的科学史馆本课程体系的设计目标是提升场馆学习的有效性，发挥场馆优势。其具体目标如下。

学生发展目标：在问题情境中体会认知矛盾，创造知识缺口，自主消除前概念、建构新知识，形成系统的知识网络；在进行实验探究时，明确知识和科学方法的原理，树立科学本质观。

科技辅导员发展目标：知道学生前概念与科学史可能平行，从而在科学史中挖掘相关信息进行学情分析；培养课程意识，学会馆本课程体系建设的有效思路，提升专业水平。

科技馆发展目标：解决馆本课程难以发挥场馆优势的问题，包括课程系统、学情复杂不易进行教学设计、探究过程机械、学习深度浅等，充分发挥科技馆具备的学习资源丰富、设备齐全、探究性学习等优势，凸显展教融合的馆本课程特色。

3.3 设计原则——遵循史料，挖掘前概念，采用 **PBL** 教学法，结合场馆优势

基于 PBL 教学法的科学史馆本课程体系设计原则以提高场馆学习有效性的设计目标为导向，具体设计原则如下。

3.3.1 设计原则1——遵循史料

依据科学史进行课程设计和教学，能够让学生在史料的学习中，培养实证的科学思维，树立正确的科学本质观，培养科学精神和人文精神。如果不遵循史料而进行编造，会使学生形成"科学家是天才，遥不可及"的印象，无法形成实证的科学思维；而如果将史料的顺序混淆，也会使学生不能对当时的科研环境感同身受，从而不利于科学精神与人文精神的树立。

3.3.2 设计原则2——挖掘前概念

上文提到，学生的前概念与科学发展历程平行。在科学史料中挖掘学生的前概念，并以此为依据进行教学设计能够使场馆课程的设计更为合理。

3.3.3 设计原则3——采用 PBL 教学模式

PBL 是以问题为导向的一种教学模式，科学史上的重大发现都离不开科学家对问题的探索，因而以科学史上曾出现过的经典问题创设情境，能够很好地激发学生的认知矛盾，促进深度学习，实现课程目标。此外，PBL 教学模式的交互性较强，能激发学生的学习兴趣，在一定程度上避免学生单方面地接受科学知识。

3.3.4 设计原则4——结合场馆优势

场馆学习因其具备资源丰富多样、设备齐全、探究空间充足、学习体验感强等优势而被科学教育所重视，而要想发挥这些优势，必须将馆本课程体系建设建立在场馆的特色和优势的基础上，紧密结合场馆设计馆本课程体系。

3.4 设计思路

基于 PBL 教学法的科学史馆本课程体系设计思路如图1所示。

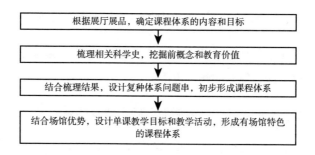

图1 设计思路

3.4.1 根据展厅展品，确定课程体系的内容和目标

要发挥场馆优势，就必须了解场馆的优势所在，并在课程体系设计时注意将其体现，展品是场馆学习的特色和馆本课程设计的依据。因此建设馆本课程体系，首先要根据展厅主题、展品内容，确定课程体系的内容；其次根据内容和发挥场馆优势的理念，设计合适的课程体系目标。

3.4.2 梳理相关科学史，挖掘前概念和教育价值

科学史可能与学生的前概念平行，因此应梳理与课程体系内容相关的科学史，挖掘科学史上前人对科学问题的看法，以便更好地进行学情分析。另外，科学史有重要的教育价值，因此应该注意挖掘科学史中蕴含的科学精神、探究精神、人文精神等。

3.4.3 结合梳理结果，设计课程体系问题串，初步形成课程体系

对科学史进行梳理后，应该合理安排课程体系中每节单课的科学史内容。为了解决馆本课程系统性不强的问题，应为科学史内容设计联系紧密的问题串，每节课以一个问题为中心，将单课连成系统的课程体系。

3.4.4 结合场馆优势，设计单课教学目标和教学活动，形成有场馆特色的课程体系

要将场馆的设备优势、探究优势充分发挥，还应该继续安排好每节单课的教学目标和教学活动。在课程体系中设计好单课的教学目标，能够使课程体系更具有可操作性，更好地达成课程体系建设目标。结合场馆优势安排好教学活动，能够使课程体系与场馆特色紧密结合，形成具有鲜明特色的馆本课程体系。

4 基于 PBL 教学法的科学史馆本课程体系案例

下面将以湖北省科技新馆"飞向太空"展区为例，具体介绍基于 PBL 教学法的科学史馆本课程体系的建设历程。

4.1 根据"飞向太空"展区展品，确定课程体系的内容和目标

展品是建设馆本课程的依据，也是每个科技馆的特色所在，因此首先要研究展品，根据展品确定课程体系的内容和目标。"飞向太空"展区是湖北省科技新馆"仰望星空"天文展厅内的分展区，主要展品是"太空在哪里""飞向太空的宇宙速度""火箭发射原理""现代火箭动力之源"等。通过研究展品，确定课程体系主题为"飞向太空"，主要内容是介绍人类研究火箭发射的历程、火箭的原理、如何制造载人火箭等内容，课程体系目标是结合科技馆可进行的实验探究、动手活动，让学生了解人类探索太空的历史，理解火箭升空的相关原理，促进学生深度学习，并帮助学生在探究中树立科学本质观。

4.2 梳理太空探索科学史，挖掘前概念和科学史教育价值

梳理科学史是建设科学史课程的基础，同时建设科学史馆本课程具有诸多优势，不仅体现在科学史具有培养科学精神、树立科学本质观等教育价值方面，还表现为科学史与学生前概念平行，为了解学生对科学问题的认知提供了依据，这将很大程度上解决科技馆受众人群学情复杂，不好进行学情分析的问题。笔者对太空探索科学史的梳理和挖掘过程如表 1 所示。

表 1 对太空探索科学史的梳理和价值挖掘

时间	梳理科学史	挖掘前概念及教育价值
14 世纪末	人类"真正的航天始祖"——中国的万户设想利用"特制火箭"以及大风筝，来实现飞天梦	探索精神、人文精神:尽管这是一次悲剧，但他为人类探索太空打开了新的篇章; 前概念:万户没有考虑到升空所需的速度，这可能与学生在火箭升空方面的前概念相似，即考虑不到升空所需的速度
1687 年	牛顿通过大量实验和天文学观测，提出了万有引力定律，为计算摆脱地球、太阳等强大引力束缚的宇宙速度奠定基础	实证精神:科学理论的得出离不开观察、实验和科学方法的使用
1903～1926 年	要想飞天探索太空，首先得有"运载工具"。1903 年，俄国科学家齐奥尔可夫斯基从理论上论证火箭的作用，奠定了太空飞行的基础。1926 年，美国科学家戈达德在齐奥尔可夫斯基的理论支持下，成功地点燃了世界历史上第一支液体驱动火箭，使人类看到探索太空的希望	探索精神、创新精神:科学家不畏艰难，开创火箭驱动技术。 人文精神、科学本质观之人性性:不同文化背景的科学家都致力于科学研究，科学是人类努力构建的。 科学本质观:科学与技术不同但互相影响
1926～1961 年	摸索出发射场的选择与轨道倾角的设定，以保证火箭速度的情况下耗能最低，为火箭发射提供有利条件	探索精神、创新精神:探索实践，创新火箭发射更有效的途径
1961 年	通过不懈的努力，终于在 1961 年 4 月 12 日，苏联宇航员尤里·加加林成为第一个进入太空的人，开启了航天时代	探索精神、科学本质观:科学是人类努力构建的，科学团体非常重要

4.3 结合梳理结果，设计课程体系问题串，初步形成课程体系

为解决馆本课程系统性不强的问题，本研究依据上述科学史的梳理，设计遵循史料、激发认知矛盾的前后紧密联系的问题串，将科学史课程体系紧密联系起来，成为一个单元教学整体。同时，系统的课程体系能够帮助学生构建知识结构，促进深度学习。

4.4 结合场馆优势，设计单课教学目标和教学活动，形成有场馆特色的课程体系

要想体现场馆特色，发挥场馆优势，应该在课程体系设计中体现与科技馆的紧密联系。设计每节单课的教学目标，能使"飞向太空"课程体系更具有可操作性。此外，在课程活动中注重展教融合，注重结合场馆优势，将课程内容与"飞向太空"展区展项、设备、教室有机结合，从而最大限度地发挥科技馆的优势和教育作用。

综上所述，"飞向太空"主题课程体系设计如表2所示。

表2 "飞向太空"主题课程体系设计

序号	课程体系问题串	单课中心问题解析	课程内容	课程目标	活动及依据的场馆条件
1	太空在哪里？	我们常说"我要上太空"，那么太空的界限是什么？飞到多高才算进入了太空？	介绍什么是太空、太空在哪儿、太空的界限是什么等	了解太空的基本知识，知道太空距离，产生学习本主题课程的兴趣	展项游戏互动，依据场馆展项
2	万户飞天的尝试为我们带来了什么？	史上第一位尝试用火箭上天的是中国的万户，他的初尝试为人类带来了什么？	介绍有文字记载以来第一位尝试用火箭飞天的万户的故事	了解万户飞天的经历，树立勇于探索的精神，启发创新意识	图文互动，依据场馆展项和科学教室
3	如何摆脱强大引力的束缚？	万户的尝试给了人类极大的鼓舞，但仍然没飞向太空，地球强大引力的束缚是其失败原因之一，那么如何摆脱引力的束缚？	介绍万有引力的发现，第一、第二、第三宇宙速度	了解摆脱地球和太阳引力所需要达到的最低速度	多媒体互动，依据展项和科学教室

续表

序号	课程体系问题串	单课中心问题解析	课程内容	课程目标	活动及依据的场馆条件
4	如何使火箭具备强有力的推进动力？	上节课了解了火箭摆脱引力的理论，即要达到一定的宇宙速度，那么如何做才能使火箭拥有这样的速度？即如何使火箭具备强有力的推进动力？	介绍齐奥尔可夫斯基提到的利用反作用力来推进火箭发射、多级火箭的设想，以及戈达德在前者的理论基础下成功点燃了世上第一支液体驱动火箭	知道火箭发射依据反作用力原理，了解多级火箭的设想及其原因，树立"不同文化背景的科学家都致力于科学研究"的科学本质观	设计并制作水火箭，科技馆的丰富资源和探索空间
5	如何同时保证火箭的高速度与低耗能？	上节课了解了利用反作用力推动火箭发射以具备飞行动力，但火箭如此庞大，飞天后既需要维持速度但又无法补充燃料，如何同时保证火箭的高速度与低耗能？	介绍发射场的选择以及轨道倾角的设定	知道不同的发射任务需要选择不同的发射场地的原因	展项机电互动，依据展项
6	如何将人类运载上太空？	在之前的学习中讲述了火箭如何上太空，那么如何让人类一起被运载进入太空？	介绍什么是太空飞行器及其作用，以及我国在这方面的成就	了解太空飞行器的历史，简单说出太空飞行器的作用，树立民族自豪感	展项场景互动，依据展项
7	如何发射载人火箭？	最后，系统结合上述所学内容，解决本系列课程最后一个问题，如何完成发射载人火箭？	介绍火箭发射过程、人类史上第一个进入太空的宇航员——尤里·加加林的故事	知道火箭发射的过程及第一个进入太空的人，体验乘坐载人火箭，激发探索太空的热情	模拟体验，依据展项

5　总结

本课程体系设计注重以问题为导向，按照科学发展的历程来编排课程，课程整体设计严密、符合学生的认知心理，克服了以往馆本课程设计与展品展项

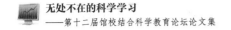

脱离的现象，能够有效进行展教融合，充分发挥科技馆展品的教育价值。本课程虽然并未正式实施，但就课程体系设计而言，获得了华中师范大学、清华大学、北京天文馆研究院、中国航天员科研训练中心等相关专家的充分肯定，但后续情况如何还需要在实践中加以检验与修正。

参考文献

[1] 何湘湘、黄方亮：《如何在科技馆开设基因科普课程——以浙江省科技馆科学院为例》，《学园》2017 年第 6 期。
[2] 袁维新：《论科学史的教育价值》，《自然辩证法通讯》2006 年第 3 期。

高中科技创新人才培养探析

丁 亮[*]

（辽宁省科学技术馆，沈阳，110067）

摘 要 目前，社会普遍比较重视学生在普通高等学校阶段的创新人才培养。而忽视创新人才培养是一项系统工程，高中教育阶段创新人才的培养，对学生的后续发展有着深远的影响。高中教育是为学生今后的学习生活奠定基础，高中阶段的教育质量决定着其他学段的供应和完成情况，并对学生的兴趣爱好、科技素养、知识储备等方面有着深远的影响。本文试图超越原有的高中阶段创新人才仅仅局限于尖子生的狭窄视野，从更为宽广的视阈全面地探讨高中创新人才培养问题。

关键词 基础教育高中 创新人才 人才培养

1 问题提出

国内学者对于高中阶段创新人才培养的研究相对较少，主要集中在"精英"类学生的创新人才培养方面。对于学习成绩一般乃至较差，将进入高职高专学习的学生的创新人才培养研究几乎为零。

本文的研究有助于拓展创新人才培养的范围，完善创新人才培养系统工程体系。通过对"创新人才"内涵及外延的思考，分析不同层次创新人才的特点，归纳不同层次创新人才所需具备的知识体系、实践能力等储备，有针对性

---

* 丁亮，辽宁省科学技术馆项目主管，研究方向为教育政策与教育行政、科技创新后备人才培养。

地为高中阶段不同类型学生创新人才培养工作提供参考。

创新人才培养的根本目的是服务社会，服务各行各业，最终实现我国各项事业的高速发展、综合国力的不断增强。希望通过本文的研究，在高中阶段对不同类型的创新人才进行有针对性的教育培养，为推动社会迫切需要的创新人才的培养工作提供服务，也为在目前的应试教育体制下解决创新人才培养问题和跨越高考门槛提供参考。[1]

2　相关概念

2.1　科技创新人才的内涵

在现有的文献研究中，我们可以看到人们经常使用"科技创新人才""创造性人才""创新型人才"等说法，但鲜见对这些概念的具体或系统性的表述。科学是关于认识世界的知识体系、活动和社会建制。技术是关于改造世界的知识体系、活动和社会建制。创新是以获取新成果为目标的一种认识世界和改造世界的活动，表示某种新事物的引入或某种新思想、新方法、新装置的引入。科技创新就是通过认识世界和改造世界的活动从而获取新成果，包括获得新思想、新方法、新装置等。[2]

创新型科技人才就是创新型人才中一个主要类别，主要是指那些具备较高的科研素质，能够突破原有的理论、观点、方法和技术而取得独创性成果，并通过其创造性的科研成就促进科学和技术进步，为社会发展和人类进步做出贡献的人才。科技创新人才就是那些因具有必备的知识和能力，能够在认识世界和改造世界的活动中获得新科技成果的人。这样的人才是多种多样的，包含着不同的类型。

2.2　高中科技创新人才培养的内涵

根据高中阶段学生的身体发展特点以及国家对高中阶段教育目标的定位，高中阶段主要是为高中生未来走向社会或接受高等教育做准备，因此我们认为高中科技创新人才并非人才学意义上的人才，高中阶段更准确地讲，应该是科技创新人才培养。培养，指按照一定的目的长期地教育和训练，使之成长。高中科技创新人才培养，就是通过各种教育途径和手段，以培养和激发高中生创造力为目标，使高中生具有能够在认识世界和改造世界的活动中从事科技创造并获得新科技成果的过程。

高中科技创新人才的培养是面向全体学生，并非少数尖子生的特权。普通高中、职业高中、中等专业学校和技工学校等都需要开展科技创新人才培养。高中科技创新人才可以分为四种类型：第一类是学术型的拔尖人才，也可表述为优才、天才，第二类是发明家型人才，第三类是特长型的专门人才，如体育、音乐、舞蹈、美术，第四类是技术技能型的操作能手。

限于研究的边界和目前高中创新教育的实践，本研究仅仅侧重第一类学术型的拔尖人才培养，因此，也可以说本研究关注的高中科技创新人才就是具有较高创造力的高中生，高中科技创新人才培养就是通过校内校外的各种教育方式和途径激发和促进高中生创造潜力，为未来成为真正的创新人才奠定基础的过程。

3　高中科技创新人才培养的意义

高中在科技创新人才培养中的独特作用：科技创新人才培养是一项系统工程，高中阶段教育对这种人才的形成可以起到基础性的作用，因为高中阶段是学生兴趣、个性、能力、社会责任等素质形成的关键期，这些素质是创新人才必备的基本素养。

建设创新型国家是我国的重要发展战略，是提高国家综合国力的重要手段，培养创新人才是我国各级教育的光荣使命。创新型国家实质是指通过国家职能的转变和发挥实现对创新资源的有效整合，国家成为创新的人格化代表，从而使依靠科技推动经济和社会发展得以实现。建设创新型国家的核心，是把增强自主创新能力作为发展科学技术的战略基点，作为调整产业结构、转变增长方式的中心环节，作为国家战略，贯穿于现代化建设各个方面，充分发挥科学技术的生产力功能，通过持续不断的科技创新促进经济高速增长。科学技术是第一生产力，而且是先进生产力的集中体现和主要标志，而学校成为生产知识和创造科学技术成果的重要基地，科技成果的产生依赖于人才。随着社会的发展和进步，教育的重要性日益明显，它已从脱离社会、脱离实际的单纯知识传播，走向社会的中心。科技创新，关键在人才。杰出科学家和科学技术人才群体，是国家科技事业发展的决定性因素。[3]当前，人才竞争正成为国际竞争的一个焦点。在经济全球化的背景下，知识在经济和社会生活中的地位越来越重要，而知识与人才和教育是分不开的。教育作为培养人才的基本手段，也是培养创新人才的基础，应该在创新型国家建设进程中处于优先发展地位。高中生是我国科技后备人才的主力军，其科学素质直接关系到我国未来科技发展水平，高中科技创新人才培养，对于提高我国科技后备人才科学素质进而提升我国科技水平具有重要意义。

4 高中科技创新人才培养的原则

4.1 高中生创新能力培养与创新人格培养的有机结合

创造性人格和认知并重是科技创新人才培养的必由之路。从心理发展的角度来看，人的发展不只是能力的发展，还应该包括意志、情绪、动机和性格等方面的发展，以及社会化的发展。创新能力培养应与创新人格培养有机结合，培养具有创新能力和完善的创新人格的人才。在很大程度上个性的差异可能决定了个体在未来生活和事业中的成就。在创造教育中应该鼓励学生进行合作，培养学生的合作能力，为其未来的发展奠定基础。此外，为了使学生能更好地适应社会，成为对人类社会发展有利的创造个体，我们认为还应该特别重视培养学生的社会责任感、道德意识和法律意识。[4]

4.2 高中科技创新人才培养的开放格局

高中科技创新人才培养中学校是基础，学校的学科教育是主渠道。以高中为分析单元的学校教育培养系统及其运行过程，包括教学系统（教师、课程、教学模式）和非教学系统（行政系统、领导系统），是开展创新教育的落脚点。

同时，创新人才培养不能单纯在封闭的学校中展开，教育行政管理部门要发挥其功能，引导规范鼓励创新教育，高中所处的社会文化环境和教育系统（科协等社会组织、社区、高校、科研院所等）应积极配合，提供资源和条件鼓励创新人才培养，使创新人才的智慧与社会环境相适应。

5 高中科技创新人才培养的模式

本研究将科技创新人才培养模式定义为：一定教育机构或教育工作者群体普遍认同和遵循的关于科技创新人才培养活动的实践规范和操作样式，它包含为科技创新人才所构建的适合其资质潜能的知识、能力、素质结构和实现这种结构的运行机制。

高中科技创新人才培养模式是一定教育机构或教育工作者群体普遍认同和遵循的关于科技创新人才培养活动的实践规范和操作样式。它包含哪些基本要素？从上述对概念的界定可知，其必然有两方面的组成，一是有关高中科技创新人才的知识、能力、素质结构，换句话讲，是要将高中科技创新人才培养成什么样的人，是人们对高中科技创新人才培养所持的基本理念；二是实现所构建的知识、能力、素质结构的运行机制，包括用什么和怎样用才能培养科技创新人才成为所要成为的人。因而，科技创新人才培养模式的基本要素可概括为三个方面，分别是培养什么，用什么培养，怎样培养。具体来说，培养什么涉及价值层面的目的要素，用什么培养涉及知识层面的内容要素，怎样培养则涉及操作层面的方法要素。目的要素具有统领的作用，可以检测内容要素和方法要素的合理性，同时内容要素和方法要素可以反映出所需要培养的目的要素。

6 高中科技创新人才培养的路径

6.1 以创新教育理念打造专业教师队伍

培养一支热爱青少年科技事业、有奉献精神、人员稳定、能力较强的科技辅导员队伍是实现科技教育目标，达到科技创新人才培养目标的关键，这就要求各个学校都应非常重视科技教师的培训工作。坚持对全体教师进行创新意识、创新方法和创新能力的培训，选拔出一部分优秀教师对其进行特殊培养，不断满足教师职业生涯的动态需求。

6.2 开发各具特色的创新教育课程体系

学校要充分发挥科技优势，将学校科技探究活动与学科课程的教学融为一体，充分挖掘教师潜能，精心开发校本课程并深入发展校本特色。利用自身的科普教育资源，开展具有本校特色的多层次、多元化、多类别的科普活动，使学校科技办学特色再上新台阶，向着规范化、长效化、课程化的深层次发展。

6.3 深入推广科普活动，推动青少年科学教育持续发展

优化社会科普资源配置，推广科技馆进校园活动，推动馆校合作项目，开展青少年科技创新成果巡展活动等。利用这些校外科技资源积极配合学校科技课程开展，尤其是科技馆设计一些对接课标的校外科技课程，将会更好地弥补学校科技课程的短板。

6.4 拓展科技活动载体，加强青少年科普阵地建设

充分发挥科技示范学校作用，带动地区科普活动与教学相互促进。建立科普教育基地，形成区域科普教育氛围，尤其是在县区或技术条件相对落后的地区，为更多的青少年提供参与科技活动的机会。发挥青少年科学工作室作用，充分整合资源，利用优势师资成立具有自身特色的工作室，调动学生学科学、用科学的积极性。

参考文献

［1］余祥庭、李晓锋：《创新型人才的特征及其培养的实践探索》，《教育探索》2009年第10期。
［2］陈剑：《高中拔尖创新人才培养模式研究》，宁波大学硕士学位论文，2014。
［3］董国强：《创新人才素质培养研究》，哈尔滨工程大学硕士学位论文，2005。
［4］徐昕：《拔尖创新人才本科阶段的培养模式探索——基于国内高水平大学实验班的研究》，华南理工大学硕士学位论文，2011。

将"科学概念"融入科普研学活动设计

——以厦门科技馆主题研学路线开发为例

黄玉环[*]

（厦门科技馆，厦门，361001）

摘 要 近年来科普研学活动兴起，但却存在重游轻学、重知识轻探究，以及课程质量不高、深度不够等问题。本文通过梳理"科学概念"的具体含义，具体分析了融入"科学概念"对科普研学活动教学设计的意义；如何将科技馆的特色展品和展区环境资源融入科普研学设计中的两个核心问题；并以厦门科技馆"畅想机器人智能新时代"科普研学活动的设计开展案例分析。

关键词 科学概念 科普研学 研学设计

开展青少年研学活动是全面推行素质教育的有益尝试，近年来，国家相继出台政策助推青少年研学的健康发展。但目前科技馆仍对科普研学活动缺乏清晰认知，科普研学活动侧重于动手益智的教育活动，体验性与探索性不强，"低幼化"现象严重。本文以厦门科技馆"畅想机器人智能新时代"科普研学活动的设计为例，探讨将"科学概念"融入科普研学活动的重要性，以及如何将"科学概念"更好地融入科普研学活动设计中。

---

[*] 黄玉环，厦门科技馆展教部辅导员，研究方向为科普教育。

1 问题提出

1.1 政策支持

2014 年，国务院出台《关于促进旅游业改革发展的若干意见》，其中明确做出了"积极开展研学旅行"的工作部署。2016 年，教育部等 11 部门联合发布了《关于推进中小学生研学旅行的意见》，至此，中小学明确将研学旅行纳入教学计划。2017 年 9 月，教育部印发《中小学综合实践活动课程指导纲要》，突出强调将综合实践活动课程与学科课程并列设置，强调设计与实施综合实践活动课程，不仅要有明确的课程目标，还要求对活动内容进行选择和组织，对活动方式进行认真设计。由此可见，开展科学普及类研究学习活动，已成为教育改革和科普创新的有效形式。

1.2 发展现状

笔者认为科普研学活动是科技馆与学校双方有计划的组织安排，以实地参观和展品体验形式开展的研究性学习和旅行体验相结合的校外教育活动，是学校教育和科技馆教育衔接的创新形式，是全面素质教育教学的重要内容，是综合实践育人的有效途径。因此，研学活动应该有明确的教学目标，有精心设计各个环节的活动内容和活动形式，将研究性学习和旅行体验相结合，由浅入深，由易到难，一步步引导学生去思考和探索。为了实现教学目标，研学旅行的课程内容要成为一个有机的整体，围绕一个主线来组织，为教学目标提供服务。

1.3 存在问题

就目前科普研学活动的发展而言，其普遍存在重游轻学、缺少清晰的教学目标和主题，课程质量不高、深度不够，无法从根本上提升学生科学素养等问题。科技馆自带的特色展品与展区环境优势，能够让学生获得基于真实情景体验展品的直接经验，能够引发学生学习和研究的兴趣，使静态知识动态化、体验化；同时结合科技馆的展区环境能够很好地还原科学家发现科学现象，概括出科学概念的过程。因此，笔者认为融入"科学概念"的科普研学活动能够在一定程度上提升教学质量，提升学生的科学素养。

2 科学概念与科普研学活动结合的思考

2.1 科学概念含义

科学概念是对客观事物的本质反映，是在科学实践中逐步发展与形成的，是从反复的科学现象中抽象概括形成的。中国工程院院士韦钰认为"科学概念"是经过科学研究得到的知识，包括科学现象、科学定律和科学理论，它必须经过实证，并且在科学研究活动中不断修正和深化。[1]2014年，由韦钰院士参与修订并于2016年翻译的《以大概念的理念进行科学教育》一书提出了利用关于科学知识的10个大概念与关于科学本身的4个大概念进行科学教育的理念。[2]2017年，我国发布的《义务教育小学科学课程标准》对"课程内容"中的物质科学、生命科学、地球与宇宙科学和技术与工程四个领域也提出了18个主要概念，并且从四个领域中选择了18个核心概念，分解为75个具体概念。可以看出，在新的科学教育标准体系下强调以"科学概念"展开科学教育体系的构建，正在成为科学教育的发展方向。

科学概念的提出旨在让学生获得一个完整的科学框架体系，而不是建构分散细碎的科学知识。教学的中心应该从记忆事实抽象到具体概念，然后再由具体概念升华或揭示出深层理解的核心概念和学科的知识结构，进而促进学生思维的发展。[3]对科学概念的掌握与模型的建立能力是学生的重要能力，它影响着学生的科学判断能力与科学创新能力。因此，笔者认为科普活动设计应围绕科学概念选择活动内容。

2.2 融入"科学概念"对科普研学活动设计的意义

2.2.1 "科学概念"的融入能够推动研学活动的实现教学目标

笔者认为当前科学概念的内涵与外延都发生了巨大的变化，科学概念不仅包括科学的事实性知识，也包括科学的观念、情感态度与价值观等，这些都是学生在科学课中应该习得的，科学概念的教学应该成为今后科学教育的重点。

融入"科学概念"的科普研学活动内容，能够从科学知识、科学态度、科学探究、情感态度价值观四方面实现学生整体科学素养的提升。

2.2.2 "科学概念"的融入能够更好地实现"做中学"

陶行知提出"教、学、做"合一的观点，这意味着学生要亲自参与知识的建构，亲历过程并在过程中体验知识、体验情感，相对于教学设计中传统的灌输模式，融入"科学概念"的研学活动能够让学生在动手实践中领悟知识或技能，并形成个人的理解。生活中处处有科学，科学教育要基于生活，科学概念的建构要让学生联系生活实际，从真实的生活经历去感知与提炼，而融入"科学概念"的科技馆科普研学活动能够帮助学生更好地"理论"联系"实践"。

2.2.3 "科学概念"的融入能够发挥科技馆展品和展区环境优势

科技馆教育对比学校教育的最大优势在于丰富的展品资源。科普研学活动是开发和利用课程资源与科技馆资源的创新融合，是推进全面素质教育，补齐学校教育短板的有力抓手。一般而言，科技馆展品以主题形式呈现，对比学校教育的单一学科，科技馆教育内容具有学科交叉的特点，例如科技馆的展品除了反映物理、数学等基础科学知识的展品外，还有关于古代科技、海洋科学、生命健康、生态环境，以及高新科技发展等多方面内容。此外，笔者认为科技馆的展区环境能够一定程度上还原科学家发现科学的过程，潜移默化地影响学生形成向往、热爱科学的情感态度。融入"科学概念"的科普研学活动能够系统化、全面化地发挥科技馆的展品和展区优势。

因此，科技馆研学活动设计应以展品为依托，紧密结合科学概念，让学生基于科技馆参观时间和展品操作的直接经验，以学生自主探究为方式，以实验操作为载体，通过数据、信息的收集与应用实现科普研学活动中的"学""游"并重。

3 融入"科学概念"的科普研学活动设计——以厦门科技馆为例

科普研学活动借鉴学校教育的形式，融入"科学概念"进行研学活动设计，借助一定的教学方法和多样化的活动形式，使科技馆的展品资源与展区环境资源系统化、可持续化,从而很好地弥补研学过程中参观行为的单向性等不足。[4]科普研学活动围绕"科学概念"来设计,能够使教学目标更加明确,且科技馆内丰富的藏品和展区环境有助于拓展科普研学活动的广度和深度。

3.1 "畅想机器人智能新时代"活动流程介绍

厦门科技馆"畅想机器人智能新时代"科普研学活动针对 5~6 年级的学生,以设计机器人任务为导向,利用创造馆机器人展区环境创设真实情境,串联体验展品"机器人发展史""画像机器人""莫托曼工业机器人"开展启发式学习,结合科技小实验"吸管机械手""液压机械手"完成机械传动装置能够传递力的性质的探究。通过此次研学活动学生能够解释生活中常见的简单机械的应用实例,了解简单机械传动装置、机械动力装置的结构和作用,运用机械传动能够传递力的性质,结合乐高联动装置,完成机器人设计的工程任务。

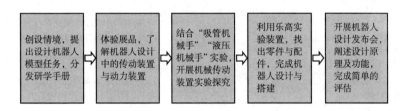

图 1 "畅想机器人智能新时代"研学活动流程

3.2 融入"科学概念"的科普研学活动教学设计

开始活动前,学生的脑中存在着一些前概念,前概念来源于学生的生活经验,有些是正确的,可以成为科学概念,有些是错误的,属于错误概念。日常生活中学生对于机器人的了解缺少直接经验,原有概念较为迷糊甚至会出现错误。而科学概念的教学是一个从具体到抽象、从简单到系统的过程,所以我们应该为学生创设真实情境,唤醒原有概念,在展品体验以及动手实践中帮助学生建构正确的科学概念。厦门科技馆"畅想机器人智能新时代"科普研学活动融入《义务教育小学科学课程标准》(2017 年版) 技术与工程领域中的科学概念。此次活动具体的科学概念分析如表 1 所示。

表1 "畅想机器人智能新时代"活动内容与《义务教育小学科学课程标准》
（2017 年版）科学概念对照

核心科学概念	科学概念	知识点	活动内容
技术的核心是发明，是人们对自然的利用和改造	①技术发明通常蕴含着一定的科学原理。②工具是一种物化的技术	①知道很多发明可以在自然界找到原型，能够说出工程师利用科学原理发明创造的实例	学生体验展品"机器人发展史""画像机器人""莫托曼工业机器人"，观察"莫托曼工业机器人"的外形，思考对比机器人手臂实现抓取功能的过程与人类手臂运作过程的异同
		②知道齿轮、滑轮、轮轴是常见的简单机械	学生观察机器人的整体机械机构，找出齿轮、滑轮、轮轴的位置，基于展品体验归纳总结出它们在运作过程中力的传递作用
		③能够使用齿轮传动、皮带传动等简单机械解决生活中的实际问题	学生聆听教师在展品讲解中融入的齿轮传动、皮带传动等在日常生活中的运用，在实验过程中开展小组讨论解释实际应用问题
工程技术的关键是设计，工程是运用科学和技术进行设计，解决实际问题和制造产品的活动	①工程的核心是设计。②工程设计需要考虑可利用的条件和制约因素，并不断改进和完善	①能够利用文字与图案、绘图或实物，表达自己的创意与构想	学生思考设计机器人的工程任务，画出草图或语言描述想象中的机器人
		②利用简单工具，将自己简单的创意转化为模型或实物	学生利用乐高积木，找出所需零件，拼出自己设计的机器人
		③简单评估完成一个产品或系统的可行性与预想使用效果	学生模拟机器人设计发布会，为机器人设计名片，分析其功能以及使用效果

3.3 融入"科学概念"的科普研学活动教学策略

将课程标准与科普研学内容对比，使科普研学活动的教学目标更加清晰。那么以何种活动形式开展科普研学活动能够更好地体现"科学概念"呢？厦门科技馆"畅想机器人智能新时代"研学活动以任务为导向，围绕课程标准中技术与工程领域的科学概念将研学活动分为创设情境，任务驱动；体验展品，知识建构；动手实验，开展探究；搭建模型，完成迁移四个部分，每个部分的活动形式以及设计思路见表2。

表2 "畅想机器人智能新时代"科普研学活动形式及设计思路

研学活动形式	研学活动内容	教学设计思路
创设情境,任务驱动	①教师发布工程任务,利用乐高装置设计专属机器人,了解学生对于机器人的原有概念	利用展区环境创设智能工厂情境,以工程任务驱动,激发学生的学习兴趣,通过讨论了解学生对于机器人的原有概念,帮助其梳理逻辑思路
	②分发学习单,引导学生讨论完成工程任务需要学习的科学知识	
体验展品,知识建构	①串联体验展品"机器人发展史""画像机器人""莫托曼工业机器人"	结合展品体验和展厅参观,以边"游"边"学"形式,引导学生开展体验式和实践式学习
	②比较不同类型的机器人,分析机器人的组成部分和结构特点	基于体验展品的直接经验,在原有的科学概念上,让学生了解机器人的不同结构的功能及作用
	③以"机器人手臂如何实现自由抓取"问题出发,引入机械传动装置概念,基于体验展品的直接经验寻求解释	通过引导学生将人类手臂与机器手臂对比,启发学生理解技术的核心是发明这一核心概念
动手实验,开展探究	①动手制作"吸管机械手",了解齿轮传动、皮带传动机械装置	通过动手实验,归纳出机械传动装置能够传递力的性质作用;了解不同的机械动力装置及其在实际生活中的运用,从而理解人们发明工具,工具是一种物化的技术这一科学概念
	②动手制作"液压机械手",了解不同的机械动力装置	
	③思考如何将"机械传动装置""机械动力装置"运用于机器人设计	
搭建模型,完成迁移	①在构建完成新的科学概念的基础上,重新思考设计任务 ②画图设计专属于自己的机器人模型 ③利用乐高积木进行搭建 ④开展机器人发布会,分析设计特点,预想使用效果	通过设计并搭建乐高机器人模型,将所学知识迁移到解决实际问题当中,在完成任务的同时理解"工程的核心是设计"这一科学概念

4 基于融入"科学概念"的科普研学活动设计启示

4.1 注重发挥科技馆的展品和展区环境优势

科技馆教育区别于学校教育的最大亮点在于科技馆的展品,因此科普研学活动的设计核心也要依托馆内的特色展品。整体而言,科技馆的展品往往按照主题形式呈现,展示的科学概念也区别于学校教育的单一学科内容,往往以学科交叉内容呈现。"畅想机器人智能新时代"科普研学活动所开展的地点为厦门科技馆的"创造文明馆"。创造文明馆展示了光电多媒体、人工智能、汽车制造等先进的现代科学技术，能够较为全面地展示课标中"技术与工程"领域的科学概念。此外，创造文明馆展区环境能够让学生直观感受科技带来的无穷魅力，更好地还原科学家发现科学事实，归纳总结出科学概念的过程，有利于学生开展体验式学习和探究式学习。

4.2 注重基于学生认识水平分层设计科普研学活动

科学概念由外延和内涵组成，概念的外延越丰富，则越容易归纳概括出概念的内涵。但由于"科学概念"的抽象性，学生非常难以理解。就同一个科学概念而言，从小学生到中学生的理解跨度都非常大。根据皮亚杰的认知发展理论，小学生的认知水平大多还处于"前运算"的阶段，抽象思维能力相对较弱，还是以记忆为主的学习习惯。如果研学活动没有进行年龄层细化设计，将会造成学生的认知程度和操作难度不对等，最后研学活动只能沦为走马观花，流于形式，偏离预定的教学目标。因此我们在研学活动设计中，要依据学生的年龄特点和认知水平分层设计为学生提供适宜的探究活动，利用展品体验和实验增加学生的感知体验。

4.3 注重科普研学活动设计中"科学概念"的教学连续性

新课改特别注重概念形成的过程，注重概念教学的连续性，强调学生在体验中学习，自主探究，而不仅仅是记住一个科学概念。学生对于科学概念的理解大致可划分为三种模式：第一，阶梯模式，由简入难层层递进，此模式下科学概念的理解能够细化为具体的步骤，每个步骤都与科普研学活动中的"科学概念"相联系；第二，拼图模式，拼图模式下科普研学活动的流程允许有多种多样的形式，最终都为实现科学概念的理解服务；第三，链条模式，链条模式主要是将"科学概念"的理解分解成几条链条，每一条链中，科学概念随着时间迁移逐步发展。[2]无论何种理解模式都在强调概念理解的层次性与发展性。"建构主义"也倡导学习要建立在学生已有的概念、经验和技能之上，认为科学概念的教学应当以学生的生活为背景，以原有概念为基础，从学生的最近发展区出发，借助他们的原有经验和技能，以促进学生对新概念的认识与理解。[5]

5 结语

融入"科学概念"的科普研学活动，能够更好地促进科学理论知识与科学实践活动的融合，提高青少年的创新积极性和动手能力，更有利于培养青少年的核心科学素养。因此，科普研学活动的开展需要权威、专业的指导，需要建立并逐步完善科普研学活动的标准，需要落实相关政策，需要搭建科普研学共享服务平台，确保科普研学的健康发展。因此，本文就在科普研学活动设计中融入"科学概念"做了些许经验分享，以期为科技馆今后科普研学活动设计及开展提供参考。

参考文献

[1] 韦钰：《科学概念和日常概念的区别》，《中国科技教育》2011 年第 8 期。

[2] 韦钰：《以大概念的理念进行科学教育》，《人民教育》2016 年第 1 期。

[3] 王晨光：《新课标下小学科学课程的概念建构及其教学价值》，《教育与教学研究》2019 年第 1 期。

[4] 云南省科普教育基地联合会：《简析利用科普教育基地资源开展科普研学活动》，《云南科技管理》2019 年第 2 期。

[5] 袁维新：《建构主义理论运用于科学教学的 15 条原则》，《教育理论与实践》2004 年第 10 期。

利用 DBL 理念促进青少年科学学习

——以"鸟侦探"教育项目为例

罗新锋　温紫荆[*]

（北京师范大学珠海校区，珠海，519085）

摘　要　当前学校教育中，学生只能获得零碎的科学概念和事实片段。针对知识连续体的"断裂"，人们提出了 STEM 教育等理念。其虽有很大影响，却难以转变学校教育。学校是学习发生的主要场所，必须要求高效率、好效果，系统、标准化是其主要形式。具有真实性、复杂性等特点的非正式环境成为科学学习的辅助场所。如何结合非正式环境的情境特性与学校教育的双效要求，促进青少年科学学习？本文以"鸟侦探"教育项目为例，分析 DBL 教育理念如何与科学学习融合，促进青少年非正式环境下的科学学习。

关键词　DBL 教学　科学学习　非正式学习

随着 21 世纪全球化和技术的高速发展，技术的巨大突破，重新定位了各学科的地位，特别是工程与技术领域。人们意识到目前的教学内容在学生未来发展中是远远不够的，教育应培养学生学会学习、终身学习的能力，问题解决、科学素养等能力越来越被重视。

DBL 是设计教育领域的教学理念，学生需要面对真实世界的问题，从而有意义地学习和发展设计技能。本文将 DBL 理念与户外环境中的研究性学习

---

[*]　罗新锋，北京师范大学教育学部科学与技术教育专业在读研究生，研究方向为科学教育；温紫荆，北京师范大学教育学部科学与技术教育专业在读研究生，研究方向为科学教育。

结合，旨在发挥非正式环境的特性并促进学生的科学学习，建构科学概念，培养问题解决等能力。

1 DBL 教育理念

1.1 基于设计的学习的定义

基于设计的学习（Design-Based Science，DBL）是近几年教育界兴起的一种新的学习方式。DBL 是发源于设计专业——例如建筑学、城市规划、工业设计等——的教学模式，学生参与到设计中，面对真实世界的问题，从而有意义地学习学科知识和设计技能。

该教学模式起源于克罗德纳（Janet L. Kolodner）小组的研究，随后加州理工大学多林·尼尔森（Doreen Nelson）将基于设计的学习模式应用于K – 12课堂，取得了显著教学效果。同时在荷兰、芬兰、日本等国家，[1]教育领域也有非常多的研究与应用。基于设计的学习作为一种新颖、有效的学习方式，其理论应用从设计专业教育向外辐射，扩散到了科学教育领域，受到国内外学者的广泛关注。

1.2 DBL 教学模式

克罗多纳认为，基于设计的学习是一种基于项目的探究式学习，是为K – 12学生的科学学习开发的。学生置身于努力完成设计挑战的情境中不仅学习科学内容，而且能够发展解决复杂问题、非良构问题的技能。

多林·尼尔森认为，基于设计的学习需要学生创建实物来解决问题。任务的要求是实物，学生在教学互动环境中学习基础课程，明确的任务要求可以促进概念、理论、模型等的回忆和加工。

不同研究者对于基于设计的学习有不同理解，但是都认可：基于设计的学习要求学生参与到实物的设计与制作中，从而在复杂环境下建构科学概念、发展问题解决能力。[2]克罗多纳对 DBL 模式做了深入的研究与实践，[3]认为 DBL 包含这样两个基本循环：设计/再设计循环与调查/探索循环，基于此提出了基于设计的科学探究式学习循环模型（见图1）。

图1 基于设计的科学探究式学习循环

学生需要针对挑战的活动，设计再设计循环，成功完成挑战。由于挑战成功的同时需要不断发现与解决问题，因此还需要调查/探索循环。

1.3 DBL 的核心理念

由上述可以看出，迭代循环是基于设计的学习的核心理念。学生不断设计、检验结果、发现问题再到调整设计。设计性同样是其特征，学生解决某个具体问题时，他们需要搜集相关的资料，并设计方案，付诸实施，如果不能很好地解决问题则需要不断发现问题、查找资料、重新调整方案。真实情境中的迭代循环，本身就需要学生多学科参与，因此能够整合科学、设计、合作与沟通交流实践等，学生参与科学实践，从而建构科学知识网络，理解科学探究。[4]

2 DBL 理念在科学教育中的应用价值

目前国外已有诸多科学教育中应用 DBL 的实践。这些学习项目涉及多种形式、多个领域，例如麻省理工学院媒体实验室的 Mitchel Resnich 博士设计并推行的"终生幼儿园"项目，学生依托 Scratch 平台提供的媒体资源进行设计、表达想法。

近年国内的 DBL 教学应用逐渐增多，集中在科学教育与工程技术教育两个领域：一部分在传统学科课程基础上，结合 DBL 开展深度学习；另一部分则融合 3D 打印、Arduino 编程等工程与技术开展项目式教学，例如陕西师范大学罗倩茹等将 DBL 模式引入机器人竞赛教学中。[5]

基于设计的学习以设计性和迭代性为核心特征，将设计思维贯穿整个过程，以迭代循环的方式完成学习活动。学习者在完成设计作品的过程中整合多学科知识，对其进行归纳总结、灵活应用，不断解决学习过程中遇到的复杂问题。因此基于设计的学习模式对于当前的科学学习具有以下参考价值。第一，它是基于解决真实问题的探究性学习，强调学生在真实情境中综合运用多学科知识解决问题、获取知识，从而培养学生的问题解决能力、创新思维与设计思维。第二，学生能够参与到人工制品的设计中，从而帮助他们建构科学概念，形成知识网络。

3 以"鸟侦探"STEM 教育项目为例

3.1 项目简介

"鸟侦探"STEM 教育项目是北京师范大学科学与技术教育团队开发的STEM 教育系列课程之一。该项目结合 DBL 理念，为北京地区青少年提供非正式环境下的科学学习。项目围绕"如何搜集鸟类资料"展开。学生需要设计"鸟侦探"并不断迭代，最终来观察鸟类、整理独特的资料档案。

3.2 项目目标设计

本项目参考《义务教育初中科学课程标准》与《非正式环境下的科学学习：人、场所与活动》，整合科学、技术、工程和数学多个学科领域，从学生实际情况与综合素养发展出发，制定了以下活动目标。

培养科学态度：观察自然界中的水、植物、动物等以及自然现象，从中体验兴奋、发展兴趣，保持对自然现象的好奇心；养成与城市生态环境和谐相处的生活态度，提高保护生态环境的意识，增强社会责任感。

理解科学知识：识别常见鸟类；运用简单的形态术语描述鸟类，掌握特定鸟类的生活习性等；加深对课堂中学习的科学概念、生态系统构成等的理解；能够运用科学概念、原理等解释鸟类的行为特征与习性、外形内在的联系。

参与科学实践：掌握观察、收集媒体信息并加以处理的基本技能；与他人共同参与鸟类调查活动和"鸟类侦察"任务，就任务不断发现问题，并通过查阅资料、询问其他人等方式寻求证据，运用创造性思维和逻辑推理解决问题，并通过评价与交流达成共识。

3.3 DBL 理念的实践

教学过程采用 DBL 的学习方式，以真实的情境培养学生的设计思维。

4～5 位学生一组，一同完成项目下面的三个子任务。任务的设计能够很好地帮助学生养成保护环境的责任心和培养解决问题的能力。同时，子任务之间相互衔接，为学生提供连续情境（见表1）。

表1 "鸟侦探"教育项目任务设计

序号	任务名称	任务简介
1	城市动物知多少	组织一次城市鸟类调查,学生在专业的观鸟人士带领下,发现身边的鸟类。最后需要制作简单的海报、手册等,记录自己在活动中的收获
2	制作鸟类个性档案	学生需要以 4～5 人一组,制作他们最感兴趣的鸟类的资料档案。档案有一定的要求,这些资料既包括他们通过网络获得现成的资料,也包括他们自己获得的一手资料
3	爱鸟周分享	参加当地的爱鸟周宣传活动,在活动中展示他们的成果,并向其他人宣传我们身边的鸟类,帮助更多人认识我们身边的小精灵,保护我们赖以生存的大自然

第二个子任务"制作鸟类个性档案"，集中反映了 DBL 理念在非正式环境下的科学学习应用。因此，本文重点分析第二个子任务，以借鉴 DBL 理念与科学学习的结合经验。

学生需要以 4～5 人一组，制作他们最感兴趣的鸟类的资料档案。这些资料既包括他们搜集到的资料，也包括获取的资料。资料档案需要上传至观鸟网（http：//www.birdbro.com/），同时，对提交的内容做出要求，包括：该鸟类的叫声；该鸟类的照片；该鸟类的录像视频；该鸟类的生活习性；城市中该鸟类的分布。

该活动包括结果导向的讨论、需求定义、创意动脑、测试方案与制作原型、信息收集与资料整理五个活动环节。

3.3.1 结果导向的讨论

项目任务书的含义是什么？最终需要提交的内容？提交的形式？明确项目的结果，对于学生的自我评估有重要意义，能够调整合适的学习策略。该环节包括：①分析项目任务书；②查找鸟类档案的相关案例；③访谈家人、老师、同学、观鸟爱好者等，收集大家的想法。

项目任务书是建筑设计等课程中重要的一部分，规定了设计要求（如层高）、设计条件（如坡地）等，并对结课需要提交的图纸等做了详细规定。借鉴设计课程，本项目同样给出项目任务书。学生还需要自行查找相关案例，分析鸟类档案资料的要素、表现形式等。此外，任何一个作品都有其服务对象或功能属性，因此学生需要分析使用者的需求，才能确定提交的成果形式。学生需要观察和访谈他人，收集大家的想法。这些人可能包括家人、老师、同学、观鸟爱好者等。

3.3.2 需求定义

学生分析"结果导向的讨论"环节获得的信息，并与小组成员互相讨论，形成项目成果的最终形式的一致意见。该环节包括：①整理收集信息，明确最终的成果提交形式与内容；②利用草稿纸等设计档案简易样板。

收集到大家的想法，可利用"同理心地图"记录不同人的需求。同理心地图（Empathy Map）是对"用户是谁"的一种可共享的可视化。它能够帮助学生理解使用人群的需求，辅助学生设计出"满足大家需求"的鸟类档案，也可以利用矩阵图将搜集到的信息整理出来。档案简易样板需要以草图的形式呈现，包含标题、编号、索引方式、信息呈现方式、条目等。样板可能存在多个不合理之处，因而学生需要讨论交流、发现问题，不断迭代调整。

3.3.3 创意动脑

学生需要就完成的任务制订解决方案。如何收集鸟类的叫声、拍摄鸟类的照片、录制鸟类活动视频、观察鸟类的生活习性、怎么确定城市中鸟类的分布等。该环节包括：①收集资料，调研鸟类的相关习性和特点；②生物学家等向学生分享 BBC 纪录片拍摄过程中的一些经验，启发学生；③学生学习录音、录像的简单技术，并练习使用录音设备、摄像设备，并学习如何处理数据；④学生需要结合老师给出的帮助信息，结合小组讨论，制订资料收集计划，包括采样地点、具体的采样装置、采样时间等；⑤汇报自己的方案，并与其他小组交流，改进自己的方案。

基于设计的学习模式过程不够明确，对学生有很大的难度。但不应当降低任务要求，那样则会破坏真实情境性。因此，为学生提供的支架就非常重要，教师的角色也具有多重性。在这一环节，设计了大量的学习支持，包括指导性的探究步骤、生物学家分享经验、教师教授音频等媒体要素的收集方法。教师不仅要具备所教学科的知识，并且还熟知其他领域的学科知识，这样才能通过设计型学习达到多个学科知识的融会贯通。同时，教师不仅是课程设计者，还是协调者、组织者、引导者。

基于设计的学习要求学生"做中学"。本环节的结果是制订解决方案，问题是明确的，但是真实环境中的问题常是不良构、需要具体分析的，因而探究过程实际是不确定、高自由度的，学生能够参与创作、表达自己的想法。"鸟侦探"可能是一块漂浮在水面的木头，也可能是一只带有传感器的夜鹭模型……学生解决实际问题，并进行设计、整合技术与科学概念从而获得"持久学习知识"的技能。同时在具体环境中，要求学生参与实际认知、与他人交流，将此作为学习经历的一部分而帮助学生理解科学探究的过程。

3.3.4　测试方案与制作原型

为了保证方案的顺利实施，学生前往创客工作坊制作他们的"鸟侦探"采样装置。学生需要制作"鸟侦探"，因此工作坊提供了以下材料：①OV7670传感器：图像传感器，体积小，工作电压低，提供单片 VGA 摄像头和影像处理器的所有功能。②Stduino Uno 开发板：由思特诺公司基于意法半导体 STM32 微控制器开发，与 Arduino 使用方式类同。同时搭配 Stduino IDE 平台，可支持图形化编程。微控制器已提前处理。③动力部件：用来赋予"鸟侦探"简易的运动能力，包括螺旋桨、SG90 舵机、无刷电机、锂电池等。本项目的"鸟侦探"默认学生采取静态模型，同时允许有能力的学生采用动态模型，即可以改变位置，因此提供了动力部件。④3D 打印机：可以打印学生设计的任何物品，因此可以制作"鸟侦探"的骨架结构。⑤装饰物：包括羽毛、木头等，用来装扮"鸟侦探"。

经过多轮测试，不断调整设计原型，制作出最终的"鸟侦探"采样装置。

3.3.5　信息收集与资料整理

学生依照自己的计划和装置开展调研。设计方案可能出现新问题，需要就实际情况不断调整方案，直至完成信息的搜集。最后，处理数据，整理成档案，上传网络。

4　结语

非正式环境下的科学学习具有真实性与复杂性，因此可以作为学校教育的辅助场所。为发挥非正式环境的价值，就需要提供"模糊式任务"：一方面学生应知晓明确的任务要求，另一方面其探究步骤是模糊的、不确定的。

学习者只知道需要实现的任务，而不再是菜谱式的"探究"，需要参与到实践中。那么这就为学生提供了明确的任务导向，在过程中学生会发现问题、查找资料、与他人沟通交流、创新设计等。任务结果为制作物，学生能评价自己的成果是否符合要求，从而不断迭代，在迭代的过程中重构科学概念、培养问题解决等能力。

"模糊的步骤"并不意味着没有指导。非正式环境中问题非常复杂，不给予支持学生可能会中途放弃，或者自我降低了任务要求以至学习效果不好。因此，在基于设计的学习中，不能降低任务难度，但可以为学生提供适当的资源、支持等，提供学习支架。

基于设计的学习能够将设计的技能和思维与教学过程相结合，使学习者通过在做中学，体验真实的可操作性，锻炼学习者问题解决、分析与综合、协作交流能力。将这种模式应用于非正式环境与课堂教学的实践中，对于教育的创新性改革是一种有益且有效的探索。

参考文献

［1］蔡春花：《基于设计的科学学习探索——从小学科学教育实践为例》，扬州大学硕士学位论文，2013。

［2］Yaron Doppelt, Matthew M. Mehalik, Christian D. Schunn, Eli Silk, Denis Krysinski, Engagement and Achievements: A Case Study of Design-Based Learning in a Science Context , *Journal of Technology Education*, 2008, 19 (2).

［3］Janet L. Kolodner, Learning by Design: Iterations of Design Challenges for Better

Learning of Science Skills, *Cognitive Studies*, 2002, (9).

［4］冯锐:《基于案例推理的经验学习研究——学习科学的视角》,华东师范大学博士学位论文,2011。

［5］罗倩茹、秦健、刘宝瑞、刘立:《基于设计型学习（DBL）的机器人竞赛教学模式构建研究——以 2018 年 FLL 工程挑战赛"饮水思源"为例》,《中国教育信息化》2018 年第 17 期。

基于 HPS 的科技馆研学旅行课程设计

——以"单摆与摆钟"课程为例

孟佳豪　郝　琨　沈城伟　柳絮飞*

（华中师范大学，武汉，430079）

摘　要　研学旅行强调在"学思结合，知行统一"的方式下发展学生的核心素养与科学素养，HPS 教育旨在将科学史、科学哲学、科学社会学融入课程，加深学生对于科学本质的理解。二者结合不仅使研学旅行有了理论指导，也使得 HPS 教育有了实践途径，科技馆则凭借自身优势为二者架起桥梁，本文尝试提出基于 HPS 的科技馆研学旅行课程开发模式，以期分享该课程开发的设计思路。

关键词　HPS　科技馆　研学旅行

"要么读书，要么旅行，身体和灵魂总有一个在路上。"为了让学生在"学思结合，知行统一"的实践中，夯实文化基础，促进自主发展，推动其社会参与，2016 年底教育部等 11 部门联合颁发《关于推进中小学生研学旅行的意见》（以下简称《意见》），明确提出各中小学要把研学旅行作为正式必修课程纳入教育教学计划，以促进学生核心素养的发展。开展什么样的研学旅行，怎样开展研学旅行成为热议的话题。本文尝试将 HPS 教育融入研学旅行，并探寻其在科技馆中开展的可试之路。

---

*　孟佳豪，华中师范大学教育信息技术学院硕士研究生，研究方向为科学教育；郝琨，华中师范大学生命科学学院硕士研究生，研究方向为学科教学（生物）；沈城伟，华中师范大学生命科学学院硕士研究生，研究方向为科学教育、生物学教学；柳絮飞，华中师范大学教育信息技术学院硕士研究生，研究方向为科学教育。

1 HPS教育融入研学旅行的意义与针对的问题

1.1 聚焦科学本质，使得研学旅行有章可循

《意见》将研学旅行定位为一门指向学生核心素养的实践性课程，通过对各学科核心素养（见图1）进行比对总结，得出学科共通的核心素养主要包括科学观念与应用、科学思维与实践、科学探究与创新、科学态度与责任四大领域（见图2）。可将其看作在核心素养（见图3）背景下对于科学素养的表达，因此笔者依然将其理解为科学素养。通过对比图2与图3，可以发现核心素养与科学素养虽然内容各有侧重，且存在一定的包含关系，但最终目的是完全一致的：培养学生适应个人终身发展和社会发展需要的必备品格和关键能力。这也与研学旅行的理念相符合，由此可见，研学旅行也是一门指向学生科学素养发展的实践性课程。

普通高中物理课程	物理观念	科学思维	科学探究	科学态度与责任	
普通高中化学课程	宏观辨识与微观探析	变化观念与平衡思想	证据推理与模型认知	科学探究与创新意识	科学态度与社会责任
普通高中生物课程	生命观念	科学思维	科学探究	社会责任	
普通高中地理课程	人地协调观	综合思维	区域认知	地理实践力	
普通高中信息技术课程	信息意识	计算思维	数字化学习与创新	信息社会责任	
普通高中通用技术课程	技术意识	工程思维	创新设计	图样表达	物化能力

图1 各科学学科核心素养

从20世纪60年代开始，科学本质被认为是科学素养的重要组成部分，科学本质成为科学教育的永恒话题。[1]HPS是科学史（History of science）、科学哲学（Philosophy of science）和科学社会学（Sociology of science）的合称。科学史真实地展现科学发展过程，体现科学家的思想、精神，帮助学生形成正确的自然观和科学观，是培养创新和批判精神、提升科学探究和科学思维的重要方法；科学哲学是以思辨方式探寻什么是科学，帮助学生树立正确的科学观；

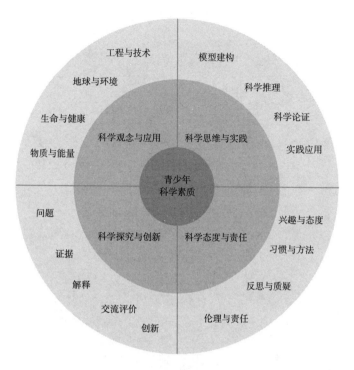

图 2　科学素养

科学社会学强调科学与社会之间的相互作用，提升学生的社会责任感。因此将 HPS 教育融入研学旅行，可将研学目标聚焦于加深学生对于科学本质的理解，进而发展科学素养与核心素养，使得研学旅行的开展有主题、有计划、有章可循。

1.2　二者相得益彰，实现共同教育价值

研学旅行多将自然风景区、博物馆、科技馆、科学家故居等作为研学基地，这些研学基地（尤其是科技馆），与环境、科学、历史、社会密不可分（后文将详细介绍），为开展 HPS 教育提供了丰富的信息资源与有力保障。研学旅行强调"学思结合，知行统一"，这与 HPS 教学模式（见图 4）的"科技史讲述""科学探究"环节相吻合。科技史为"思""行"提供了认知脉络，科学探究明确了"思""行"的实践方法，最终得以"学"而"知"（加深对

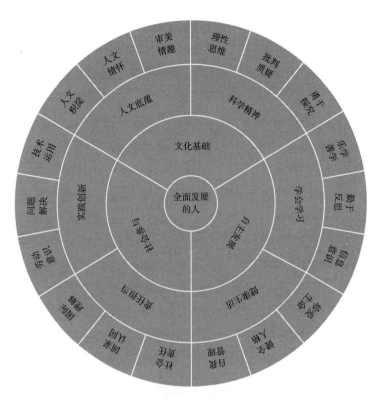

图3　核心素养

科学本质的理解）。可见 HPS 与研学旅行相得益彰，二者结合方可实现共同的
教育价值。

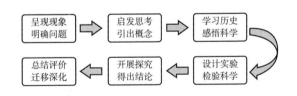

图4　HPS 教学模式

1.3　学生科学本质理解不到位，急需解决之道

2018 年笔者曾参与小学生科学本质观现状调查研究项目，使用 Lederman
编制的专门面向低龄儿童科学本质理解设计研发的访谈问卷 Young Children's

Views of Science Questionnaire（YCVS），针对科学本质（Nature of Science，NOS）四个维度和科学探究（Science Inquiry，SI）四个维度，与项目团队实地走访江苏、福建、湖北和重庆四个省（市）的136所小学，对474名一年级小学生进行访谈调查，结果发现，我国低年级小学生整体对于科学本质、科学探究的理解处于"质朴水平"，表明低学段小学生对科学本质的理解仍处于一个相对粗浅的水平，尤其是对于"主观性""暂定性""从一个问题开始""没有单一的科学方法"的理解更加缺失，大部分学生尚未形成对科学的基本性质的理解（见图5、图6）。我国学生科学本质缺失的严重性可见一斑，但在知网中，以"研学旅行""科学本质""HPS"为关键词的研究论文竟没有一篇。因此 HPS 融入研学旅行不仅意义重大，且急需理论与实践层面的深入探索。

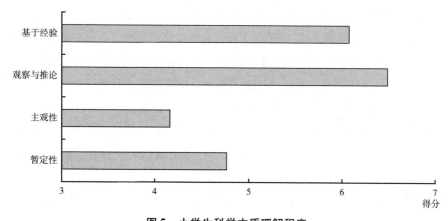

图5　小学生科学本质理解程度

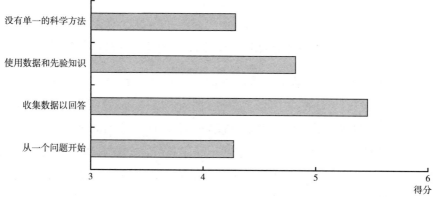

图6　小学生科学探究理解程度

2　在科技馆中开展基于 HPS 的研学旅行活动的独特优势

英国研究者马腾·孟克（Marten Monk）和乔纳森·奥斯本（Jonathan Osborne）提出了 HPS 教学模式[2]其核心环节包含体验现象、讲述历史、科学探究等。而科技馆中的"实物"展品恰好是实现以上环节的最佳资源之一。

2.1　"实物"展品呈现真实现象，实现多感官体验

荷兰科学家惠更斯，提出了"惠更斯之谜：摆钟同步现象"，然而几百年无人能够解答的原因竟是不同时代摆钟的材料不同。这说明，一些科技史中存在的科学现象，在常规条件下可能已无法或难以真实呈现了，这些现象或被写进书里，或被拍成照片，或被录制成视频，只能被单一或有限感官所感知，因此学生往往只能获取到有限的"间接经验"，并没有像当时的科学家一样所感所悟。旧金山探索馆建设者奥本海默曾讲道："探索馆的不少展品是由实验室标准设备或教学演示设备改造而成的，一些身边的事物和自然现象也成为展品的来源。"[3]因此许多科技展品真实保留了科技史中的科学现象，而且科技馆展品可以通过展品、环境、辅助展示装置的设计和展品辅导等方式，让真实的科学现象从书本和大众传媒的束缚中解脱出来，真实地出现在学习者面前，想必会极具多感官的冲击力，使观众体验和关注其中的现象，实现基于实物的体验式学习。[4]

2.2　"实物"展品是历史的"见证者"，也是"讲故事的人"

传统的 HPS 课堂教学中"讲故事的人"往往是教师，学生只能是"听众"或者"观众"。科技馆中的"实物"展品多以科学家进行科学研究、科学考察、技术发明的实验装置或对象为原型设计出来的。[5]因此这些"实物"承载着深层的科学信息（见图7），它们记录了科学家们在其所在的文化背景、科技水平下，思考、观察、总结、反思、实验，运用科研工具在思辨与探索中进行科学实践，从而获得了科技新发现的艰苦、伟大、震撼的科技史诗。背后隐含着科学家在探究过程中所体现的科学方法、科学思想和科学精神，[5]是学

生理解科学本质的最佳资源，这是其他任何研学基地所不具备的资源条件，也是在科技馆中开展基于 HPS 的研学旅行活动的最大优势。在科技馆中学生甚至可以穿越时空化身科学家去"创造"历史，像科学家一样思考、工作，而不是仅仅听与看。

图7 科技馆展品的科技内涵信息[4]

第一层信息	展品本身的科学原理、科学知识
第二层信息	科学家经历了什么样的过程、采用了什么样的方法、在何种环境和社会关系下发现该科学原理
第三层信息	该科学发现给当时的科技、经济、文化、社会带来什么样的影响

2.3 通过"实物"展品还原科学家的工作环境，实现科学探究

通过科技馆中虚拟现实技术或仿制的仪器工具或者科学家、工程师真实使用过的仪器工具，还原当时的硬件工作环境；通过同伴合作或者人机交互的方式，实现科学家与科学家之间的合作对话或者辩驳讨论等社会环境。让学生在真实的科学家工作环境下，再现科学家通过"探究"获得"直接经验"的"实践"过程，[6]体会科学家在探究过程中所体现的科学方法、科学思想和科学精神。将科学家们以科研为目的的科学探究，转化为学生以学习为目的的探究实践。[4]在实践中了解科学概念、学会科学方法、培养科学精神和科学态度，加深对于科学本质的理解以提升学生科学素养。

3 基于 HPS 的科技馆研学旅行课程开发模式与案例分析

本文尝试以 HPS 教学模式为基础框架，融入科技馆特色，提出基于 HPS 的科技馆研学旅行课程开发模式（见图8），并以湖北省科技馆研学旅行预设课程"单摆与摆钟"为例，进行详细说明。经典 HPS 教学模式，在第三阶段专门设置了"学习历史"环节。但在本教学模式中，并没有单独设计该环节，原因在于科技馆以"实物"展品为基础，加以声、光、电、虚拟现实等效果，还原自然现象、历史文化场景，尽量对展品背后的"科学史"进行实践化，让学生整个课程全程沉浸在展品所再现的历史中，科技史不仅仅作为教学内容

或情境创设的引入，而是作为整个课程的认知脉络，贯穿于课程始终，让学生不是去听某位科学家的故事，而是化身科学家在了解科学史的同时去创造自己的科学故事。而且经典 HPS 教学模式是站在教师的角度进行表述的，本教学模式是站在学生角度，把研学的主动权交给学生，其课程开发模式有以下五个其环节。

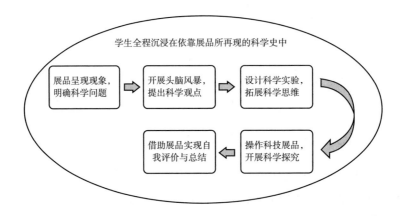

图 8　基于 HPS 的科技馆研学旅行课程开发模式

3.1　展品呈现现象，明确科学问题

学生通过多感官体验科技馆"实物"展品所呈现的科学现象（如同当时科学家所体验到的现象一样）尽可能多地获取科学信息，使得学生将生活经验与科学现象联系起来，科学现象与生活经验相同的内容会成为获取新知的附着点，不同的内容则会引发认知冲突，从而产生疑问、兴趣以及强烈的求知欲（正如当时科学家的感悟一样），问题便在求知欲的驱使下自然地形成。

"单摆与摆钟"第一阶段：通过展品加以声、光、电、虚拟现实等效果营造了以下现象："身处比萨的天主教堂，耳边萦绕着管风琴乐曲，众教徒纷纷礼拜，而你被微风吹动的吊灯所吸引"，问题随之而来，"吊灯为什么摇摆不定？""为什么吊灯摇摆的幅度时大时小？""吊灯摇摆的频率是否改变？"……学生会产生众多的问题，教师需引导学生排除无关问题，聚焦本课的核心问题"吊灯在不同摆动幅度下频率如何？""影响物体摆动频率的因素有哪些？"

3.2　开展头脑风暴，提出科学观点

针对展品呈现的现象与所聚焦的问题开展头脑风暴，尽可能多地引出学生对此的科学观点，当学生的观点积累到一定程度时，也可以通过展品呈现科学家研究初期科的学观点，如同科学家与学生们开展一场穿越时空的对话。科学家的观点可以不全面不充分甚至错误，让学生体会到科学家的观点并不是百分之百正确的，从而不迷信权威形成批判性思维。

"单摆与摆钟"第二阶段：伽利略凭借医学经验，边摸脉搏边观察吊灯的摆动，提出"吊灯不管幅度如何，频率总是相同"的猜想。通过摸脉搏预算时间的方法可靠吗？你同意他的观点吗？你有什么新的观点呢？学生发现使用手表测量时间，比伽利略用脉搏测量更加准确，从而体会到技术的发展对于科学发展的良性作用。

3.3　设计科学实验，拓展科学思维

教师根据学生的科学观点（包含真实科学家的观点），进行分组，成立多个思想一致的科学家团队，以组内合作组间博弈的形式（可与科技史中的经典争论相呼应），结合科技馆展品或者一些必要的实验器材、材料设计科学实验，以验证组内共同的科学观点，并学习科学方法，拓展科学思维，树立科学思想。

"单摆与摆钟"第三阶段：伽利略开心地跑回了家，回到房间后，到处寻找实验所需的东西。他找来丝线、细绳、大小不同的木球、铁球、石块、铜球等实验用品，在他的桌子上堆满了这些"乱七八糟"的东西，如果你是伽利略会如何进行实验？

3.4　操作科技展品，开展科学探究

学生以科研小组的身份，通过体验"实物"展品所展示的现象，在科学家当时的经济、文化、科技、学术水平下，在展品所还原的真实工作环境中，开展实验探究。科技史中的科学知识、科学精神、科学方法、科学思想不再是通过教师讲授灌输给学生，而是学生通过自主探究获得"直接经验"，从"直接经验"中找寻证据，凭借证据验证组内的观点，从而形成科学观

念，使得学生更加理解科学探究的过程与方法也更接近对于科学本质的认识。

"单摆与摆钟"第四阶段：学生在进行自主设计的科学实验后，教师呈现伽利略所进行的科学实验，学生比较相似处与相异处，从而获得新的认知，再引导学生操作"伽利略的时钟摆"展品（见图9），体验老式钟摆的基本原理，学生转动手柄提升重物，钟摆结合重物下落的能量和单摆的摆动，形成摆的等时性运动。学生将操作展品时所获得的直接经验与先前经验结合，加深对于摆等时性的认识，形成最终的科学观点：单摆来回摆动一次需要的时间与摆动幅度的大小无关，无论幅度大小如何，来回摆动一次所需要的时间是相同的。摆完成一次摆动的周期，取决于摆的长度和重力，并得出单摆周期公式（科学原理的数学公式化）。

图9　伽利略的时钟摆

3.5　借助展品实现自我评价与总结

传统的课程总结与评价，往往以教师为主，与教材中相符的观点为正确答案，不符则错误，这会造成学生迷信权威，从而对于科学的暂定性产生错误认识。在科技馆中通过引导学生操作、观察、体验展品，来验证学生所获得的结论是否可行、合理，从而避免教师主观地评判学生科学观点。学生从中领悟科学是基于实证的，而非教师所灌输的。教师可作为引导者，引导学生自主梳理和总结科学探究过程，促使学生理解科学探究的本质，体会科学探究的过程与方法，巩固深化科学知识。

"单摆与摆钟"第五阶段：学生带着对于摆等时性的认知操作"摆台"展品（见图 10），得以验证认知是否正确，最后学生们进行经验总结，回忆生活中关于摆的经验认识并结合通过展品所获得的认知，深刻体会从伽利略提出摆的等时性这一科学原理到将吊灯抽象为单摆模型的过程，再到惠更斯建立摆运动的数学理论，并通过工程设计，制作出摆钟，从而人类更加明确地建立起时间观念，社会生活也更加具有节奏。进而领悟出科学、数学、工程与技术之间的关系与科学和社会之间的联系，加深对于科学本质的理解。

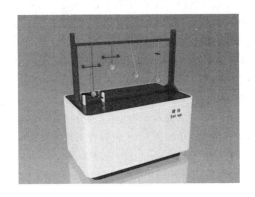

图 10　摆台

4　结语

在科技馆中开展基于 HPS 的研学旅行，让学生在操作科技展品时实现如同读科学史书一般的旅行，"身体与灵魂一同在路上"。走进自然，走进科学，在历史中寻找未来，以哲学思辨的方式去理解什么是科学，理解科学、技术、环境与社会之间的关系，从而加深对于科学本质的理解，进而发展科学素养与核心素养，成为未来的主人。以上拙见望与热衷于科学教育事业的奋斗者们分享，以期为针对科学教育的研学旅行提供理论基础和经验参考。

参考文献

［1］Ulla Runesson，What is it Possible to Learn? On Variation as a Necessary Condition for Learning，*Scandinavian Journal of Educational Research*，2006，50（4）.

［2］Monk M.，&，Osborne，J.，Placing the History and Philosophy of Science on the Curriculum：A Mode for the Development of Pedagogy，*Science Education*，1997，（81）.

［3］科技馆创新展览设计思路及发展对策研究课题组：《科技馆创新展览设计思路及发展对策研究报告》，载束为主编《科技馆研究报告集（2006～2015）》（下册），科学普及出版社，2017。

［4］朱幼文：《教育学、传播学视角下的展览研究与设计——兼论科技博物馆展览设计创新的方向与思路》，《博物院》2017年第6期。

［5］朱幼文：《基于科学与工程实践的跨学科探究式学习——科技馆STEM教育相关重要概念的探讨》，《自然科学博物馆研究》2017年第1期。

［6］吴式颖主编《外国教育史教程》，人民教育出版社，1999。

科技馆开展青少年前沿科技体验活动的探索

——以北京科学中心的展教实践为例

孙小莉　何素兴　吴　媛　苗秀杰*

（北京科学中心，北京，100029）

摘　要　开展前沿科技体验活动是达成科学教育目标的有效手段，科技馆作为科学教育的校外阵地，在引导青少年走进前沿科技，培养青少年的科学兴趣、科学思维、科研热情以及开拓学科视野等方面具有独特的优势。本文阐述了青少年体验前沿科技的意义，分析了科技馆开展青少年前沿科技体验活动的现状及存在的问题。以北京科学中心的展教实践为例，探讨了科技馆开展前沿科技体验活动的工作思路，阐述如何发挥好科技馆平台优势、资源优势和组织优势，增强前沿科技体验效果的思路、方法和建议。

关键词　科技馆　青少年　前沿科技　北京科学中心

1　青少年体验前沿科技的意义

1.1　前沿科技对国家和社会的影响

科技是国之利器，是先进生产力的集中体现，科技兴则民族兴，科技强则国家强。前沿科技是各行业领先的科学技术，是国内外最新的科学研究发现和

---

* 孙小莉，北京科学中心副研究馆员，研究方向为馆校合作、科学传播；何素兴，北京科学中心主任，研究馆员，研究方向为科学传播；吴媛，北京科学中心副主任，副研究馆员，研究方向为科学教育；苗秀杰，北京科学中心展教部部长，高级教师，研究方向为科学教育。

科学问题，包含了新的研究热点、新的研究方向以及思想等。当今世界已经进入全面创新时代，前沿科技已成为国家安全的根本保障，为解决资源环境问题提供了新的选择，促进了世界科学技术日新月异地发展。发展前沿科技将极大地推动科学和技术的整体进步，为探索、改造和保护自然提供新的手段和技术平台，为科学技术持续发展提供新的研究方法和实验手段，使过去很难实现的科学研究成为可能。[1]

从《2019 全球前沿科技热点》的研究报告可以看出，当前全球前沿科技呈现以绿色人本为主流、科技创新全面系统地展开、前沿科技系统性创新推动产业领域边界的模糊化等特点。[2]前沿科技的发展趋势与我们的生活息息相关，其发展代表着社会发展的方向，将对我们的未来产生重大的影响。所以坚持以创新、协调、绿色、开放、共享的发展理念为指导，发展高新技术尤其是前沿科技，必将加速实现以创新引领发展，以发展成就"中国梦"。

1.2 青少年体验前沿科技的必要性

促进前沿科技成果普及对于科技工作者和科学组织而言都是一项有意义的工作，但前沿科技因其高精尖的特点，以及大部分还在理论或者研究的起步阶段，限制了传播影响范围，若不及时有效地以通俗易懂、生动形象的方式呈现给公众，将失去科普传播的有利时机。[3]科技体验是公众最易接受和最有效的科学传播方式之一，改变了受众参与科普的传统模式，通过亲临其境，把抽象的科技知识与游戏娱乐紧密结合在一起，让人们在娱乐中接受科技知识，获得生动丰富的感性认识，变被动接受为主动参与，从而发挥科学传播作用。开展前沿科技体验活动对培养公众的创新思维、开拓学科视野、培养科研热情和学习动机等起到重要作用，为创新人才的培养奠定基础。青少年是国家的未来，也是社会发展的未来。青少年好奇心强，对科学的兴趣也易培养，在未来，青少年将从事的职业必定会与当下前沿科技相关，所以针对青少年开展的科普活动，应该关注大科学视野下的科技发展，其中最重要的就是了解当前最前沿的科学研究，可见，面向青少年传播前沿科技知识、体验前沿科技成果是一项重要的工作。

2 科技馆促进青少年体验前沿科技的现状

2.1 前沿科技体验活动开展中存在的问题

结合相关文献和实地调研发现，随着《全民科学素质行动计划纲要（2006～2010～2020年)》和《义务教育小学科学课程标准》的发布，针对青少年开展的科学教育，特别是非正规科学教育得到了重视和加强，科学教育活动数量明显增多，水平和质量也有了很大提高，有关科技宣传和传播活动也如火如荼地开展，但从全国范围看，面向青少年开展的科技体验活动，尤其是针对前沿科技的体验活动，仍然存在很多不足，主要表现在以下几个方面：①无论是活动的形式、内容，还是数量、规模等均总体落后于科技的蓬勃发展；②活动大多还停留在表面，往往是走马观花，流于形式，未能深入进行体验；③基础性工作缺乏，系统性、体系化的科技体验尤其显得不足；④活动的创意性、娱乐性和针对性不强，未能对低龄青少年在认知不足或认知差异方面做更多的考虑；⑤活动形式较为简单，还停留在展板、实物展示层面，能提供实际动手和深入参与的机会较少；⑥受限于科技人员的精力及积极性的不足，服务于青少年体验前沿科技的机制还不能得到长久的保障；⑦青少年体验前沿科技的场所多为校外的科研机构，而学校、家庭、社会等很多场合还未被好好利用；⑧前沿科技展示，过多地展示技术手段而忽视科技的内涵。这些不足之处有些是发展中的难题，也有部分需要创新和拓展。

2.2 科技馆开展前沿科技体验活动的优势和现状

科技馆为公众了解科学、体验科学提供了很好的平台和资源，随着科技馆建设的发展，其教育属性也越发凸显，尤其是针对青少年群体的教育方面，科技馆作为校外教育的重要场所，不仅可以对学校教育进行补充，还能通过发挥科技馆在科学教育方面的各种优势，促进青少年对科学的认知，促进其个性化发展和培养创新意识。在引导青少年体验前沿科技方面，科技馆具有独特的优势，主要体现在以下几个方面：①科技馆自由探索的科学氛围，激发了青少年走进前沿科技的兴趣；②科技馆的科学教育强调与学校教育的结合，并注重基于实物展项体验的"直接经验"获得，激发了青少年的学习动机；③世界先进的科学教育理念要求科技馆的教育应包括关注内容选取的前瞻性、导向性、科学性、知识性和趣味性，这其中展示内容的前瞻性被列为重点之一，[4]科技馆在教育内容选取方面的需求特征，为科技馆开展科技前沿体验活动指明了方向；④科技馆多元化的传播形式和资源平台优势，为前沿科技的传播效果提供了保障。

前沿科技与科技馆展项深度融合正成为发展趋势，科普场所的"科学中心"特色越来越明显。世界诸多知名的科技场馆注重前沿科技成果的发现过程，依托相应的展品或借助于科技馆的活动室和实验室，教育活动可以再现科技探索的过程，鼓励观众探究式学习，在探究过程中有所发现和启示，[3]有助于科学思想和科学方法的有效传播。国外例如日本科学未来馆注重前沿科技展品的设计，重视日常生活中涉及的前沿科技相关问题的探索，注重展项互动和体验的方式，突出科技发展的趋势和应对未来挑战。[5]美国旧金山探索馆强调动手、交互、体验、探究及自主学习，强调通过科学、艺术和人类感知来探索世界；加拿大安大略科学中心将"互动性"作为永久特征，鼓励公众积极参与互动，激发求知欲、好奇心和探索精神，强调在提升青少年科学素养和创新技能方面的突出作用。[6]国内各地的科技馆，几乎都在开展面向大众尤其是广大青少年的前沿科技类服务活动，如前沿科技的临展、前沿科技成果展示、前沿科技讲座等。总的来说，科技馆开展前沿科技体验活动的发展趋势有如下特点：①前沿科技的体验教育活动越来越多地融入科技馆中；②前沿科技在科技馆的展陈和体验形式越来越创新，前沿科技的展陈设计越来越多层次和多角度；③前沿科技的传播理念越来越走向综合，是集科学文化传播、科普教育体验、创新成果展示、科技学术交流、科普方法研究等于一身的综合体系；④前沿科技的呈现方式越来越与生活场景融合；⑤越来越重视在馆校合作的科学教育中，开展与前沿科技相关的科学探索、工程实践、创新思维、创意表演、科普游戏等活动。

3 北京科学中心开展前沿科技活动的一些实践

北京科学中心一方面通过展览展项打造沉浸式学习环境，另一方面通过前沿科技成果展示平台的打造及展览展项再设计，开展科学教育活动，促进前沿科技的传播。

3.1 在各类展项中融入前沿科技内容

北京科学中心的展项资源主要由"三生"主题常设展、临时展览及儿童乐园三部分组成。常设展览以提出问题为导向，引导青少年去接触书本以外的科学世界。按不同的展区，分别以时间线、情景线、空间线贯穿展示内容、形成主线脉络，引导观众参与体验和学习。例如，生命展区设计的"生命是如何诞生的？""生命会经历哪些发展与变故？""前沿医疗科技如何帮助我们战胜疾病带来的威胁？"，通过这些问题主线，引导青少年从奇妙的科学现象领悟到前沿科技在身边的应用，真切体会到科学对人类做出的贡献，从而激发科学探索的兴趣、培养崇尚科学的情感。在生活展区，从衣食起居、出行沟通、工作学习、生产建设等方面，展示与生活息息相关的前沿科技，引导青少年在体验前沿科技带来魅力的同时，展开对未来的无限遐想，激发他们的想象力。在生存展区，通过自然环境中的奇妙现象、我国环境工程的伟大创举等布展环境体验，引发青少年对前沿科技和环境问题的反思，引导青少年牢固树立绿色发展理念。再如，第一期布设的"解密高空之旅"和"科学与艺术跨界融合之美"两个临展空间，同样是围绕"前沿科技、贴近百姓"的主题定位，与展馆整体主旋律相互配合，特色鲜明地展示科学思维与人文内涵。

3.2 搭建首都科技创新成果交流展示平台

北京科学中心搭建首都科技创新成果交流展示平台，策划设置了高铁、新材料、新能源、脑科学和人工智能等 5 个主题区，通过展示重要科技创新成果以及成果背后的科学思想、科学方法、科学精神、科学知识，宣传优秀科技工作者，推介优秀科研项目和成果，激发公众的创新活力。在这里，青少年可以通过创新成果展示了解最新的科技动态；通过自主学习和科技辅导员的引导，探究科技成果背后的原理；通过与科研发明者的面对面交流，了解科研历程和科研背后的故事；通过体验科技成果的魅力，激发创新意识，想象未来。

3.3 在科学教育和宣传活动中融入前沿科技内容

北京科学中心立足"展教结合、以教为主"的深度科普模式,结合科学教育的整体需求,开发了以探究、实验、活动等形式为主,既符合展馆特色又适合北京中小学生课程学习特点的"三生"展教课程体系,该课程体系包含三个一级主题——生命、生活、生存,以及20个二级主题,针对小学一二年级、三四年级、五六年级及七八年级四个年龄阶段研发120个展教课程。设计了基于实践探究式的科学思维、科学探究、解决问题、实践应用、合作学习五类100余个展厅实践活动。在体验活动中,联系实际,将前沿科技与日常生活相联系,将前沿科技与社会发展相联系,将前沿科技与人类与自然和谐相处相联系,在体验前沿科技的过程中,真正体现新时代科学教育需求,促进实现青少年体验前沿科技的核心目标。

3.4 尝试解决前沿科技活动中的一些实际问题

北京科学中心在开展前沿科技传播活动中,积极探索科教活动的教育理念和实践的创新。通过深入研究和大胆尝试,将传播科学思想与科学方法有效地落实在前沿科技的展教实践中,解决前沿科技活动中普遍存在的"重科学知识,轻科学方法""重活动参观,轻活动体验"等问题。积极面对科普需求的发展变化,努力提高对科普受众尤其是青少年需求的理解,将"问题导向、需求出发"作为科学教育的着手点,打造情景式的学习环境,引入探究式学习方法,利用参与式的交流和互动来强化科学体验效果。在开展前沿科技体验活动的实际工作中,以理论研究为指导,不断尝试解决前沿科技体验活动中的一些实际困难。例如,基于前沿科技教材缺乏的现状,北京科学中心组织了一线的科技工作者和科普专家对前沿科技体验活动的教材进行编审,对教材的教学环节进行评估和调整,较好地完成了课程的基础建设工作。参考新课标,结合学生的年龄、认知和能力发展特点,设计活动内容,并在教学和体验活动中分年龄段实施,较好地解决学情分析的难题。通过对展项的梳理,把不同的展项串起来,形成一个个相对完整的、较好的学习主题,解决了科学课程学习及体验活动中科技辅导老师备课压力的问题。在活动实施中,着重强调科学方法、科学思想的传播，关注科学精神的体现，破解科普工作中的不平衡问题，促进体验活动效果的提升。

4 科技馆开展前沿科技体验活动的一些建议

青少年的科学素质影响着整个民族的科学素质，要不断创新科学教育模式，充分调动青少年对科技的兴趣和积极性，加强对青少年的科学知识与技能、科学方法与能力以及科学精神的培养，这需要校内、校外和家庭携手，共同为青少年打造良好的科技学习氛围和参与前沿科技体验的机会，促进科学教育与现代社会飞速发展的科学进步程度相适应，与新时代青少年发展特点和需求相适应。科技馆作为青少年科学教育的前沿阵地，应充分发挥其平台优势、资源优势和组织优势，引导青少年积极走进科学、体验科学、探究科学。在开展前沿科技体验活动方面，除了要不断提升科技馆的自身服务能力，加强馆校、馆企、馆际等合作外，还要着重从几个方面提升科技馆开展前沿科技体验活动的广度、深度及效果。一是提升前沿科技相关展品和教育活动的研发能力。展品是科技馆的基石，也是体现科技馆水平的重要指标，教育活动是科技馆实现科普功能的重要载体，提升展品和教育活动的研发能力，注重展品在内容和展示技术手段上与前沿科技的结合，注重展项研发与教育活动同步策划，确保教育活动中充分体现展项优势。二是注重前沿科技传播形式的创新。要针对不同的受众群体，充分利用信息技术、多媒体技术，将高精尖以及大部分停留在理论或研究起步阶段的前沿科技生动形象、易懂、贴近生活地表现出来，激发公众的创新热情。三是加强交流合作，发挥好科技馆平台作用。在前沿科技传播方面，科技馆应加强与科研院所、高校、企业等机构的合作，一方面保障前沿科技传播的科学性、时效性，另一方面也为前沿科技成果的宣传、推广、转化提供渠道。四是完善科技馆在前沿科技方面的建设和运营机制。建议相关部门统筹建立前沿科技体验活动管理机制，强化科技馆固定的前沿科技成果展厅、实验室，以及前沿科技成果的临时展、流动展等建设，让前沿科技普惠共享，增强青少年参与科技的兴趣和探索科技的自信心。五是开展青少年参与前沿科技活动的理论和实践研究。促进成功的前沿科技体验模式的广泛推广和宣传，为科技工作者参与青少年前沿科学教育提供机制保障，吸引鼓励更多的科技工作者参与到青少年科学教育工作中，并取得更好的教育效果。

参考文献

［1］王声媛：《前沿科技的广泛辐射带动作用》，《山东行政学院山东省经济管理干部学院学报》2006 年第 1 期。

［2］陈晖：《〈2019 全球前沿科技热点〉研究报告发布》，《竞争情报》2019 年第 5 期。

［3］刘琦：《浅谈科技馆结合时事热点开展教育活动》，《科技传播》2019 年第 5 期。

［4］任燃：《关于加强科技馆科普时效性的探讨》，载《中国自然科学博物馆协会科技馆专业委员会学术年会论文集》，2011。

［5］Miraikan, The National Museum of Emerging Science and Innovation，https：//www. miraikan. jst. go. jp/.

［6］桂诗章、王茜：《国外科技馆发展前沿及启示——以美国和加拿大的两馆为例》，《未来与发展》2016 年第 6 期。

基于科技馆实验室的研学旅行课程设计

——以湖北省科技馆技术解码实验室为例

温馨扬　樊　冰　崔　鸿*

（华中师范大学，武汉，430079）

摘　要　研学旅行是衔接学校教育与校外教育的创新形式和重要途径，是学生发展核心素养的重要方式。科技馆实验室是进行非正式学习的重要场所。本文根据研学旅行相关研究，结合科技馆实验室独有的资源优势，依据相关教育理论，提出基于科技馆实验室的研学旅行课程设计框架，并以湖北省科技馆技术解码实验室为例，从而在理论和实践上丰富研学旅行的内容，促进研学旅行发展。

关键词　研学旅行　科技馆实验室　课程设计

近年来，研学旅行越来越受到社会各界的关注。尽管研学旅行在各试点地区纷纷开展，但大多局限于著名旅游景点或地区。科技馆实验室作为校外非正式学习的重要场所，有着适合开展研学旅行的天然属性优势。因此，本文将对研学旅行研究现状进行分析，并结合科技馆实验室的独特优势，辅以湖北省科技馆技术解码实验室研学课程设计案例，提出基于科技馆实验室的"三步走"研学旅行课程设计框架，进一步推动新时代我国研学旅行的发展。

---

* 温馨扬，华中师范大学科学传播与科学教育专业研究生，研究方向为科学教育；樊冰，华中师范大学科学传播与科学教育专业研究生，研究方向为科学教育；崔鸿，本文通讯作者，华中师范大学生命科学学院教授，研究方向为科学教育、科学课程与教学论。

1 研学旅行研究现状

1.1 研学旅行历史来源

"研学旅行"一词最早源于日本，被称为"修学旅游"。1960 年修学旅行成为日本中小学校的常规教育课程。[1] 在美国、英国等发达国家，研学旅行同样发展已久，最早可追溯到 16 ～ 17 世纪兴起的"大游学"（grand tour），[2] 一般称为"教育旅游"。在我国最早可追溯至春秋战国的"游学"，孔子周游列国的"文化苦旅"为典型代表。由此可见，研学旅行由来已久，究其根本是传统游学的一种延续和发展。

1.2 国内外研究现状

国外对于研学旅行的研究多集中于旅行领域。研究者主要从旅游者动机、目的地选择和市场三个方面对研学旅行展开研究，如学者 Gunay Aliyeva 认为教育旅游指的是一项以团队形式外出学习实践的旅游项目。[3] 学者 Revell 研究中表明，孩子在研学旅行中目的地的选择容易受到母亲的态度和意愿的影响。[4]

国内对于研学旅行的研究起步较晚，我国学者对于研学旅行理论上的研究主要聚焦于内涵探讨、基地建设和组织实施这三方面。如学者吴支奎认为研学旅行是以青少年学生为主体，在旅行过程中以增进技艺、增长知识为目的的教育课程。[5] 张超伟以北京虎峪为研学基地，探究优化研学旅行设计。[6] 朱洪秋以泰勒的现代课程理论和多尔的后现代课程理论为主要依据，提出了"三阶段四环节"的研学旅行课程模型。[7] 目前这些研究仍然多处于初步的理论研究和实践阶段，仍存在理论稍显薄弱、实践明显不足等问题。

1.3 国内政策措施及实施现状

2013 年国务院办公厅印发《国民旅游休闲纲要（2013 ～ 2020 年）》，明确提出要"逐步推行中小学生研学旅行"。2016 年教育部等 11 部门联合出台了《关于推进中小学生研学旅行的意见》，要求各地区开展研学旅行教育课程，意味着研学旅行已经完全进入教育发展计划。

在研学旅行政策落实的同时，各个省市也积极响应政府号召。如武汉市出台《武汉市推进全国中小学研学旅行实验区工作实施方案》，明确中小学研学旅行如何落地实施。同时，研学旅行基地的建设也"井喷"式发展，如重庆市武隆区 5 所学校被认定为中小学生研学旅行试点学校，建设"1 + N"研学旅游基地。

随着政策的深入落实和研学基地的不断建设，我国研学旅行规模越来越大，开始受到教育界、旅游界等的普遍关注，但在科技馆实验室开展研学活动，仍处于空白阶段。

2 基于科技馆实验室的研学旅行课程优势

科技馆实验室是我国科技馆建设的一种创新形式，是科技馆实现其非正规教育的重要场所和途径，也是展品展项在形式、内容、时间和空间上的补充和延伸。[8]科技馆实验室与研学旅行的结合，不仅有着天然的属性优势，也能更好地发挥研学旅行特点，促进学生发展核心素养。科技馆实验室开展研学旅行课程主要有以下三点优势。

2.1 科技馆实验室具备成为研学基地的天然属性

第一，研学旅行的主体具有自主性、内容具有开放性、方法具有探究性、取向具有实践性，[9]科技馆实验室本身就是一处具有探索性、实践性、开放性特征的场所，符合开展研学旅行基地的要求。第二，科技馆实验室有别于学校教育，其特殊环境所营造的科学氛围成为学生放飞思想、触发灵感、孕育创新的土壤。第三，科技馆实验室免费向公众开放，其公益属性有利于降低研学课程的成本。

2.2 科技馆实验室具有独特的资源优势

科技馆实验室依托于科技馆资源，涵盖了各类科技展品，可提供丰富的科学主题课程选择。同时，实验室内独有的资源配置，是学校教育和科技馆实验室外其他场地所不具备的，能为研学旅行提供更加完备的学习条件和情境创设。

2.3 科技馆实验室雄厚的科研队伍以及师资力量

科技馆实验室的科研队伍以及师资力量是一支容易被忽视的重要的教学队伍。他们往往在非正式学习某一领域中优于学校教师，具有丰富的理论知识和实践经验，这对于研学旅行教育来说是一股强大的师资力量。

3 科技馆实验室的研学旅行课程设计框架

科技馆实验室沿袭科技馆的多种功能，成为科技馆内实现"教"功能的重要场所。[10]基于科技馆实验室的研学旅行作为一种聚焦于科学的教育课程，课程设计必须将教育理论作为最基础的理论依据。

STS（科学、技术、社会）科技教育理论是指把学到的科学知识转化为技术能力并在社会实践中加以利用的一种现代教育模式，旨在从不同的角度，研究科学、技术与社会之间的互动关系，以促进社会的可持续发展。[11]STS 科技教育理论关注现代科学技术发展的特点，强调科学技术的社会价值，重视技术教育和素质教育。[12]PBL（Project-Based Learning）项目式教学，是一套设计学习情境的，以问题为导向的教学方法，其中涉及了数学、物理、技术与工程等科目。在科技馆实验室中使用 PBL 教学法，开展项目式学习，能够充分激发学生学习动机，调动自主学习能力。STS 科技教育理论和 PBL 教学法的内容及其特点符合研学旅行的定位和科技馆实验室优势特征，因此 STS 科技教育理论和 PBL 教学法共同构成研学旅行课程设计的理论基础。

基于 STS 科技教育理论，在科技馆实验室研学旅行课程设计中，应当充分考虑科学、技术和社会之间的联动关系，将社会问题融入科学探究中去，同时结合 PBL 教学法和科技馆实验室特征优势，开展依托于实验室资源的项目式学习课程，并尝试多角度的解决问题方式。基于以上理论内容，同时结合实践基础，在此提出一种理论与实践相结合的基于科技馆实验室的"三步走"研学旅行课程设计框架（见图1）。

3.1 课程准备阶段注重实践依据和理论指导

课程准备是整个科技馆实验室研学旅行课程的基础。课程准备关乎后续教

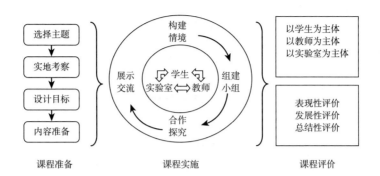

图1　基于科技馆实验室的"三步走"研学旅行课程设计框架

学工作的有序开展，是保障研学效果的关键所在。在课程准备阶段，主要进行以下四项基本工作。

第一，选择主题。课程主题式教学既符合PBL教学法理论要求，又能突破以学科为中心的局限，关注学生的兴趣与经验，因此，在课程准备的第一步应做好主题选择工作。根据STS科技教育理论，结合学校实际教学情况，密切联系现代科学技术内容，关注社会热点科学问题，选择立足国情、域情和校情的科学主题内容。

第二，实地考察。进行实地考察工作，不仅能为后面的课程内容设计提供直观真实的实践依据，也能根据实际情况调整前期主题选择。因此在确定主题之后，应根据学情、校情、域情选择合适的科技馆实验室作为课程开展的场地，并进行实地考察。具体考察内容见表1。

表1　实地考察内容

考察维度	具体内容	目的
①科技馆的总体建设情况	科技馆整体建设情况以及馆内环境	为研学课程情境创设提供依据
②科技馆实验室的内容资源	展厅展项资源、实验室设备、实验室建设布局等	根据内容资源设计课程内容
③科技馆实验室开展研学实践教育建设情况	研学旅行基地建设情况、师资队伍建设情况、过往研学旅行开展情况等	为接下来的研学课程设计提供借鉴或参考
④交通、网络及周边等基础设施	科技馆位置、周边交通、网络建设、食宿设施等	保障基础的出行条件

第三，设计目标。研学目标是整个研学课程的出发点和落脚点。除了常见的三维教学目标设计外，为促进学生发展核心素养，还应从核心素养角度进行目标设计，具体见表2。

表2 课程目标维度

目标维度	具体内容
①知识性目标	设计与学校课程互为补充的知识性目标
②能力性目标	具体包括认知与思维能力、发现问题与解决问题能力、社会参与合作能力等多维度能力性目标
③态度性目标	培养学生对科学课程的积极态度，正确认识科学的重要性，从而激发青少年科学兴趣，培养创新精神
④核心素养目标	在科技馆实验室的研学旅行中，通过项目式学习，获得科学知识，提高实践能力和创造能力，提升学生核心素养

第四，内容准备。内容准备是课程准备阶段的收尾，也是接下来课程实施的前奏，起着承上启下的作用。内容准备包含四个方面：组织架构、课程设计、出行管理、手册编制。研学课程是一项较为复杂的室外教学课程，一个良好的研学组织架构、安全合理的出行管理以及全面清晰的手册编制才能保障整个研学课程的有序性、安全性、高效率。课程设计则是整个研学课程的顶层设计，只有完成课程具体设计才能开展后续教学。具体准备见表3。

表3 四项内容准备

四项内容	具体准备
①组织架构	建立实验室、教师、学生"三位一体"的组织架构，明确组织管理体系，保障整个研学课程的有序性、安全性、高效率
②课程设计	根据课程主题，依托前期考察资料，结合学生学情实际，进行具体课程设计。课程设计应遵循PBL教学法，开展项目式学习，做到有趣、丰富，充分调动学生积极性
③出行管理	以安全性为基本原则，主要做好乘车管理、食宿管理、课程管理三项核心管理任务，保障整个研学课程安全、有序开展
④手册编制	研学旅行手册内容应包含课程简介、课程计划、出行安排、联系网络、安全提醒等内容，做到内容简洁，可操作性强

3.2 课程实施阶段遵循 PBL 教学法

课程实施是整个科技馆实验室研学课程的中心环节。根据 PBL 教学法和前期课程设计，在课程实施阶段开展项目式学习，充分激发学生学习动机，调动自主学习能力。在这一阶段，主要进行四个步骤。构建情境：学生置身于教学情境中，可加深对相关知识的认识，渗透核心素养，提高实践能力。组建小组：小组合作学习能实现教学中的多边互动，并由此提高教学效率。[13]合作探究：合作探究式学习的过程就是发现、提出、分析和解决问题的过程，有助于激发学生灵感，培养学生核心素养。[14]展示交流：研学成果的展示交流，学生们不仅能进行思维碰撞，也有利于教师进行多元评价。具体见表4。

表4　课程实施阶段四个步骤

步骤	要点	具体内容
第一步，构建情境	实验室依托科技馆内资源，加之现代化的声、光、虚拟技术等应用，为学生创设或再现丰富、生动的情境	首先应根据课程主题与课程目标，依托科技馆实验室的内容资源，构建课程情境，进而确定项目任务。通常由教师提出一个或几个项目任务设想，然后与学生一起讨论，最终确定项目的目标和任务
第二步，组建小组	在科技馆实验室的研学旅行课程中，组建学习小组进行项目式合作学习	教师根据学生的情况组建小组，每个小组通常包括4~6人。根据课程的科学主题、课程目标以及项目任务，各小组考察科技馆及其实验室相关资源，选择探究内容，明确探究任务
第三步，合作探究	主要完成制订探究计划、组内合理分工和实施探究计划这三项内容	"制订探究计划"指小组根据课程下的探究任务，结合科技馆实验室资源，组内讨论交流，制订探究计划。由学生制订项目工作计划，确定工作步骤和程序。 "组内合理分工"指学生确定各自在小组中的分工以及小组成员合作的形式。 "实施探究计划"指各小组按照已确立的工作步骤和程序工作。 教师以及科技辅导员等从旁协助
第四步，展示交流	以小组为单位，进行作品展示交流	在科技馆实验室中，可以充分利用电子白板、投影仪、展品展台等相关资源，更高效、直观、开放地展示研学成果，并同其他小组、老师以及科技辅导员等进行交流学习

3.3 课程评价注重主体多元和内容多样

课程评价是科技馆研学旅行课程的最后一个阶段，也是一项重要的学习内容，但往往被忽视。通过课程评价，学生不仅能巩固知识，实现进一步学习，教师和科技馆实验室也能发现自身问题，促进自身发展。在课程评价阶段，应注重主体多元和内容多样。

（1）评价主体多元化

在科技馆实验室研学旅行课程中，评价的主体除了常见的学生、教师之外，还应包含科技馆实验室。对学生的评价，以培养实践能力，促进学生发展为根本目的。对教师的评价，以促进教师发展，提升研学旅行课程组织能力为目的。对科技馆实验室的评价，以深度整合研学课程与科技馆资源，促进研学旅行基地建设为目的。

（2）评价内容多样化

评价内容分为表现性评价、发展性评价和总结性评价三个方面。评价内容应该渗透整个课程之中。对于表现性评价，评价者需根据制定的详细的表现性评价规则，对学生在科技馆实验室研学旅行课程中的实际操作和研学成果，进行观察、记录和评价。对于发展性评价，利用学习过程档案袋评价法等方法，实现"存、反思、交流"：存放作品，对课程过程进行反思，促进学生间的互评和交流。对于总结性评价，以预先设定的课程目标为基准，对评价对象达成目标的程度即研学效果做出评价。

4 湖北省科技馆技术解码实验室课程案例设计

湖北省科技馆位于湖北省武汉市，预计2020年底具备开馆条件，是当前国内在建的、园区面积最大的综合性实体科技馆。湖北省科技馆设有常设主展厅、儿童展厅和临时展厅等，同时设有5个科技馆实验室。本文以馆内超级工程展厅的技术解码实验室为例进行课程设计。

4.1 技术解码实验室资源优势及特征

（1）主题贴切，课程多样

技术解码实验室以"工程与技术"为主题，结合展品展项，提炼知识点内容，面向学生开展一系列 STEAM 和创客教育相关的活动及课程，包括 3D 打印、机器人等，满足不同学龄段不同层次的学习需求，能为研学旅行提供多样的科学主题课程。

（2）资源丰富，功能分区

技术解码实验室依托超级工程展厅，涵盖六大展区，共计 54 项展品，可为研学旅行课程提供丰富的展品资源。同时，实验室依据 STEAM 教育实施的基本流程，实现高效功能分区，将工作坊分为五个功能区：材料区、创造区、展示区、课程及演示区、讨论区，有利于研学旅行课程的开展。

4.2 技术解码实验室研学旅行课程设计

技术解码实验室依托其丰富资源和独特优势，可作为小学和初高中的研学旅行课程开发和实践基地，同时注重各阶段课程的衔接性。

小学阶段，首先区分小学的不同阶段，一二年级、三四年级、五六年级各为一个阶段。对于不同阶段，技术解码工作室的课程设计需要结合学生知识体系以及小学课程标准，根据展品资源选取课程主题与知识点，从多角度设计每次课程内容。

初中阶段，有研究表明，教材是影响初中生科学学习的最大因素。如果教学内容有趣，与生活紧密相关，会大大激发学生学习科学、探索科学的兴趣和欲望。[15]因此，在初中研学旅行课程设计上，技术解码工作室应注重开发展项的趣味性和实用性。

高中阶段，家长和老师普遍不重视、学生学业负担过重等问题是当下高中生不能顺利开展非正式科学学习的主要症结。[16]因此，对于高中研学旅行课程设计，技术解码工作室应加强学习组织与资源的建设，采取沟通正式学习与非正式学习等具体措施，促进高中生研学旅行课程的开展。

超级工程展厅"动力"分区中涉及各种能源的展项，如电能的"智能电网"、太阳能的"太阳能发电"以及风能的"风力发电"等。本次课程设计选择此展厅作为展项资源，结合技术解码实验室，以"能源"为课程主要内容，以小学生为教学对象。

图2　湖北省科技馆超级工程展厅"智能电网"展项

4.2.1　课程设计

（1）选择主题

"动力"展厅主要体现各常见能源的相关知识，同时涉及技术与工程领域。结合小学生各阶段学习特点，对于一二年级阶段，课程主题确定为"认识能源"；对于三四年级阶段，课程主题确定为"发电原理探究"；对于五六年级阶段，课程主题确定为"小小发电机制作"。

（2）实地考察

待新馆建成后，前往实地进行考察。主要考察展厅情况、技术解码实验室建设情况、湖北省科技馆建设情况及其周边设施。

（3）目标设计

根据学生学情，结合课程标准和主题确定小学各阶段教学目标。如小学五六年级阶段，课程目标为：第一，认识电能。第二，了解发电原理。第三，了解电能在生活中的应用，感受电能的重要性。第四，践行课程标准，培养学生核心素养。学生掌握自主、合作、探究等学习方式。

（4）内容准备

组织以学生为中心，教师管理、实验室管理和学生自我管理结合的组织架构。以小学五六年级为例，结合实验室资源，设计"小小发电机制作"项目式研学课程。同时，根据湖北省科技馆实际情况，选择交通方式，确定行车路线，明确课程安排。主要以乘大巴的方式前往科技馆，同时编好本次研学旅行课程手册，提前分发给学生。

（5）课程实施

在课程实施中，遵循 PBL 教学法原则，根据主题及内容进行项目式学习，引导学生通过小组合作方式，在教师的指导下，进行课程探究活动，并且利用技术解码实验室信息化技术，进行作品展示和交流。

（6）课程评价

根据每次课程安排，针对学生、教师以及科技馆实验室分别设定评价规则和评价量表，并保存学生各阶段学习成果或作品，形成学生成长档案袋。

4.2.2 课程安排

结合"动力"展厅展项，依托技术解码实验室资源，开发设计小学研学课程实施内容。具体课程内容见表5。

表5　技术解码实验室"动力"展厅小学研学课程内容安排

年级	标题	内容要点	活动
小学一二年级	①认识电能	观察电能在实际生活中的应用，体验电能的作用	电从哪里来？——了解电能的来源(摩擦起电、水力发电、风力发电等)
	②认识太阳能	观察生活中的太阳能应用，了解太阳能的优点	了解太阳能电池，探究太阳能转化为电能的过程
	③认识风能	观察生活中的风能应用，了解风能的优点	探究简易的风力装置，了解风能转化为其他能量的过程
	④认识水能	观察生活中的水能应用，了解水能的优点	了解水利工程，探究简易的水能转化装置
小学三四年级	①能源的转化	了解能源的转化，梳理能源的发展历程，把握未来能源发展方向	探究生活中的电——电池、静电、电器……
	②发电原理探究	结合发电的展品，探究电能产生的原理，掌握发电的基本知识	①制作太阳能小车，培养学生设计与实践能力；②制作风能小车，比一比谁的小车跑得远
	③智能电网	了解智能电网系统，将智能电网模块化，分别了解各个环节的功能，制作简易电网模型	探究"智能电网"展项，学习相关技术与工程知识
小学五六年级	①电能输送	学习电能输送系统的基本工作原理	了解电缆新材料
	②制作小小发电机	掌握发电机基础原理	制作小小发电机

5 结语

研学旅行是学生进行非正式学习、发展核心素养的有效途径。对研学旅行进行研究梳理和总结后不难发现，规范研学旅行课程理论框架，扩大研学旅行目的地选择意义重大。因此笔者从研究理论框架出发，提出了基于科技馆实验室的研学旅行课程设计基本框架，并以湖北省科技馆技术解码实验室为案例设计，探索丰富研学旅行课程形式和区域选择，也为湖北省科技馆研学旅行课程开发和设计做准备。

同时，本研究还未将完整的课程设计在科技馆实验室中实践，提出的理论框架的完整性、可行性还有待改善。在接下来的研究中，笔者将立足于实践，在以后的研学旅行课程教学中进一步落实和改进。

参考文献

［1］刘璐、曾素林：《国外中小学研学旅行课程实施的模式、特点及启示》，《课程·教材·教法》2018 年第 4 期。

［2］付有强：《英格兰教育旅行传统探析》，《贵州文史丛刊》2013 年第 4 期。

［3］Gunay Aliyeva, *Impacts of Educational Tourismon Local Community：The Case of Gazimagusa, North Cyprus*, North Cyprus：Eastern Mediterra-nean University, 2015.

［4］刘畅：《研学旅行目的地选择的影响因素研究》，云南财经大学硕士学位论文，2018。

［5］吴支奎、杨洁：《研学旅行：培育学生核心素养的重要路径》，《课程·教材·教法》2018 年第 4 期。

［6］张超伟：《优化研学旅行设计以促进地理实践力培养的研究——以北京虎峪研学旅行为例》，《地理教学》2020 年第 8 期。

［7］朱洪秋：《"三阶段四环节"研学旅行课程模型》，《中国德育》2017 年第 12 期。

［8］韩俊：《我国科技馆设置开放实验室的初步探讨》，《广东教育学院学报》2007 年第 3 期。

［9］丁运超：《研学旅行：一门新的综合实践活动课程》，《中国德育》2014 年第

9 期。

［10］郭朝晖：《科普场馆实验室运营及评估框架设计研究》，北京邮电大学硕士学位论文，2017。

［11］孙何平：《STS 教育论》，上海教育出版社，2001。

［12］吕素巧：《浅谈 STS 教育的理论特点》，《太原教育学院学报》2000 年第 4 期。

［13］王坦：《合作学习简论》，《中国教育学刊》2002 年第 1 期。

［14］刘诚杰：《论合作探究学习的意义和策略》，《课程·教材·教法》2007 年第 3 期。

［15］刘吉林、张艳梅：《初中生科学学习动机的特点及影响因素》，《上海教育科研》2013 年第 5 期。

［16］潘颖：《高中生非正式科学学习的现状调查与促进策略研究》，东北师范大学硕士学位论文，2013。

蒙台梭利教育理念下的场馆教育活动设计

——以"形形色色之动物皮毛"活动为例

叶尚挹　冯文欣*

（华东师范大学教师教育学院，上海，200062）

摘　要　场馆教育可以帮助学生产生浓厚的科学学习兴趣，同时有设计有组织的教育活动在学习中可以帮助学生有更深层次的理解。而目前的场馆教育存在"缺乏有效引导""与学校课程联系不紧密"等问题，本研究根据课标的要求确定教学目标，基于上海自然博物馆"生命长河"展厅的资源，在蒙台梭利"儿童为本"教育观的指导下设计"形形色色之动物皮毛"课程，探讨如何发挥场馆教育的优势，使之更好地与学校教育衔接，逐步提升学习者的科学素养。

关键词　场馆教育活动　蒙台梭利教育理念　动物皮毛

1　研究背景

中国科协党组书记怀进鹏认为公众的科学素质是人类命运共同体建设的基石、世界可持续发展的根基、文明交流互鉴的灵魂。加强科学普及，推动公众科学素质普遍提升，可以帮助公众更好地应对全球性挑战，创造美好未来。[1]而仅仅依靠学校教育来提高公众的科学素质已远远不够，近年来越来越多的研究者开始关注非正式环境下的科学学习，非正式科学教育在我国儿童及成人终

* 叶尚挹，华东师范大学教师教育学院在读硕士研究生，研究方向为科学教育；冯文欣，华东师范大学教师教育学院在读硕士研究生，研究方向为科学与技术教育。

身教育中也逐渐得到重视。

《义务教育小学科学课程标准》（2017 年版）中就提到关于开展非正式科学教育的建议，希望学生在更广阔的时间和空间里学习科学，比如在博物馆或者科技馆，经过教师的精心策划，将课堂所学内容灵活运用，让科学经验与科学概念有机结合，提供一份任务清单，帮助学生产生浓厚的科学学习兴趣。[2] Bamberger 认为有设计有组织的活动可为学生提供脚手架，在学习过程中学生能有更深层次的参与和理解，进而掌握自己的学习。当博物馆环境提供各种各样的学习机会却没有有效指导学生时，学生虽得到学习体验但不会真正获得知识。[3]

虽然博物馆或者科技馆资源丰富，但是存在"场馆教育活动的形式单一"，"场馆教育活动形式古板，缺乏特色和创意"，"缺乏有效引导"，"与学校课程联系不紧密"等问题，[4]研究如何利用这些资源开发场馆课程，体现学生的主体地位，发挥教师的引导作用，帮助学生获得更佳的学习效果就显得很有意义。

玛丽亚·蒙台梭利提出的"儿童为本"教育观在儿童教育中得到广泛应用，而博物馆因其灵活的教育形式、丰富的教学资源、良好的教学环境等独特性，能充分调动学生听觉、视觉、触觉等各方面的能力，具有实行蒙台梭利教育理念的优势。因此，本文结合《义务教育小学科学课程标准》（2017 年版），根据课标的要求确定教学目标，探讨如何在蒙台梭利"儿童为本"教育观的指导下设计课程，发挥场馆教育的优势，使之更好地与学校教育衔接，逐步提升学习者的科学素养。

2　理论基础

玛丽亚·蒙台梭利是意大利著名儿童教育家，倡导为儿童设计量身定做的专属环境，她的教育方法源于其在儿童工作过程中所观察到的儿童自发性学习行为。该教育理念有 5 个关键概念，分别是在"导师"的引导下，在"有准备的环境"中，通过自主"工作"的方式激发自身的"内在生命潜力"，使儿童自己的身心得到"自由"发展。[5]在这一理念中，儿童接收知识的过程又分为四个阶段：产生兴趣、开始操作、出现专注、获得发展。

现如今蒙台梭利教育理念已被广泛运用于国内外的幼儿园教育管理中，但在博物馆儿童教育方面的应用却不多。而博物馆丰富的资源可以成为学校教育的有力补充，自由灵活的空间是儿童教育的最佳"环境"，博物馆的藏品也能成为儿童最好的"教具"，这些资源优势都为蒙台梭利教育理念在博物馆的实践开展提供了独一无二的条件。[6]

本活动"形形色色之动物皮毛"始终贯穿着蒙台梭利"儿童为本"的教育观。前期策划中，秉承"自由"发展的理念，充分考虑儿童感兴趣的话题与现象，激发儿童对于千变万化的动物皮毛的兴趣；在实施过程中，利用上海自然博物馆的资源，为儿童提供一个"有准备的环境"，在"导师"的引导下，给予儿童合作探究的时间、空间和"自由"创作的游戏活动机会，并设计交流讨论的环节，寓教于乐，让儿童感受到愉快，激发他们"内在生命潜力"。

3 活动设计

3.1 活动背景

上海自然博物馆是中国最大的自然博物馆之一，馆藏丰富，教育理念先进。本活动基于上海自然博物馆一层"生命长河"展区，该展区将显赫一时的过客和现存的生物"明星"汇聚到一起。这里展示了上百种动物标本或者模型，按照物种分类摆放，观众在这里凝视历史长河中的点点浪花，感受与自己迥然不同的生命个体，领悟大自然的真谛。

根据《义务教育小学科学课程标准》（2017年版）中生命科学领域的内容，学生要形成了解和认识自然界的兴趣，初步形成生物体的结构与功能、局部与整体、多样性与共同性相统一的观点，形成热爱大自然、爱护生物的情感。[2]该内容相关的概念在3~5年级均有涉及，课标中指出，教师应指导学生，通过对动物的观察，学习观察和简单归类的方法，意识到动物与人类的密切关系，认同保护生物多样性的重要性。但多数学校的资源有限，只是通过图片和视频的形式让学生们感受自然，讨论动物与人类的关系。动物园和博物馆有着丰富的动物标本资源，学校和教师可以利用这些公共资源让学生深切感受这部分内容。因此本项目以蒙台梭利的"儿童为本"教育观为参考，基于上海自然博物馆"生命长河"展厅的部分哺乳动物标本资源（见表1），设计"形形色色之动物皮毛"主题活动。

表1 "生命长河"展厅部分标本资源种类

所属科		动物名称
鹿科		白尾鹿、马鹿、斑鹿、驯鹿、梅花鹿、欧亚驼鹿
犬科		白狼、灰狼
熊科		大熊猫、北极熊、亚洲黑熊、马来熊、棕熊、美洲黑熊
猫科		猎豹、非洲狮、豹、虎、云豹
牛科	羊亚科	喜马拉雅塔尔羊、盘羊、岩羊、北山羊、斑羚、赤斑羚
	牛亚科	长角牛、美洲野牛、牦牛、麝牛

3.2 活动对象

"形形色色之动物皮毛"主题活动面向小学 3～5 年级的学生。根据周婧景等在《博物馆 6、7～11、12 岁儿童教育指南初探》中对于儿童学习特点的分析，儿童有语言、能力、认知和情感与社会性四方面的发展。[7]

在语言发展方面，该阶段的学生需发展口头语言、书面语言、内部语言。那么在博物馆教育活动中可以为儿童提供使用语言和书面表达的机会，并鼓励儿童对具体行动进行预先规划和思考。

在能力发展方面，该阶段的学生需要形成良好的学习动机和态度，需激发学习兴趣、培养学习习惯、发展学习能力。那么在活动中可以改变活动的方式：从以游戏为主导向以信息传递为主导的活动转变，可以通过丰富的活动内容和多样化的活动形式激发儿童学习兴趣，同时注重知识和技能的培养。

在认知发展方面，要注意学生观察能力提升、注意力时间延长，获得一定的比较、分类、判断、推理的能力和丰富想象力。引导儿童从被动观察向主动观察发展，适当延长活动中的学习时间，在活动中鼓励儿童进行类比、判断和推理。

在情感与社会性方面，要注意形成集体意识，发展随意与自觉性并激发儿童的学习兴趣。积极鼓励儿童以团队合作的方式参与活动，完成任务；通过设置活动任务，帮助儿童在思考和行动的过程中形成目的性，发展其自主性；激发儿童在学习知识、探索复杂事物方面的兴趣。

3.3　活动目标

①科学探究：学生在场馆里寻找、观察不同动物皮毛的过程中，通过合作探究学会收集信息，利用学习单和学习资源，发现并对比不同动物皮毛特征的相似与不同。

②科学知识与技能：学生通过参观展厅和完成学习单，在教师的提示下，理解动物皮毛的功能，并思考其与自身环境适应性的生态关系。

③科学态度、情感与价值观：学生通过小组讨论和共同完成任务，体会合作学习的乐趣；通过制作卡片和参与辩论，提高动手能力和思维能力；通过了解图灵的形态发生学理论，感受生物中的数学与化学魅力。

④STSE：学生通过参与动物保护的讨论活动，深层次理解人与动物关系的生态伦理问题。

3.4　活动流程

每次活动参与人数预计为30人，分为5组，编好组号。活动分为两个篇章，上篇章：察"颜"观色，下篇章：众说纷纭。考虑到对象的特殊性和场地的限制，两个篇章可以分成两次完成。根据蒙台梭利"儿童为本"教育理念中儿童接收知识的四个阶段，本活动分为4个环节：走近动物的"衣服"、分组参观"生命长河"展厅、制作动物名片和开展趣味小游戏、总结与升华。在活动过程中，学生在教师的指导下与小组成员协同合作，共同完成哺乳动物皮毛特征的观察，并思考它们的功能，通过动手和游戏环节加深对科学概念的理解，最后在辩论中进一步发展相关知识。各个活动环节的具体描述如下。

3.4.1　上篇章：察"颜"观色

（1）产生兴趣：走近动物的"衣服"（5分钟）

展示几张典型动物身上"衣服"的照片，也就是动物的皮毛照片，让学生识别这些动物的名称。讨论发现大部分身体表面覆盖着皮毛的动物，都有自己独特的花纹、毛色和长度。例如，牛的种类就有奶牛、水牛、牦牛等，它们的皮毛都有巨大的差异。有些学生会问：不同种类动物的皮毛有不同，但同种动物的皮毛也可能不同？动物的皮毛到底为什么会有差异呢？它们的皮毛又有什么功能呢？学生结合自己的经验解释自己的理解，通过分享交流自己的观点。

（2）开始操作：分组参观"生命长河"展厅（15分钟）

本活动将"生命长河"展厅中哺乳动物标本分成了5个区域，分别为a. 鹿科；b. 羊亚科；c. 牛亚科犬科；d. 熊科；e. 猫科。各小组分别选择一个区域的动物进行观察。学生通过仔细观察展厅内不同种类的动物皮毛，写下自己最感兴趣的关键特征，填写学习单上的内容：记录不同种类动物皮毛的特征，思考这样的皮毛对这种动物有什么作用？功能体现在哪里？与动物所处的环境有什么关系？教师在参观过程中引导学习小组使用学习单，扩展他们观察的维度，同时小组内讨论各自的发现，完善学习单。

（3）出现专注：制作动物名片和开展趣味小游戏（40分钟）

制作动物名片：30位学生每个人将分到一张小小的卡片，上面写上了刚刚观察的标本里一种动物的名称，学生根据参观展厅后记录的信息，与学习小组一起讨论并完成这张卡片的设计，比如这个动物的生存环境、皮毛特征、有什么功能等，最后写下自己最感兴趣的3个特征，为这个动物做一张"名片"，以便后续的介绍。卡片完成之后，请每个人按照一定顺序分享自己制作的名片，学生需要根据自己的理解，将这个动物用语言描述出来，以及向大家说明为什么选择这几个关键词作为这个动物的介绍。

"猜猜我是谁？"趣味游戏：30个人分成3组，每组10个人，每个人随机抽取一张刚刚制作的卡片，作为自己的角色牌。3个小组进行平行小游戏，每个人说出自己拿到的角色牌上动物的特征，让其他同学猜。一个人负责记录每个人答对的次数，猜对次数最多的同学获得自然博物馆小勋章。

3.4.2 下篇章：众说纷纭

（4）获得发展：总结与升华（40分钟）

a. 图灵形态发生理论：简单介绍艾伦·图灵1952年发表的一篇阐述形态发生的化学机制的论文内容。[8]图灵发现动物的斑纹当中，存在着令人意想不到的一致性：所有斑纹都可以用同一类型的方程式来产生，该方程被称作反应扩散方程。扩散方程中的U与V代表两种化学物质，图灵将其命名为形态发生素（Morphogen）。两种形态发生素的浓度分布差异造成了动物皮毛图案的变化。现在已经有人提出实验证据，用来证实英国数学家艾伦·图灵提出的有关生物图案是如何形成的理论是正确的，例如老虎身上的条纹和豹子身上的斑点，并且通过学习单的二维码链接微信科普文章。如果未来有机会，活动可以根据已有的代码，请有计算机知识的人进行 Python 的皮毛斑点和条纹形成过程的模拟演示。

b. 法律保护以及争论：通过给学生介绍人类交易兽类皮毛的背景、播放相关视频等方式，让学生讨论动物保护相关的内容，通过辩论更客观地看待人与自然和谐共生的理念。

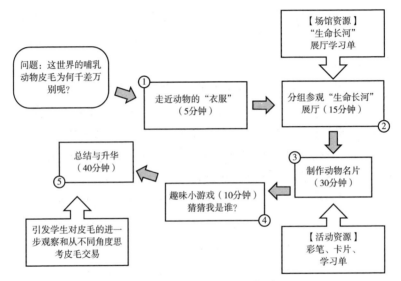

图 1　"形形色色之动物皮毛"流程

4　活动实施

4.1　教学活动建议

教师的"引导"作用在蒙氏教育理念中非常重要，根据本活动的 4 个环节，提出了以下活动建议。

①产生兴趣：走近动物的"衣服"。鼓励学生结合自己的经验阐述并解释自己的理解，与其他学生分享并交流观点。

②开始操作：分组参观"生命长河"展厅。快速分组，并安排各小组分

别选择一个区域的动物进行观察；提示学生需要注意学习单上的内容，控制时间完成任务；引导学生将标本信息与已有知识联系起来，构建结构与功能、环境相适应的观点；组内同学之间保证充分交流，相互合作。

③出现专注：制作动物名片和开展趣味小游戏。在学生分享名片时，教师要有序安排，鼓励学生更全面、更科学地描述，有错误可以及时纠正，同时引导学生之间互评；在进行小游戏时确保公平公正，注意安排好人手计分，评估学生表现。

④获得发展：总结与升华。教师可提前学习教师指导单上的内容，熟悉图灵形态发生理论，给学生介绍时，注意观察学生的反应，控制讲解的速度；在最后的辩论环节，鼓励学生踊跃发言，有依据地表达自己的观点。

4.2 评价建议

为了保证活动的针对性和执行效果，从设计、执行至评估环节，需要活动设计者、执行者与校方师生始终保持良好的沟通。课程设计阶段：设计人员与校方负责人及一线教师进行沟通，了解校方现有资源和课程期望，初步掌握活动对象的知识构成情况。课程执行阶段：课程执行者在课中观察学生的参与程度，统计游戏环节学生回答的准确率、学习单的填写、小组合作程度。课程结束后：进行问卷调查和分析，以问卷分析结果指导课程后期的调整和完善。

其中，本活动使用了张瑞芳等在《小学科学高阶思维活动的设计、实施与评价》一书中提出的高阶思维活动评价工具来进行评价（见图2）。[9]根据这个工具，本活动制定了以下两张学生自评表（见表2、表3）。

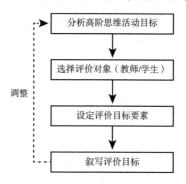

图2　高阶思维活动评价目标制定流程

表2 察"颜"观色学生自评表

上篇章:察"颜"观色自评表

组别_____ 姓名_____

评价内容		评价量规			评价结果
		★	★★	★★★	
收集证据	皮毛颜色与长短	做到1~2项	做到3项	做到4~5项	
	皮毛疏密程度				
	皮毛图案花纹				
	皮毛是否会因环境而变化				
	皮毛其他特征				
分析思维	简单阐释动物皮毛差异的原因	做到1项	做到2项	做到3项	
	简单讲述皮毛功能				
	理解皮毛与环境的关系				
创造思维	名片制作与分享	①卡片可以简洁表达某物种的皮毛特征 ②能够简单描述某物种皮毛的特征	①卡片可以准确且生动形象地表达某物种的皮毛特征 ②对物种间皮毛差异有自己的理解	①卡片可以体现动物皮毛与环境的联系 ②分享时能够联想到其他新颖的内容	
行为规范	互相谦让	做到1项	做到2项	做到3项	
	安静有序				
	保护公物				
应用能力		答对1~3题	答对4~7题	答对8~10题	
合作精神		有分工	有分工能完成自己的任务	有分工能相互帮助完成任务	

表3 众说纷纭学生自评表

下篇章:众说纷纭自评表

组别_____ 姓名_____

评价内容	评价量规			评价结果
	★	★★	★★★	
分析思维	表达自己的意见	表达自己的意见并能提出依据	表达自己的观点并能结合实际分析阐述自己的观点	
评价思维	能倾听他人的评价意见	能倾听他人的评价意见,并能评价他人的回答	能结合皮毛与人类关系的相关知识评价他人的回答	

5　结语

科技馆或博物馆教育是对学校课堂教育的有力补充，通过馆校结合科学教育实践让馆内资源得到充分利用，也能使学生科学素质得到提高，实现良性循环。依据蒙台梭利教育理念设计场馆教育活动，调动学生的学习积极性，激发"内在生命潜力"，在精心设计的"环境"下实现情境化学习，通过"场馆资源"发展学生收集信息和观察的能力，构建科学概念，在教师的"引导"下解决疑难问题，开展合作，最后通过参与"工作"发展学生相关的理念，促进学生人格的完善和发展。

参考文献

［1］ 怀进鹏：《共促科学素质建设　共创人类美好未来——在世界公众科学素质促进大会上的报告》，《科协论坛》2018 年第 10 期。
［2］ 中华人民共和国教育部：《义务教育小学科学课程标准》，北京师范大学出版社，2017。
［3］ Bamberger Y., Tal T., Learning in a Personal Context：Levels of Choice in a Free Choice Learning Environment in Science and Natural History Museums, *Science Education.* 2007，91（1）.
［4］ 陈盛楠：《促进馆校结合科技馆科学教育活动设计研究与案例设计》，华中师范大学硕士学位论文，2016。
［5］ 田景正、万鑫觖、邓艳华：《蒙台梭利教学法及其在中国的传播》，《课程·教材·教法》2014 年第 6 期。
［6］ 张晓鹏：《蒙台梭利教育理念下的博物馆儿童教育活动设计》，《中国博物馆》2018 年第 2 期。
［7］ 周婧景、陆建松：《博物馆 6、7～11、12 岁儿童教育指南初探》，《中国博物馆》2015 年第 1 期。
［8］ Turing A. M., The Chemical Basis of Morphogenesis, *Bulletin of Mathematical Biology*, 1952, 237（641）.
［9］ 张瑞芳等：《小学科学高阶思维活动的设计、实施与评价》，上海科技教育出版社，2018。

研荆楚·传文化·育素养

——研学系列课程之"科技瑰宝：可触摸的历史"

赵应芳　曾琦　崔鸿*

（新疆师范大学生命科学学院，乌鲁木齐，830054）

摘　要　研学旅行将研究性学习与旅行体验相结合，打破我国传统的游学方式，实践了"读万卷书，行万里路"的教育理念，弘扬了人文精神，提升了中小学生的创新精神和实践能力，是进行素质教育的有效方式。因此，本文基于 STEAM 教育理念，梳理了相关荆楚文明科技史的馆校合作资源，结合科技馆中的相关展品，集地方特色荆楚文化于一体设计了"科技瑰宝：可触摸的历史"研学系列课程。

关键词　研学旅行　荆楚文化　研学系列课程

2016 年《中国学生发展核心素养》从教育顶层设计提出了文化育人需求。但落实中存在着学科隔阂的现象，学生的创新实践、自我发展等能力也无法在学校教育中得到满足。2017 年《中小学综合实践活动课程指导纲要》中提倡将优秀传统文化教育转化为综合实践课程主题。科技馆等场馆的研学旅行成为文化育人和社会参与的重要教育方式。长江流域的荆楚文化是华夏文明的重要组成，在中国科技史上也有突出贡献。但相关研学旅行活动研究极其少见。荆楚文化代表地武汉人口众多、来源复杂，荆楚地区青少年的文化认同与传承工

---

* 赵应芳，新疆师范大学生命科学学院在读研究生，研究方向为课程与教学论（生物）；曾琦，华中师范大学生命科学学院在读研究生，研究方向为学科教学（生物）；崔鸿，本文通讯作者，华中师范大学生命科学学院教授，研究方向为科学教育、科学课程与教学论。

作亟待加强。设计基于荆楚地方场馆、提升荆楚文化认同与科学素养的研学旅行势在必行。

1 科技馆研学旅行培育科学素养与人文素养的优势

场馆兼具教育与文化保存的功能，为学生了解身份背后的历史和科技发展等文化内涵，寻求身份认同和文化认同创建了可触摸的空间。利用历史博物馆等其他场馆资源打造地区文化特色的课程情境，多为历史观览，重德育美育，弱化了实践性和科学知识探索的需求。科技馆的研学旅行则能综合培育青少年的科学素养与人文素养。

1.1 科技馆研学旅行提升科学素养

科技馆研学旅行重在引导青少年关注生活或科技前沿的科学现象或技术背后的科学原理。通过科技展品的互动体验与研学旅行课程实践活动，青少年能够感悟科学世界的奇妙，深入了解科学知识，增强其动手实践能力、创造力与合作能力。科技展品背后的科学史是科技馆科学教育的重要组成。通过了解科学发展的历程，青少年能够更深刻地理解科学知识。科技馆有责任帮助青少年了解科学技术发展的过程，帮助他们从历史发展的视角客观公正地看待前人科学研究的成就及局限性，并进一步体会目前科学技术对个人和社会的影响，前瞻性地看待科学技术的发展方向。

1.2 科技馆研学旅行孕育文化认同

科技馆展品本身也是历史发展的产物，如实记录着所代表历史阶段对科学技术的需求与科技发展水平，是一方文明的象征。科技馆研学旅行中挖掘科技馆展品背后的文化意蕴，将地区科学技术成就放在民族历史文化背景中，帮助青少年感悟中华民族的创新力，了解所代表历史年代的社会生活各方面，知晓其文化身份，传承与弘扬民族文化、地方文化。在科技馆参观的过程中青少年之间、青少年与科技馆工作人员之间、青少年与展品之间进行密切的互动，加速了优秀文化的传播。就这样通过参与科技馆研学旅行，沉浸在特定文化形态中，青少年在无形中接受并传递了科技馆背后的文化内容。

2 荆楚文化科技馆研学旅行的意义与资源

荆楚文化最早可追溯到神农尝百草，是我国农耕文明的起源之一。商代盘龙城遗址是武汉城市文明的源头。春秋五霸之一的楚国的青铜铸造工艺、丝织工艺、漆器制造工艺为同期最高水平。秦汉三国时期云梦秦简是古代律法的重要资料。长江三峡水利工程举世闻名。近现代以来湖北省省会武汉市更成为中国的制造业中心和重要工业基地之一，武钢和汉阳造是近代工业的代表。武昌起义打响辛亥革命的第一枪，湖北是大革命的中心，留下众多革命文化资源。桥梁建筑、湿地保护等也是荆楚文化的重要部分。创设荆楚文化的科技馆研学旅行，在提升青少年科学素养的同时，也促进青少年对荆楚科技文化的认识与感悟，获得荆楚文化认同感。

本团队结合湖北科技史、课程标准整理出湖北省科技史突出代表及其场馆，为开发体现荆楚文化认同感的研学课程提供了可参考资源（见表1）。

表1 打造荆楚文明科技史的馆校合作资源梳理

类别	荆楚文化代表	场馆	对应课程标准
青铜冶炼	越王勾践剑	湖北省博物馆	了解青铜工艺的成就(初中历史)；了解科学技术在当代社会经济发展中的重要作用(初中科学)
采矿建筑	铜绿山古矿	铜绿山古铜矿遗址	知道矿产是人类工农业生产的重要资源(小学科学)；了解科学技术在当代社会经济发展中的重要作用(初中科学)
青铜冶炼声乐	曾侯乙编钟	湖北省博物馆	了解乐音的特色，了解现代技术中声乐知识的一些应用(初中物理)
冶炼	武钢冶炼	武钢博物馆	了解科学技术在当代社会经济发展中的重要作用(初中科学)
丝织刺绣工艺	冠带衣履天下	荆州博物馆	了解科学技术在日常生活、生产和社会中的应用(初中科学)
漆器工艺	彩漆木雕鸳鸯形盒	湖北省博物馆	了解科学技术在日常生活、生产和社会中的应用(初中科学)
玉器工艺	玉多节龙凤纹佩	湖北省博物馆	了解科学技术在日常生活、生产和社会中的应用(初中科学)

3　荆楚文化的科技馆研学旅行课程设计

3.1　课程设计理念

研学旅行是综合实践课程，科技馆中蕴含着大量的教育资源，作为研学旅行实践基地有着得天独厚的优势，借助科技馆展品设计研学旅行课程，结合学校课程以及课标，为了使此实践更有成效，基于 STEAM 教育理念，以提出问题、分析问题、解决问题为课程设计理念，以问题导向为中心，让同学们带着以下几个问题进行参观学习："古人创造了什么？古人为什么要创造这些？在什么样的历史背景下创造了这些？这些文物又是如何参与古人的历史中的活动，见证了一个又一个重要的历史时刻？"与项目学习小组的成员一起探讨、交流、研究、创作。只有了解文物背后的故事，才能真正体会到古人无穷的智慧。[1]

3.2　课程设计理论基础

研学旅行作为一种活动课程，是对学校课程的补充与延伸，必须把课程理论作为其最基础的理论依据。

3.2.1　建构主义理论

建构主义理论是瑞士心理学家皮亚杰提出的，他认为学习指的是学生在特定情境下，通过合作学习，积极积累自己的知识过程。根据建构主义理论，教师应引导学生在实际情景中主动获得知识，而非单调死板的灌输知识。而在参观科技馆的过程中，同学们通过小组合作的方式进行创作。因此建构主义理论也为研学旅行课程提供了一定的理论基础。[2]

3.2.2　"做中学"理论

"做中学"理论是杜威教育理论体系的核心，杜威提出适宜的教学方法应是在活动中进行教学，让学生通过亲身体验活动来获取知识。培养学生在实践中发现问题、解决问题的能力是极为重要的。按照"做中学"理论，在研学旅行中应注意问题情境的创设，培养学生运用所学知识解决实际问题的能力，发展学生的探究精神和创新思维。[3]

3.2.3　泰勒的现代课程理论

泰勒是现代课程理论的重要奠基者、科学化课程开发理论的集大成者，被誉为"当代教育评价之父""现代课程理论之父"，其著作《课程与教学的基本原理》被誉为"现代课程理论的圣经"。"泰勒原理"的基本内容是：第一，学校应该试图达到哪些教育目标？第二，如何选择有助于达到这些目标的学习经验？第三，怎样有效组织这些教育经验？第四，如何评价学习经验的有效性？

泰勒现代课程理论揭示了课程编制的四个阶段：确定目标、选择经验、组织经验、评价结果，是现代课程论最有影响的理论构架，对本课程的设计与实践具有重要的借鉴意义。[4]

3.3　课程目标

3.3.1　总目标

研学旅行课程利用"科技瑰宝：可触摸的历史"为主题的项目式学习，通过学生自主学习、小组合作探究、教师专业指导等方式向中小学学生普及科学知识，培养学生"自主学习、合作学习、科学精神、实践创新"等核心素养，从而提升学生的人文素养。[5]

3.3.2　具体目标

按照小、中、高三个学段学生的年龄特点和学习程度，制定不同广度、深度的目标。

（1）低年级段（4~6年级）

以旅行的方式进行科普教育，让学生边玩边学，打下科学知识基础，寓教于乐，进而培养学生的学习兴趣，在集体活动中能够积极参与、表达自己，提高学生的理解、表达能力。

（2）中年级段（7~8年级）

以培养解决问题能力为目的，调动学生学习的主动性，积极与其他小组成员合作，发挥其特长，培养解决问题能力、锤炼团队精神。

（3）高年级段（10~11年级）

学生通过确定研究主题，在实践过程中，培养学生的创新精神；在表达与交流中，形成自己独到的观点，培养学生批判质疑与辩证思维能力，从而促进学生全面而有个性地发展。

3.4 课程内容

科学技术是人类智慧的结晶，是人类文化的重要组成部分。在远古时期，中国的农业已较为发达，成为世界上最大的作物起源中心。随之，发明了原始瓷器，并开始冶铜、炼铁、纺衣、造船等。随着四大发明的出现，人类文明的发展和传播出现了翻天覆地的变化。古代的中国，无论是在天文学、数学、医学、地理学、农学还是冶金、建筑、机械、水利工程等领域内，都有许多重大的发明创造，其数量之多，水平之高，是世界上任何一个国家或民族所不及的。[6]"科技瑰宝：可触摸的历史"系列课程安排如表2所示。

表2 "科技瑰宝：可触摸的历史"系列课程安排

课程安排	时间	地点	课程简介
曾侯乙编钟的秘密	上午	湖北省科技馆	【课程一】了解青铜冶炼技术，了解曾侯乙编钟的秘密 ①参观湖北省科技馆，观察曾侯乙编钟复制品 ②讲解曾侯乙编钟背后的故事 ③通过VR体验，欣赏编钟的表演，聆听编钟的声音 ④引领学生探究曾侯乙发声的秘密，并制订计划、创造性地制作打击乐器 ⑤作品展示，成果交流 【课程背景】 曾侯乙编钟是我国迄今发现数量最多、保存最好、音律最全、气势最宏伟的一套编钟。它的出土，使世界考古学界为之震惊，因为在两千多年前就有如此精美的乐器，如此恢宏的乐队，在世界文化史上是极为罕见的。带领同学们探索曾侯乙编钟的秘密，体验楚文化的博大精深
古人对自然能的利用——水力机械	下午	湖北省科技馆	【课程二】了解古代水力机械的传动机构原理 ①参观湖北省科技馆，观察古代机械装置模型 ②讲解古代机械发明背后的故事 ③通过机械互动装置，探索机械传动机构原理 ④引领学生制订计划并设计制作一些简单的机械 ⑤作品展示，成果交流 【课程背景】对农业生产来说，水的重要性不言而喻。在利用人力获取水的同时，中国古人也注意到了水中所蕴含的能量，并因此创造出水碓、水排和水磨等机械工具将水能转化为机械能，用于农业和手工业生产，其中有些工具在今天一些乡村仍然在继续使用。 让同学们探究水力机械的工作原理，感受古人利用自然能的智慧

3.5 STEAM 教育理念在课程中的体现

在本活动中，首先，学生要了解科技史方面的内容，不但要学会从科学、技术、工程、艺术、数学等多个学科角度对曾侯乙编钟进行分析，还要了解其历史由来与价值；其次，学生通过探究编钟发声的原理来了解科学，通过观察编钟的铸造结构来体会其技术的精湛以及巧妙结合数学知识；再次，以乐器之精美、乐律之丰富来感受艺术之美；最后，通过设计并制作打击乐器，检验学生所学知识，进一步提高学生的实践和创新能力。各学科与知识的融合在本活动中的体现见图 1。[7]

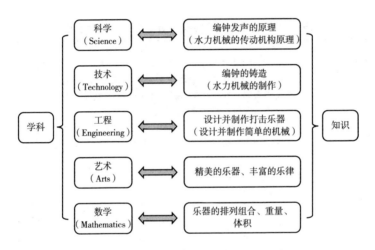

图 1　STEAM 教育理念在活动中的体现

3.6 课程实施

课程实施是研学旅行中的重要环节，主要是带领学生到研学目的地进行参观、考察、体验和探究。

3.6.1 确定主题，设计研究方案

根据探究的目的和条件，设计制作方案，以小组合作的方式共同发挥个人优势完成制作。

3.6.2 建构模型

动手操作是锻炼学生综合能力的最直接的方式，确定最佳制作方案后，开

始尝试制作模型。比如，"水瓶水不平"，在玻璃瓶中分别注入不同的水量，从左到右依次递减，敲击不同水位的水瓶，体会声音音调的高低，通过探究明白音调与声波关系：声波的频率高时音调也高，声波的频率低时音调也低。在此过程中，不断优化设计方案与模型，不仅巩固了科学知识，也潜移默化地培养了学生的科学探究能力。

3.6.3 展示与交流

鼓励学生用语言、文字、图片等方式表达探究的过程，通过作品体现结果，能认真聆听他人意见，并进行自我反思：思考自己在活动中有哪些收获，还有什么问题待解决，并学会书写简单的探究报告。

3.7 课程评价

评价是活动的重要组成部分，是衡量学生完成情况的重要标准。本活动以教师观察、学生作品展示为主，以学生自评、组间互评以及教师评价相结合的方式，引导学生进行自我反思，从他人的评价中获取信息，了解自己的优势以及弱势，并及时做出相应的调整，进一步达到锻炼学生语言表达和批判性思维能力的目标。

4 结语

基于 STEAM 理念的传承荆楚文化的研学系列课程，其核心目标是引导学生运用所学的科学知识和技能，自主完成探究任务。以问题引导和小组合作探究相结合的方式，充分发挥学生的主体性，将各科知识与展品体验相结合，体会古人高超的技术，感受古代文化的博大精深，增强民族自豪感，坚定文化自信，传承荆楚文化。只有充分利用研学旅行、展教融合等教育手段，才能更好地发挥科技馆展品的教育功能，提高科技馆作为科普教育基地的地位，进一步推动馆校合作的发展。

参考文献

[1] 张经纬：《博物馆里的极简中国史》，北京联合出版公司，2018。

［2］王山山、纪晓婷：《浅论教育中的建构主义》，《学园》2015 年第 23 期。

［3］丁帆主编《著名特级教师教学思想录》，江苏教育出版社，2012。

［4］夏婧：《现代课程理论的圣经——"泰勒原理"》，《天津市经理学院学报》2013 年第 5 期。

［5］周璇、何善亮：《中小学研学旅行课程：一种新的课程形态》，《教育参考》2017 年第 6 期。

［6］季羡林：《长江流域文明史》，北京燕山出版社，2006。

［7］李佩宁：《什么是真正的跨学科整合——从几个案例说起》，《人民教育》2017 年第 11 期。

基于角色扮演的科技馆情境
学习案例设计与开发
——考古小分队之探秘人类进化

白思凝[*]

（山西省科学技术馆，太原，030021）

摘　要　科技馆是青少年进行科普研学的重要场所，随着情境学习理念的推广，如何将科技场馆自身的优势充分挖掘开发，将静态展品赋予动态活力与生机，开发出更具有探究意义和多感官体验的活动课程是本文的探索方向。基于角色扮演的科技馆情境学习，作为一种新兴的研学方式，可以有效整合科技馆的科普资源，本文以山西科技馆基于展品的活动开发为例，探究研学课程的设计与开发。

关键词　情境学习　角色扮演　建构主义　多感官体验　证据意识

1　研究背景

人类社会的发展过程是一个认知世界与改造世界的过程，人类对世界的认知经过实践上升到理性认识，指导进一步的实践活动。学习包括正式学习与非正式学习，学校教育只是学生在正式场景中学习的一部分，而在家庭或者社会中的非正式学习是科学研究的一个重要分支，近年来越来越受到关注。菲利普·贝尔（Philip Bell）根据学习所发生的非正式环境的不同，将其分为日常生活环境中的学习、经过设计的环境中的学习、项目学习三种。[1]科技馆正是

---

* 白思凝，山西省科学技术馆展厅辅导员，助理馆员，研究方向为科学教育活动设计与研发。

经过精心设计的非正式学习的独特环境，以科普展品为载体，通过观众与展厅环境、展项、他人（辅导老师、参观同伴等）的互动从而达到学习目的的过程。

2016 年，《关于推进中小学生研学旅行的意见》提出，"学校教育和校外教育衔接的创新形式，是教育教学的重要内容，是综合实践育人的有效途径"。[2] 如何通过活动设计使科技馆充分发挥其潜在的教育功能，赋予科技馆原有展品新的教育内涵，有效利用科技馆的静态展品资源创建情境学习是本文主要研究方向。随着科技馆从以"展品"为中心转向以"观众"为中心，开始运用形式多样的科学教育活动让展品"活"起来，让学习者通过观察、感知、体验、操作等多感官的参与，增加对科学实践的体验。角色扮演作为情境学习中非常重要的教学方法，让渡了教师的主体地位，以新课改的核心理念和任务目标为出发点，强调以学生为"中心"的教学方法。

2 理论基础与意义

2.1 建构主义视角下的情境学习模型

建构主义学习理论兴起于皮亚杰的教育心理学，并在维果茨基等人的思想基础上逐渐充实。建构主义学习理论，以学生为中心，通过自我的建构和他人的帮助，利用已有的知识产生新的知识，使学生成为知识意义的主动建构者。

情境认知理论兴起于 20 世纪 80 年代中期，它认为学习者在创设的情境或者真实场景下进行相关学习活动时，学习者的能力与知识才能发展和完善，学习的本质是主体在实践活动中与他人、环境交互的过程。[3] 情境学习可以促进受教育者形成科学的思维方式、正确的价值观和科学的社交等生活方式，科技馆可以提供学习的物理情境和社会情境，满足这种情境学习的要求。

建构主义视角下的情境学习模型可以通过多种手段创设情境，将科学与人文融合，借助情境展开教学活动。学生融入情境，产生共情体验，并在思考、探索和实践中不断提升知识水平和解决问题的能力，诱发受教育者在参与活动时保持好奇心、渲染主体情绪、直观感知并受到思维启迪，充分调动受教育者的主观能动性，从而创造性地使其知识建构与情感获得并驾齐驱，进而达到情境教学的目标。

2.2 角色扮演理论意义

角色扮演的三个基本要素为：角色、目地和情境，教师构建的情境需要为教学效率服务或者为学生的科学成长服务。科技馆本身就是一个精心设计的场景，在这个场景中运用多维度的道具可以达到受教育者的沉浸式角色扮演效果（见图1）。

图1 角色扮演流程

角色设置是角色扮演教学法的核心要素，也是区别于其他教学法的关键。角色设置需要做到吸引学生，使学生乐于沉浸在角色中扮演并忘掉自己的现实身份。通过扮演设置的角色，提高学生的社会认知水平、学会换位思考并能掌握科学的方法处理事情。教师在过程中可以参与角色扮演，建立与学生多维度的联系，同时要注意学生的情感价值引导，在角色扮演的过程中自然引入合作学习、体验学习以及多元智能表达。

2.3 可行性分析与意义

美国视听教育家戴尔1946年写了一本书《视听教学法》，其中提出了"经验之塔"的理论：宝塔最底端的经验最具体，越向上越抽象（见图2）。直接有目的经验在塔的最底部，奠定了人类学习的基础。在实践活动中，学习者用感官接触事物，接受事物的刺激，由此形成的感觉印象是认识的起点，更易于接受。科技博物馆教育的基本特征可以归纳为：基于实物的体验式学习、基于实践的探究式学习、形式多样化的学习。[4]而这些学习方式都可以带给人印象深刻、便于理解的直接经验。本文采用情境学习视角下的角色扮演教育研学活动方式，其教学活动原则本着情境性、体验性、趣味性、推理性、评价性的

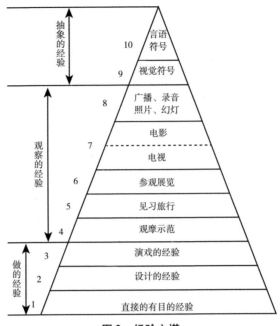

图2 经验之塔

特点，用科学语言和工具激发学生参与科学推理和探索。

科技博物馆通过展品及其教育活动将科学家们以科研为目的的科学探究实践转化为观众以学习为目的的科学探究实践。引导观众体验和关注现象并由此获得直接经验，实现对展品的认知。这种体验并不仅限于展品的原理和知识，还有科学家探究过程中所体现的科学方法、科学思想、科学精神、科学与社会的关系等。[5]近年来角色扮演已被证实能提高学生的参与度，并改善课堂的整体环境。当角色扮演活动得到有效运用时，其可以让教学目标更易于学生接受。学生通过角色扮演，能够完整地了解科学史、科学哲学和科学社会学，形成情感态度价值观，培养学生的科学态度。

3 活动案例设计背景及目标

3.1 活动案例设计背景

现在社会上开展科普研学活动的团体很多，大部分都是走马观花，多游少学甚至是游而不学，实际操作中的课程内容没有亮点、路线也不科学合理，仅仅把参观换了一个"研学"的名号，换汤不换药；或者是将学生的研学实践活动日程安排得极其紧凑，甚至一天就去了多个景观、场馆、基地。研学导师照本宣科，划出重点内容，告诉重要知识。学生只需要记住讲解内容就好了，这样的研学实践活动脱离了初衷。

"人类诞生"是山西省科技馆二层宇宙与生命展厅生命展区的一件展品，由一副等比例仿制的"露西"骨骼、一个机械臂抓手和一对抓取积木的特制手套组成。人类是哺乳动物灵长目分支的一种，古人类与我们现代人类有着多方面的不同，其中 1927 年科学家在埃塞俄比亚发现的南方古猿"露西"的骨骼化石在人类起源学中有着重要的科学研究价值，被称为"第一个直立行走的人类"。普通的展品讲解往往比较枯燥，虽然展品配有两个可操作的装置，但是仍然难以满足学生旺盛的好奇心和乐于动手的学习需求。

在这样的背景下，急需科技辅导老师针对场馆自身优势设计符合青少年心理的真正的研学精品课程。"考古探险小分队——探秘人类起源"课程，是基于角色扮演的研学活动，主要由学生和老师一起扮演一支考古队，通过情境学习、自主探究的方式了解人类进化的一些特点；培养证据意识，了解科学探究得出结论的基本科学方法；培养共情能力，体会科学家进行科考工作的艰辛及科研成果的来之不易。

3.2 活动案例目标

本课程结合山西省科学技术馆的静态展项"人类诞生"，为研学团队量身定做一节考古探险课程，采用角色扮演的方式，有多感官沉浸式体验效果，充分重视学生的体验经历，发挥学生的主观能动性。

在情境学习的科学探究活动中，知识目标、能力目标以及对科学探究的理解目标这三者是相互交叉、不可割裂的。学生通过扮演考古队员，了解人类进化的基本知识，培养证据意识，树立重视证据的科学观，教学中充分挖掘和运用证据进行合理的科学演绎推测。教师在指导学生实践中寻找价值，通过有效的团队策略引导帮助学生进行合作学习、情境体验学习，并让学生体会角色扮演的内在价值。学生通过完整的活动流程，实现记录观察、解读数据、动手实

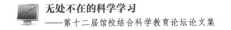

践、实验操作、探究推理、角色扮演等多项教学内容的综合，充分提高学生的综合素质和科学探究能力。

4　活动案例流程

本课程结合初中生课标要求，针对已有一定的生物学基础的初二学生开展。科技老师需要提前对场馆进行简单的布置，利用创意工作室，搭建一个小型的考古挖掘现场，准备 A4 纸大小的水槽若干个，鸡爪骨、猪蹄骨若干，考古刷若干，铲子若干，废料桶若干，沙土若干。材料准备数额依据学生参与数决定，采用小组活动的方式，一组学生 3～5 人为佳，每组学生的水槽中需要放置一个完整的鸡爪骨或猪蹄骨，分散埋放于土壤内，保证每个学生有一件考古工具。课程共分为五个阶段，在课程活动中教师与学生的角色定位为考古探险小分队的队长与队员，共同完成一项探秘人类起源的科研活动。

4.1　前世今生连连看

在进行考古探险前，每个小组可以给自己的小组起一个队名，增强小组凝聚力。采用小组积分赛方式进行连连看的小游戏。教师准备一张生物进化树的示意图（见图 3），并选取不同动物卡片分发给每个小组五张，由小组成员将动物卡片分类贴到对应的生物分类，答对得一分，答错不扣分。在该环节，要让学生了解不同的动物分类是不同的，知道哺乳动物的划分依据，并明确人也是哺乳动物的一种，属于灵长类，黑猩猩是人类的近亲。

4.2　考古发掘我最行

进入正式的考古挖掘环节，每个小组都会分到一个装有"骨骼化石"（鸡爪骨或猪蹄骨）的作业箱，进行半个小时的考古挖掘作业。成功找到全部"骨骼化石"后，与教师提供的线索比对，整理摆放自己小组的化石样本，判断是鸡的骨骼还是猪的骨骼，并说出依据（见图 4）。在这个环节需要小组配合协作，从而培养学生的社交能力和团队协作能力，并且创造情境学习中非常重要的实践团体的环境。学生通过线索和小组发掘的证据来对比判断得出化石种类的结论，是科学探究中一种很重要的论证方法，同时还可以培养学生的证

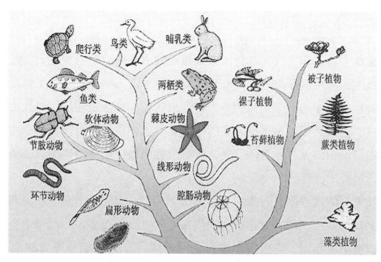

图3　生物进化树示意

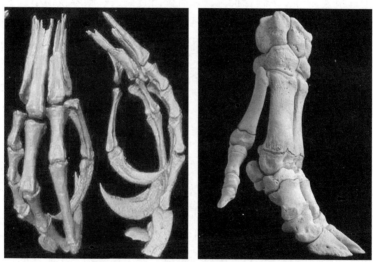

图4　化石线索（左图为鸡爪骨骼、右图为猪蹄骨骼）

据意识，让学生在多感官的操作互动中自己得到直接经验，这比教师直接灌输的间接经验更为深刻。学生需要经历提出假设—发掘化石—演绎推理—对比判断—得出结论这样的一系列步骤，其中提出假设、演绎推理都需要学生运用已有的经验和科学思维方式，通过教师给出的线索进一步对比判断则是在已有知识与新获得的知识之间建立联系，最后得出结论，完成这一教学环节。

4.3　大家一起来找茬

简单的考古活动之后，就进入本次活动的中心内容——探秘人类起源。在山西科技馆的二层展厅某处，藏有科学家发现的古人类化石，对了解现代人类起源具有重要的作用。学生作为考古探险小队员，分小组在展厅寻找古人类化石，并找出古人类化石与现代人类的相同点与差异点。经过简单的总结可以从外部形态得出相同点有：身体直立、骨骼组成相似、面部结构类似；手、足均有五趾；没有尾巴等。

在找差异的过程中，教师引导学生试着思考：直立行走对于从猿到人的重要意义是什么？由于古人类化石和现代人类的差异点很多，因此每个小组找到的差异点也不尽相同。学生以小组讨论的形式，互相交流"考古探险"的发现：比如南方古猿"露西"是一名20多岁的成年女性，但身高仅有110厘米左右；化石颧骨突出、下颌骨很大、牙齿突出且偏大、脑容量偏小；手臂非常长，超过膝盖，拇指和四指分开……经过充分的讨论后，教师再次提出刚才的问题，直立行走的古人类对现代人类的重要意义是什么？此时，已经有同学能够结合自己的经验得出：有利于前后肢分化、解放双手、符合达尔文的进化论等内容。

4.4　小组合作寻优势

在小组交流的基础上，教师引导学生继续思考：直立行走之后，可能会有哪些事件对人类演化具有重大影响？以游戏的形式启发学生继续结合展项操作进行思考。每个小组派一名同学操纵机械手臂，比比看谁更快；利用展项提供的特制手套进行积木拼搭，搭建过程中感受拇指与四肢分开的手套与五指合为一体的手套，哪一种在操作过程中更为迅捷方便。通过两个小游戏的比拼，学生能直观感受到对握功能无论是在机械手臂还是手套中都很重要，古人类拇指的这一小小的进化，方便了人类日常活动，提高了手部灵活度，并由此得出直立行走后，解放的双手使人类制作和使用工具变得更加频繁和广泛。比如前肢解放出来，就可以使用树枝和石块等天然工具来防御敌害、获取食物，而在长期使用天然工具的过程中，古人类积累了大量的使用工具的经验，可以慢慢学习制造工具。

在这个环节采用了实证加演绎的方法进行论证，培养学生证据意识的同时，让他们感受到演绎推理对科学研究的重要性，引导学生用科学的思维进行问题的深入式探究思考。

4.5 大胆假设小心求证

经过一系列情境学习下的"考古探险"活动，学生多感官的沉浸式体验感受达到峰值，此时教师可以根据学生的状态酌情抛出更多引导式、开放式的问题，目的在于引发学生的深层次多元思考，不纠结于标准答案。

问题列举：①伴随着使用工具和制造工具，在人类演化过程中一个非常重要的进化部分是什么？引导学生思考人类大脑的进化，进而发现古人类与能人、智人之间的关系；②人类的语言功能是如何产生的？引导学生演绎推理古人类在群居性的生产劳动过程中可能会出于交流的需要逐渐产生语言。

注意，无论是人类手部的对握功能还是人的大脑进化过程，都可以通过对古人类化石的研究得到答案（拇指骨骼的变化、脑容量的变化），但是最后这个问题中的语言是无实物保存下来的，因此在思考关于语言的科学推理过程中，演绎法必不可少，但由于缺少实证因此很难被证实，因而推理难度偏大。其目的在于让学生了解科研成果的来之不易，需要十分严谨的推理和求证，有丰富的想象力大胆假设只是科研第一步，还需要小心求证加以证实论断的正确性。在这部分的结尾，教师可以引导学生归纳：古人类的进化都可以从达尔文"物竞天择，适者生存"的自然选择中找到理论支撑。

5 活动案例总结

5.1 教学活动建议

建构主义视角中，学生为中心，教师是学生探究学习的合作伙伴。教师要引导、帮助学生运用已有知识建构新知识，激发学生的好奇心，培养学生的科学兴趣。在角色扮演的教学活动中，教师要始终贯穿于整个角色扮演的过程之中，作为不同个体之间的联系纽带，引导学生形成不同个体之间的多向互动、师生之间的双向自由互动及与被扮演角色间的内在互动。这种多维度的互动有利于形成学生的自主探究学习和与他人的沟通合作学习，也有利于教师课堂目标的多元发展。

场馆环境中的学习具有非正式性和不确定性，学习活动的设计没有统一的活动标准，因此在活动设计中要充分考虑学生的认知水平和特点，不能一味追求科学性、原理性，而要从学生现有的经验出发，突出学生的主体地位，利用场馆创造的情境教学模型帮助学生建构知识框架。兴趣是最好的老师，只有学生有兴趣，才能调动全感官积极地参与到科学活动中。教师在实施角色扮演的教育活动时，可以针对不同年龄段设计学习活动、从不同角度和深度引导学生思考不同层面的问题。在互动的过程中，学生完成了知识、能力和情感的有机融合，达到了素质教育的要求。这同样对教师的职业素养也提出了更高的要求，教师需要在角色设置、教育活动内容筛选、教学目标选择等过程中充分体现角色扮演教学实践的价值。

5.2　教学评价建议

从科学教育的历史演进来看，教学评价的标准是不断变化的。从最初强调科学知识的教育，到杜威实用主义教育对学习方法的看重，不仅要让学生学习科学知识，更要注重科学方法的学习。科学史是让教师引导学生用历史的眼光看待现有的科研成果，用动态发展的观点看待科学知识，从而理解科学的本质。科学价值观就是用科学的世界观和方法论来看待某一事物所具有的价值。现在的研学课程更关注科学的内涵，强调科学探究与科学史观、科学价值观的培养。

当前教学案例评价主要倾向于教学内容与目标、教学理念与方法以及趣味性与创意这三点的有机融合。如何提高学生的科学兴趣，培养学生的角色意识，创建以学生为主体的研学活动，是当前素质教育的内在要求。本文就建构主义视角下情境学习中角色扮演的研学活动设计，通过对研学活动的形式创新，生动展现出静态展品的科学内涵，激发青少年对科学的兴趣，并培养青少年的科学价值观。作为一种科普研学的有益探索，本活动还需要在多次实践的基础上不断完善改进，形成多轮迭代后的成熟的研学活动方案，并通过资源拓展形成系列课程，与中小学课标对应，作为非正式学习下的有益补充，并为科技馆教育活动的研发提供新思路。

6 结语

"只是告诉我，我会忘记；要是演示给我，我会记住；如果还让我参与其中，我就会明白。"基于角色扮演的情境学习教育活动，注重激发学生的学习兴趣和动机，在突出学生主体地位的科学探究中，通过角色扮演的方式促进学生参与科学推理、了解科学史和科学家精神，并培养学生正确的科学价值观。科学教育活动并不是探究高深复杂的科学难题，而是在达到基本的知识目标后注重培养学生的各项能力和科学素养，注重发展个体的多元智能，提升学生的表达与沟通能力、团队协作能力、合作学习能力等。作为科技工作者，更应深度挖掘科技馆的优势资源，设计适合青少年学习的科普活动，作为非正式学习环境下的有力补充，弥补学校课程的局限，建立跨学科的多样化学习体系，将科学探究与科学态度紧密结合，完善青少年的教育成长体系。

参考文献

[1]〔美〕菲利普·贝尔等：《非正式环境下的科学学习：人、场所与活动》，赵健、王茹译，科学普及出版社，2015。

[2]《教育部等11部门关于推进中小学生研学旅行的意见》，http：//www.gov.cn/xinwen/2016-12/19/content_5149947.htm，2016年12月19日。

[3]强燕：《科技馆展教的特点与新形式》，《科技传播》2010年第22期。

[4]朱幼文：《基于科学与工程实践的跨学科探究式学习——科技馆STEM教育相关重要概念的探讨》，《自然科学博物馆研究》2017年第1期。

[5]朱幼文：《"馆校结合"中的两个"三位一体"——科技博物馆"馆校结合"基本策略于项目设计思路分析》，《中国博物馆》2018年第4期。

基于脑科学的科普研学课程开发初探

——以武汉植物园"梅园之旅"课程为例

邓子序　曾瑾　付莉　方喜缘　崔鸿[*]

（华中师范大学，武汉，430000）

摘　要　科普研学对青少年科学学习具有重要意义，有助于培养青少年的科学素养。通过分析科普研学活动现状，发现近些年来科普研学活动发展极为迅速，但仍存在缺乏系统科学的课程设计、忽视人文教育和评价方式单一等问题。本文针对这些问题，基于脑科学并结合 ADDIE 模型以武汉植物园中梅园为例进行了"梅园之旅"系列课程开发，以探索问题解决的路径。

关键字　科普研学　脑科学　ADDIE 模型　课程开发

1　引言

2016 年国务院办公厅印发《全民科学素质行动计划纲要实施方案(2016～2020 年)》（以下简称《科学素质纲要》），提出扎实推进全民科学素质工作。科普工作既强调了科技知识的普及，也强调了公众对科学方法、科学思想、科学与社会关系的理解以及公众对公共事务的参与。[1]而科普研学则专指以科普为主题的探究性学习活动，核心目的是让青少年学生在动手体验、互

---

[*]　邓子序，华中师范大学硕士研究生，研究方向为学科教学（生物）；曾瑾，华中师范大学硕士研究生，研究方向为学科教学（生物）；付莉，华中师范大学硕士研究生，研究方向为学科教学（生物）；方喜缘，华中师范大学硕士研究生，研究方向为学科教学（生物）；崔鸿，本文通讯作者，华中师范大学生命科学学院教授，研究方向为科学教育、科学课程与教学论。

动交流中学习科学知识，探究科学原理，提升科学素养。[2]

科普教育形式多样，与学校教育不同，科普教育与生活实际联系得更为紧密，以活动为载体，青少年通过科普教育独立思考、动手实践。从理解科学知识、锻炼科学技能，到掌握科学研究的思维和方法，最终形成科学思想，提升自身的科学素养。在科普教育中，领会科学的魅力。科普教育与学校教育相互补充，就可以全方位地提高青少年的科学素养。此外，科普教育的科学性有助于青少年科学精神的培养，而科普教育的探究性活动性质则要求青少年主动作为、与他人良好沟通、自主调控，从而培养学生学会学习的能力，提高青少年发展核心素养。

较发达国家而言，我国青少年科普教育虽发展迅速，但仍存在种种问题。分析我国的科普研学现状可知，我国的科普研学并未完全发挥其教育意义，主要原因在于缺乏系统科学的课程设计，尤其是缺乏对人文精神的关注，评价方式单一。本文基于近年来脑科学在教育领域的理论和实践研究，从脑科学的角度进行科学系统的科普研学课程设计，并结合 ADDIE 模型以武汉植物园梅园为例进行了课程设计，以求为科普研学现存的问题提供解决思路。

2 脑科学在教育领域的应用

脑科学，狭义地讲就是神经科学，广义的定义是研究脑的结构和功能的科学。1997 年，Bruner 首先提出搭建教育和脑科学之间的桥梁。[3]近年来，已经出现了将脑科学成果应用于教育实践的教育学研究新范式。

目前，脑科学在教育领域的应用主要体现在以下几个方面：首先，脑科学技术被应用于测评学习效果。长期以来，教育研究基于哲学思辨的居多，相关结论普遍缺乏客观、实证的科学证据的支撑。对于学习结果的判断往往是主观且模糊的，无法进行科学评价，也就难以利用评价促进学生发展。而脑科学技术的应用，可以让我们及时、清晰、直观地观察到施加学习刺激后大脑发生的变化，从而更精准地评价教育的有效性。[4]其次，脑科学对于设计教学内容有重要意义。在人的一生发展中，大脑皮层都具有一定的可塑性，但每个阶段大脑不同区域的可塑性不同。[5]脑科学帮助发现学习者个体之间存在的差异，并在这一基础上指导教师选择适合学生的学习内容。此外，脑科学帮助改革教学方式，教学方式是否得当直接决定了对于大脑机制运行规律的利用程度高低。近年来，有学者探索了通过采用适当的教学方式来实现不同脑区的最大可塑性。[6]这些都表明，脑科学在教育领域的应用能够支持教育政策的选择以及开拓教学过程的新视野，以达到促进科学教育改革和发展的目标。

尽管脑科学在教育领域的应用已经开始逐步展开，但脑科学的研究发展暂未聚焦到科普研学领域中，本文尝试将脑科学的研究成果应用于科普研学课程设计，为解决目前存在的问题提供新思路。在脑科学的理论指导下，在课程内容选择与组织方面，通过调整更新教育内容来维持学生的学习动机并保障学习效率；在课程目标设定方面，注重情意性；在活动方法选择方面，采用将目标分解为各短期目标的教学方法和体验式学习；在过程设计方面，通过图文结合调动学生的多种感官，渗透人文精神培养，加入运动元素改善认知、注意控制、情绪功能等与学业相关的神经基础，并且加入游戏元素从而促进多巴胺的释放，在增强人的愉悦情绪的同时，增强其学习动机、提升注意力和记忆水平；在课程评价设计方面，利用形成性评价和反馈来反映认知活动基于先前的认知及如何使大脑调整和改进原有的认知。总之，整个课程体系设计全部基于脑科学理论的指导，并结合了 ADDIE 模式，使得科普研学课程更符合学生的生理和心理发展规律，更加高效。

3　基于脑科学理论的科普研学课程开发

本文以 ADDIE 模型为基础，尝试结合脑科学理论，以武汉植物园中梅园科普研学课程为例构建科普研学课程开发模式。ADDIE 模型是 1975 年美国佛罗里达州立大学教学团队为当时陆军内部训练所设计的课程培训模型。随着国际课程改革的不断发展，目前 ADDIE 理论模型被国内外学界定性为一种课程开发与教学设计的系统方法，[7]分别由分析、设计、开发、实施、评价五个部分构成（见图1）。

在这五个环节中，分析和设计是课程能够科学开发的前提，开发和实施是课程得以有序运行的核心，而评价为鉴定课程开发成果的重要保证，体现了其分析问题和解决问题的内在逻辑。但同时，该模型的各个阶段又是相互独立

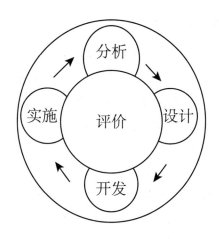

图1　ADDIE 模型

的。[8]该模型在实际应用过程中既要求系统性和整体性，但结合不同的应用环境又具有灵活性和动态性。

3.1　课程开发背景

《科学素质纲要》关于实施青少年科学素质行动的措施中提到，大力开展校内外结合的科技教育活动。充分发挥非正规教育的促进作用，推动建立校内与校外、正规与非正规相结合的科技教育体系。拓展校外青少年科技教育渠道，鼓励中小学校利用科技馆、植物园、博物馆等各类科普教育基地的资源，开展科技实践课程。

学校教育，能对学生进行系统教学，帮助学生建构知识体系，但由于现实条件等限制，部分实践课程较难开展。而场馆拥有丰富的展品资源等，学生能在场馆中近距离接触课内接触不到的设备、器材，从而对科学现象、问题等获得感性认识，在场馆中进行实践课程，可对所学知识进行巩固和拓展。学校和场馆各具优势，为科普研学课程的开展提供资源支持，确保其可行性。

对相关政策进行解读，明确了学校教育和场馆学习各自具有的资源优势，再基于脑科学的教育理论基础，可以开发出适合青少年认知发展规律的科普研学课程，在科普研学中更好地培养青少年的科学素养。

3.2 "梅园之旅"课程方案设计

梅花是我国的十大名花之首，是我国特有的传统名花。提起梅花，大家都会联想到"红梅赞"所颂扬的中华民族坚贞不屈的精神。梅花不仅姿态独特、可观可赏，同时具有十分丰富的文化内涵。基于此，本设计选取武汉植物园中特色园区——梅园，进行科普研学课程的开发。初步设计"梅园之旅——乐在梅园"系列课程："梅园之旅——赏梅花""梅园之旅——识梅花""梅园之旅——梅花酿""梅园之旅——贴落花""梅园之旅——解花形"等。此次课程开发基于 ADDIE 模型的五个环节，针对学生认知发展，以激发学生探索兴趣，使学生动手动脑、学有所获为设计原则，其课程目标、内容、实施与评价等均受脑科学相关理论的指导。

3.2.1 课程分析阶段

科普研学活动分析是 ADDIE 模型中最为基础的一个环节，分析对象包括学习者、课程实施环境和课程内容。

学习者分析的主要内容包括课程实施对象的知识基础、认知能力活动、生活经验、心理特点等。

课程实施环境分析包括硬件环境分析与软件环境分析。科普研学课程区别于普通学科课程，其开展地点位于植物园、科技馆、博物馆等场馆，这些场馆拥有丰富的展品资源、设备等硬件设施和专业的讲解员等软件设施，学生在其中参观与学习，能够获得多感官刺激从而促进神经系统的发育和知识水平的提高。

科普研学课程的内容具有广泛性和科学性。此外，探究式科学教育较传统讲授法而言对学习内容集中性的要求更高，因此需以大概念对活动内容进行统一组织和安排。[9]具体分析见表1。

在脑科学中，情绪与注意力、情绪与记忆的研究已表明个体对情绪性刺激的注意偏向和记忆优势，因而可以通过调整更新课程内容来维持学生的学习动机并保障学习效率。[10]

最后，在青少年情绪性问题日益突出的背景下，应在科普研学课程中渗透情绪理解、情绪表达和情绪管理的技能，保障其情感健康需求。并注重活动内容的展现形式，选择可以使青少年手脑并用的课程内容与形式，充分调动并锻

表1 "梅园之旅"课程案例（课程分析部分）

课程分析	学习者分析	学习者为青少年,其思考方式逐渐由感性认知向理性思维转变,已经初步具备辨析、批判和归纳总结能力。 学习者经过之前的学校学习已经初步具备一定的科学知识与科学思维方式,并且对科学本质已形成浅层印象。 该年龄段的学生具有较强的求知欲与自制力,自我意识逐步显现,能够在一定程度上进行自主学习,并且具有合作学习的意识与能力
	课程实施环境分析	实施地点为武汉植物园梅园,其拥有丰富的植物资源,学生能在其中近距离接触课内接触不到的植物和器材,从而对科学现象、问题等获得感性认识,并在场馆中进行实践活动,巩固和拓展所学知识
	课程内容分析	包括梅花品种分类、花期、文化等;酿酒的原理、材料、操作流程、注意事项;做梅花画的材料、流程;解剖梅花的工具、步骤、注意事项等

炼青少年的积极情感和能力素养。例如,本课程采用理论学习与动手实践相结合的方式,有利于使学习动机维持在较高水平,并通过转换学习方式提高学习者在不同情境下的情绪耐受力。

3.2.2 课程设计阶段

课程设计阶段是课程实施中对所有资源进行整合与测试准备的集中体现,能够促进课程目标和课程实施达成一致。[8]

（1）课程目标设计

本课程目标的设计区别于一般的教学目标,基于科普研学的特质,依据学情分析和国家文件要求——《科学素质纲要》《中国学生发展核心素养》,以及各学科课程标准中的核心素养等,并融入了脑科学研究成果。

其中脑科学给我们的启发在于:工作记忆是学生在参与活动过程中主要运用的认知系统,其为人脑认知程序的核心,但容量有限,因此活动目标的难度与广度要符合实际。此外,研究表明,采用情绪性刺激作为目标刺激时,能够增强学生自信心与注意力,[8]从而取得更好的学习效果,因此还要注重教学目标的情意性。

（2）课程实施方法设计

神经科学研究表明,正确概念的建立不是自发进行的,需要依靠良好的学习情境与教学策略。[6]此外,学习者在做出错误决策后,由此引发的多巴胺水平的波动能够促进人脑进行错误信息的纠正,从而避免犯错。[10]与之相反的是，在达成短期目标后，人脑中松果体逐渐释放多巴胺，起到提升自信心、集中注意力的效果。[11]

基于以上研究结果，本课程选用的实施方法为体验式学习。体验式学习是指学习者通过观察、动手操作等方式进行学习，获取知识与技能，提升个人素养的一种学习方式，强调学习者的主体地位和直接经验的积累。在体验式学习中应创设合理的情境，从而促使学习者建立正确概念。此外，还应设置难度递增的任务，及时反馈，给予学生大量试错并纠正的机会，从而提高知识与思维水平；若学生完成情况较好，则应及时强化，增强自信心与对科学的热爱。具体如表2所示。

表2 "梅园之旅"课程案例（课程设计部分）

课程设计	课程目标	科学知识与技能：说出梅花的分类、花期、历史、用途、文化；说明酿酒的原理，概述其操作流程；能够单独进行酿酒操作；解剖梅花并说明梅花的内部结构。 科学态度、情感与价值观：通过学习理论课程，产生对大自然的热爱之情；通过学习实践课程，认同植物对人类生活与文化发展的重要意义。 科学、技术、社会、环境：感悟自然科学与人文历史间的紧密联系；了解科学技术在日常生活中的应用
	课程实施方法	体验式学习

3.2.3 课程开发阶段

开发阶段是科普研学课程设计的核心。主要步骤包括开发科普研学任务流程单、开发辅导员引导脚本、开发活动辅助材料与工具。

（1）开发科普研学任务流程单

在科普研学课程中，首先教师应与学生一起讨论、确定项目的任务流程单。因为其中的具体任务和流程可以有效驱动学生、管理学生，让学生的行为有明确的聚焦点。在发布任务流程单之后，学生可以明确预期达成的学习目标或需要完成的作品。良好的驱动性任务具有激发性与挑战性，使学生积极应对挑战。

（2）开发辅导员引导脚本

辅导员是学生进行科普研学课程的引路人。所以在"梅园之旅"课程中，辅导员应该为理论课堂和实践课堂分别准备恰当的引导脚本，达到在理论课堂中引导学生领会有关"梅"的知识点和人文情怀；在实践课堂中引导学生有序、积极、合理开展实践的目的。所以设计开发一份符合青少年认知发展、能够完成课程目标的引导脚本就显得尤为重要。

（3）开发活动辅助材料与工具

本次系列课程辅助材料与工具的开发主要如表3所示。这些材料与工具有别于校园实验材料的局限性，给学生带来新的体验，激发学生积极的学习情绪，增强其学习动机、注意力和提升记忆水平。

表3　课程材料与工具开发

课程	材料与工具
"识梅花"	听课的场地、桌椅板凳和多媒体或实物演示等
"梅花酿"	酿酒的器皿、洗净沥干并晾一晚的各类梅花、冰糖、白砂糖、白酒等
"贴落花"	桌椅、凋谢的梅花、胶水、颜料、画笔、白纸、剪刀等
"解花形"	梅花、操作台、解剖镜、培养皿、解剖针、镊子、剪刀等

3.2.4　课程实施阶段

实施阶段是ADDIE模型的分析、设计、开发阶段成果的具体落实阶段，是科普研学课程中学生吸收知识、提升能力的具体路径。

首先，基于认知神经科学提出的多感知教学，[12]与经过视觉和语言双重加工的图片信息相对于文字更容易记住的脑科学研究成果，[11]实施阶段应注意调动学生多感官的参与，提供丰富的图文信息，以促进学生形成记忆、提高学习效率。其次，基于运动能够改善认知、注意控制、情绪功能等与学业相关的神经基础，进而提高学业成绩，[13]实施阶段还应多注意增加室外的运动或动手实践活动等，以在运动中高效学习。最后，基于大脑中多巴胺的释放在增强人的愉悦情绪的同时会增强学习动机、注意力和提升记忆水平，[11]因此，在实施阶段可利用多巴胺奖励效果，进行一些与植物相关的游戏化学习，以提高学习效果。

本部分基于依据脑科学的理论基础，初步设计"梅园之旅——乐在梅园"系列课程（见表4）。

表4 "梅园之旅"课程案例（实施部分）

理论课程（上午）

时间与课程名称	课程内容	设计意图
9:30~10:00 "梅园之旅——赏梅花"	一边使学生步行参观游览科学布局的梅园风光，一边语音讲解兼具科学性和视觉美观性的讲解牌	既有运动，又能调动视觉、听觉等多感官参与，促进学生形成记忆、高效学习；同时使学生体会自然之美，感受美的熏陶
10:00~10:30 "梅园之旅——识梅花"	进入教室，结合丰富的图文，尤其是图片信息，讲解与梅花相关的知识点：品种分类、花期、历史、用途、文化等	提供丰富的图文信息，调动学生多感官的参与，以促进学生对梅花相关知识点形成记忆、提高学习效率，丰富学生知识积淀
10:30~11:00 "梅园之旅——梅花诗词赛"	组织学生分组，进行梅花诗词比赛，看哪个小组想出的相关诗词最多。对比赛优胜组进行口头表扬与颁发纪念奖品	通过比赛促进多巴胺的释放，让学生在游戏化的环境中，提高学习效果；还能锻炼学生表达叙述的能力，激发对于中华古典文学的兴趣；并结合奖励机制使学生从比赛中获得成就感
11:00~11:15	进行总结，结束上午理论部分课程	通过总结对学生的学习成果进行及时强化

实践课程（下午）

时间与课程名称	课程内容	设计意图
14:00~14:45 "梅园之旅——梅花酿"	讲解酿酒的原理、材料、制作流程、注意事项等。小组合作完成梅花酒的制作过程，科技辅导员予以适当帮助指导，进行总结回顾。学生将制作好的梅花酒带回学校继续发酵	在制作前提供相关知识基础，使后续制作活动顺利开展。 通过梅花酿、贴落花、解花形系列动手实践课程，既能调动学生多感官参与，又能增加学生运动量，以促进形成记忆、高效学习。 并在实践课程中锻炼学生动手操作能力、合作沟通能力等
14:45~15:30 "梅园之旅——贴落花"	讲解贴画制作方法、材料选择技巧、注意事项等。学生进入梅园，自由拾取落下的梅花，小组合作，发挥创意，制作梅花贴画，并进行成品展示	
15:30~16:15 "梅园之旅——解花形"	讲解梅花的结构、解剖镜的操作方法、梅花解剖流程、注意事项等。小组协作解剖梅花，观察花的结构，并制作梅花解剖结构图	
16:15~16:30	完成小组活动评价表，进行总结回顾。学生将制作好的梅花酒梅花贴画成品、梅花解剖结构图等带回学校继续发酵或留作纪念	通过量表类形成性评价帮助学生矫正自己的学习行为，并通过总结对学生的活动成果进行及时强化

422

3.2.5 课程评价阶段

评价阶段是鉴定课程开发成果的重要保证，是科普研学课程中不可缺少的一环，通过多元、恰当的评价，可以提高课程的质量、促进学生的发展。

人的大脑运转基于某种制衡机制，使认知活动基于先前的认知，形成性评价和反馈有利于使大脑调整和改进原有的认知。[14]因此，除了使用心得体会等终结性评价在活动结束后对学生学习效果进行检验外，更要注重使用自我评价、小组评价、相互评价、教师评价等形成性评价帮助学生矫正自己的学习行为。

本部分基于脑科学的理论基础，设计的课程评价案例如表5、表6所示。

表5 "梅园之旅"课程案例（评价部分）

评价类型	评价方法	评价目的
形成性评价	在系列动手实践课程开始前，发放小组活动评价表（表6），让学生了解评价指标。完成实践课程后，学生、教师填写完成小组活动评价表，并就评价结果进行总结反思	提供针对学生的情感态度、合作交流、制作与评价的量表类工具，进行自评、组内互评、师评，以提升成员参与实践的积极性与活动的效率；并使学生了解自己的不足之处，以促进学生的提高与发展
终结性评价	学生返校后，书写心得体会，进行感悟式自我总结，评价科普研学之旅的收获，与个人情感的收获	通过书写心得体会等具有文学素养的活动，既可获得关于活动的反馈，又可关注学生的情感领域，培养其文化素养

表6 小组活动评价表

评价项目	评价要点	分值	自评	互评	师评
情感态度	1. 积极参与实践课程，主动承担活动分工	15			
	2. 在实践过程中，面对困难锲而不舍，努力完成	15			
合作交流	1. 积极与组员沟通交流，不霸道、不怯懦	15			
	2. 在合作中，友好相处，协同完成任务	15			
	3. 认真参与讨论，勇于发表自己的观点	15			
制作与评价	1. 选择合适的器具与材料，有清晰的操作流程	10			
	2. 客观、公正地评价自己和他人在活动中的表现	15			

4 结语

本文主要对科普研学活动对青少年科学学习的意义和其中存在的一些问题进行了综述,基于脑科学相关理论在教育领域中的应用,结合 ADDIE 模型,以武汉植物园梅园为例进行了科普研学课程开发,对目前科普研学存在的问题提出以下建议:基于脑科学理论的指导,通过调整更新课程内容来维持学生的学习动机并保障学习效率;课程目标注重情意性;采用将目标分解为各短期目标的教学方法和体验式学习;过程中通过图文结合调动学生的多种感官,渗透人文精神培养,加入运动元素和游戏元素;重视形成性评价。但我们的研究中仍存在不足,本文提出的基于脑科学的科普研学课程开发是以植物园为载体来进行的,暂不确定能否适用于所有类型的科普研学课程,因此,在后续研究中将对本文所提出的课程开发进行实践探索,继续完善基于脑科学的科普研学活动课程开发,以求将其推广至所有类型的科普研学活动。

参考文献

[1] 任福君、翟杰全:《我国科普的新发展和需要深化研究的重要课题》,《科普研究》2011 年第 5 期。

[2] 朱才毅、周静:《科普研学服务粤港澳大湾区建设》,《中国高新科技》2019 年第 11 期。

[3] 周加仙:《基于证据的教育决策与实践:教育神经科学的贡献》,《全球教育展望》2016 年第 8 期。

[4] Beaty R. E., Kenett Y. N., Christensen A. P., et al., Robust Prediction of Individual Creative Ability from Brain Functional Connectivity, *Proceedings of the National Academy of Sciences*, 2018, (5).

[5] 王亚鹏、董奇:《基于脑的教育:神经科学研究对教育的启示》,《教育研究》2010 年第 11 期。

[6] 韦钰:《神经教育学对探究式科学教育的促进》,《北京大学教育评论》2011 年第 4 期。

[7] 程豪:《我国中小学综合实践活动课程开发模式研究——基于 ADDIE 课程教学

模型》,《当代教育与文化》2018 年第 2 期。

[8] 祁卉璇:《论 ADDIE 模型对翻转课堂教学设计的启示》,《中国成人教育》2016 年第 17 期。

[9] 韦钰:《以大概念的理念进行科学教育》,《人民教育》2016 年第 1 期。

[10] 伍海燕、王乃弋、罗跃嘉:《脑、认知、情绪与教育——情绪的神经科学研究 进展及其教育意义》,《教育学报》2012 年第 4 期。

[11] 魏宁:《脑科学告诉了我们什么?》,《中国信息技术教育》2019 年第 15 期。

[12] 文东、王玉琴、吴秀园:《基于认知神经科学视角的多媒体学习认知理论创 新》,《现代远程教育研究》2013 年第 3 期。

[13] Hillman Charles H., Erickson Kirk I., Kramer Arthur F., Be Smart, Exercise Your Heart: Exercise Effects on Brain and Cognition, *Nature Reviews*, *Neuroscience*, 2008, 9 (1).

[14] 李莉平、王元亮:《教育神经科学的发展与工程教育方法的革新》,《云南民族 大学学报》(自然科学版) 2020 年第 2 期。

基于 PBL 理论的科技类
博物馆研学旅行课程设计

——以"技术与生活"主题研学活动为例

郭子葳　王子媛　崔　鸿*

（华中师范大学，武汉，420000）

摘　要　随着时代的发展，研学旅行已逐渐显现出与学校教育相结合的发展趋势。本文提出了基于 PBL 理论的科技类博物馆研学旅行课程开发框架，并依托湖北省科技馆（新馆）"超级工程"展厅的展品资源，围绕本地化情境，设计出"技术与生活"主题的研学课程进行说明，旨在为研学旅行的课程化设计提供有效参考路径。

关键词　研学旅行　科技类博物馆　PBL　课程设计

1　前言

"研学旅行是以青少年学生为主体，在旅行过程中以增进技艺、增长知识为目的的教育活动，它是通过集体旅行、集中食宿的方式开展研究性学习并与旅行体验相结合的校外教育方式。"[1] 在非正式学习的语境下，学生通过旅行中第一手经验的获取，增强生活体验与知识技能，培养科学共同体意识。更重要的是，笔者认为，这个过程，能够促进学生科学态度的转变，有效建立社

---

* 郭子葳，华中师范大学教育信息技术学院硕士研究生，研究方向为科学传播与科学教育；王子媛，华中师范大学生命科学学院硕士研究生，研究方向为学科教学（生物）；崔鸿，本文通讯作者，华中师范大学生命科学学院教授，研究方向为科学教育、科学课程与教学论。

会、技术、科学、环境大融合的观念。2016 年底在教育部等 11 部门联合颁发的《关于推进中小学生研学旅行的意见》中，要求各中小学要把研学旅行纳入教育教学计划，与综合实践活动课程统筹考虑，促进研学旅行和学校课程的有机融合。同年国务院发布的《"十三五"旅游业发展规划》提到，支持文化部、国家旅游局、国家文物局培育以博物馆等机构为支撑的体验旅游、研学旅行和传统村落休闲旅游"。在提倡科学素养与核心素养的当下，开展研学旅行已成为一种提升学生综合素质的合理有效的途径。

作为研学旅行的场所之一，科技类博物馆资源丰富、师资专业、设施齐全，能够有效促进青少年的科学学习，已成为绝大多数中小学校开展研学活动的首选目的地。科技类博物馆自身拥有丰富的展品资源，尤其是本地化特色的展品展项，可以作为"城市名片"展示出来，不仅可以帮助外地学生更好地了解本地特色，而且能够增强本地学生的城市归属感。同时，科技类博物馆作为公共科学教育的场所，有专业师资力量支撑，承载着普及科学知识、提升公民科学素养的教育责任，能够帮助学生了解科学原理，体会科学发现的过程，从而提高其综合能力。此外，不少学者的研究结论也发现科技类博物馆等场所基于自身独特展品资源优势和专业师资队伍，具备开展研学旅行的天然属性，[2]能够将其教育价值最大化。

2 项目式学习（PBL）与研学旅行

项目式学习（PBL）是建构主义理念下，以学生为中心，通过情境体验和解决现实生活中的问题来获取新知的教学模式。它起源于美国凯斯西储大学和加拿大麦克马斯特大学的教育改革，最初在医学院中得到应用和推广，用于帮助医学生有效掌握医学知识。随着 PBL 模式引入我国教育领域，其研究对象从以往的医学教育逐渐扩展到基础教育、高等教育等。

PBL 强调学习过程的实践化、学习情境的真实化、学习内容的综合化及学习评价的多元化，[3]这与研学旅行课程中主体的自主性、内容的开放性、方法的探究性和取向的实践性等[4]特点是高度匹配的。第一，PBL 强调问题的真实性，而研学旅行就是要深入真实情境，在经历和体验中学习；第二，PBL 强调评价的多元性，可以改善当前我国研学旅行课程开展存在的评价单一片面的问题；第三，PBL强调采用小组合作的形式，鼓励学习者的自主学习，同时提高学生的人际交往能力并培育合作精神，这也是研学旅行所追求的目标之一；第四，PBL强调多学科的综合性，与研学旅行作为综合实践活动课程的性质相吻合。此外，还有一些实例证明了PBL用于研学旅行课程设计的实效性。例如，上海自然博物馆便基于PBL理念，开发了"演化的力量"等一系列研学旅行课程，获得了一致好评。由此可以看出，将PBL与研学旅行课程设计相结合，通过精心设计驱动型问题，能更加明确研学旅行课程目标，明细课程主题，进一步促进研学旅行课程的总体设计，从而有效提升学生的研学效果。

PBL与研学旅行结合具有独特的优势，学者董艳等也据此提出了基于PBL的研学旅行开发的DONE计划，[5]但总体来说PBL理论运用于研学旅行课程开发的研究并不多，相关实例也较少。由此，本文将结合本地化特色资源，基于PBL理论对科技类博物馆的研学旅行展开课程设计，并结合实例进行说明。

3 研学旅行课程开发

研学旅行的课程设计必须将课程理论作为最基础的理论依据，而泰勒的现代课程理论作为西方课程理论的主导范式，揭示了课程编制的四个阶段：确定目标、选择经验、组织经验和评价结果，对我国课程理论研究和实践工作具有重要的借鉴意义。朱洪秋也认为，"研学旅行课程的设计、开发与实施，也必须经历确定目标、选择资源、课程实施、课程评价四个环节"。[6]由此，结合研学旅行课程的特点，笔者确定了"研学课程主题选择—研学课程目标确定—研学课程内容研发—研学课程组织与实施—研学课程评价"的课程开发思路。其中，"研学课程组织与实施"作为课程的主体部分，其开展流程直接影响学生的研学效果，有必要对该部分进行进一步细化。通过综合比较，项目式学习（PBL）与研学旅行课程的融合有利于凸显学生主体的探究性和学习的综合性等。因此，结合国内外中小学教育教学的实际情况，笔者提出了基于PBL的研学旅行课程的组织与实施流程：确定项目任务—组建学习小组—制订并实施探究计划—公开分享或展示—评价与总结。

综上所述，本文确定了如图1所示的研学旅行课程开发框架。

本案例主要基于上文所构建的研学旅行课程开发框架，以笔者2019年参

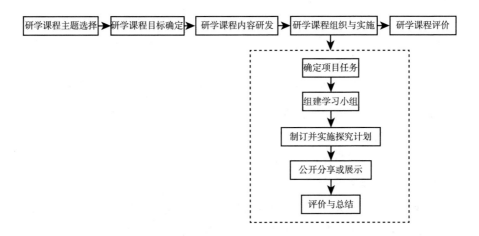

图 1　研学旅行课程开发框架

与的湖北省科学技术馆（新馆）"科教项目设计实施方案"中超级工程展厅的部分展项为对象进行课程设计，以期为研学旅行在科技类博物馆中的课程化提供具体范式参考。

3.1　主题选择——融合学校教育与地区特色

研学主题作为研学活动开展的纲领性指导，影响着后续课程目标和资源选择。所以在研学活动开始前，学校或者研学活动举办方应该根据不同年级的培养计划和学校教育理念等，结合自身区位优势制定研学主题。

例如，随着城市化进程不断加快，人们的生活水平也逐步提高。同时，人口数量剧增造成的环境污染、交通堵塞、资源耗损等问题也随之出现。而科学技术的进步不仅方便了人们的生活，还努力维持着人与自然和谐相处的关系，例如可再生资源的研发、垃圾的无污染处理等。可见，科技能够改变生活，更能延续生活。2011 年 8 月，日本的国家新兴科学与创新博物馆（科学未来馆）开设了"2050 年的生命形态"作为常设展览，为参观者提供未来城市的模拟体验，有效地增强了游客对于科学技术与社会之间联系的理解。2017 年版小学科学课程标准也将工程与技术领域作为学习内容之一，强调要让学生体验科学技术对个人生活和社会发展的影响。因此，对科学技术在生活中的应用进行深入了解非常有必要，故笔者确定了"技术与生活"的研学主题，希望引导学生形成科学·技术·社会·环境相适应的观念，努力为社会的发展贡献自己的力量。

3.2 目标确定——导向学生本位与素养提升

研学课程目标的设定要从学生个体出发，充分考虑学生的先验知识，结合学校课程体系的学科目标与学科核心素养要求，注重科学性与实践性的结合，鼓励学生全面发展。因此目标不宜设定得过于详细和具体，避免出现将教育目标强加给学生的现象。

本次研学的对象为五、六年级的学生，年龄一般为 11~12 岁，这一阶段的学生语言表达趋于成熟，注重交往，动手能力和注意力都较强，能够进行初步的探究活动。基于学生的特点，根据《义务教育小学科学课程标准》（2017年版）中"技术与工程"领域的教学目标，结合展览相关资源，笔者确定了以下课程目标：①通过参观展项和教师引导，能够说明生活中相关技术产品的原理，并利用简易材料构建出相应模型进行模拟；②通过明确项目主题和师生探讨，能够制订完整的探究方案并实施，向他人阐述自己设计制作的模型；③通过小组讨论和共同完成任务，体会合作学习的乐趣，形成勇于实践探索的精神；④通过展项学习和动手操作，理解重大的发明和技术会给人类社会发展带来深远影响和变化。

3.3 内容研发——依托场馆特性与特色资源

研学课程的内容研发需要基于研学场所特性及其特色化本地资源展开，并结合研学主题和目标来确定课程框架及实施过程。在整体内容研发时还需要注意资源选择与后面课程目标的呼应关系，即能否为研学目标和每一次课程目标服务。

湖北省科学技术馆（新馆）设有 7 个常设展区、1 个专题展区、1 个儿童展区和 1 个临时展区，总面积约 2.2 万平方米，预计将于 2020 年底正式开馆。新馆建成后将跻身全国五大科技馆之列，成为中部地区最大、最先进的科技展馆及科教重地。作为常设展厅之一，"超级工程"展厅包含 54 个展项组成的 6 个分展区和 1 个技术解码工作坊，涉及交通运输、信息联通、垃圾处理、能量获取等多方面内容，集中呈现了当代科技产业的重要成果，剖析了支撑各领域发展的核心技术，是对技术与工程领域学习的有效补充与延伸，可以让学生有机会综合所学的各方面知识，体验科学技术对个人生活和社会发展的影响。因此，笔者将湖北省科技馆（新馆）的"超级工程"展厅作为"技术与生活"主题研学旅行的场所之一，并依据展区内容，初步确定了该场所下本次研学旅行的课程内容（见表1）。

表1　"技术与生活"研学旅行课程内容

课程主题	主要内容	对应场所
"城市规划"	城市轨道交通的规划以及道路的设计与修复等	"流动"展区
"能源的奥秘"	能源采集方式、安全问题与未来能源发展方向等	"动力"展区
"万物互联"	通信技术原理及应用、光谷光电子产业发展现状	"联通"展区
"东湖水体改造工程"	废水产出、清洁、再利用的循环过程	"循环"展区
"海绵城市"	城市内涝问题防御、疏导等一系列手段和技术等	"守护"展区
"拓展空间"	运用技术拓展居住空间的方式等	"边界"展区

3.4　组织实施——注重师生交流与生生合作

基于项目的学习，强调让学生参与到真实的项目中去，通过小组间协作学习和亲自调研，输出观点和研究成果，最终达到理论知识联系生活实际解决问题的目的。笔者以表1中的"城市规划"主题为例，对具体实施过程的5个小步骤展开说明。

大情境："同学们好，今天你们都是'市长'竞选人，我们将在超级工程展厅完成六个场景的学习，每个环节中我们将会挑选表现最好、完成任务最棒的小组颁发荣誉勋章，其中获胜组的组长将额外获得一枚队长胸章。在六节课的学习全部完成以后，拥有勋章最多的同学将成为'市长'。下面我们就进入第一个课程——'城市规划'中去吧！"

3.4.1　制定项目任务

活动内容：科技辅导员导入情境——"武汉市作为中部地区最大的城市，人口数量超千万，如何进行合理的城市规划成为公众普遍关心的社会话题。作为市长候选人的大家本着为民服务，对市民负责的精神，需要开动脑筋为城市规划献计献策。"带领同学们进入展厅，并解释活动主题的划分——"在本节活动中，同学们有两种身份可以选择，第一个身份是交通调度员，由于人口众多，武汉市的交通面临很大压力，首当其冲的便是交通拥堵问题，需要我们的同学从宏观角度规划交通线路，避免堵塞现象。第二个身份是小小工程师，为了解决道路堵塞问题，武汉市也采取了建设地下隧道、开拓地下空间等方式进行疏导，长江隧道的建造便是一个很好的示例，同学们可以从中汲取一些经验，基于工程技术原理的学习，自主构建地下空间综合体模型，帮助解决路面修缮和地下空间的扩张问题。"具体的项目内容见图2。

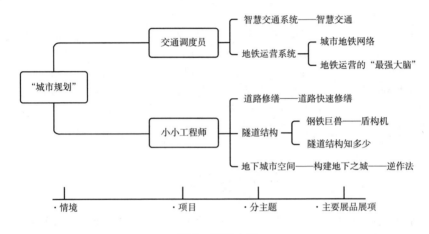

图2　项目内容

设计意图：以真实情境联系生活，激发学生学习兴趣，并尝试解决问题。"交通调度员"构建了武汉市交通堵塞的问题解决情境，主要基于技术发展，引导学生体会智能信息处理与人为策划安排的不同，更加直观地感受工程与技术产品给我们生活带来的影响。同时触发学生对于社会话题的关注，提高社会参与度，培养责任心与主人翁意识。

而"小小工程师"则是重在理解工程是以科学和技术为基础的系统性工作。明白工程设计需要考虑可利用的条件和制约因素，并不断改进和完善。通过了解长江隧道施工难度以及其建成意义，感悟科学技术的力量，学习科研工作者不惧挑战，积极探索的攻坚精神。课程设计意图与小学科学课标中的教学目标对接，将知识性概念融入情境再次解读，同时注重科学态度的培养，引导学生对社会议题进行理性思考与判断。

3.4.2 组建学习小组

活动内容：引导学生在项目方向之下再次细分主题形成 5 个不同方向的具体小组，每组不能超过 8 人，规划组内分工，选出组长。

设计意图：锻炼学生的人际交往能力和表达能力，同时混龄教育中的"大带小"概念可以帮助低年级学生更好地参与进课堂活动中。有助于培养学生的团队意识，形成"小小科学共同体"的概念。

3.4.3 制订并实施探究计划

活动内容：各组通过前期科技辅导员对分主题的讲解，经过小组讨论，首先明确小组探索任务主题，科技辅导员可以提供一定的探索方向供学生参考（见表2）。学生在提出初步探究方案后，科技辅导员需要提出相关改进意见，指导学生完善其探究计划，并提示学生用一定的形式记录整个探索过程中学习和观察到的现象。学生也可以在实践中改进自己的探索方案。同时，给学生一定的时间去探索展馆，制作探究成果。

表2 分主题探索方向建议

分主题名称	学习目标
智慧交通系统	了解基于 AI、物联网、云计算等技术的智能信息处理,思考还有什么方式可以改善地上交通
地铁运营系统	了解地下交通线网结构,能够分析现有条件和制约因素,对地下交通线路进行合理规划布局,保障线路交通通畅
道路修缮	了解新材料的发展与应用,对比不同配比下材料显示出的特性
隧道结构	初步了解盾构机工作原理,能够画出简易的隧道结构,了解施工工序
地下城市空间	了解如何建造地下空间,能够自己制作模型拼图解释地下空间的施工顺序

设计意图："在活动的每个环节中，设计者都力图赋予教育的意义，创造学生自主参与的机会。"[7]科技辅导员并没有固定学生的探索主题，而是任由学生们自主选择，并提供帮助，很大程度上保证了学生的学习自主性，鼓励学生发挥想象力和创造力，也在一定程度上激发了学生的学习兴趣。提示学生对学习过程加以观察记录，不仅可以加深学生对知识的理解，也可以为后期成果展示积累素材。将学习的重点放在"技术与生活"的大主题上，让学生通过与展品互动，感受基于创新的技术发展，以及技术与工程之间的融合，感受技

术带给我们的高品质生活，引发思考，也为后面的环节做铺垫。

3.4.4　公开分享或展示

活动内容：根据小组探索结果，各组同学轮流上台展示汇报，形式不一。鉴于活动对象为小学 5～6 年级学生，更倾向于使用图画等形式，展示学习成果。

设计意图：学生上台做公开汇报是对其逻辑思维和语言组织能力的锻炼，有助于培养学生的自信心。图形展示，是对知识进行可视化表达的形式之一，对于低年级的同学来说生动形象的图画不仅更容易理解，而且往往是将知识大概念抽象出来做一个梳理，也便于教师及时了解学生学习的困境，方便下一步指导和纠错。

3.4.5　评价与总结

活动内容：在每个小组汇报完以后，科技辅导员分发组内评价表和组间评价表给学生，请学生们进行打分评价。鼓励小组之间相互评价，可以从语言表达、知识解释等多个角度，促进学生间的科学交流。科技辅导员总结评述各组在探究过程中的表现和最后的成果汇报。组织学生们评选出项目完成度最高的小组，并颁发城市问题勋章。分发奖励——课前设计制作好的，代表不同城市问题的荣誉勋章给同学们。

设计意图：鼓励学生之间的评价和交流，营造学生之间科学交流的氛围。科技辅导员则是从宏观上观察整节课的完成度，把课堂空间更多地留给学生去发挥。结合学生的评价和各组成果分享，最后选出"市长"完成课堂情境的编造。

3.5　课程评价——构建多元体系与改进机制

研学课程的评价不能只依据目标完成情况来定，更应该注重研学本身。在课程结束后，需要对学生在研学过程的每一阶段进行评价，包括科技辅导员的评价和学生的互评、自评，做到及时发现问题，及时反馈，及时纠正。因此，笔者将依据以下评价指标体系（见表3），对学生的学习效果进行评价。

表3　课程评价指标体系

评价目标	一级指标	二级指标	评价要点	权重
"技术与生活"研学旅行课程学习效果	学习过程	参与程度	是否积极地提出自己的问题或对他人的问题进行解答；是否积极地参与了整个探索学习的过程	20
		合作表现	是否积极与小组成员进行交流并表达自己的观点	20
	学习结果	知识	是否能详细说明生活中相关科技手段或产品的原理	20
		能力	是否能根据学习单完成对项目内容的探索学习并对最终成果进行展示	20
		态度	是否关注科学技术对社会的影响以及主动参与实践操作	20

　　该评价指标体系包含了对学生研学课程学习的过程性评价和终结性评价。过程性评价关注学生的活动参与程度和小组合作情况，主要通过观察、访谈、问卷调查的形式进行，体现了对学生探究式学习过程的关注；终结性学习则从知识、能力、态度三方面对学生最终的学习效果进行检验，测评形式多样，如汇报展示、心得体会等。过程性评价与终结性评价相结合，不仅有利于促进学生整体素质的提高，也有利于设计人员进行反思，从而更好地改进课程设计，增强研学旅行的效果。

4　结语

　　研学旅行的课程设计已成为当下教育领域的重点关注对象，特别是结合科技类博物馆的研学旅行课程对于提升学生的科学素养具有重大意义。笔者基于PBL 理论所开发的科技类博物馆研学旅行课程设计框架具有"在学科重点知识框架的基础上，对真实情境的问题开展持续性探究，促进学生科学态度形成"的特性，不仅满足了学生自主探究的需要，也体现了知识理解、应用的真实性和综合性，对于场馆等非正式环境下教育活动的开展都具有一定的指导作用。不过，从场馆角度开发研学旅行课程要注意，不同地区的学生学情差异较大，对主题的认知水平参差不齐，课程的内容设计需对不同学情多加考虑，做更具

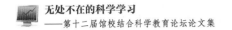

弹性的内容设计。此外，还可设计专门给教师使用的教师手册，为教师更好地开展研学课程提供参考。

参考文献

［1］吴支奎、杨洁：《研学旅行：培育学生核心素养的重要路径》，《课程·教材·教法》2018 年第 4 期。

［2］张红光：《有关博物馆研学旅行问题分析及相关项目开发》，《区域治理》2019年第 34 期。

［3］高志军、陶玉凤：《基于项目的学习（PBL）模式在教学中的应用》，《电化教育研究》2009 年第 12 期。

［4］丁运超：《研学旅行：一门新的综合实践活动课程》，《中国德育》2014 年第 9期。

［5］董艳、和静宇、王晶：《项目式学习：突破研学旅行困境之剑》，《教育科学研究》2019 年第 11 期。

［6］朱洪秋：《"三阶段四环节"研学旅行课程模型》，《中国德育》2017 年第 12期。

［7］白宏太、田征、朱文潇：《到广阔的世界中去学习——教育部中小学"研学旅行"试点工作调查》，《人民教育》2014 年第 2 期。

基于场馆资源的 STSE 主题式学习活动设计

——以"长江生态修复"主题活动为例

王雅文　刘　晶　刁姝月　向　炯　张秀红*

（华中师范大学生命科学学院，武汉，430079）

摘　要　STSE 教育通过培养学生对科学、技术、社会、环境四个方面及相互之间关系的理解，进而培养学生解决实际生活中科学议题、环境议题等问题的意识和能力，是场馆教育的有力理论支撑。基于场馆资源设计 STSE 教育主题活动是 STSE 在科技馆活动中的主要呈现方式，表现出跨学科、本土化和时代性等特点。本文以"长江生态修复"主题活动为例，通过呈现活动设计思路与流程，探索 STSE 教育理念在主题式活动中的应用。

关键词　STSE 教育　场馆资源　主题式活动设计

随着科技的飞速发展，具备科学素养并掌握先进技术逐渐成为人才培养的关键。从"科学技术是第一生产力""科教兴国战略"等论断与教育方针到今天的"科学素养"，都在体现对培养科技人才的关注。此外，可持续发展教育等的提出，也要求教育培养的人才拥有正确的环境意识，能够正确处理科技与环境间的关系。而 STSE（Science，Technology，Society，Environment）教育正是以培养学生正确认识和处理社会、科学、技术、环境四者关系的能力为核心

---

*　王雅文，华中师范大学生命科学学院硕士研究生，研究方向为学科教学；刘晶，华中师范大学生命科学学院硕士研究生，研究方向为学科教学；刁姝月，华中师范大学生命科学学院硕士研究生，研究方向为课程与教学论；向炯，华中师范大学生命科学学院博士研究生，研究方向为科学教育；张秀红，本文通讯作者，华中师范大学生命科学学院副教授，研究方向为科学教育、课程与教学论。

的教育，注重将传授的科学知识与实际的社会生活相结合，重视培养学生的综合素质，其教育本质与我国培养人才的目标高度契合。STSE 教育是我国科学课程、科技馆活动等科学知识传播的有力理论支撑，也是科技馆设计内容中培养学生科学素养的重要方式。此外，本文中的活动方案设计借鉴 CPS（Creative Problem Solving）——创造性问题解决模型，其作为一种开放性问题的解决模式，能够以问题解决为立足点，以小组合作为支撑，以学生为主体解决社会生产生活中的 STSE 问题，对学生科学素养的养成具有重要的推动作用。本研究基于武汉市科技馆（新馆）"绿水青山"展厅的场馆资源，开展科技馆主办的 STSE 教育专题活动，以武汉市本土化长江生态修复为主题，基于CPS 模型设计，让学生依据对社会、环境问题的理解，学会运用科学技术手段解决问题，让 STSE 教育成为学校科学课程的补充，向大众普及科学技术知识、倡导科学方法、传播科学思想、弘扬科学精神。

1　科技馆中的 STSE 教育

作为培养公民科学素养的重要场所，科技馆中的 STSE 教育有着重要的研究价值。在中国知网以"科技馆"为关键词搜索核心期刊，共得 545 篇核心期刊，其中与 STSE 教育相关的论文 52 篇，将其整理，总结得到了 STSE 教育与科技馆相结合的三种主要类型。其一，科技馆馆厅建筑总体设计凸显 STSE 教育。如美国加州科技馆的"绿色屋顶"采用景观—生态结合模式，既考虑改善生态环境的功能性需求，又兼顾自然景观和人文影响。[1]我国的科技馆在建馆的过程中也会充分考虑到科技馆整体与所在地自然环境之间的整体性、协调性。其二，科技馆展览专题中渗透 STSE 教育。如英国皇家植物园邱园中，技术主题中的常设展览"植物与人"，旨在提醒学生植物与人类生活的所有方面都存在密切关系，人类应该从可持续发展的角度对世界植物资源实行保护与管理。[2]其三，科技馆主办的 STSE 教育专题活动。大多数科技馆会创立各种环境教育主题活动，如"垃圾分类，绿色生活""变废为宝，绿色时尚"等活动。[3]科技馆中的 STSE 教育专题活动方式是多种多样的，可将其划分为三种主要的类型。第一，以科学概念和原理等基本知识为主导，引导学生从社会视角和环境视角看待科学技术，其核心在于科学知识的掌握，没有阐述科学、技术、社会和环境之间的相互作用和联系。第二，以学科知识的逻辑顺序为主线的 STSE 课程，将 STSE 教育内容有目的地引入科学知识体系中，开展主题单元活动，但是缺乏完善的社会情境，STSE 教育理念渗透不足。[4] 第三，以 STSE 教育内容为主线，确定当代社会生活、自然环境中与科学技术发展有关的专题，提炼主题中涉及的科学知识，让学生基于对社会、环境问题的理解，学会运用科学技术手段解决社会、环境问题。[5]

2 基于场馆资源的 STSE 教育活动设计理念

利用场馆资源进行 STSE 教育活动设计时需要把握 STSE 教育的理念。首先，STSE 教育内容是跨学科、重实践的。STSE 教育提倡跨学科知识的综合运用，这不仅表现在学科之间的综合，更强调自然科学、社会科学和人文科学间的融合，[6] 其中有效的方式之一便是开展 STSE 探究活动，让学生通过实验，从对自然界和生产生活中科学现象的观察、分析等活动中给予学生广阔的思考空间，让学生在参与的过程中就理论化的科学知识与技术、社会和环境等建立起动态的知识结构网络。[7] 其次，STSE 教育内容紧贴科技前沿、社会的热点。时代在发展，科技在进步，科学技术的进展、社会的热点问题，关系到民众的衣食住行，在互联网编织的社会网络中，科技馆活动应该充分体现科学技术的发展、对社会热点问题的解读，运用先进的信息科技，对科学资源进行搜集整合，然后经过数字化的设计处理，以丰富多样的形式展现给学生。最后，利用区域资源创设本土化 STSE 教育活动背景。STSE 教育的内容通常是以真实问题情境或专题情境展开的，科学、技术、社会和环境等多种因素错综复杂地交织在一起。在 STSE 活动设计中，可以结合当地特有的物质资源、当地科技成就等素材，拉近学生与本地自然环境之间的距离，使学生辩证地看待科学、技术、社会与环境之间的关系。

3 基于 STSE 理论的"长江生态修复"活动设计

长江涵养着占国土面积 20% 的沿江生态，具有重要的生态价值，但长江经济带的开发使得长江的生态系统格局发生剧变。2017 年，湖北省政府结合本地生态环境实际情况，出台"长江大保护行动方案"以响应我国生态修复号召。生态修复是以生物修复为基础，优化组合物理修复、化学修复与工程技术，以达到最佳效果的综合污染环境修复方法，对长江生态问题的解决有重要作用。长江生态修复是结合湖北省地域特点选定的科技馆 STSE 教育活动可靠的、本土化的学习主题。

湖北省科技馆是一个正在建设的综合性科技馆，其中绿水青山展厅重点展示湖北生态现状以及生态文明建设，展现了湖北省系列生态治理举措。与学校环境相比，科技馆作为一种非正式的教育场所具有更加丰富且开放的教育资源，能够为学生提供具有强烈互动体验感的学习环境。

本研究以笔者参与的湖北省科技馆科教项目设计实施方案"绿水青山展厅"为基础，依托湖北省"长江大保护行动"的社会背景，梳理并利用湖北省科技馆丰富的场馆资源，以生态学理论为基础、以生态修复技术为依托设计基于 CPS 模型的"长江生态修复"主题式教学活动，以期为基于场馆资源的 STSE 主题式教学活动提供案例参考。本活动面向高中学段学生。

3.1 活动目标确立

教育目标是理念的具体操作，对课程开发具有直接指导意义。目标拟定综合考虑学校课程建设和场馆资源情况，以高中课程标准要求为本，又结合场馆的实际情况，在充分利用校内课程资源的情况下，制定学校 STSE 校本课程的教育目标。综合考虑上述要求后，本专题活动的目标如下。

• 科学目标——通过参观展览和走访调查，概述湿地蓄水功能和过滤功能及其重要意义；说出长江中多种多样的生物，结合相关证据分析长江水生物保护的现状；概述物理修复、化学修复、生物修复的科学原理。

• 技术目标——使用常见水文仪器和水质监测手段进行水环境监测，举例说明生态修复使用的典型修复技术与以及工程技术措施。

• 社会目标——说出长江大保护政策的意义及具体措施，综合治理一条河流的各种方法和意义，说出经济社会发展对环境的影响。

• 环境目标——树立可持续发展观，树立水资源和生态环境保护意识，能用生态学的观点解释环境问题。

• STSE 目标——通过调查研究提出长江湖北段河流生态修复方案并对方案进行评估。

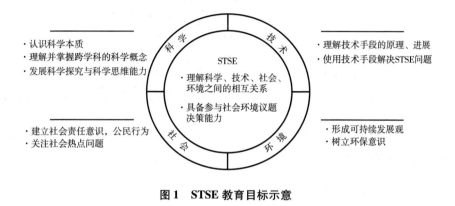

图 1　STSE 教育目标示意

3.2　活动内容开发

活动围绕"长江生态修复"主题，结合高中生的认知特点和已有知识背景，对湖北省科技馆绿水青山馆的展品进行梳理，统计可用于体验式学习的展项名称、原理，例如"湿地与植物""水体如何自净""人工湿地""长江大保护"等展项都与长江生态修复的原理、技术、政策、生态文明理念等密切相关。统合场馆内外配备的科学实验室、科学报告厅、科普教育实践基地等资源，为学生进行探究和调研提供设备和场所支持；结合科教讲坛系列活动等科教项目为教学活动提供强有力的学术团队软支撑。

表 1　"长江生态修复"系列活动安排

场所	活动形式	活动安排
科技馆	展项体验	①操作科技馆相关展品,理解河流生态修复的原理、技术支持和发展现状
	汇报讨论	①小组讨论并设计探究方案 ②小组汇报馆外结果 ③结合各小组结果展开广泛讨论,得出解决方案,论证方案可行性
	科学讲坛	①聆听专家讲座,与专家进行沟通探讨 ②聆听专家对解决方案的评价,进行方案修改评估

续表

场所	活动形式	活动安排
馆外	参观访问	①参观访问武汉市人工湿地污水处理厂 ②访问长江水利委员会长江科学院流域水环境研究所
	实地考察	①实地考察长江流域涨渡湖湿地自然保护区 ②调查走访周边群众
	水环境监测	①选择长江监测断面,进行现场勘测,并采集水样 ②按照国家标准,对武汉市长江段水质进行监测与评价

依据场馆资源支持与学习对象分析,以 STSE 教育为理念,明确活动形式,以保障活动顺利有效开展。

3.3 活动过程设计

活动过程设计依据 CPS 模型,CPS 即 Creative Problem Solving——创造性问题解决模型,是帕恩斯于 1996 年提出的一种系统研讨问题的模式,其关注问题解决者在选择、执行问题解决方案前对发散思维和聚敛思维的交替运用,[8]并总结出问题解决的五个步骤,即发现事实、发现问题、探寻主意、探寻解决方法、探寻接受。作为一种开放性的问题解决模式,CPS 模型为 STSE 教育活动建构提供了切合的教学程序。因此,本活动依据 CPS 三成分模型设置活动阶段,安排上述活动内容,形成动态、开放的活动系统(见图 2)。

4 基于 STSE 理论的“长江生态修复”活动实施过程

根据以上教学活动设计方案,“长江生态修复”活动过程可分为前、中、后三个活动时期,“确定内容主题—建立知识基础—自主设计研究方案—实施探究活动—结果分析与讨论—形成与评估解决方案”6 个环节。

4.1 前期:理解挑战,生成想法

(1)情境导入,生成问题

首先播放长江水污染、生态破坏的图片、新闻报道、数据,观看结束后与学生进行互动,请他们聊一聊在生活中见到的长江水污染及生态退化现象,引

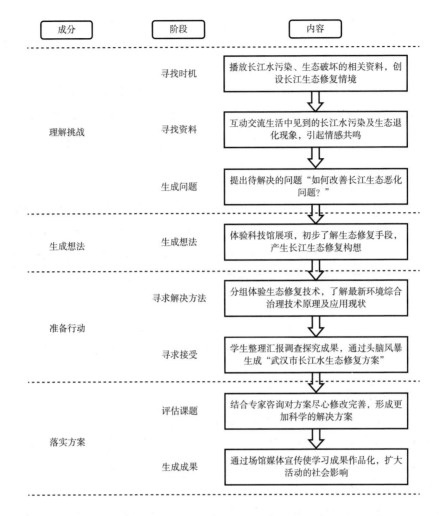

成分	阶段	内容
理解挑战	寻找时机	播放长江水污染、生态破坏的相关资料，创设长江生态修复情境
	寻找资料	互动交流生活中见到的长江水污染及生态退化现象，引起情感共鸣
	生成问题	提出待解决的问题"如何改善长江生态恶化问题？"
生成想法	生成想法	体验科技馆展项，初步了解生态修复手段，产生长江生态修复构想
准备行动	寻求解决方法	分组体验生态修复技术，了解最新环境综合治理技术原理及应用现状
	寻求接受	学生整理汇报调查探究成果，通过头脑风暴生成"武汉市长江水生态修复方案"
落实方案	评估课题	结合专家咨询对方案尽心修改完善，形成更加科学的解决方案
	生成成果	通过场馆媒体宣传使学习成果作品化，扩大活动的社会影响

图 2 "长江生态修复"主题式教学活动流程

起学生的情感共鸣，学生经过讨论自主生成问题"如何改善长江生态恶化问题"，并围绕问题展开探究。

（2）体验展项，生成想法

通过操作"湿地与植物""水环境污染治理""人工湿地""长江大保护"等系列展项，学习湿地生态系统组成与功能、生态修复技术及原理、长江保护政策等，以理解河流生态修复的原理、技术支持和发展现状。通过查阅文献资料，补充学习河流生态修复的综合措施，主要包括河道内增氧曝气工程、河流傍侧工程、河流底部工程、生物—物理工程技术等，初步了解河流生态修复常见的技术手段。构思长江生态修复调研活动，在教师指导下制订科学活动方案。

在活动起始阶段，通过展项学习与资料收集，学生理解湿地生态系统的功能及生物多样性等基本科学概念，从认知水平初步了解生态修复的技术手段，感受社会与科学技术发展对生态环境产生的影响，从情感上建立环境保护意识。

4.2 中期：准备行动

调查研究活动是教学活动开展的重点环节。在建立河流生态修复的概念后，在教师指导下明晰"全面了解长江保护现状与生态修复技术"的研究任务，将学生分为参观访问组、水环境监测组、生态修复考察组三个研究小组，利用技术手段进行调研，使学生以科研工作者的身份分别进行活动。

4.2.1 参观访问组

（1）活动任务

学习生态修复的原理和技术、最新环境综合治理技术及其在湖北省的应用现状。

（2）活动步骤

第一环节：参观访问武汉市人工湿地污水处理厂，直观感受湿地的过滤净化功能，在专业技术人员的指导下，系统了解长江常见水质污染类型、常用于水质净化的湿地植物和微生物、适用于不同地理环境下水质修复的植物和微生物等，形成参观报告。

第二环节：访问长江水利委员会长江科学院流域水环境研究所，认识河湖环境综合治理等方面的最新科学技术研究，了解武汉市河流生态修复工程开展情况，学习水环境研究所环保科普宣传工作。

4.2.2 水环境监测组

（1）活动任务

采集水样进行水质监测，测定不同河段的水质状况，包括溶氧量、pH 值、污染物的种类及含量等，形成水质监测报告。

（2）活动步骤

第一环节：综合考虑城市工业、生活取水以及污水排放等因素，合理选择监测断面，了解断面的采样条件及宽度、深度等，做现场采样和监测工具材料准备，如铅锤、绳子、棕色玻璃瓶、测距仪、地表水采样器、固定剂等。

第二环节：对水深、透明度、水温、pH 值、溶氧、电导率等水文水质特征的指标进行现场勘测，并采集水样，利用科学实验室设备阅读并依据国家标准方法测定污染物的种类及含量。按照国家标准，采用单因子评价法对武汉市长江段水质进行评价，形成水质监测报告。

4.2.3 生态修复考察组

（1）活动任务

通过实地考察武汉市湿地自然保护区以及生态修复工程，收集水生物与鸟类监测官方数据，走访调查周边居民，了解近年来长江沿岸湿地生态变化。

（2）活动步骤

第一环节：实地考察长江流域涨渡湖湿地自然保护区，调查并观测涨渡湖湿地生物群落，使用抽样方法调查湿地草本植物与灌丛，记录野外调查日志。结合武汉市观鸟协会发布的武汉鸟类监测年报、中国科学院水生生物研究所水生物相关研究报告、长江中游水文水资源勘测局水生态勘测数据（如藻类密度、大型底栖动物生物多样性指数、天然湿地保留率等），系统认识长江水生态现状。

第二环节：调查走访周边群众了解近年长江水生态的变化情况和生态工程的实施情况，了解生态环境变化对居民生活的影响。

三个研究组分别整理各自的调查探究成果，在科学报告厅进行汇报，听取其他研究组成果，对目前武汉市长江生态与生态修复现状形成多方位认识。在前期调研成果的基础上，学生通过头脑风暴、辩论讨论结合场馆科学讲坛系列活动，在同伴群体、社会群体与专家群体等不同学习体中对问题展开广泛讨论。从经济有效、符合当地条件、符合生物与物理和化学学科知识原理、拥有技术支持等方面思考问题，培养学生解决结构不良问题、参与社会科学议题、进行辩证思维的能力，设计"武汉市长江水生态修复方案"。

通过丰富多元的调查与探究活动，可以增加学生的感性认识，巩固对科学概念的理解，在亲身体验中培养观察力、科学探究能力；在活动中学会使用常见水质监测技术手段，了解最新的生态修复技术，体验到课堂无法学习到的知识与技能，通过实地感受长江生态状况，见证了长江大保护政策在家乡的落实，树立对家乡的自豪感，树立可持续发展观；在整个过程中通过同伴合作和走访调查，也发展了学生的合作沟通能力。

4.3 后期：落实方案

结合专家咨询对方案进行评估和完善，形成更加科学的解决方案。并通过场馆媒体平台推送、宣传手册等方式，使学习成果作品化，扩大活动的社会影响，引起公众关注，促进问题解决，同时使学生获得成就感和对家乡的自豪感。

进行科学决策是 STSE 教育理念的最终落脚点，是学生素养的集中体现。本活动中学生通过广泛的讨论对方案进行评估和完善，集中体现了学生的辩证思维、问题解决能力、生态修复知识与技能以及可持续发展观和社会责任感的发展。

5　小结

基于 STSE 的主题式学习活动具备跨学科、趣味性、体验性、实证性等特征，也是最能体现科技馆开展 STSE 教育资源优势的活动方式。本文介绍的案例利用科技馆馆内资源和湖北省内本土社会议题融入生态学、物理、化学、工程等科学知识及技能；让学生在真实的情境下体验，并尝试设计解决社会问题的方案。在实践过程中学生合理应用技术手段，既建立了可持续发展观，也培养了学生的社会责任感。教学过程设计基于 CPS 模型，将科学、技术、社会、环境相融合，STSE 教育渗透在活动实施的各个环节，为基于场馆资源开展 STSE 教育提供了可参考的活动模式。

参考文献

［1］ Sveta Silvennoinen，Maija Taka，Vesa Yli-Pelkonen，Monetary Value of Urban Green Space as an Ecosystem Service Provider：A Case Study of Urban Runoff Management in Finland，*Ecosystem Services*，2017（28）.

［2］刘巍：《浅论人类学理论在科技馆"技术"类展品中的应用——以英国邱园"植物与人"展览为例》，《科普研究》2015 年第 4 期。

［3］刘盈：《略论科普场馆科学传播活动创新发展的四个层面》，《科技通报》2015 年第 7 期。

［4］陆真、沈婷、钱海滨：《从点缀到主角——新世纪科学教育中 STSE 的课程形式与功能演进》，《课程·教材·教法》2009 年第 3 期。

［5］张海银：《从 STS 到 STSE 和 STEM：世界理科教育从理念到课程的演绎》，《中学生物教学》2012 年第 9 期。

［6］李志清：《扬科技、环境教育之帆》，《人民教育》2013 年第 12 期。

［7］杨春洪、吴慧平：《基于核心素养培养的加拿大 STSE 课程模式的审视》，《外国中小学教育》2019 年第 5 期。

［8］于佳萍、郑晓蕙：《例谈中学生物学基于 CPS 模型的 STSE 教育》，《中学生物学》2013 年第 1 期。

论深度研学课程的设计与实施

——以西北联合大学研学旅行为例

董鑫　白欣[*]

（首都师范大学初等教育学院，北京，100048）

摘　要　为了在研学旅行中引导学生深入理解和践行社会主义核心价值观，特别参照《中小学综合实践活动课程指导纲要》（2017 年版），聚焦北京某校高中学生核心素养的培育和应用，依托陕西省汉中、西安两地丰富的场馆资源，从课程设计、课程实施、课程评价、课程反思等方面，尝试将西北联大研学旅行课程化。通过记录并分析本课程的具体实施过程，认真反思，提出应从师资搭配、前期准备、能力培养等方面，优化研学旅行课程的设计和实施。

关键词　研学旅行　深度学习　核心素养

自 2016 年 12 月教育部等 11 个部门联合发布《关于推进中小学生研学旅行的意见》起，研学旅行在我国迅速推广，越来越受到重视。随着《中小学综合实践活动课程指导纲要》（2017 年版）的发布，以培养学生核心素养为主体的研学旅行导向性更加明显。而北京师范大学郭华教授与《中小学综合实践活动课程指导纲要》（2017 年版）同年提出的深度学习理论正是基于培养学生核心素养的现实路径。

如今越来越多的学校通过研学旅行带领学生走出课堂，在真实情境中开展

---

* 董鑫，首都师范大学初等教育学院学生，研究方向为场馆教育、课程与教学论、研学旅行、中国科学教育史；白欣，首都师范大学初等教育学院教授，研究方向为研学旅行、课程与教学论、场馆教育、中国科学教育史。

学习。但现在所开展的大多数研学旅行课程都是只停留在表面的"浅层学习"，即在研学课程开展后学生对零散的、无关联的内容不加批判地机械记忆，学习内容与学生以往的经验缺乏关联，[1]没有让他们达到积极、充分、灵活地运用这些知识去理解世界、解决问题、学以致用的目的。因此，这样的研学课程对于培养学生的核心素养效果欠佳，不是有效的课程式学习。想要有效地开展研学课程，以研学旅行为载体、以引导学生进行深度学习为目的的"深度研学"课程适逢其会。

"研学旅行"和"深度学习"逐渐成为近几年的热点话题。如果在"中国知网"以"主题"检索"研学旅行"，有1300篇左右与研学旅行领域相关的文献，文献注重于对于研学旅行主题以及具体研学课程的论述。关于"深度学习与研学旅行"的文献有两篇，两篇都研究了在博物馆课程中开展深度学习。本文针对北京某校普通高中生，结合陕西省汉中、西安两地丰富的自然资源与人文资源，依托"深度研学"课程，聚焦核心素养的培育和应用，在充分考虑学生实际情况的基础上积极探索普通高中生"深度研学"课程的设计与实施。

1 "深度研学"课程

研学旅行是以青少年学生为主体，在旅行过程中以增进技艺、增长知识为目的的教育活动。它是通过集体旅行、集中食宿的方式开展研究性学习并与旅行体验相结合的校外教育方式。[2]2014年教育部研制印发《关于全面深化课程改革落实立德树人根本任务的意见》，提出"教育部将组织研究提出各学段学生发展核心素养体系，明确学生应具备的适应终身发展和社会发展需要的必备品格和关键能力"。这预示着我国的基础教育改革的重心正在从以学生增长知识为目的向培养学生核心素养的方向偏移，更加注重锻炼学生通过课程的学习对于真实情境中现实问题的解决能力。这方面能力只能通过学生在一次次解决问题的实践过程中得以锻炼。学生在研学旅行所提供的真实情境中解决现实问题可以全身心融入，从而在解决问题的过程中实现深度学习。由此看来，以增长知识为目的的研学课程对于培养学生的能力和素养效果欠佳。以研学旅行为载体、以引导学生进行深度学习为核心、以培养学生核心素养为目的的"深度研学"课程更加符合我国基础教育改革的趋势。

2 "深度研学"的课程设计

西北联合大学与西南联合大学同为我国在抗日战争时期所创立的综合性大学。但是随着时间的推移，人们更加重视对于西南联大的研究。相较而言，西北联大的历史逐渐被人们淡忘。为了弘扬新中国成立 70 周年的主题，同时让学生们对西北联大有更加深刻的了解，北京某高中决定开展名为"探寻西北联大历史及其当代价值"的研学旅行。通过重走当年西北联大师生走过的南迁之路，体验其当时南迁路途的艰辛，分析其体现的家国情怀。另外，本次"深度研学"课程设计经过的景区尚未经商业改造，基本还原了当年西北联大师生所处环境的原貌，非常适合开展西北联大"深度研学"课程。

2.1 课程背景

国立西北联合大学，简称"西北联大"，是中国抗日战争时期创立的一所综合性大学，学校从合到分，存在了不到一年时间。1937 年抗日战争爆发后，平津被日本侵略军占领，国立北平大学、国立北平师范大学、国立北洋工学院三所国立大学和北平研究院于 9 月 10 日迁至西安，组成西安临时大学。太原失陷以后，西安临时大学又迁往陕南，不久改名为国立西北联合大学。1938年 7 月，教育部指令国立西北联大改组为国立西北大学、国立西北工学院、国立西北师范学院、国立西北农学院和国立西北医学院五所独立的国立大学，1940 年国立西北师范学院奉命西迁兰州办学。

2.2 课程目标的设计

《中小学综合实践活动课程指导纲要》（2017 年版）提出，注重引导学生深入理解和践行社会主义核心价值观，以培养学生核心素养为最终目标。北京师范大学郭华教授提出的深度学习理论是发展学生核心素养的现实路径之一。为了提高本次"深度研学"课程的实效性，按照《中小学综合实践活动课程指导纲要》（2017 年版）与《深度学习：走向核心素养（理论普及读本）》两者的具体要求，并结合陕西省汉中、西安两地实际情况，将"深度研学"课程化，制定的西北联大研学旅行课程目标如下。

结合石门栈道相关知识分析在通过石门栈道时应该注意问题，提高学生发现问题的能力；分别分析褒斜道、陈仓道、傥骆道、子午道在险峻程度、安全系数等方面的优势和劣势，提升学生对比事物的能力。

梳理适合做仪器室、图书储藏室、教室的条件，提升学生总结事物特点的能力；结合勉县武侯祠内相关资料及人为因素，找到祠中最适合作为仪器室、图书储藏室、教室的三间房屋，提升学生结合实际情况解决问题的能力。

分析汉中地区自然、人文等方面优势，提升学生对事物进行多方面了解的能力；描述教育对汉中地区起到的带动作用，提升学生分析事物之间联系的能力。

了解古路坝天主教堂周围水资源分布，提升学生对资料的整合能力；了解古路坝天主教堂当地民风，提升学生在不同地区的适应能力。

了解汉中地区植被种类，提升学生收集完整资料的能力；了解蔡伦造纸术流程，提升学生对传统工艺的理解能力。

了解考古相关知识，提升学生在领域之中寻找乐趣的能力；推测西北联大师生对张骞纪念馆、张骞墓所做的贡献，提升学生结合实际情况的推断能力。

了解城固地区学校的办学理念，提升学生在实地收集相关资料的能力；分析城固一种办学理念与西北联大的联系，提升学生在不同事物中寻找共性的能力。

了解"昭学励志碑"的由来，提升学生了解新事物的能力；找出"昭学励志碑"中与西北联大相关的历史内容，提升学生对不同类型事物的联系能力。

了解关于西北联大各个时期所发生的主要事件，提升学生按照时间顺序总结资料的能力；了解西北联大分立出来的主要院校，提升学生运用绘制网状图解决问题的能力。

2.3　课程内容的设计

研学活动是培育学生核心素养的重要途径。需要通过课程建设和教学改革来实现，课程化研学旅行作为一种新的综合实践活动课程，倡导学生在行动中探索，在实践中体验和感悟，从而获得知识和经验。[2]

本次研学活动以立德树人、培养人才为根本目的，致力于激发学生主动学习。强调学生的兴趣而忽视系统科学知识的学习，强调学生的主动参与而忽视教师的引导，强调学生的愉悦而轻视严肃严格的学习等。[3]以深化学生对实践性知识的理解，丰富学生的学习方式；让学生从实际生活中发现自己感兴趣的东西，培养学生自主探究发现的能力，增强学生学习的主动性、自觉性和积极性[4]为次要目的。

本课程以研学旅行中所提供的现实情境为载体，采取"研学主题 + 情境问题 + 组内任务"的模式，以研学主题为基础、研学旅行的情境问题为导向，用问题驱动研学小组完成各项任务，进而实现课程目标，培育学生的核心素养。本课程主要包括栈道主题、院落主题、环境主题、地理主题、纸文化主题、考古主题、教育主题、历史主题。各个主题下的情境问题都是以西北联大为背景提出的涉及较高思维活动的现实问题，锻炼和培育学生在理论知识的基础上从不同角度解决现实问题的能力。

2.4 课程活动的设计

本课程活动针对西北联大研学旅行路线进行相宜制定，课程的设计均以所选场馆、景点的实际情况为背景。现以勉县武侯祠场馆研学课程活动为例，说明课程活动设计原则。

在张在军所著的《西北联大：抗战烽火中的一段传奇》中提到1938年12月28日，筹备委员会举行第七次会议："本院接近战区，虽现状尚称安宁，但防备万一，应如何预为筹划案。"议决："重要图书仪器及其他校产迁移于较安全地点存放"，[5]经考证西北农学院曾经在武侯祠里寄存了一批图书和仪器设备。不过，国立西北农学院在勉县武侯祠没有任何历史遗迹留存。

在进入勉县武侯祠之前各小组通过查找网络资源对仪器室、图书贮藏室、教室各自所具备的条件进行总结。各组组员通过亲自观察勉县武侯祠的场馆，结合相关知识都在武侯祠中找到本组认为可以作为西北联大在此地最有可能用来做仪器室、图书储藏室、教室的最佳结果。但因为学生的学情限制，各小组所找到的房屋基本只要有窗户、墙和电灯，作为仪器室、图书贮藏室、教室都可以。带队教师在各小组激烈讨论后，便对学生进行必要引导。因为勉县武侯祠是我国古代典型的三进院落，因此我国古代的院落知识对地点的选择也有限制。之后师生配合，再进行经验与想法的碰撞。

课程活动思维设计：一进院中的各个庙宇大多摆放勉县武侯祠中的祭祀用品。三进院是武侯祠主人生活休息的地方。因此一进院与三进院的房屋选择可能性较小。二进院落中，有东戟门耳房、西戟门耳房、官厅、西厢房、东厢房、廉政展厅六处可供选择。其中官厅是上级官署中供下级官员来谒长官时休息的地方，在当时有可能是武侯祠主人让看望他的朋友休息的地方，因此官厅不可以作为选择地点。西厢房与东厢房是用来做卧室的地方，因此也不适合作为选择地点。只剩下东戟门耳房、西戟门耳房、廉政展厅三处可供选择。廉政展厅坐北朝南，光线与东戟门耳房、西戟门耳房相比较为明亮，适合作为教室。东戟门耳房、西戟门耳房两处环境与用途较为相似，一开始同学和教师都认为两处既可以做仪器室又可以做图书贮藏室。但是经过一番深思熟虑，学生发现东戟门耳房作为仪器室，西东门耳房作为图书贮藏室较为合理。根据院落全景图（见图1）我们可以看出东戟门耳房较西戟门耳房距离廉政展厅（教室）较近，结合人为因素考虑，对于讲课时仪器的搬运较为方便。同时在那个时代，实验仪器比书籍更加贵重一些，放在离教室较近的地方较为安全。

通过教师与同学的合作讨论，得出了如下结论：教室——廉政展厅；仪器室——东戟门耳房；图书贮藏室——西戟门耳房。

本次研学活动的设计原则是以深度学习理论为核心展开的，我们可以发现在勉县武侯祠的"深度研学"活动中避免了让学生只获得一些"干货"（院落知识）的情况，而通过把"干货"放入较为真实的西北联大师生当时所处的自然环境与人文环境当中，运用"干货"去解决较为接近现实的情景问题（在武侯祠可能用来做仪器室、图书储藏室、教室的房屋）。让"干货"泡开，渗透在每个参与研学活动的学生的情感、情绪、价值观、思想过程、思维方式当中。在勉县武侯祠研学活动的设计中，运用了深度学习所提倡的"双微驱动"的教研模式，学科带头人在与历史事件较为相似的情境中以"寻找当年西北联大师生可能在勉县武侯祠中选择作为仪器室、图书储藏室、教室"的"微项目"为载体，带领以学生为主体的"微团队"解决了在研学活动中遇到的相关困难，在研学活动中落实了课程标准，提升了学生的核心素养。学生在参与小组内研学活动中锻炼了团队协作能力；在激烈的经验与想法的碰撞中建立了共同发现、创建、使用知识的新型师生关系；在解决情景问题的过程中，

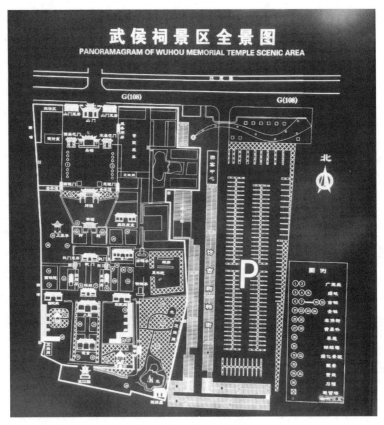

图1　勉县武侯祠全景图

学生在前概念的基础上不断探索，像科学家一样进行知识建构和知识迁移。[5]基本实现了在研学旅行中开展深度学习，达到了"深度研学"课程的目的，培育了学生的核心素养。

3　"深度研学"的课程实施

3.1　学情分析

本次研学旅行的参与者为北京市某中学高中二年级学生。学生对西北联大的相关历史知识储备较好，知识面较广，身体素质较好，团队协作能力较强，性格整体外向。总之，本次参与的学生学情状态较好。

3.2 实施过程

本次西北联大"深度研学"课程的实施过程包括研学主题、情境问题、组内任务、课程目标等方面，具体情况如表1所示。

表1 西北联大深度研学课程实施内容

地点	情境问题	组内任务	课程目标
石门栈道	①西北联大师生在南迁过程中经过石门栈道时可能遇到的困难是什么 ②西北联大师生为什么选择途经石门栈道的褒斜道作为南迁路线，而不选择陈仓道、傥骆道、子午道这三条道路	①以小组为单位对石门栈道的建造特点进行探查，分析出通过石门栈道时可能遇到的困难 ②以小组为单位通过对网络资源与当地资源的整合，分析褒斜道、陈仓道、傥骆道、子午道各自的优势和劣势	①分析在通过石门栈道时应该注意问题，提升学生发现问题的能力 ②分别分析褒斜道、陈仓道、傥骆道、子午道在险峻程度、安全系数等方面的优势和劣势，提升学生对比事物的能力
勉县武侯祠	①在勉县武侯祠中那三间房屋最有可能是西北联大师生在此地用来做仪器室、图书储藏室、教室的房屋	①进入勉县武侯祠场馆后，以小组为单位通过参考网络资源、实地勘探祠院、观看武侯祠全景图、聆听工作人员讲解等方式，结合武侯祠相关知识及场馆内的人为因素等挑选出当年西北联大师生在此地最有可能用来做仪器室、图书储藏室、教室的三间房屋，并分别说明理由（＊）	①梳理适合做仪器室、图书储藏室、教室的条件，提升学生总结事物特点的能力 ②结合勉县武侯祠内相关资料及人为因素，找到祠中最适合作为仪器室、图书储藏室、教室的三间房屋，提升学生结合实际情况解决问题的能力
汉中博物馆	①西北联大师生选择迁到汉中的原因是什么 ②西北联大来到汉中后对汉中地区的影响有哪些	①以小组为单位参观汉中博物馆，以汉中博物馆中所提供的资料为基础，分析汉中地区的优势 ②以小组为单位通过调查汉中地区在西北联大师生到来之后的变化，推测西北联大来到汉中后对汉中地区的影响	①分析汉中自然、人文等方面的优势，提升学生对事物进行多方面了解的能力 ②描述教育对汉中地区起到的带动作用，提升学生分析事物之间联系的能力

续表

地点	情境问题	组内任务	课程目标
古路坝天主教堂	①西北联大师生在古路坝天主教堂生活时打水的距离有多远 ②西北联大师生最可能用到的打水的方式是哪种	①以小组为单位通过实地测量古路坝天主教堂的相关数据,通过绘制平面图分析并计算当年西北联大师生在天主教堂时打水的距离 ②以小组为单位通过调查古路坝天主教堂当地民风,分析西北联大师生有可能用到的打水方式	①了解古路坝天主教堂周围水资源分布,提升学生对资料的整合能力 ②了解古路坝天主教堂当地民风,提升学生在不同地区的适应能力
蔡伦纸文化博物馆	①西北联大师生在物资匮乏的情况下可能会用到汉中当地哪种植被进行造纸 ②西北联大师生会运用哪些蔡伦造纸术的经验来进行造纸	①以小组为单位通过参观蔡伦纸文化博物馆,结合汉中当地植被挑选西北联大师生在物资匮乏的情况下可能会用到的植被进行造纸,并说明其原因 ②以小组为单位通过讨论蔡伦造纸术的流程,分析西北联大师生可能会用到的关于蔡伦造纸术的经验,并说明其原因	①了解汉中地区植被种类提升学生对收集完整资料的能力 ②了解蔡伦造纸术流程,提升学生对传统工艺的理解能力
张骞纪念馆张骞墓	①西北联大师生对张骞纪念馆、张骞墓的贡献有哪些	①以小组为单位通过参观张骞纪念馆、张骞墓,整合资料,分析西北联大师生对张骞纪念馆、张骞墓所做的贡献	①了解考古相关知识,提升学生在领域之中寻找乐趣的能力 ②推测西北联大师生对张骞纪念馆、张骞墓所做的贡献,提升学生结合实际情况的推断能力
城固一中	①西北联大法商学院在城固办学对城固当地学校留下的办学理念、教育思想有哪些	①以小组为单位通过寻找城固一中校园中的标语,分析西北联大与标语之间的联系	①了解城固地区学校的办学理念,提升学生在实地收集相关资料的能力 ②分析城固一中办学理念与西北联大的联系,提升学生在不同事物中寻找共性的能力

续表

地点	情境问题	组内任务	课程目标
考验实验小学	①考验实验小学中所立的"昭学励志碑"写到了关于西北联大的哪些内容和历史	①以小组为单位通过参观考验实验小学中立的"昭学励志碑",找出碑中与西北联大相关的历史内容	①了解"昭学励志碑"的由来,提升学生了解新事物的能力 ②找出"昭学励志碑"碑中与西北联大相关的历史内容,提升学生对不同类型事物的联系能力
西北大学	①西北大学校史馆中提到了哪些关于西北联大的主要事件 ②西北联大分立出来的主要院校有哪些	①以小组为单位通过参观西北大学校史馆,按照时间节点组内自行设计时间轴,标出主要事件及分立出来的主要院校	①了解关于西北联大各个时期所发生的主要事件,提升学生按照时间顺序总结资料的能力 ②了解西北联大分立出来的主要院校,提升学生运用绘制网状图解决问题的能力

4 核心素养的课程评价

对于学生核心素养的评价,采用"理论＋实践"的综合评价方式,具体实施如下所述。

理论评价方式以学生独立完成部分为主,具体指在西北联大"深度研学"课程结束之后,每个参与研学活动学生上交研究报告的质量,以此为评价标准。具体情况如表2所示。

表2 理论评价

水平	具体标准	赋分
1	研学报告内容不符合要求,态度不端正	1～2
2	研学报告内容不太符合要求,但态度端正	3～4
3	研学报告内容符合要求,但表达不清晰	5～7
4	研学报告内容符合要求,能够清晰有效地表达	8～10

实践评价方式以研学小组完成部分为主，具体指在西北联大"深度研学"课程的各个研学活动过程中，研学小组解决情境问题能力（核心素养），以此为评价标准。现选取部分内容（即表1中加注"＊"的部分）为例，进行实践评价表展示。

表3　实践评价

水平	具体标准	赋分
1	能够说出仪器室、图书储藏室、教室的三间房屋所需环境	1～2
2	在武侯祠中找到符合仪器室、图书储藏室、教室所需环境的房屋	3～4
3	利用院落相关知识对在武侯祠中符合仪器室、图书储藏室、教室所需环境的房屋进行排除	5～7
4	在利用院落相关知识排除房屋的基础上结合人为因素，较为准确地找到西北联大师生在武侯祠最有可能用来做仪器室、图书储藏室、教室的三间房屋	8～10

另外，为配合本次"深度研学课程"课程，项目组已在出发前将课程相关内容编写成《西北联大"深度研学"课程手册》，具体分为序言、课程安排、课程目标、课程作业四部分。

5　　"深度研学"的课程反思

5.1　　"深度研学"课程的师资配备

西北联大研学旅行活动的内容围绕西北联大主题展开，需要带队教师对各个场馆、景点与西北联大的联系进行讲解，对教师来讲是一个十分艰巨的挑战。同时带队教师队伍中有植物、书法等领域的教师，对于本次开展"深度研学"课程的目的不明确，注重介绍研学旅行途中周边植物、石门栈道和博物馆中的名人字画等相关知识，而忽略了学生核心素养的培养，偏离了"深度研学"课程的目标。由本次研学活动的实际开展情况可以看出，带队教师的水平有待提升。总之，师资配置在"深度研学"课程中十分重要，将"历史学家＋研学旅行实践导师＋课程理论专家"作为带队组合，可以减少上述问题的出现。

5.2 "深度研学"课程的学前准备

本次"深度研学"课程中学生的学前准备不足。仅仅对教师指定的知识进行查找，未对"深度研学"课程开始前发放的情境问题中所涉及的相关知识进行查找。因此，教师需提前强调所指定的知识并非学前准备中所需要查找的全部知识，需要学生从自身角度对相关知识进行补充。

5.3 "深度研学"课程的学生能力

通过对本次"深度研学"课程开展过程中学生表现的观察，发现学生的批判性思维和问题解决能力较差。可见，批判性思维和问题解决能力的培养不能只在研学课程中加以重视，在平时的课堂中也要有所注重。

5.4 "深度研学"课程总结地点的选取

本次"深度研学"课程每日的总结会地点设在所住酒店的会议室中，经过本次研学课程发现很多时候学生普遍无法深刻记忆场馆、景点中的重要事物特点，导致在总结会上无法参与相关事物的讨论。如果在场馆、景点停留时间较长一些，可以在开展完研学活动后直接在实地召开总结会，这样可以在很大程度上避免上述问题。

5.5 研学旅行的规范性

现阶段研学旅行课程没有明确的规范性；学校出于学生安全的考虑，对于开展研学旅行课程均有顾虑，例如本次"深度研学"课程中禁止学生外出体验当地民风。由此看来，出台研学旅行课程指导标准是当务之急。[6]

核心素养指的是学生应具备的能够适应终身发展和社会发展需要的必备品格和关键能力。"学生能从个体生活、社会生活及与大自然的接触中获得丰富的实践经验，形成并逐步提升对自然、社会和自我之内在联系的整体认识，具有价值体认、责任担当、问题解决、创意物化等方面的意识和能力。"[7]由此观之，学生的核心素养能在"深度研学"课程中得到较好的提升和锻炼。"深度研学"课程对于培养学生核心素养义不容辞。同时，"深度研学"可以将相关学科融合，有效地开展中小学综合实践活动。总之，"深度

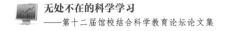

研学"课程拥有其特殊的存在意义与价值，完全可以作为培育学生核心素养的重要方式。

参考文献

[1] 刘月霞、郭华主编《深度学习：走向核心素养（理论普及读本）》，教育科学出版社，2018。

[2] 吴支奎、杨洁：《研学旅行：培育学生核心素养的重要路径》，《课程·教材·教法》2018年第4期。

[3] 郭华：《深度学习及其意义》，《课程·教材·教法》2016年第11期。

[4] 杨晓：《研学旅行的内涵、类型与实施策略》，《课程·教材·教法》2018年第4期。

[5] 张在军：《西北联大：抗战烽火中的一段传奇》，金城出版社，2017。

[6] 吴振华、袁书琪、牛志宁：《地理实践力在地理研学旅行课程中的培育和应用》，《课程·教材·教法》2019年第3期。

[7] 中华人民共和国教育部：《中小学综合实践活动课程指导纲要》，北京师范大学出版社，2017。

图书在版编目（CIP）数据

无处不在的科学学习：第十二届馆校结合科学教育
论坛论文集／高宏斌，李秀菊，曹金主编. -- 北京：
社会科学文献出版社，2020.9
ISBN 978 - 7 - 5201 - 7117 - 5

Ⅰ.①无… Ⅱ.①高… ②李… ③曹… Ⅲ.①科学馆
- 科学教育学 - 中国 - 文集 Ⅳ.①N282 - 53

中国版本图书馆 CIP 数据核字（2020）第 152023 号

无处不在的科学学习
——第十二届馆校结合科学教育论坛论文集

主 编／高宏斌 李秀菊 曹 金

出 版 人／谢寿光
责任编辑／张 媛

出 版／社会科学文献出版社·皮书出版分社（010）59367127
地址：北京市北三环中路甲 29 号院华龙大厦 邮编：100029
网址：www. ssap. com. cn
发 行／市场营销中心（010）59367081 59367083
印 装／三河市龙林印务有限公司

规 格／开本：787mm × 1092mm 1/16
印张：29.25 字 数：446 千字
版 次／2020 年 9 月第 1 版 2020 年 9 月第 1 次印刷
书 号／ISBN 978 - 7 - 5201 - 7117 - 5
定 价／158.00 元